Office 2016

商务办公从新手到高手

点金文化 编著

電子工業出版社
Publishing House of Electronics Industry
北京•BEIJING

内 容 简 介

微软公司的Office软件是目前市面上应用广泛、深受欢迎的日常办公软件，当前的主流版本为Office 2016，该版本具有更强大、更完善的功能。

本书共12章内容，结合行政文秘、财务会计、市场营销、人力资源、管理统计、工程预算等相关行业领域的应用实际，总结和归纳了31个大型商务办公综合案例，系统地讲解了Office 2016商务办公的实战应用技能。

全书结构编排合理、图文并茂、案例丰富，适用于经常需要和Office办公软件打交道的商务办公人员进行参考、学习，也可以作为高等院校教材和企业培训教材。

图书在版编目（CIP）数据

Office 2016商务办公从新手到高手 / 点金文化编著. —北京：电子工业出版社，2016.4

ISBN 978-7-121-28283-6

Ⅰ. ①O… Ⅱ. ①点… Ⅲ. ①办公自动化—应用软件 Ⅳ. ①TP317.1

中国版本图书馆CIP数据核字(2016)第045302号

策划编辑：牛　勇

责任编辑：李利健

印　　刷：中国电影出版社印刷厂

装　　订：三河市皇庄路通装订厂

出版发行：电子工业出版社

北京市海淀区万寿路173信箱　　邮编：100036

开　　本：720×1000　1/16　印张：17　字数：408千字

版　　次：2016年4月第1版

印　　次：2016年4月第1次印刷

定　　价：59.80元（含DVD光盘1张）

凡所购买电子工业出版社图书有缺损问题，请向购买书店调换。若书店售缺，请与本社发行部联系，联系及邮购电话：（010）88254888。

质量投诉请发邮件至zlts@phei.com.cn，盗版侵权举报请发邮件至dbqq@phei.com.cn。

服务热线：（010）88258888。

PREFACE

微软公司推出的Office软件是目前市面上应用广泛、深受欢迎的日常办公软件，被广泛应用于文秘行政、财务与会计、市场营销、人力资源、管理统计、工程预算等行业领域。2015 年 9 月，微软正式发布了 Office 2016，用以替代多年前的 Office 2013。新版的 Office 2016 软件包含了不少改进和新增功能。

为了让用户快速掌握 Office 2016 商务办公应用，我们组织了一批微软办公专家和行业实战精英，精心编写了《Office 2016 商务办公从新手到高手》一书，该书可以说是广大商务办公人员和职场人士的“好帮手”。

本书具有哪些特色

案例讲解，贴近职场

相信绝大多数读者对 Office 办公软件的基础操作与应用都有一定了解和掌握。因此，本书不是从零开始给读者讲解一些过于简单而又无实际应用的知识技能。全书结合行政文秘、财务会计、市场营销、人力资源、管理统计、工程预算等相关行业领域的应用实际，总结和归纳了 31 个大型商业综合案例，系统地讲解了 Office 2016 商务办公的实战应用技能。

全程图解，一看即会

本书在讲解过程中采用**“一步一图，图文结合”**的写作手法，由浅入深、循序渐进地介绍软件功能和应用技巧，使读者能够身临其境，加快学习进度。既适合初学者进行学习参考，又适合有一定操作经验的办公人员用来提高办公技能。

疑难提示，贴心周到

本书在讲解的过程中对读者经常遇到的重点和难点问题以**“知识加油站”**或**“疑难解答”**的形式进行剖析、解答，排解读者在学习过程中遇到的各种疑难问题，帮助读者少走弯路。

高手过招，画龙点睛

本书每章内容的后面都精心安排了**“高手秘籍”**一节，针对本章内容的讲解与应用，给读者重点讲解 Office 2016 商务办公应用中的实用技巧与诀窍。通过本节内容的学习，读者能快速**从“菜鸟”级别晋升到“达人”级别**。

教学光盘，超值实用

本书配有一张多媒体教学 DVD 光盘，内容超值。主要包括以下内容。

❶本书相关案例的素材文件与结果文件，方便读者跟随图书内容练习；

❷本书内容的同步教学视频（372 分钟），书盘结合学习，效果事半功倍；

❸超值赠送：2200 个 Office 办公应用模板，方便读者在商务办公中参考使用；

❹超值赠送：10 集“Windows 7 系统安装、使用、故障排除”视频教程；

❺超值赠送：12 集“电脑办公综合技能”视频教程；

❻超值赠送：9 集“电脑系统安装・重装・备份・还原”视频教程。

本书适合哪些读者学习

本书适合以下读者学习使用。

（1）有一定的办公基础，但缺乏 Office 商务办公实战应用经验的读者。

（2）掌握了 Office 软件的基本操作，但缺乏综合应用能力的读者。

（3）对 Office 办公应用有一定了解，日常工作效率低，且缺乏办公应用技巧的读者。

（4）即将走入工作岗位的职业院校毕业生和培训生。

（5）想提高 Office 办公应用技能与实战应用能力的读者。

（6）想学习和掌握微软最新 Office 2016 办公应用的读者。

本书作者是哪些

参与本书编写的作者具有相当丰富的 Office 商务办公应用实战经验，其中有微软全球最有价值专家（MVP），有办公软件应用技术社区资深版主，有在外企和国有企业从事多年管理与统计工作的专家，大部分都参与过多部办公畅销书的编著工作。参与本书编写工作的有：谢金兰、张辉华、陈忠华、梁军、林强、高波、潘贺财、刘洪云、杨成明、向奎、张杰、周伟、陈意、蒲雪兵、姜先洪。

由于计算机技术发展迅速，加上编者水平有限，错误之处在所难免，敬请广大读者和同行批评、指正。

作　　者

CONTENTS

第 1 章

Word 2016 文档编辑与排版

本章导读

Word 2016 是 Microsoft 公司推出的一款强大的文字处理软件，使用该软件可以轻松地输入和编排文档。本章通过制作劳动合同、员工手册和参会邀请函，介绍 Word 2016 文档的编辑和排版功能。

知识要点

- Word 文档的基本操作
- 文字格式的设置
- 插入与编辑图片
- 段落格式的设置
- 页眉/页脚的设置技巧
- 使用邮件合并

案例展示

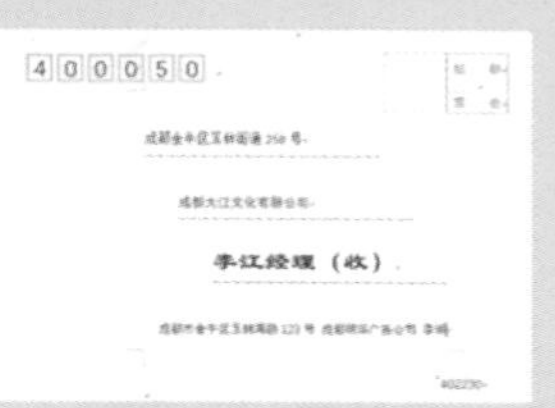

劳动合同书

实战应用 ——跟着案例学操作

1.1 制作劳动合同

劳动合同是公司常用的文档资料之一。一般情况下，企业可以采用劳动部门制作的格式文本，也可以在遵循劳动法律法规的前提下，根据公司情况，制定合理、合法、有效的劳动合同。本节使用 Word 的文档编辑功能，详细介绍制作劳动合同类文档的具体步骤。

“劳动合同”文档制作完成后的效果如下图所示。

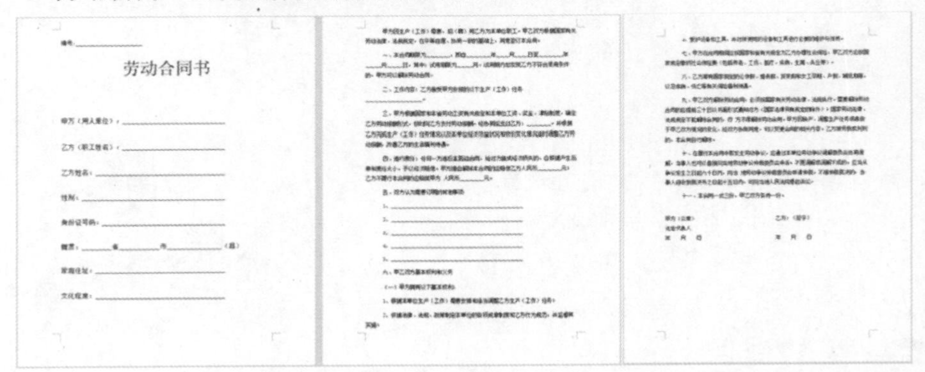

劳动合同书

光盘同步文件

原始文件：光盘\素材文件\第 1 章\劳动合同.docx

结果文件：光盘\结果文件\第 1 章\劳动合同.docx

视频文件：光盘\教学文件\第 1 章\编排劳动合同.mp4

1.1.1 创建劳动合同文档

在编排劳动合同前，首先需要在 Word 2016 中新建文档，然后输入文档内容并对内容进行修改，最后保存文档。

1. 输入首页内容

输入文本就是在 Word 文档编辑区的文本插入点处输入所需的文本内容，它是 Word 对文本进行处理的基本操作。通常，启动 Word 2016 软件后，软件将自动创建一个空白文档，用户可直接在该文档中输入内容。

第 1 步：启动 Word 文档

启动 Word 文档，在打开的页面中单击“空白文档”选项。

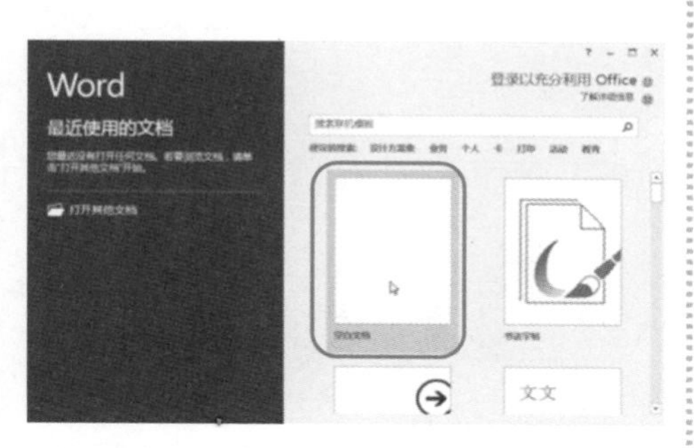

第 2 步：输入首页文字

将输入法切换到自己熟练的输入法，❶输入“编号：”文本；❷按下“Enter”键进行换行，即将光标插入点定位在第二行行首，继续输入劳动合同内容。

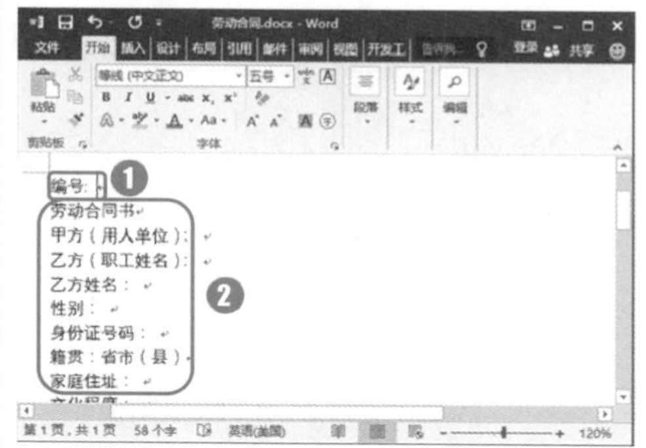

知识加油站

在需要创建 Word 文档的文件夹中右击鼠标，然后在弹出的快捷菜单中选择“新建”→“Microsoft Word 文档”命令，新建文档名称默认为“新建 Microsoft Word 文档”，并呈选中状态，在其中输入文件名，即可重命名该文档。

2．编辑首页文字输入劳动合同首页文字后，需要对首页的文字格式进行相应的设置，包括字体、字号、行距等设置。

第 1 步：设置字体格式

❶选择“编号”文本；❷单击“开始”选项卡；❸在“字体”组中将“字体”设置为“宋体”；❹将字号设置为“小四”。

第 2 步：设置行距

❶将光标定位到“编号：”文本后，单击“开始”选项卡“字体”组中的“下画线”按钮 U ；❷在文本后输入空格；❸单击“开始”选项卡下“段落”组中的“行和段落间距”按钮，❹在弹出的下拉列表框中选择“2.0”选项。

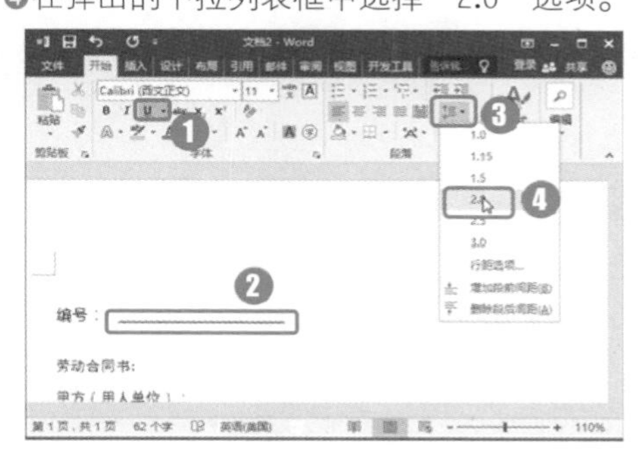

第 3 步：设置字体格式

❶选择“劳动合同书”文本；❷设置字体为“宋体”；❸设置字号为“小初”；❹单击“开始”选项卡“段落”组中的“居中”按钮☰。

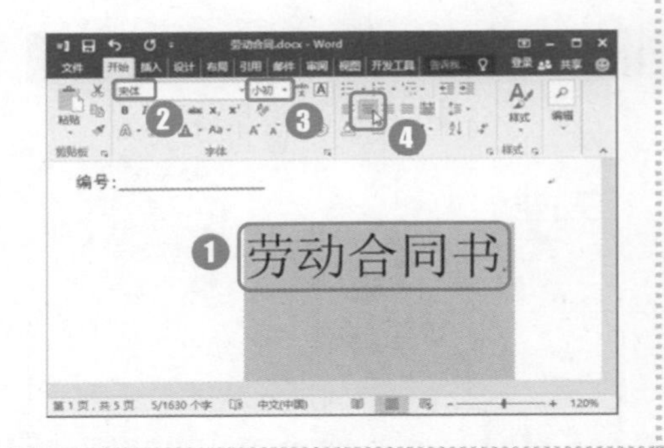

第 4 步：设置行距

❶选择“劳动合同书”及以下的文本；❷单击“开始”选项卡下“段落”组中的“行和段落间距”按钮；❸在弹出的下拉列表框中选择“2.5”选项。

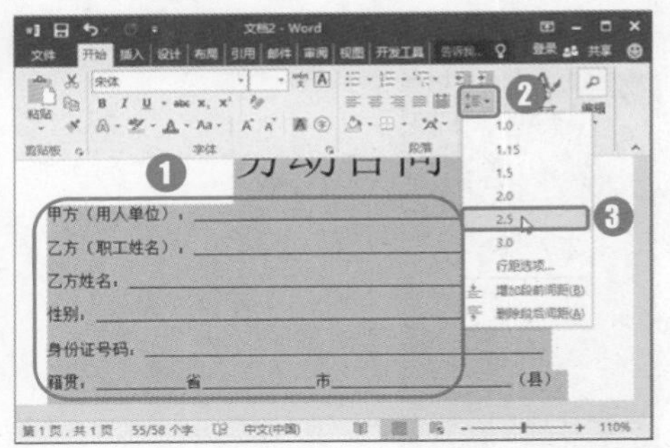

第 5 步：设置字体格式

❶选择“甲方”文本以下的段落；❷使用前文的方法在需要填写内容的位置添加下画线；❸设置字体为“宋体”，字号为“四号”。

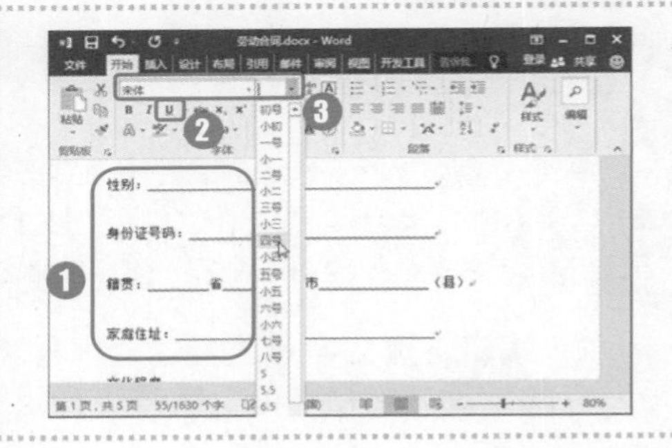

3．插入分页符

首页内容制作完成后，就可以开始录入劳动合同的正文内容了。

❶将光标定位到首页的末尾处，切换到“插入”选项卡；❷单击“页面”组中的“分页”按钮。

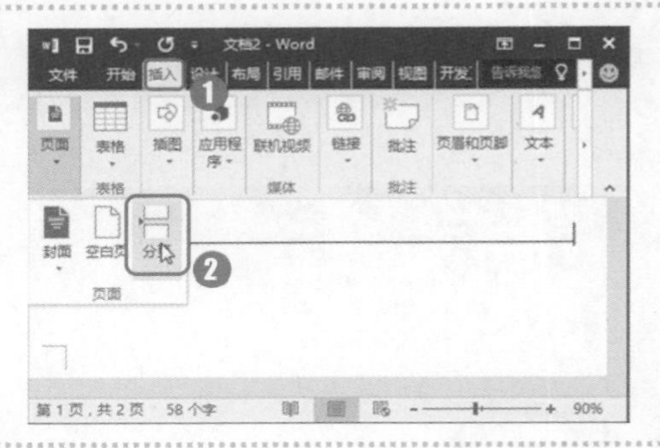

4．复制与粘贴文本内容

在录入和编辑文档内容时，有时需要从外部文件或其他文档中复制一些文本内容，例如，本例将从素材文件中复制劳动合同的内容并进行编辑。

第 1 步：打开并复制文本内容

❶打开“劳动合同”素材文件，按下“Ctrl+A”组合键选择所有的文本；❷在文本上右击，在弹出的快捷菜单中单击“复制”命令。

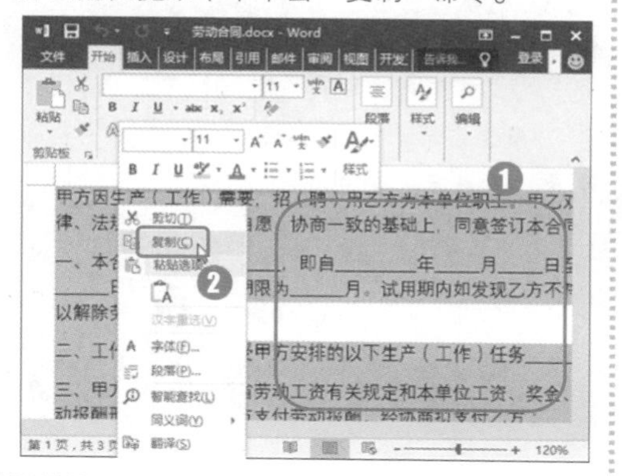

第 2 步：粘贴文本内容

将光标定位到劳动合同第 2 页的顶端，❶单击“开始”选项卡下“剪贴板”组中的“粘贴”下拉按钮；❷在弹出的下拉菜单中选择“只保留文本”按钮。

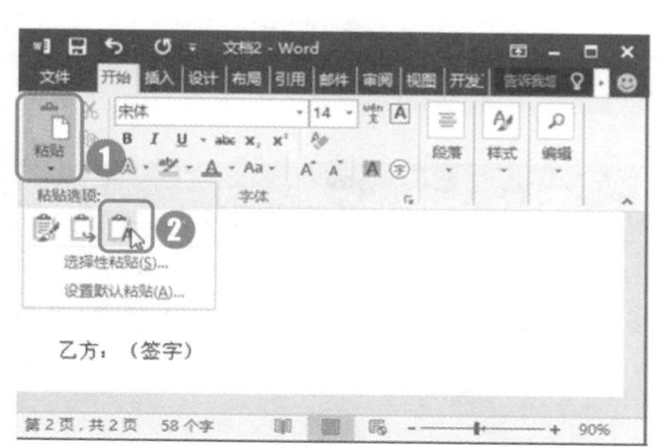

知识加油站

在 Word 2016 中粘贴复制的内容时，根据复制源内容的不同，会出现一些粘贴选项供用户选择。单击“粘贴”下拉按钮，或按下“Ctrl”键即可打开粘贴选项，在选项中选择所需要的格式选项即可。

1.1.2 编辑劳动合同

上一节中已经成功创建了劳动合同，并完成了首页的制作和正文内容的录入工作，接下来对劳动合同内文进行编辑排版，包括设置字体格式、段落格式和保存文档等操作。

1. 设置字体格式

Word 2016 的默认字体格式为“等线，五号”，下面对正文内容进行字体格式的设置。

❶选择劳动合同正文文本，单击“开始”选项卡下“字体”组中的“字体”下拉按钮；❷在弹出的下拉菜单中选择“宋体”。

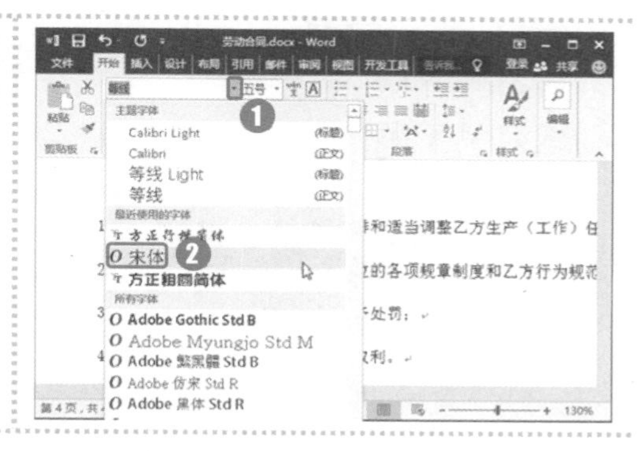

2. 设置段落格式

除文本的字体格式外，还需要对段落的整体格式进行设置，如中文习惯使用的首行缩进格式。

第 1 步：单击对话框启动器

❶选择劳动合同正文文本；❷单击“开始”选项卡“段落”组中的对话框启动器。

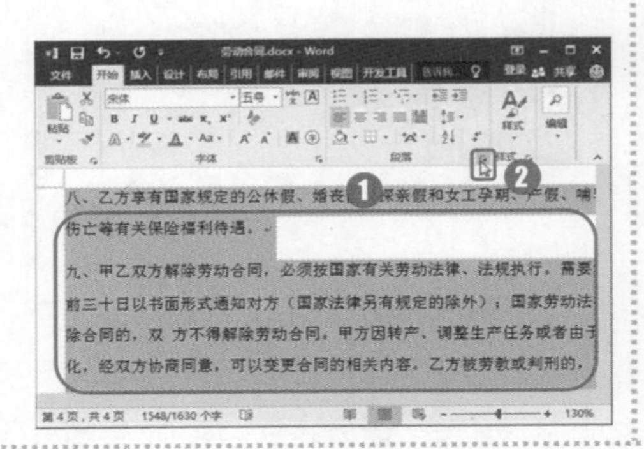

第 2 步：设置首行缩进

❶打开“段落”对话框，在“缩进和间距”选项卡的“特殊格式”下拉列表中选择“首行缩进”；❷在“缩进值”数值框中设置“2 字符”；❸单击“确定”按钮。

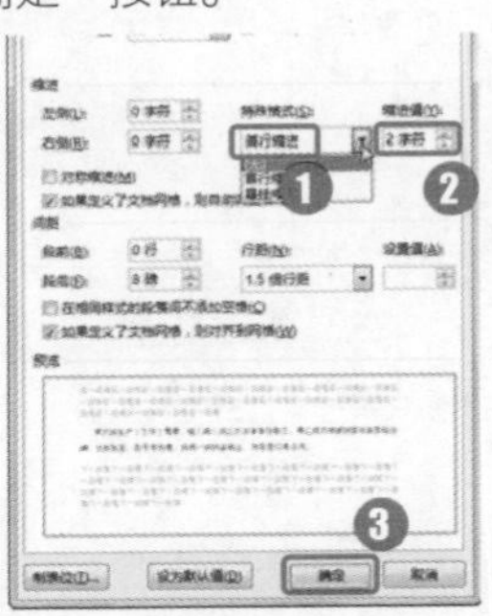

3. 分栏排版文本

劳动合同页尾的签名多采用甲乙双方左右排版，此时可以使用分栏功能将其分为两栏排版。

第 1 步：单击分栏按钮

❶选择签名文本；❷单击“布局”选项卡下“页面设置”组中的“分栏”下拉按钮；❸在弹出的下拉菜单中选择“两栏”选项。

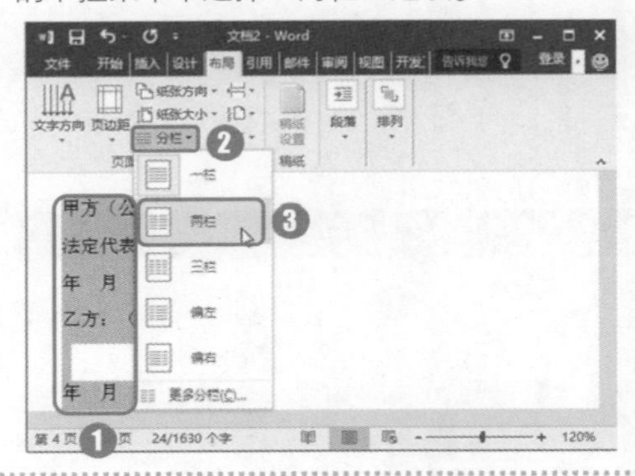

第 2 步：查看分栏效果

设置完成后的效果如下图所示，甲乙双方的签字行将呈左右两栏排版。

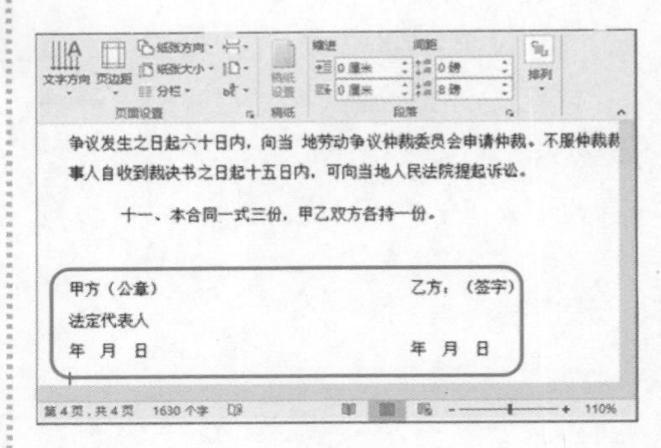

4. 保存文档

文档制作完成后，需要将文档保存于磁盘中，并为文档命名，具体操作方法如下。

第 1 步：单击“保存”按钮

单击快速访问栏中的“保存”按钮，或单击“文件”选项卡，在弹出的窗口中单击“另存为”选项。

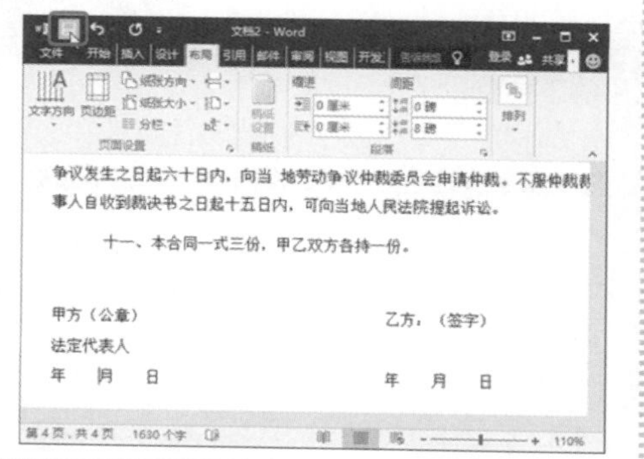

第 2 步：单击“浏览”按钮

在“文件”选项中依次单击“另存为”→“这台电脑”→“浏览”选项。

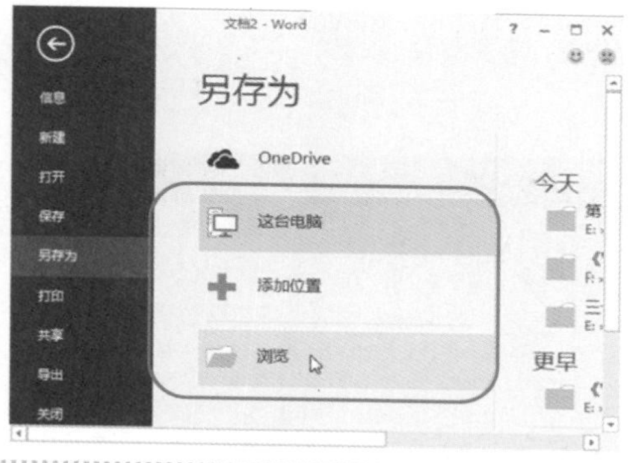

第 3 步：设置保存参数

❶打开“另存为”对话框，设置文件的保存路径；❷输入文件名；❸单击“保存”按钮。

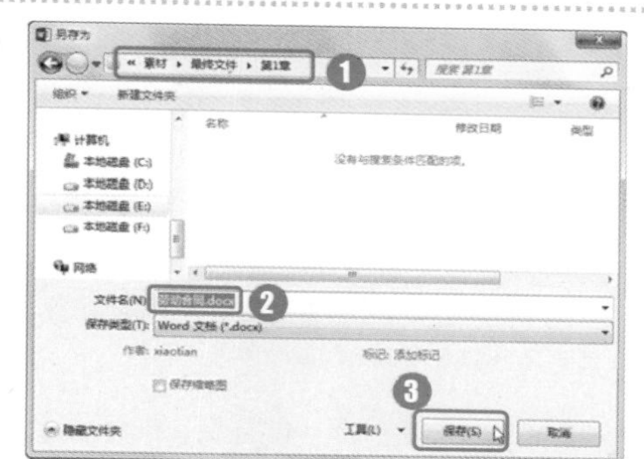

知识加油站

在对文档进行编辑和处理时，为防止文件在编辑过程中因突发情况而丢失，应提前保存文件，并在编辑过程中不时地保存文档。保存文件的快捷键为“Ctrl+S”。在文档中首次保存文件时，Word 会自动打开另存为对话框，要求用户选择保存位置。再次保存文件时，文件将直接保存并替换第一次保存的文件。如果要将文件进行备份或保存为新文件，可使用“文件”选项卡中的“另存为”命令。

1.1.3 阅览劳动合同

在编排完文档后，通常需要对文档排版后的整体效果进行查看，本节将以不同的方式对劳动合同文档进行查看。

1. 使用阅读视图

Word 2016 提供了全新的阅读视图模式，进入 Word 2016 的阅读模式，单击左右的箭头按钮，即可完成翻屏。此外，Word 2016 阅读视图模式提供了三种页面背景色：

默认的白底黑字、棕黄背景以及适合于在黑暗环境中阅读的黑底白字。方便用户在各种环境下舒适阅读。

第 1 步：执行阅读视图命令

❶单击“视图”选项卡；❷单击“视图”组中的“阅读视图”按钮。

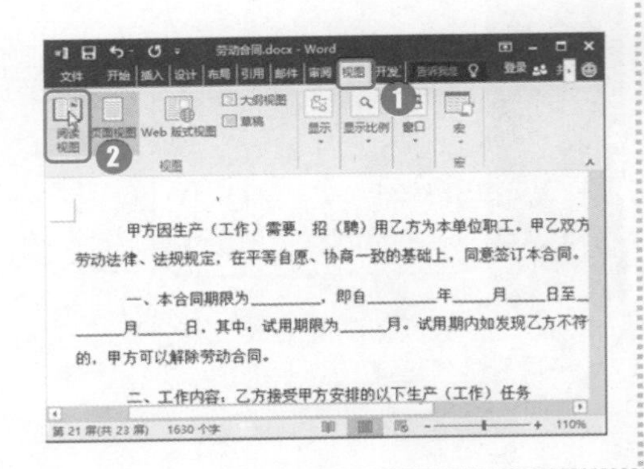

第 2 步：翻屏阅读

❶进入阅读视图状态，单击左右的箭头按钮即可完成翻屏；❷单击“视图”选项卡；❸在弹出的下拉菜单中选择“页面颜色”选项；❹在弹出的扩展菜单中选择一种页面颜色。

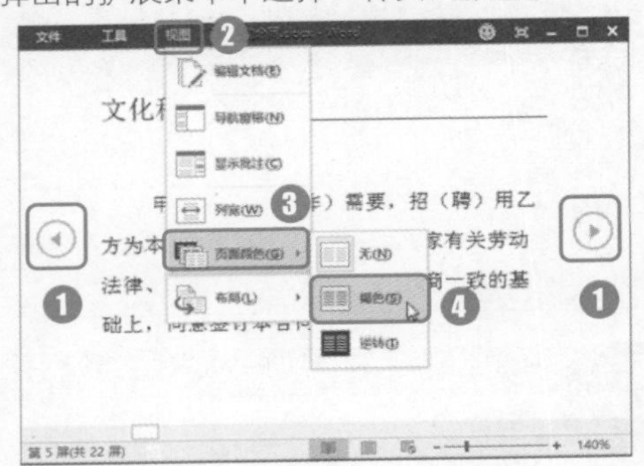

2. 应用“导航”窗格

Word 2016 提供了可视化的“导航窗格”功能。使用“导航”窗格可以快速查看文档结构图和页面缩略图，从而帮助用户快速定位文档位置。使用 Word 2016 导航窗格浏览文档的具体步骤如下。

❶单击“视图”选项卡；❷勾选“显示”组中的“导航窗格”复选框；❸单击“导航窗格”中的“页面”选项卡；❹选择页面缩略图即可查看。

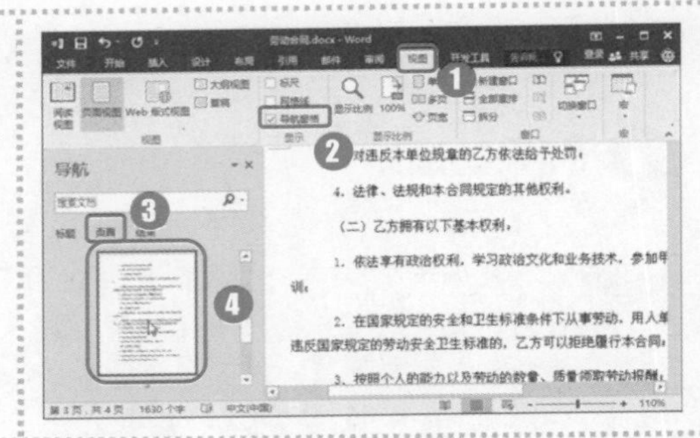

3. 更改文档的显示比例

在 Word 2016 文档窗口中，可以设置页面显示比例，从而调整 Word 2016 文档窗口的大小。显示比例仅仅调整文档窗口的显示大小，并不会影响实际的打印效果。设置 Word 2016 页面显示比例的步骤如下。

单击“视图”选项卡“显示比例”组中的按钮，即可调整文档视图的缩放比例，如下图所示。

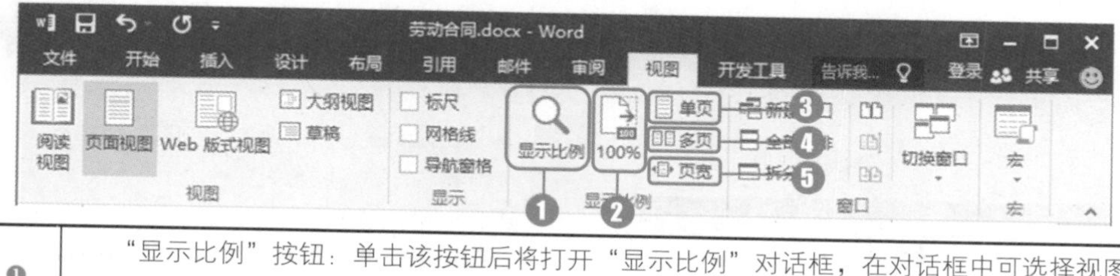

❶	“显示比例”按钮：单击该按钮后将打开“显示比例”对话框，在对话框中可选择视图的缩放比例。
❷	“100%”按钮：单击该按钮，可将视图比例还原到原始比例。
❸	“单页”按钮：单击该按钮，可将视图调整为在屏幕上完整显示一整页的缩放比例。
❹	“多页”按钮：单击该按钮，可将视图调整为在屏幕上完整显示两页的缩放比例。
❺	“页宽”按钮：单击该按钮，可将视图调整为页面宽度与屏幕宽度相同的缩放比例。

1.1.4 打印劳动合同

劳动合同制作完成后，需要使用纸张打印出来，以供聘用者与受聘者签字盖章，为劳动合同赋予法律效应。在打印劳动合同之前，需要进行相关的设置，如设置页面大小、装订线、页边距等。

1．设置页面大小

Office 2016 默认的页面大小为 A4，而普通打印纸的大小也为 A4，如果需要其他规格的纸张，可以在布局选项卡中设置纸张大小。

❶ 切换到“布局”选项卡；❷单击“页面设置”组中的“纸张大小”下拉按钮；❸在弹出的下拉菜单中选择一种纸张规格。

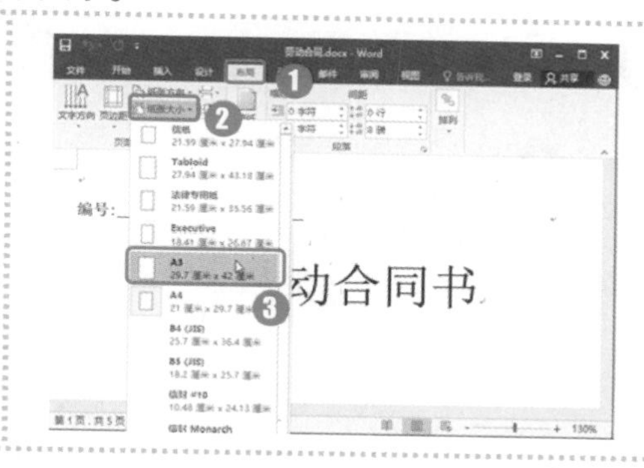

2．设置装订线

合同打印后大多会装订保存，所以在打印前需要为文档设置装订线。

第 1 步：单击对话框启动器

❶切换到“布局”选项卡；❷单击“页面设置”组中的对话框启动器。

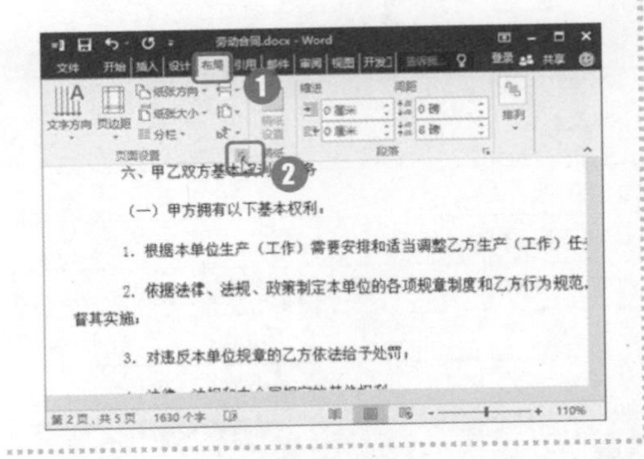

第 2 步：设置装订线

打开“页面设置”对话框，❶在“页边距”选项卡中设置“装订线”值为“1 厘米”；❷在“装订线位置”下拉列表中选择“上”，然后单击“确定”按钮即可。

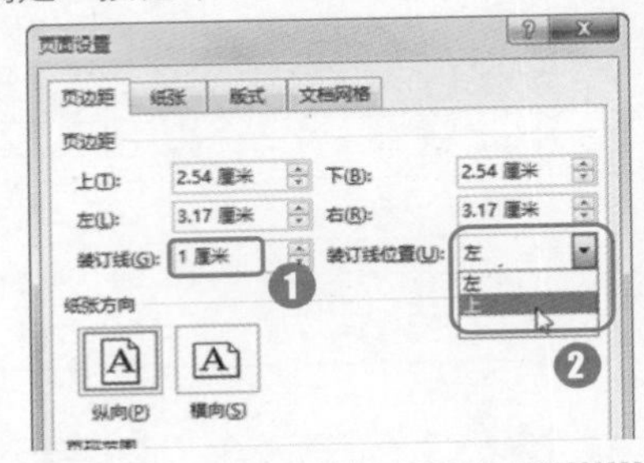

3. 设置页边距

为文档设置合适的页边距可以使打印的文档更加美观。页边距包括上、下、左、右页边距，如果默认的页边距不适合正在编辑的文档，可以通过设置进行修改。

第 1 步：单击“页边距”按钮

❶单击“布局”选项卡下“页面设置”组中的“页边距”下拉按钮；❷在弹出的下拉菜单中选择“自定义页边距”选项。

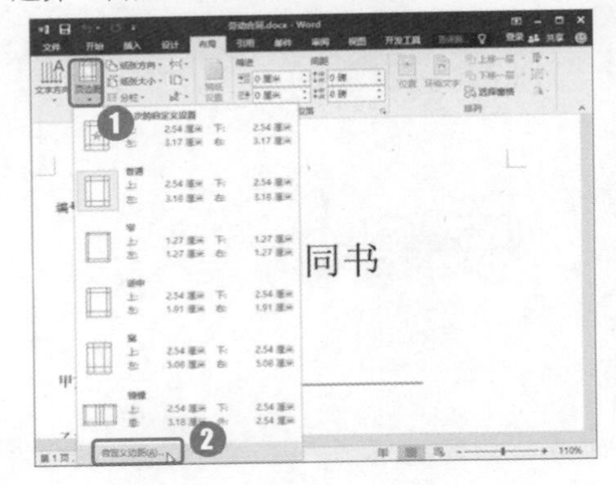

第 2 步：设置页边距

❶打开“页面设置”对话框，在“页边距”选项卡的“页边距”栏分别设置上、下、左、右的距离；❷单击“确定”按钮。

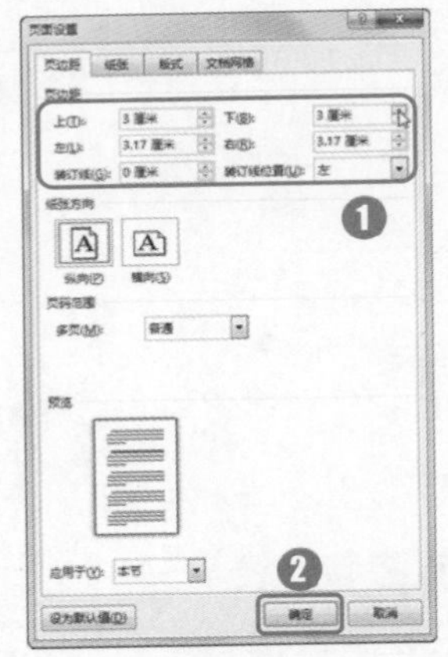

知识加油站

除使用前文的方法设置具体的页边距数值外，还可以在标尺上直接手动调整页边距，从而更快地改变页边距。标尺上两端的灰色部分即表示页边距，故拖动标尺上灰色与白色间的分隔线，即可改变对应位置的页边距。

4．预览和打印文档

在打印文档之前，可以先预览文件，查看文件在打印后的显示效果，预览效果满意之后再设置相应的打印参数打印文档。

❶在“文件”选项卡中单击“打印”命令；❷在打印窗口的右侧可以预览该文件；❸预览完成后，设置打印的份数和打印机；❹单击“打印”按钮即可打印文件。

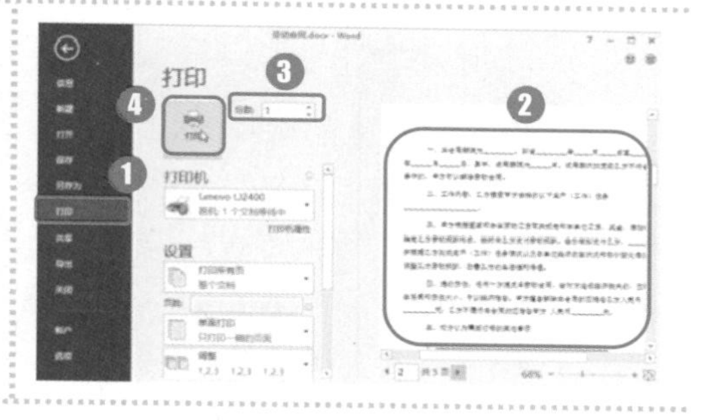

1.2 制作员工手册

员工手册是公司制度最常见的体现形式，下面将制作一份员工手册，包括员工手册的封面、封底、考勤制度、福利制度、薪酬制度等信息，并在文档中添加目录，以便对该文档进行浏览。

“员工手册”文档制作完成后的效果如下图所示。

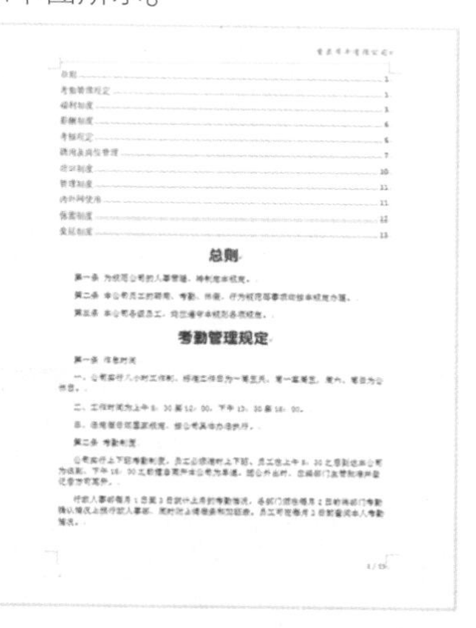

光盘同步文件

原始文件：光盘\素材文件\第 1 章\员工手册.txt、公司标志.jpg
结果文件：光盘\结果文件\第 1 章\员工手册.docx
视频文件：光盘\教学文件\第 1 章\制作员工手册.mp4

1.2.1 制作封面

为员工手册制作一个带有公司图标的封面，既能提升员工手册的专业性 ，还能美化员工手册。

1. 插入内置封面

Word 2016 内置了多种封面模板，如果需要为员工手册制作封面，可以使用内置封面轻松地制作出专业、美观的封面。

❶切换到“插入”选项卡；❷单击“页面”组中的“封面”下拉按钮；❸在弹出的下拉列表中选择一种封面样式，即可插入内置封面。

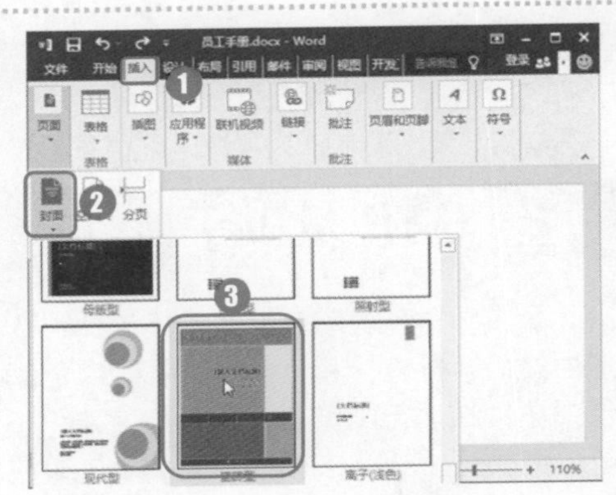

2. 输入封面内容

内置封面中包括多项内容控件，分别在内容控件中输入员工手册的封面内容，即可轻松地完成封面制作。

第 1 步：在控件中输入文本

❶在“公司名称”控件中输入公司名称；❷在“标题”控件中输入“员工手册”。

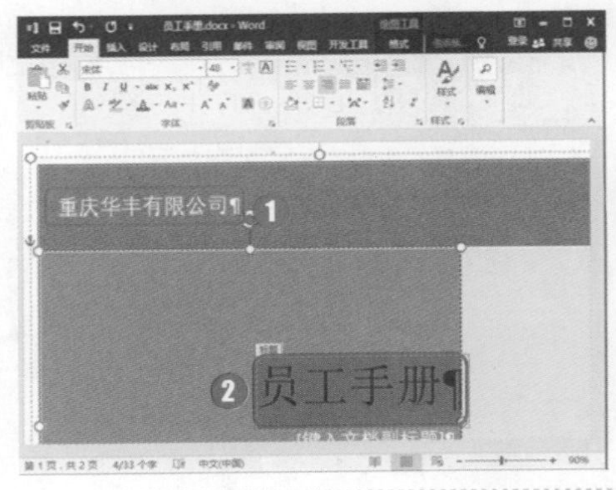

第 2 步：设置日期

❶单击“年”控件右侧的下拉按钮；❷在弹出的下拉菜单中选择日期。

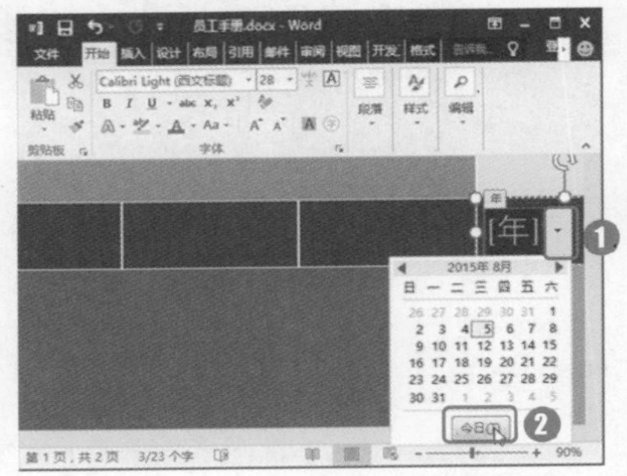

3. 删除多余控件

内置封面中包含了多个内容控件，如果不需要使用全部的内容控件，也可以删除多余的控件。

在需要删除的控件上右击，在弹出的快捷菜单中选择“删除内容控件”即可。

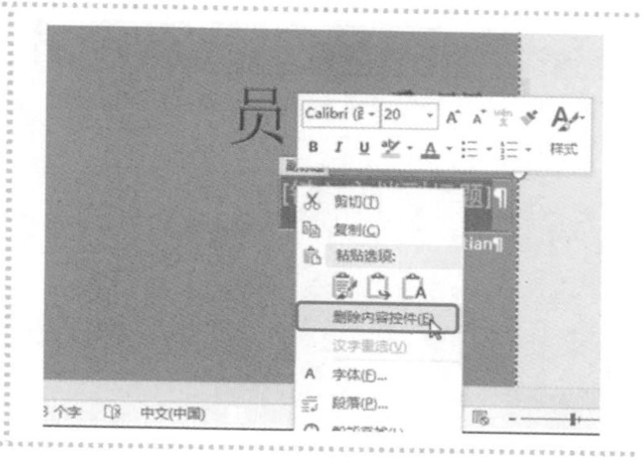

4. 插入公司标志

在制作员工手册时，通常需要在封面中插入公司标志图片，插入标志图片后，还可以对图片进行简单的处理。

第 1 步：单击“图片”按钮

❶将光标定位到需要插入标志的位置；❷单击“插入”选项卡下“插图”组中的“图片”按钮。

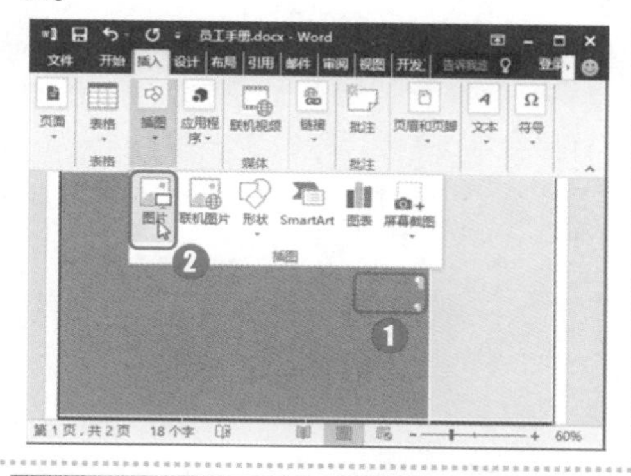

第 2 步：选择图片

❶打开“插入图片”对话框，在图片的保存路径中选择“公司标志”图片；❷单击“插入”按钮。

第 3 步：单击“删除背景”按钮

❶选择插入的图片；❷单击“图片工具/格式”选项卡下“调整”组中的“删除背景”按钮。

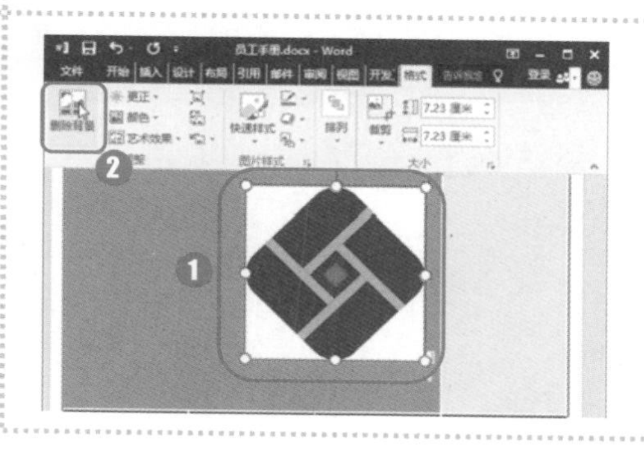

第 4 步：删除图片背景

❶标记需要删除和保留的图片区域；❷单击“保留更改”命令。

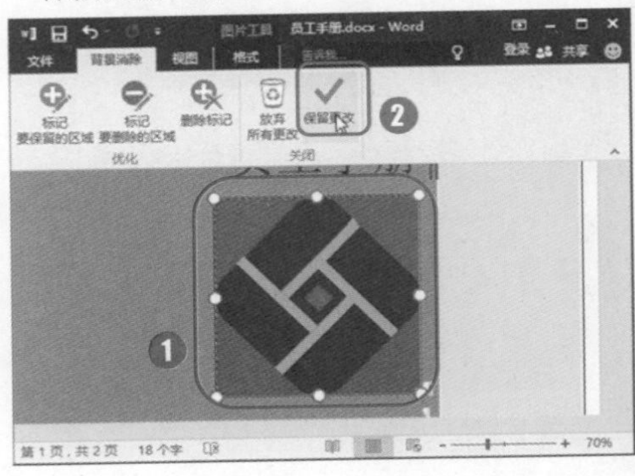

第 5 步：调整图片大小

将光标移动到图片周围的控制点上，光标变为双向箭头或时，按下鼠标左键并拖动，调整图片到合适的大小。

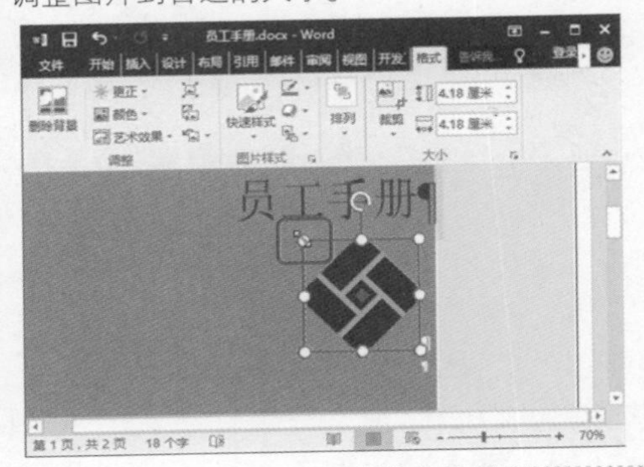

1.2.2 输入内容并设置格式

在输入员工手册内容时，需要对标题和正文分别设置格式。如果需要多次使用某一样式，可以为该样式新建文字格式样式，并为样式设置快捷键，以提高工作效率。

第 1 步：单击“新建样式”按钮

❶在文档中输入“总则”文本，设置字体格式为“方正粗圆简体，二号，居中”；❷选择“总则”文本；❸单击“开始”选项卡下“样式”组中的对话框启动器；❹在打开的“样式”窗格中单击“新建样式”按钮。

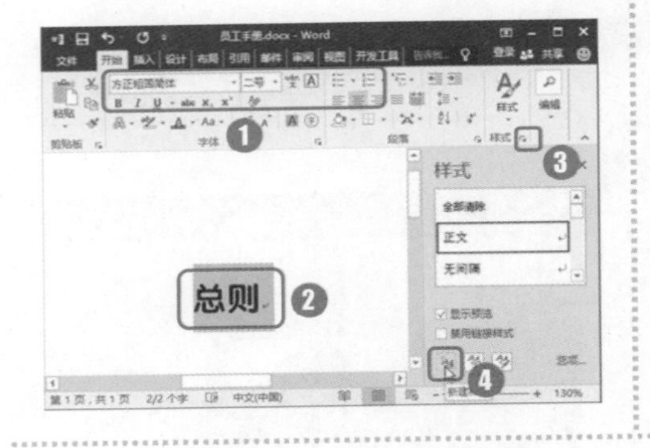

第 2 步：设置标题名称

❶打开“根据格式设置创建新样式”对话框，设置名称为“员工手册标题”；❷设置后续段落样式为“正文”；❸单击“格式”按钮；❹在弹出的下拉菜单中选择“快捷键”命令。

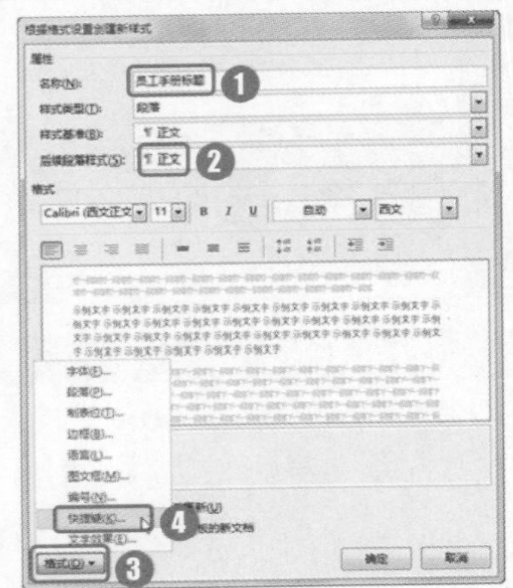

第 3 步：设置样式快捷键

❶打开“自定义键盘”对话框，将光标定位到“请按新快捷键”文本框中；❷按下“Alt+1”设置该样式的快捷键，然后单击“指定”按钮；❸设置完成后单击“关闭”按钮。

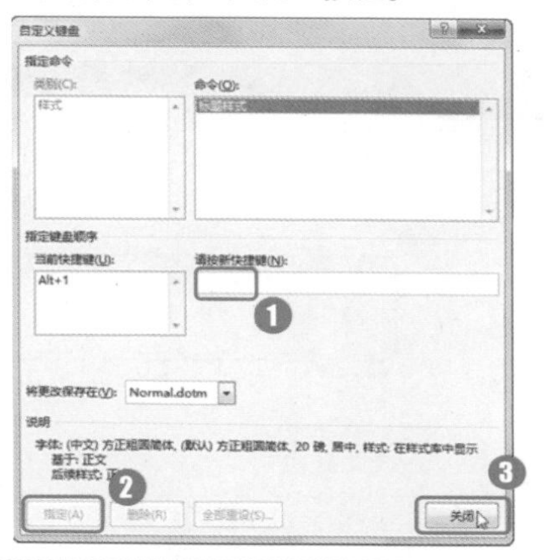

第 4 步：使用快捷键应用样式

返回 Word 文档工作界面，根据素材文件输入后续内容，在输入标题时按下“Alt+1”组合键为标题应用标题样式。

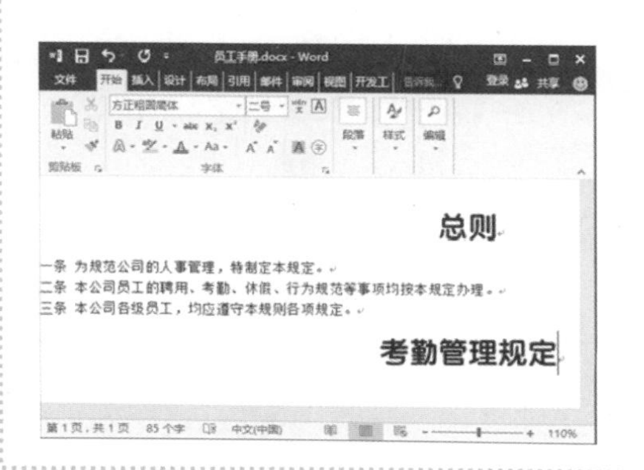

1.2.3 设置页眉与页脚

员工手册的正文制作完成后，将公司的名称、标志、页码等信息设置在页眉和页脚中，既可以美化文档，还能增强文档的统一性与规范性。

1. 插入奇数页页眉和页脚

在为员工手册插入页眉和页脚时，分别设置奇数页和偶数页的页眉和页脚，可以让员工手册的内容更加丰富。

第 1 步：输入并设置页眉文字

❶双击页眉区域进入页眉编辑状态，在页眉处输入公司名称；❷设置公司名称文本格式为“方正行楷简体，小四，右对齐，深红”。

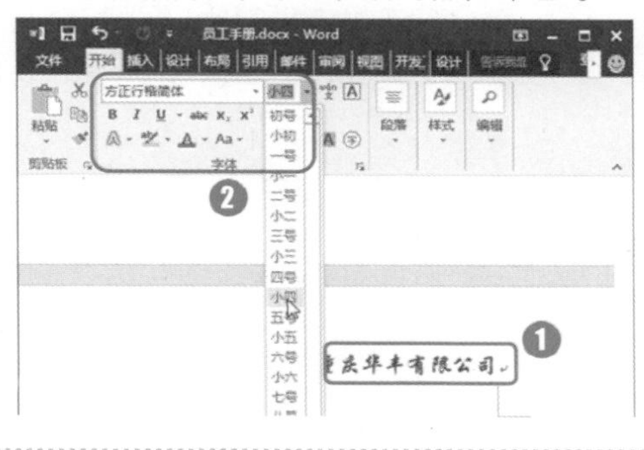

第 2 步：选择横线工具

❶单击“插入”选项卡下“插图”组中的“形状”下拉按钮；❷在弹出的下拉菜单中选择“直线”形状。

第 3 步：设置横线样式

❶在页眉处绘制一条横线；❷在“绘图工具/格式”选项卡的“形状样式”组中设置横线样式。

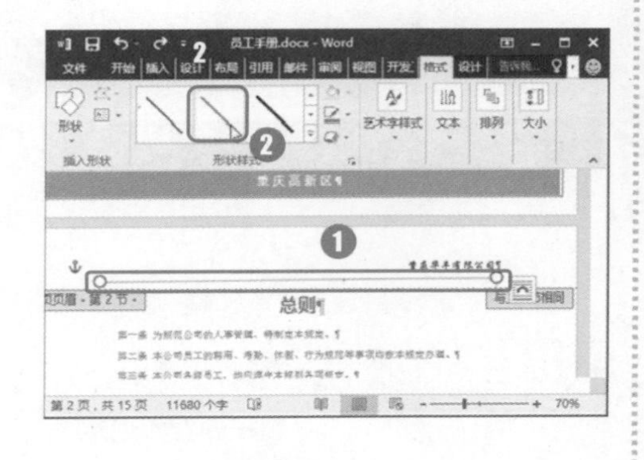

第 4 步：插入页码

❶将光标定位到页脚区域，单击“页眉和页脚工具/设计”选项卡下“页眉和页脚”组中的“页码”下拉按钮；❷在弹出的下拉菜单中依次选择“页面底端”→“加粗显示的数字 3”选项。

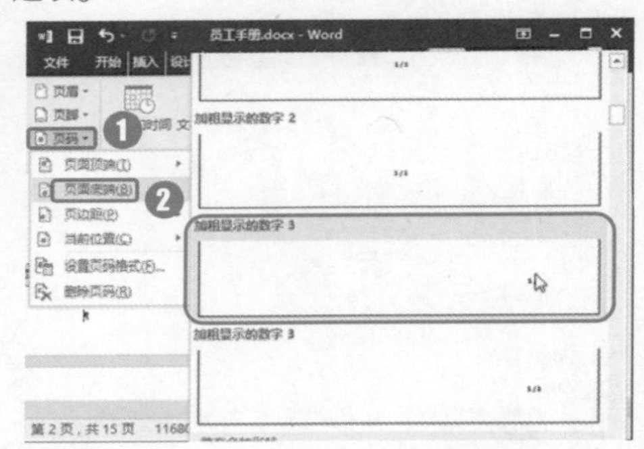

2. 插入偶数页页眉和页脚

为奇数页插入页眉和页脚后，所有的页面会同时应用该页眉和页脚样式，此时，可以通过设置为偶数页设置不同的页眉和页脚。

第 1 步：设置奇偶页不同

双击页眉区域进入页眉编辑状态，勾选“页眉和页脚工具/设计”选项卡“选项”组中的“奇偶页不同”复选框。此时，将删除偶数页的页眉和页脚。

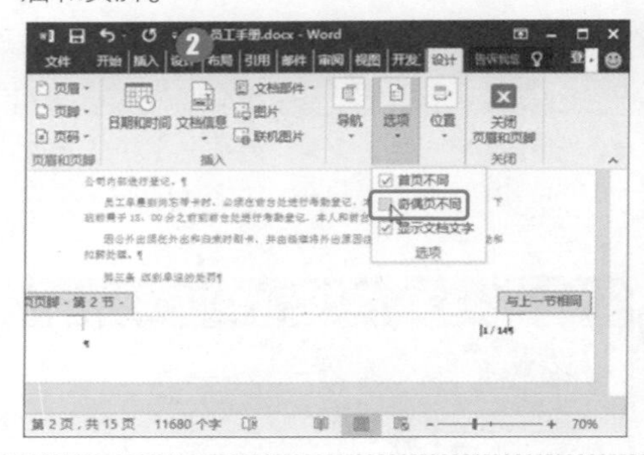

第 2 步：复制奇数页页眉

❶将奇数页的页眉复制到偶数页页眉处，将光标定位到公司名称处；❷单击“开始”选项卡“段落”组中的“左对齐”按钮 ☰ 。

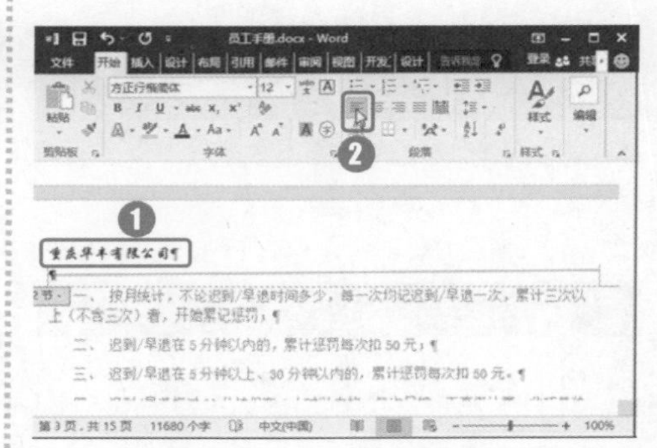

第 3 步：插入公司标志

将光标定位到公司名称前，使用前文所学的方法插入公司标志图片，拖动图片四周的控制点调整图片大小。

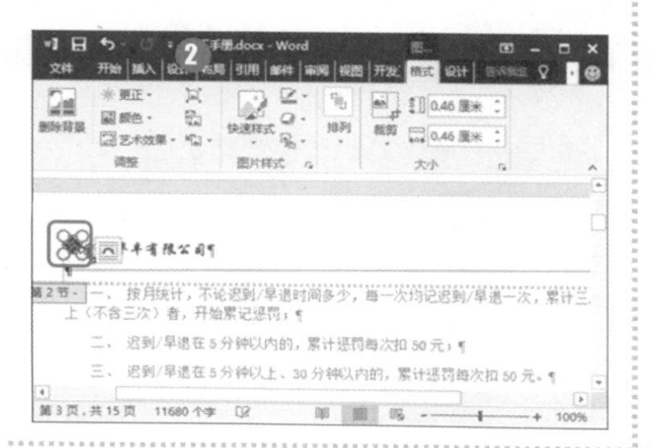

第 4 步：插入偶数页页脚

❶将光标定位到页脚区域，单击“页眉和页脚工具/设计”选项卡“页眉和页脚”组中的“页码”下拉按钮；❷在弹出的下拉菜单中依次选择“页面底端”→“加粗显示的数字 1”选项。

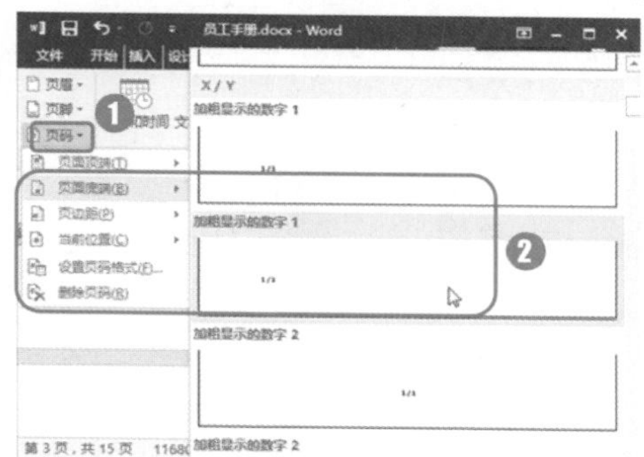

知识加油站

在需要双面打印并装订的文档中设置页码时，应注意除页码在页脚中使用居中对齐的对齐方式外，页码在奇数页和偶数页中应使用不同的位置。例如，奇数页的页码在右侧，偶数页的页码在左侧，以方便读者查看翻阅。

1.2.4 提取员工手册目录

员工手册内容输入完成后，因为内容较多，为方便阅读者了解大致结构和快速查看所需的内容，可以提取目录。

第 1 步：单击“自定义目录”选项

❶将光标定位到总则文本前，单击“引用”选项卡“目录”组中的“目录”下拉按钮；❷在弹出的下拉菜单中选择“自定义目录”选项。

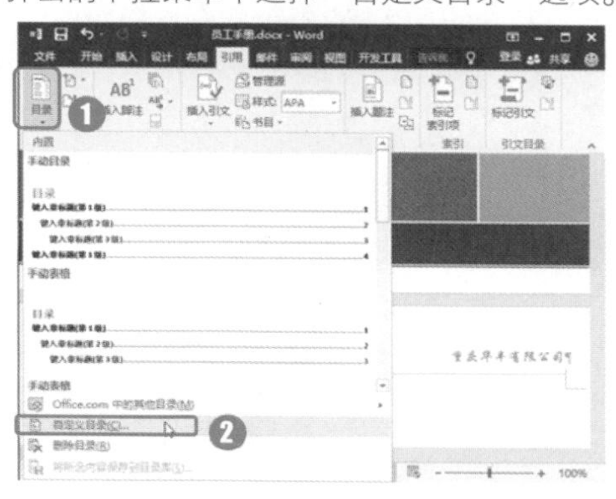

第 2 步：单击“选项”按钮

打开“目录”对话框，单击“选项”按钮。

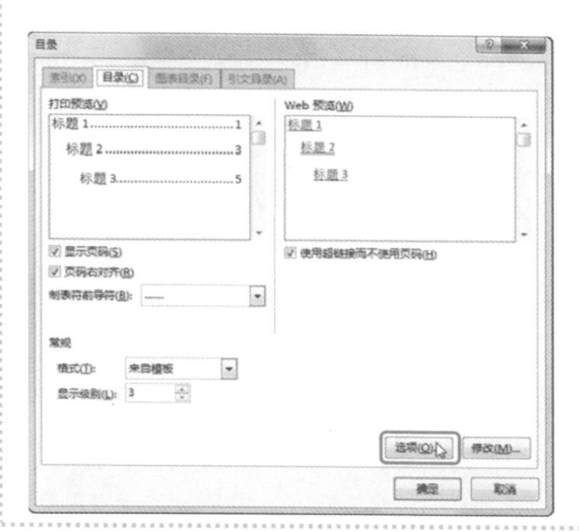

第 3 步：设置目录有效样式

打开“目录选项”对话框，❶删除“目录级别”数值框中的所有数值，在“员工手册标题”右侧的数值框中输入“1”；❷单击“确定”按钮。

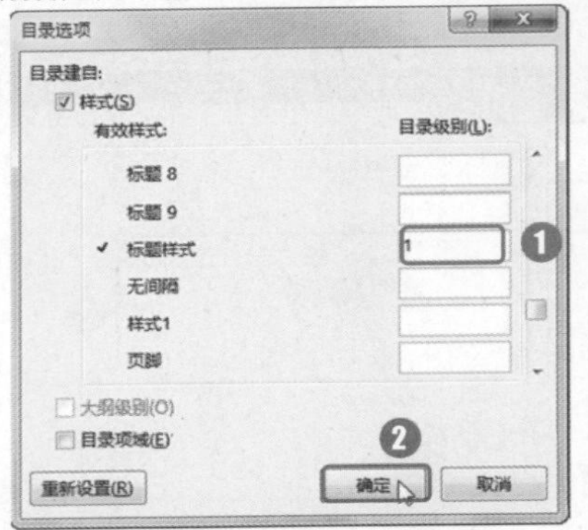

第 4 步：单击目录链接

返回文档中即可查看到已经插入的目录，如果要通过目录查看文档，可以按下“Ctrl”键，再单击目录链接，即可跳转至正文中。

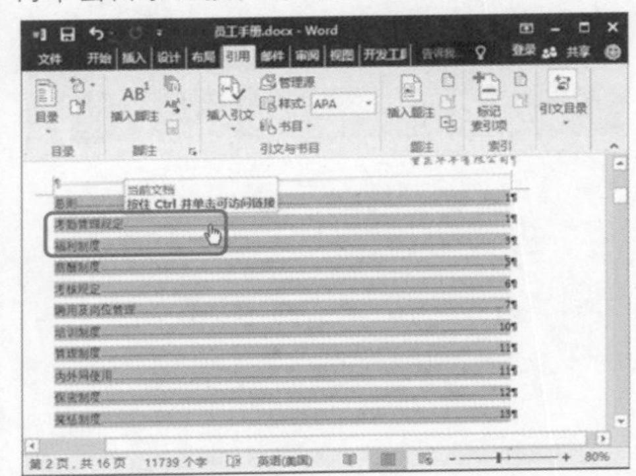

1.2.5 添加书签

员工手册中涉及的条款众多，如果需要经常查看某些条款，可以为常用、重要的条款添加标题，以便在查看时快速定位。

1. 设置书签

添加书签的方法很简单，下面以为文档添加“年假”书签为例，介绍设置书签的方法。

第 1 步：单击“书签”按钮

❶将光标定位到需要添加书签的段落中；❷单击“插入”选项卡下“链接”组中的“书签”按钮。

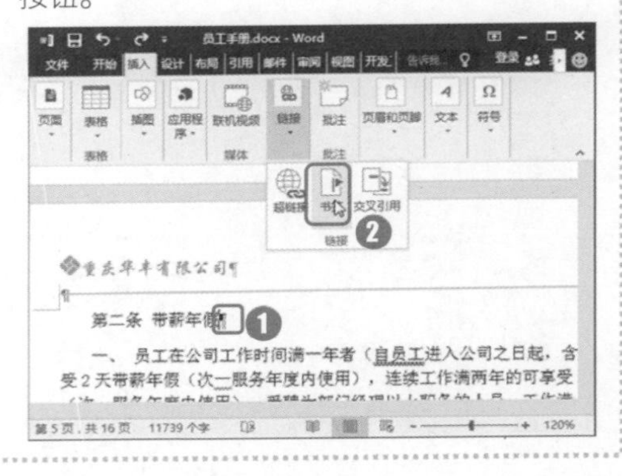

第 2 步：添加书签

❶打开“书签”对话框，在书签名中输入年假文本；❷单击“添加”按钮即可成功添加书签。

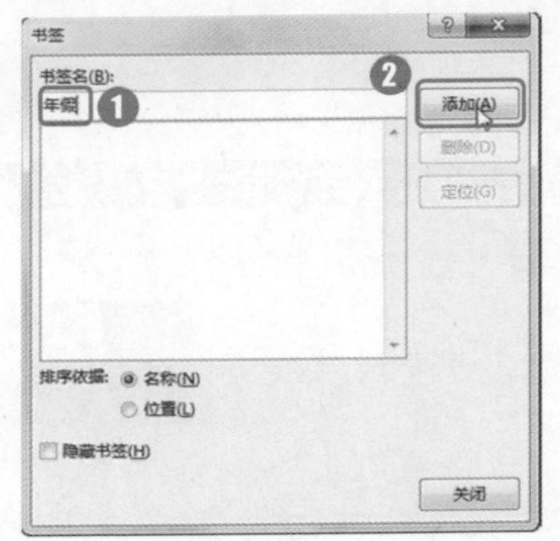

2. 定位书签

为文档添加书签之后，就可以通过书签定位文档。

❶打开“书签”对话框，选中需要定位的书签名；❷单击“定位”按钮即可。

1.3 制作邀请函

商务活动邀请函是活动主办方为了郑重邀请其合作伙伴参加其举办的商务活动而专门制作的一种书面函件，体现了主办方的盛情。下面以制作参会邀请函为例，介绍商务邀请函的制作方法。

“参会邀请函”文档制作完成后的效果如下图所示。

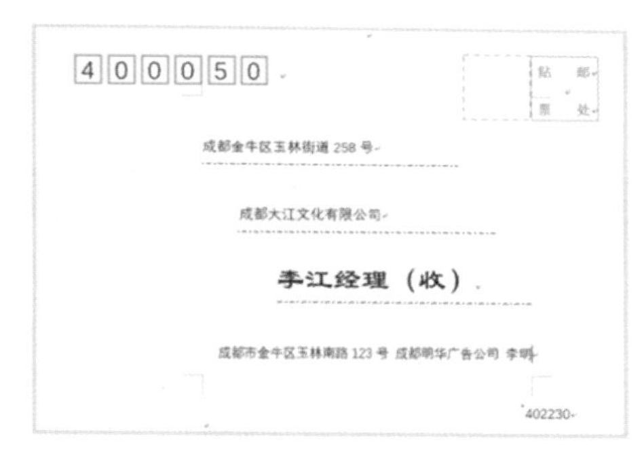

光盘同步文件

原始文件：光盘\素材文件\第 1 章\邀请函.txt

结果文件：光盘\结果文件\第 1 章\参会邀请函.docx

视频文件：光盘\教学文件\第 1 章\制作参会邀请函.mp4

1.3.1 制作参会邀请函

很多邀请函都是以横向的页面格式制作的，所以本例的邀请函中包括设置纸张方向、设置文本格式和设置段落格式几个方面。

1. 设置纸张方向

在制作参会邀请函之前，首先要新建一个名为参会邀请函的 Word 文档，而 Word 文档的默认纸张方向为纵向，如果需要制作横向的文档，可以通过设置纸张方向来完成。

❶切换到"布局"选项卡；❷单击"页面设置"组中的"纸张方向"下拉按钮；❸在弹出的下拉菜单中选择"横向"命令。

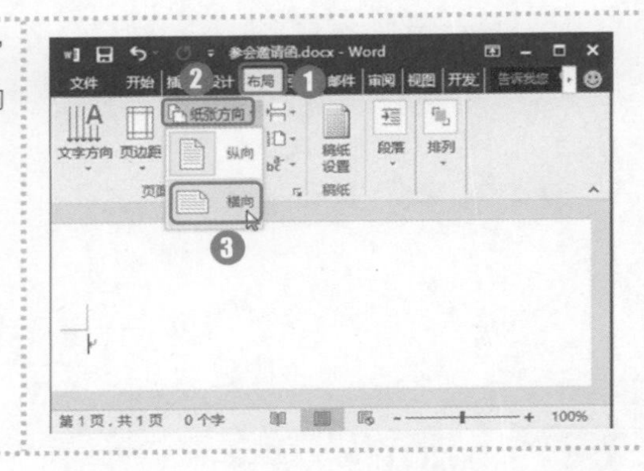

2. 设置字体和段落格式

邀请函有着与其他信函相同的格式，所以需要进行相应的段落设置。因为邀请函大多需要发送给多人，所以在输入邀请函内容时，先不输入被邀请者的姓名，而使用后文中邮件合并的方法批量导入姓名。

第 1 步：设置字体格式

❶输入邀请函内容，但不需要姓名，按下"Crtl+A"快捷键选择所有的文本，设置字体"方正行楷简体"；❷设置字号为"三号"。

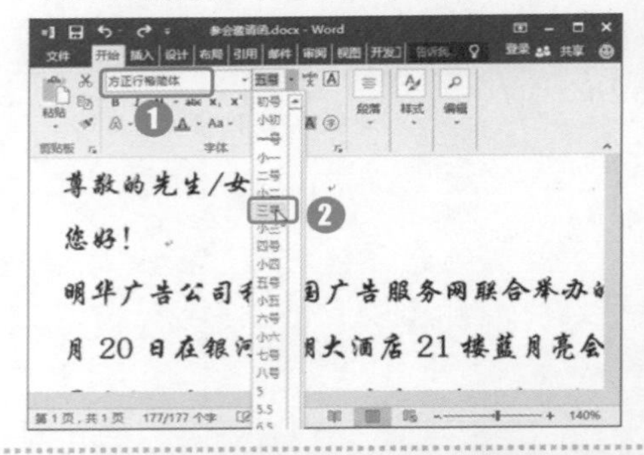

第 2 步：单击段落对话框启动器

❶选择"您好"之后，"此致"之前的文本；❷单击"开始"选项卡下"段落"组中的对话框启动器。

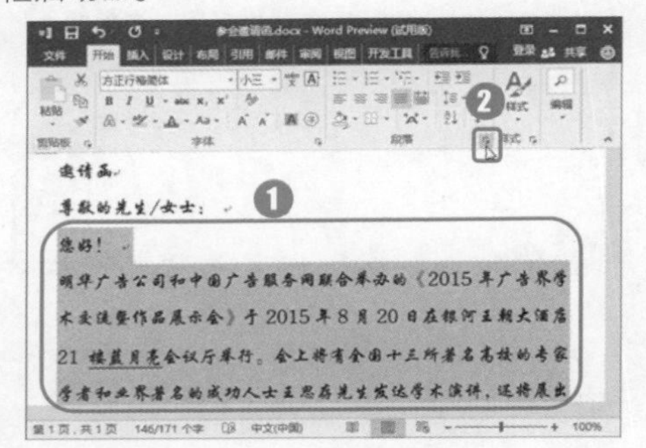

第 3 步：设置段落缩进

❶打开"段落"对话框，在"缩进和间距"选项卡中设置特殊格式为"首行缩进"；❷设置缩进值为"2 字符"。

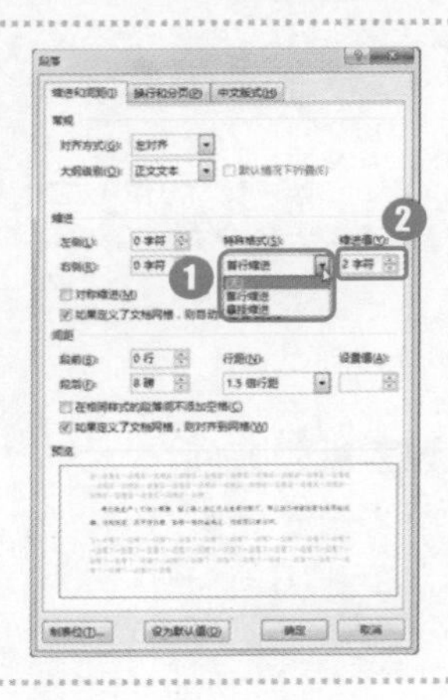

3. 插入日期和时间

在邀请函的末尾处，需要输入日期。除手动输入外，使用日期和时间功能可以快速地插入当前日期。

第 1 步：单击“日期和时间”按钮

❶将光标定位到文档的末尾处；❷单击“插入”选项卡下“文本”组中的“日期和时间”按钮。

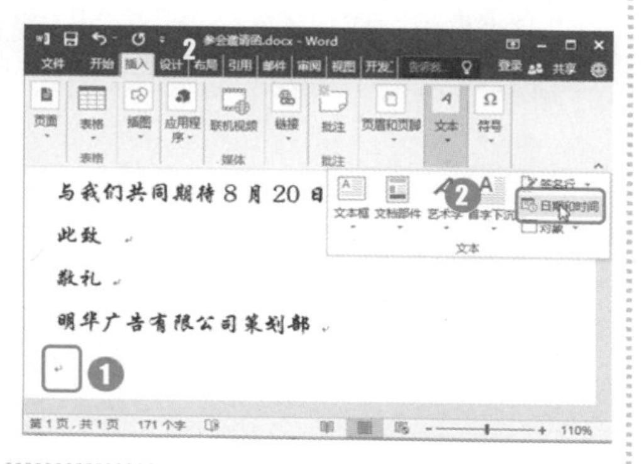

第 2 步：选择日期格式

❶打开“日期和时间”对话框，在“可用格式”列表框中选择一种日期格式；❷单击“确定”按钮即可插入当前日期。

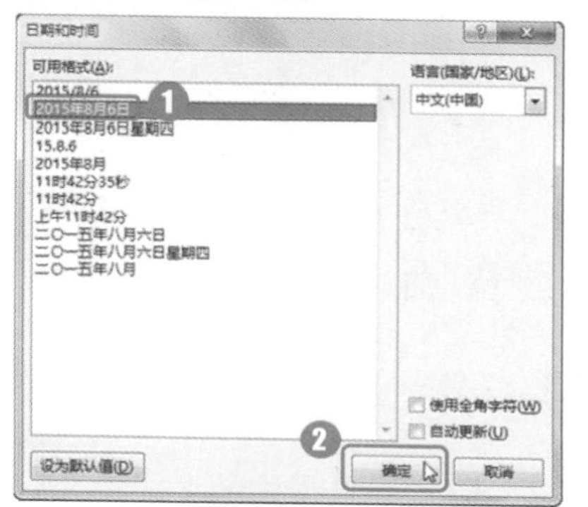

4. 设置对齐方式

信函的对齐方式与普通文本有所不同，在完成了邀请函的其他设置后，还需要设置文档的对齐方式。

❶选择“邀请函”文本；❷单击“开始”选项卡下“段落”组中的“居中”按钮；❸选择公司落款名称和日期文本；❹单击“开始”选项卡“段落”组中的“右对齐”按钮。

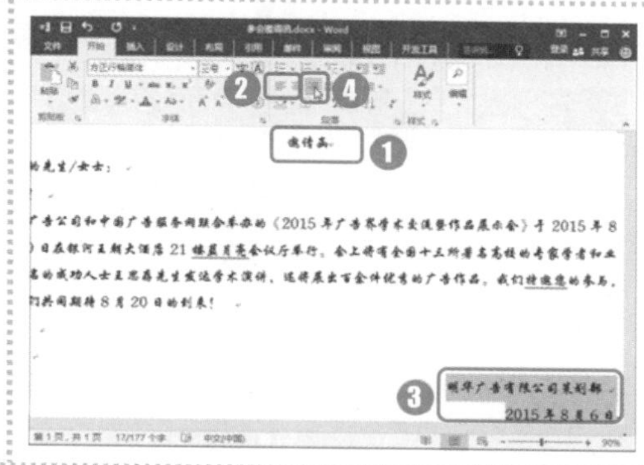

1.3.2 美化参会邀请函

输入参会邀请后，还可以对邀请函的文字进行美化，并插入图片，从而使邀请函更加美观。

1. 美化标题样式

艺术字的样式美观大方，直接使用“文本效果和版式”功能可以轻松地将普通文

字转换为艺术字。

第 1 步：选择艺术字样式

❶选择“邀请函”文本；❷单击“开始”选项卡下“字体”组中的“文本效果和版式”下拉按钮 A·；❸在弹出的下拉菜单中选择一种艺术字样式。

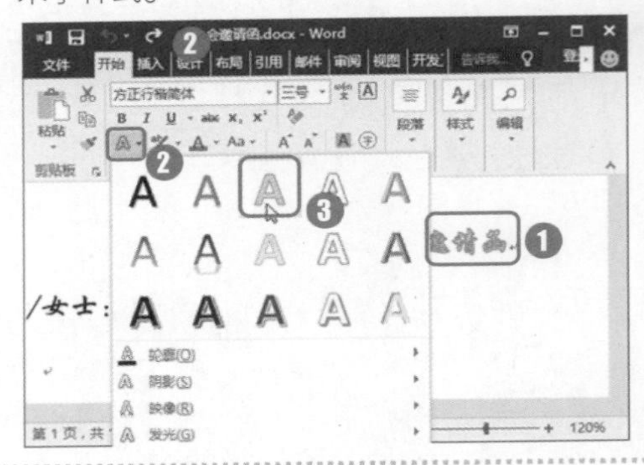

第 2 步：设置艺术字字号

❶保持“邀请函”文本的选中状态，单击“开始”选项卡下“字体”组中的“字号”下拉按钮，❷在弹出的下拉列表框中选择“小初”。

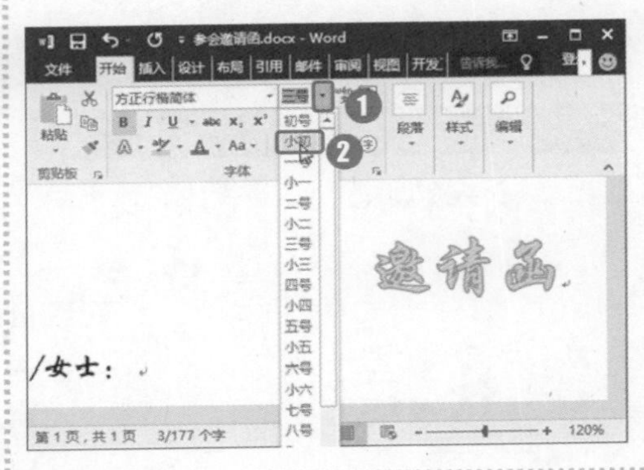

2. 插入背景图片

为邀请函插入图片背景，可以使邀请函更加美观。背景图片可以是本机图片，也可以搜索联机图片。

第 1 步：单击插入“联机图片”命令

❶切换到“插入”选项卡；❷单击“插图”组中的“联机图片”按钮。

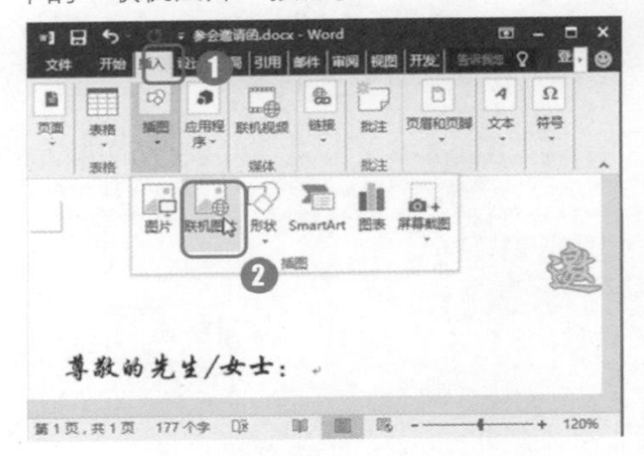

第 2 步：搜索并插入图片

❶打开“插入图片”对话框，在“必应图像搜索”文本框中输入关键字；❷单击“搜索”按钮，❸在下方的搜索结果中选择一张图片；❹单击“插入”按钮。

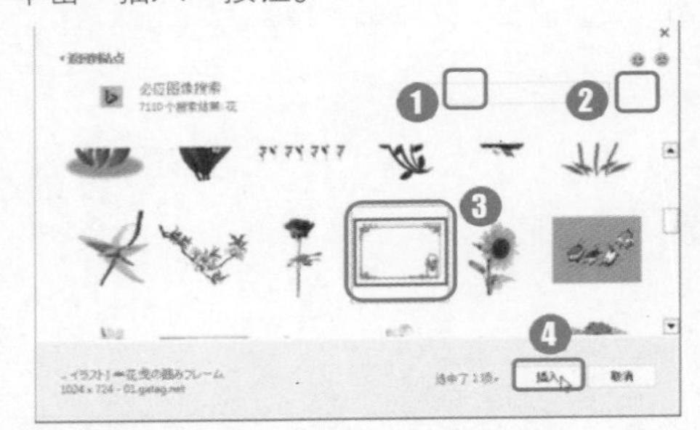

第 3 步：设置图片环绕方式

❶单击"图片工具/格式"选项卡下"排列"组中的"环绕文字"下拉按钮；❷在弹出的快捷菜单中选择"衬于文字下方"命令。

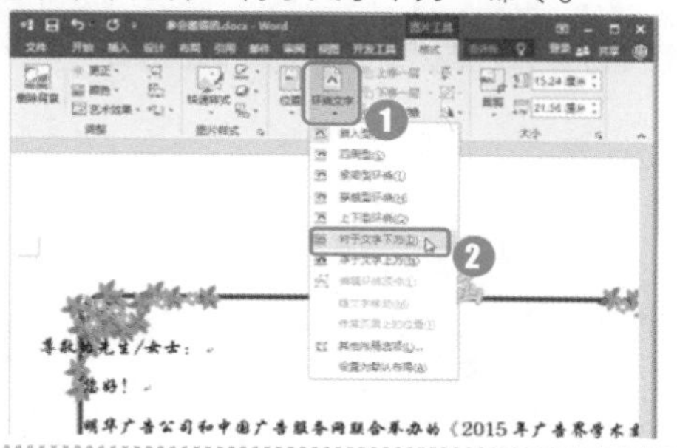

第 4 步：调整图片大小

通过图片四周的控制点调整图片大小，并将图片移动到合适的位置即可。

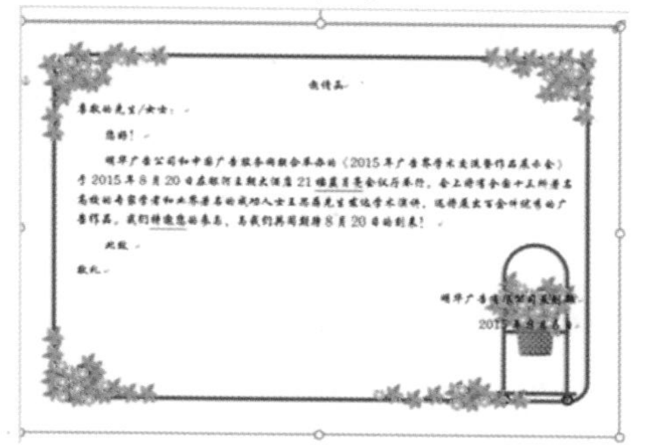

1.3.3 使用邮件合并

邀请函一般是分发给多个不同参会人员的，所以需要制作出多张内容相同，但接收人不同的邀请函。使用 Word 2016 的合并功能，可以快速制作出多张邀请函。

1. 新建联系人列表

在使用邮件合并时，可以使用以前已经创建好的联系人列表，也可以新建联系人列表。下面介绍新建联系人列表的方法。

第 1 步：单击"键入新列表"选项

❶切换到"邮件"选项卡；❷单击"开始邮件合并"组中的"选择收件人"下拉按钮；❸在弹出的下拉菜单中选择"键入新列表"选项。

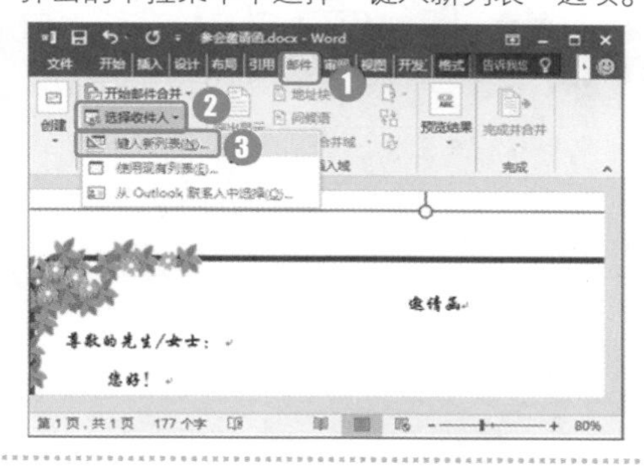

第 2 步：添加收件人信息

❶打开"新建地址列表"对话框，在列表框中输入第一个收件人的相关信息；❷单击"新建条目"按钮。

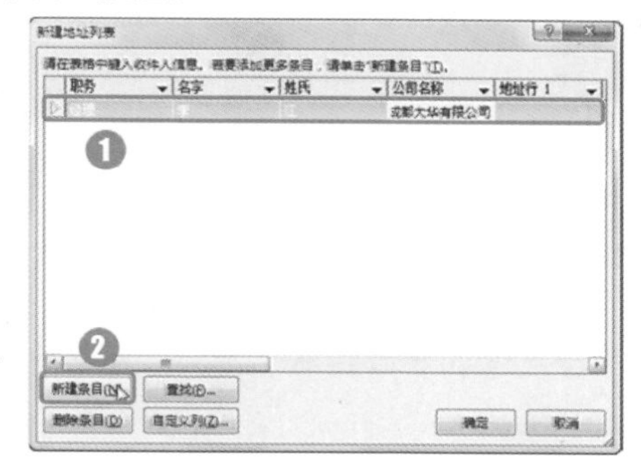

第 3 步：完成收件人信息创建

❶按照同样的方法创建其他收件人的相关信息；❷单击“确定”按钮。

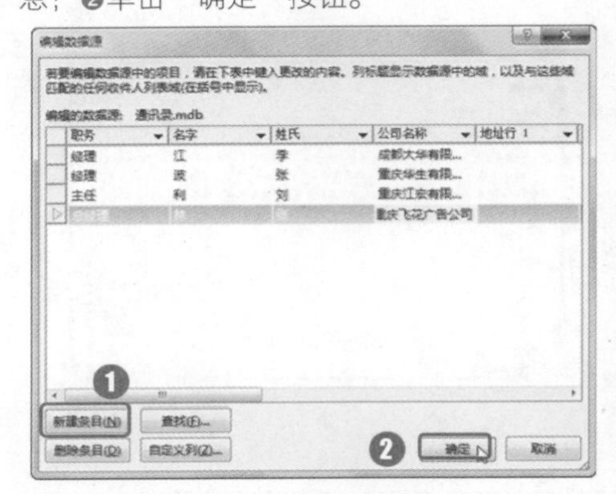

第 4 步：保存通讯录

❶弹出“保存通讯录”对话框，设置好文件名和保存位置；❷单击“保存”按钮。

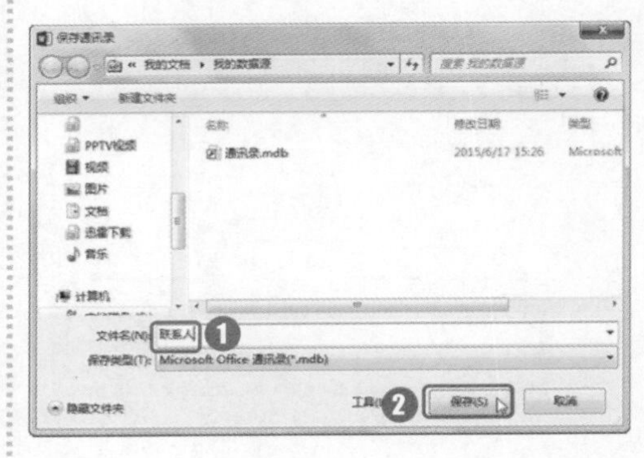

2. 插入姓名字段

新建联系人列表后，就可以插入姓名字段，创建完整的邀请函。

第 1 步：插入姓氏

❶将光标定位在要使用邮件合并功能的位置，单击“邮件”选项卡下“编写和插入域”组中的“插入合并域”下拉按钮；❷在弹出的下拉列表中单击“姓氏”选项。

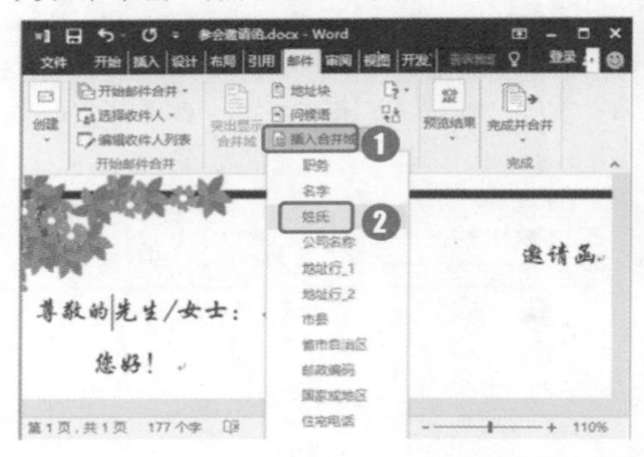

第 2 步：插入名字

❶将光标定位在插入的“姓氏”域后面，再次单击“邮件”选项卡中的“插入合并域”下拉按钮；❷在弹出的下拉列表中单击“名字”选项。

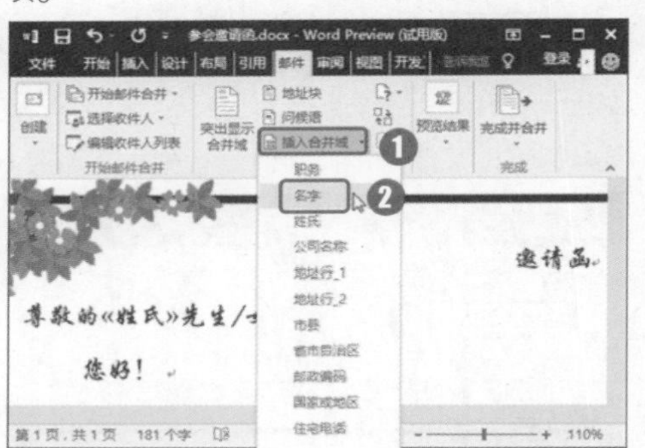

3. 预览并打印邀请函

插入姓名字段后，并不会马上显示联系人的姓名，需要通过预览结果功能查看邀请函。如果确认邀请函没有错误，就可以打印出邀请函并进行下一步的发放工作。

第 1 步：预览邀请函

❶单击“邮件”选项卡下“预览结果”组中的“预览结果”按钮；❷单击“预览信函”栏中的“上一条”或“下一条”按钮查看其他邀请函。

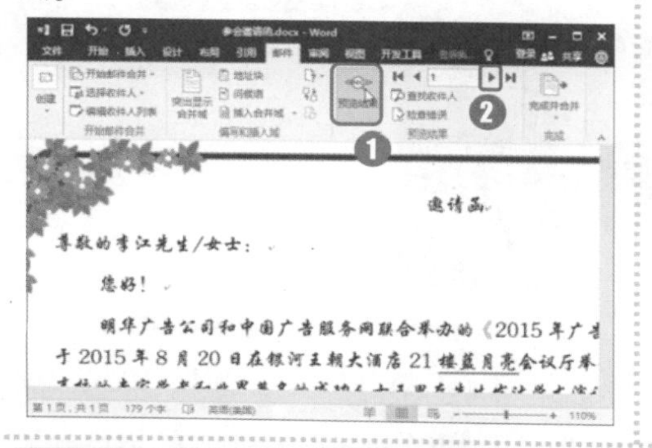

第 2 步：完成合并并打印邀请函

❶确定邀请函无误后，单击“邮件”选项卡下“完成”组中的“完成并合并”下拉按钮；❷在弹出的下拉菜单中选择“打印文档”命令。

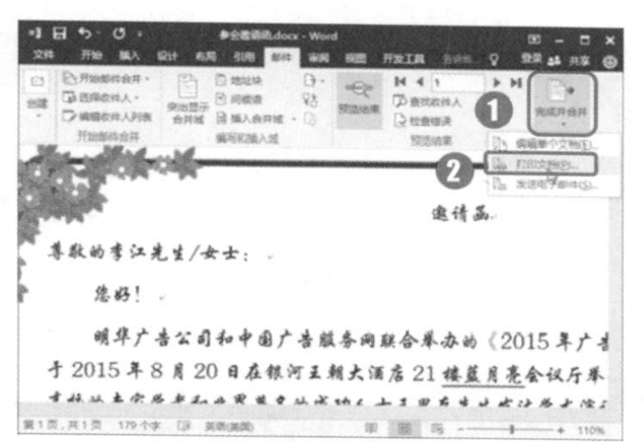

第 3 步：选择打印范围

❶打开“合并到打印机”对话框，选择“全部”选项；❷单击“确定”按钮。

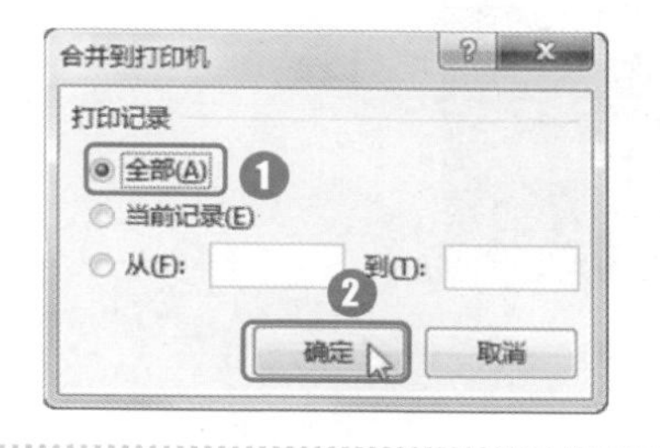

第 4 步：设置打印参数

❶打开“打印”对话框，设置相关的打印参数；❷单击“确定”按钮开始打印邀请函。

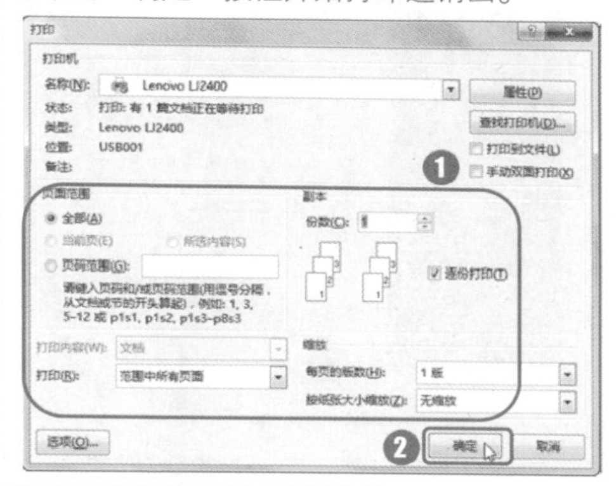

1.3.4 制作信封

邀请函制作完成后需要分别送到收件人的手中，虽然现在发送信件的方法有很多，已经不局限于邮寄，但正式的邀请函还是需要通过邮寄的方式送出。而收件人较多时，手动填写信封不仅工作量大，还容易发生错漏，此时可以通过邮件功能创建中文信封。

1. 创建中文信封

信封的规格有很多，在制作信封时，可以根据需要选择不同样式的信封。在创建信封时，只需要输入寄信人的地址，而收件人的地址可以留白，通过导入的方式来填写。

第 1 步：单击“中文信封”按钮

单击“邮件”选项卡下“创建”组中的“中文信封”按钮。

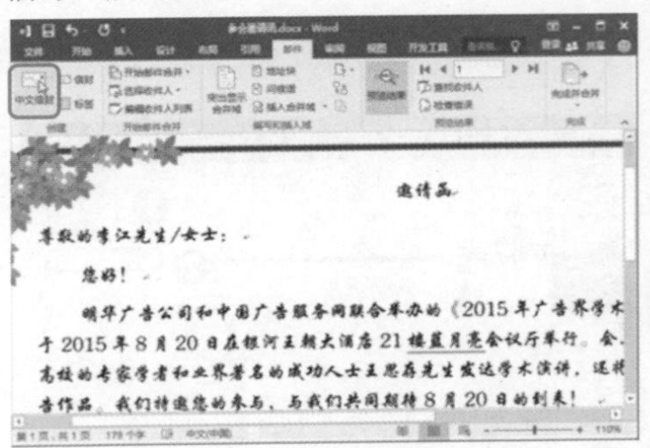

第 2 步：单击“下一步”按钮

弹出“信封制作向导”对话框，单击“下一步”按钮。

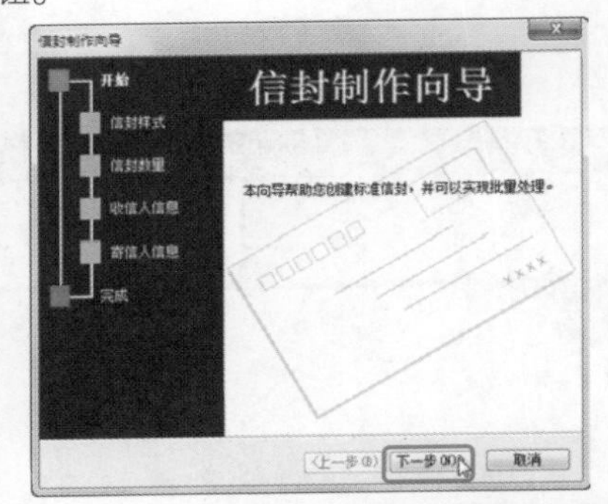

第 3 步：选择信封样式

❶在“信封选择样式”界面中选择信封样式为“国内信封-B6（176×125）”；❷单击“下一步”按钮。

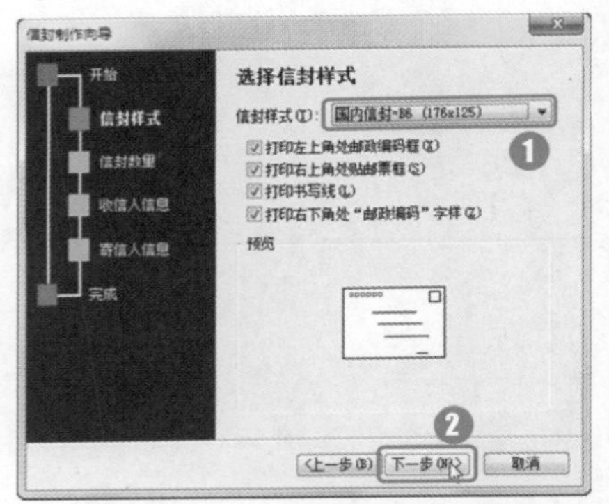

第 4 步：选择信封数量

❶在“选择生成信封的方式和数量”界面选择“键入收信人信息，生成单个信封”单选项；❷单击“下一步”按钮。

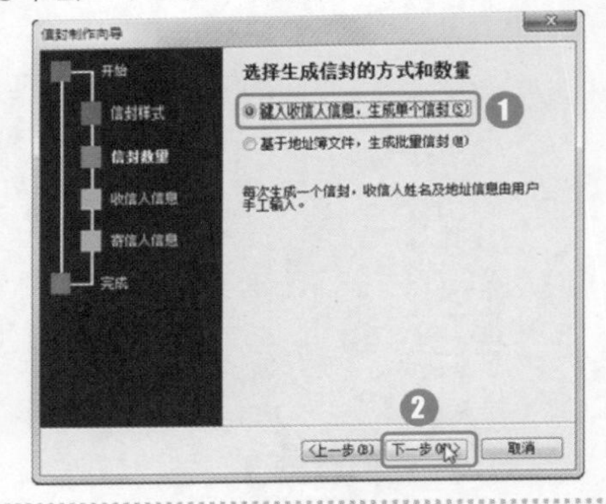

第 5 步：输入收信人信息

打开“输入收信人信息”界面，因为本例需要引用联系人列表中的收件人信息，所以直接单击“下一步”按钮。

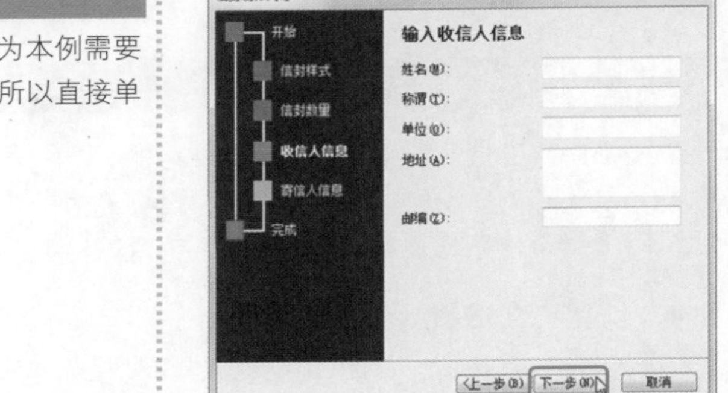

第 6 步：输入寄信人信息

❶在“输入寄信人信息”界面输入寄信人的姓名、单位、地址和邮编；❷单击“下一步”按钮，然后单击“完成”按钮，即可退出信封制作向导。

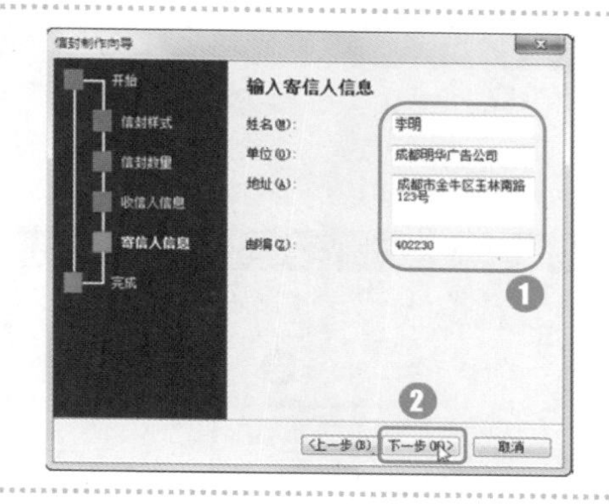

2. 导入联系人列表

收件人输入工作比较繁琐，也容易发生错漏，此时可以通过导入联系人来填写收件人信息，不仅方便，也不易发生错误。

第 1 步：选择收件人

❶单击“邮件”选项卡“开始合并”组中的“选择收件人”按钮；❷在弹出的下拉菜单中选择“使用现有列表”命令。

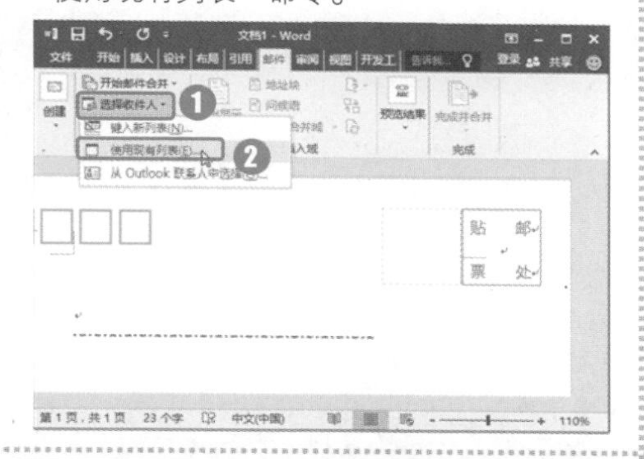

第 2 步：选择联系人数据源

❶在弹出的“选取数据源”对话框中选择数据源位置；❷选择要使用的通讯录名称；❸单击“打开”按钮。

第 3 步：插入邮政编码

❶将光标定位到需要插入邮政编码的位置；❷单击“邮件”选项卡下“编写和插入域”组中的“插入合并域”下拉按钮；❸在弹出的下拉菜单中选择“邮政编码”命令。

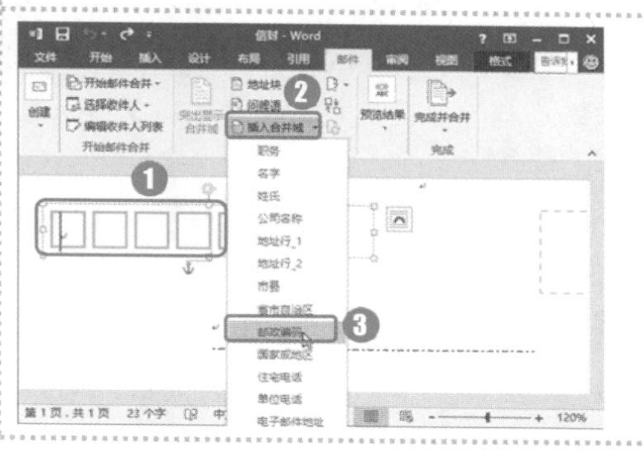

第 4 步：预览信封结果

❶用同样的方法依次插入地址、公司名称、职位与姓名；❷插入完成后单击“邮件”选项卡下“预览结果”组中的“预览结果”按钮。

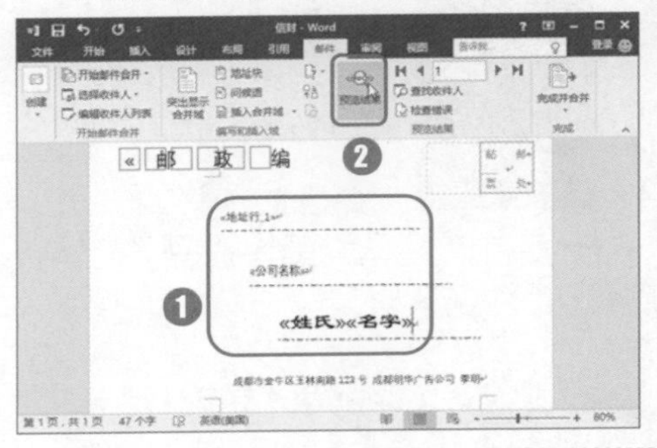

第 5 步：设置收件人姓名样式

❶在姓名后输入“(收)”；❷选中收件人栏，将字体设置为一号，并设置加粗效果。完成后保存该文档，使用前文所学的方法打印信封即可。

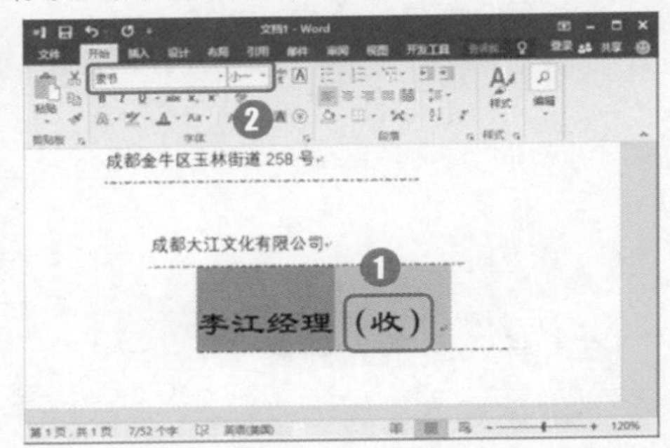

高手秘籍　实用操作技巧

通过对前面知识的学习，相信读者已经掌握了文档编辑与排版方面的相关知识。下面结合本章内容，给大家介绍一些实用技巧。

光盘同步文件

原始文件：光盘\素材文件\第 1 章\实用技巧\
结果文件：光盘\结果文件\第 1 章\实用技巧\
视频文件：光盘\教学文件\第 1 章\高手秘籍.mp4

Skill 01　查找和替换空行

在编辑长文档时，有时需要复制其他地方的文本，如网页上的文本，可能会出现大量的空白行，如果逐一删除会花费大量时间。此时，可以使用替换功能快速删除多余的空白行。

第 1 步：单击“替换”按钮

单击“开始”选项卡下“编辑”组中的“替换”按钮。

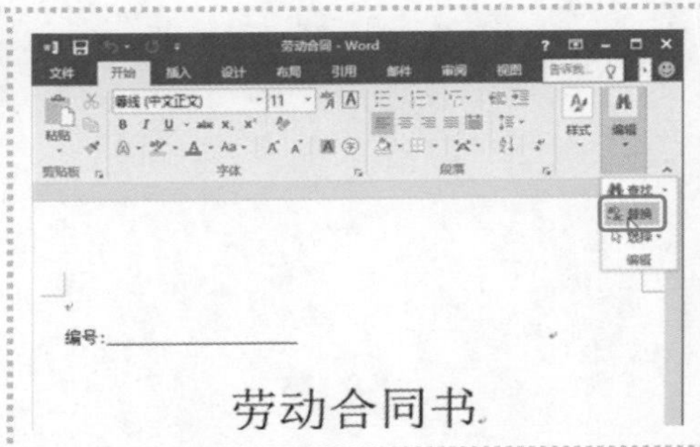

第 2 步：设置替换参数

❶打开“查找和替换”对话框，在“查找内容”文本框中输入“^p^p”；❷在“替换为”文本框中输入“^p”；❸单击“全部替换”按钮。

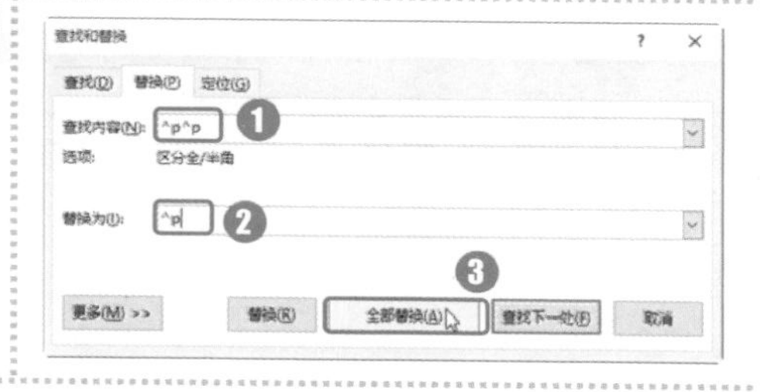

Skill 02 从第 N 页开始插入页码

在为某些文档插入页码时，有时候并不需要从第一页开始插入，此时可以设置从第 N 页开始插入页码。

第 1 步：单击“设置页码格式”选项

❶进入页眉和页脚编辑状态，单击“页眉和页脚/设计”选项卡下“页眉和页脚”组中的“页码”下拉按钮；❷在弹出的下拉菜单中选择“设置页码格式”选项。

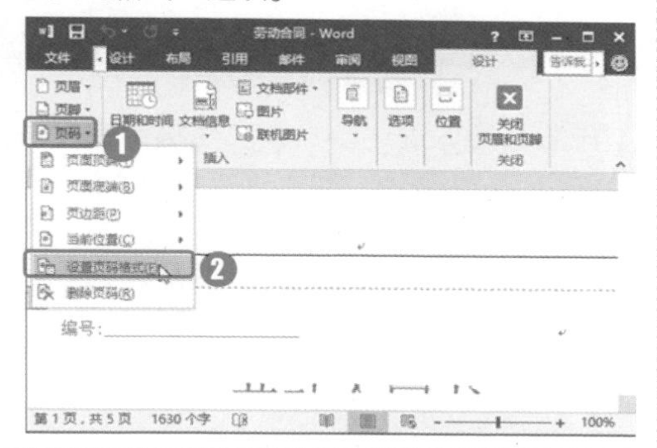

第 2 步：设置起始页码

打开“页码格式”对话框，❶在“页码编号”栏中选择“起始页码”选项；❷在文本框中输入起始页码；❸单击“确定”按钮。

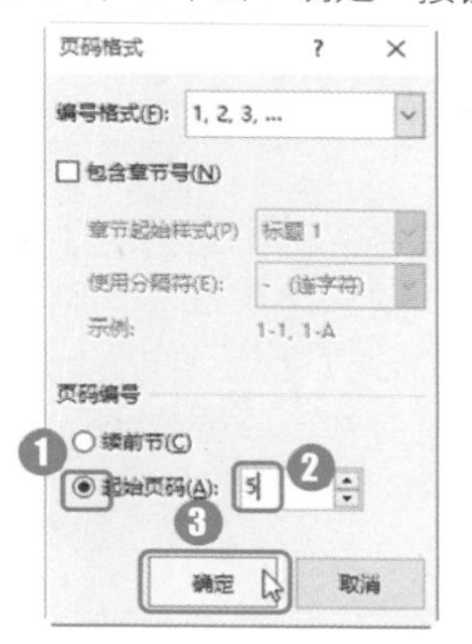

Skill 03 输入带圈字符

有时候为突出显示段落中的某个文字，可以为文字加圈，接下来教你如何输入带圈的文字，具体操作步骤如下。

第 1 步：单击“带圈字”命令

❶选中需要加圈的文字；❷单击“开始”选项卡下“字体”组中的“带圈字符”按钮㊫。

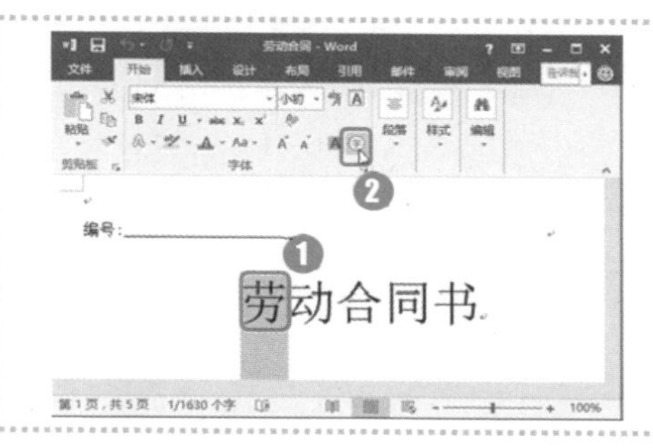

第 2 步：设置圈号样式

弹出“带圈字符”对话框，❶在“样式”栏中选中“增大圈号”选项；❷在“圈号”列表框中选择圈号样式；❸单击“确定”按钮。

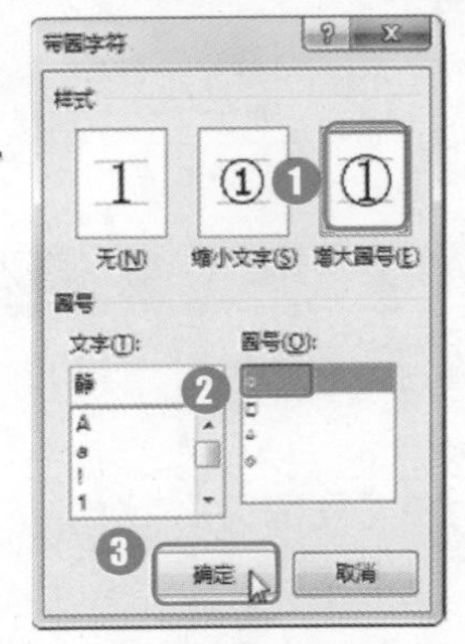

第 3 步：查看带圈文字

返回 Word 中即可查看到所选文字已经加圈。

本章小结

本章结合实例主要讲解了 Word 的编辑与排版功能，进一步强调文档编排中应注意的重点问题和常用技巧，例如，设置文字格式、段落格式、插入目录、插入封面、应用样式和分页符/分节符的应用，以及页眉、页脚、页码的设置等。通过对本章的学习，读者应初步掌握 Word 的编排技能，轻松完成文档从录入到编排，最后到打印的全部过程。

02

第2章

Word 2016 图文混排功能的应用

本章导读

在编辑 Word 文档时，应用各种图形元素可以创建出更具艺术效果的精美文档。本章将通过制作促销海报、公司组织结构图和招聘流程图，介绍 Word 2016 图文混排功能的应用。

知识要点

- 插入形状
- 美化形状
- 插入艺术字
- 插入及美化 SmartArt 图形
- 文本框的应用
- 图片的插入及修饰

案例展示

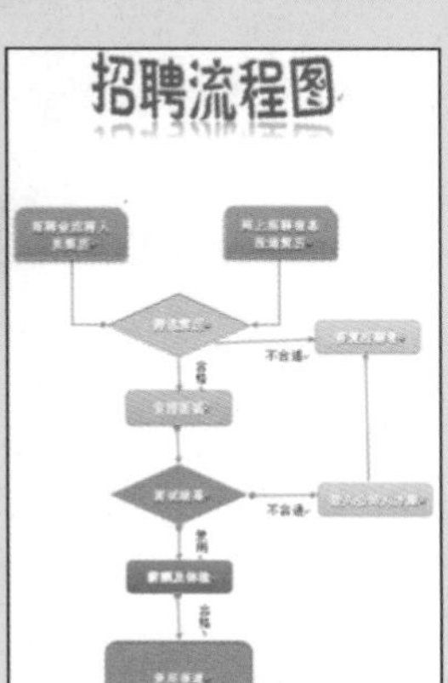

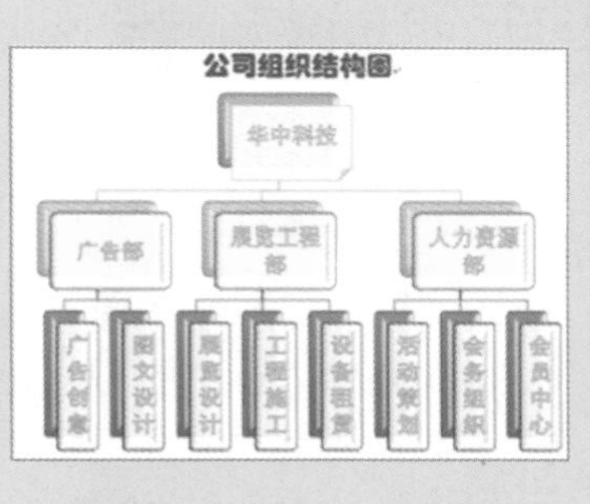

实战应用 ——跟着案例学操作

2.1 制作促销海报

促销海报通常以图片表达为主，文字表达为辅。制作一份突出产品特色的促销海报可以吸引顾客前来购买。本节将制作一份咖啡屋的促销海报，其中主要涉及图片的编辑与图形绘制，以及文字的特殊排版方式。

“促销海报”文档制作完成后的效果如下图所示。

光盘同步文件

原始文件：光盘\素材文件\第 2 章\
结果文件：光盘\结果文件\第 2 章\促销海报.docx
视频文件：光盘\教学文件\第 2 章\制作促销海报.mp4

2.1.1 制作海报版面

海报的版面设计决定了是否能第一时间吸引他人的注意，本例将制作海报的大致版面，包括绘制形状作为页面背景、插入图片、文本框等操作。

1. 使用形状制作背景

促销海报需要添加多个促销信息，如果使用图片制作海报背景难免杂乱，使用形状制作背景可以更好地突出促销信息。

第 1 步：选择“圆角矩形”工具

❶单击“插入”选项卡下“插图”组中的“形状”下拉按钮；❷在弹出的下拉菜单中选择“圆角矩形”工具。

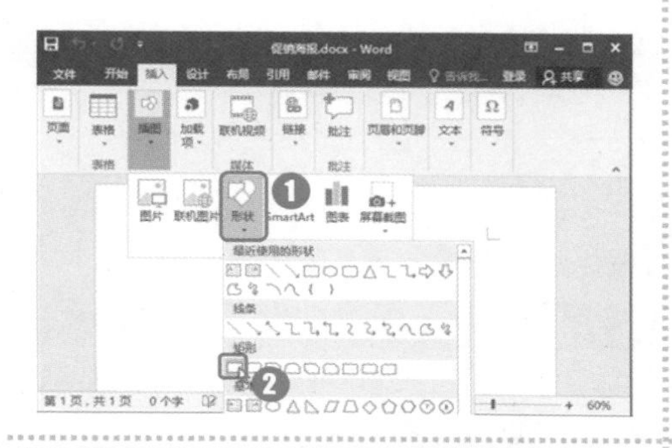

第 2 步：设置图形渐变效果

❶在页面上拖动鼠标左键绘制形状；❷单击“绘图工具/格式”选项卡下“形状样式”组中的“形状填充”下拉按钮；❸在弹出的下拉菜单中选择“渐变”命令；❹在弹出的扩展菜单中选择“其他渐变”选项。

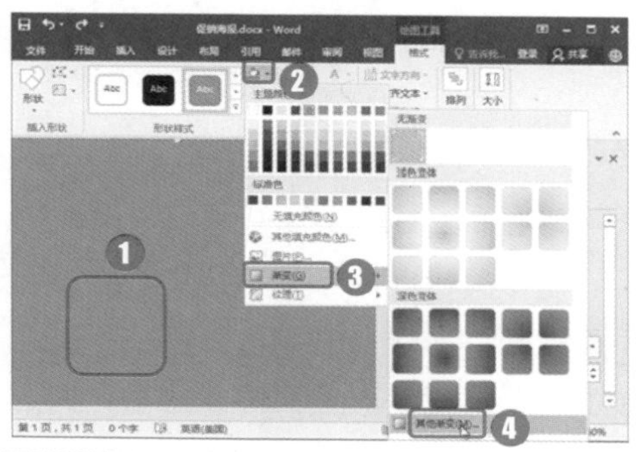

第 3 步：设置渐变参数

打开“设置形状格式”窗格，❶在“填充”栏选择“渐变填充”单选项；❷分别设置渐变光圈下方的滑块颜色。

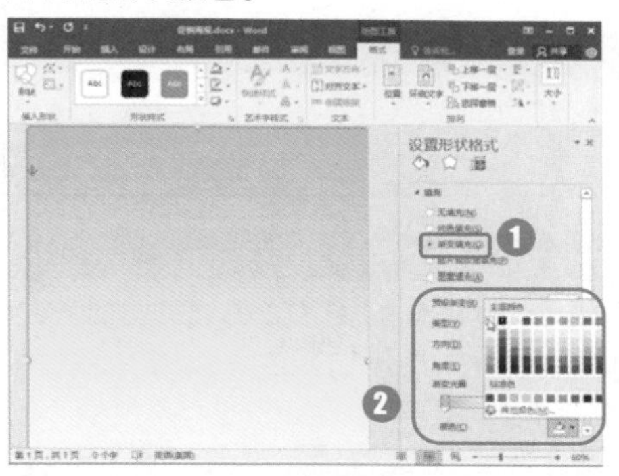

第 4 步：设置图形图层

在形状上右击，❶在弹出的快捷菜单中选择“置于底层”选项；❷在弹出的扩展菜单中选择“衬于文字下方”命令。

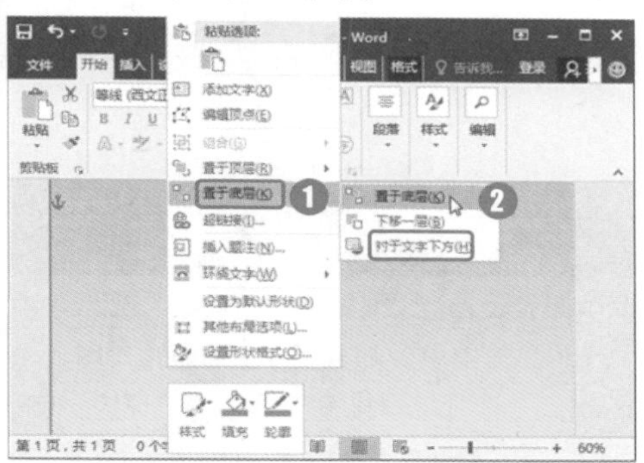

第 5 步：绘制“圆角矩形标注”形状

选择“圆角矩形标注”形状，❶在页面绘制如图所示的形状；❷在“绘图工具/格式”选项卡的“形状样式”组中设置形状样式为“彩色轮廓，绿色，强调颜色 6”。

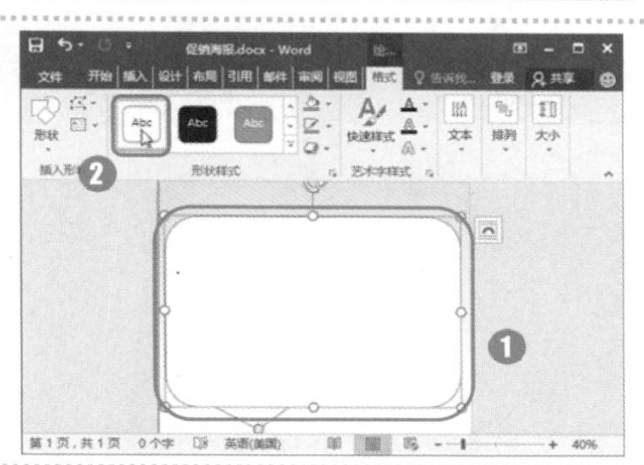

第 6 步：设置映像变体

❶单击“绘图工具/格式”选项卡下“形状样式”组中的“形状效果”下拉按钮；❷在弹出的下拉菜单中选择“映像”选项；❸在弹出的扩展菜单中选择一种映像变体。

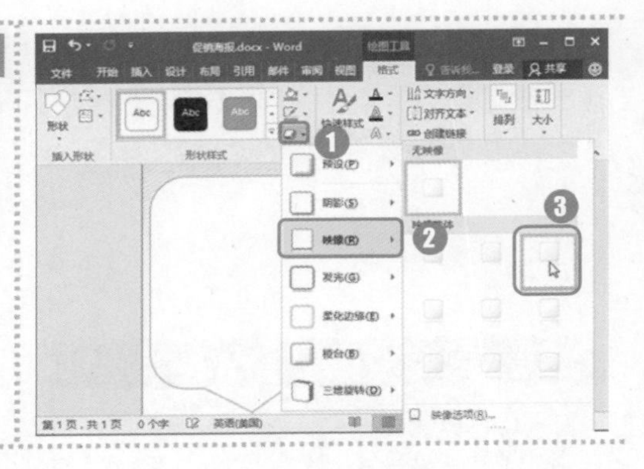

2. 插入图片

版面形状制作完成后，就可以为促销海报添加图片了。

第 1 步：单击“图片”按钮

单击“插入”选项卡“插图”组中的“图片”按钮。

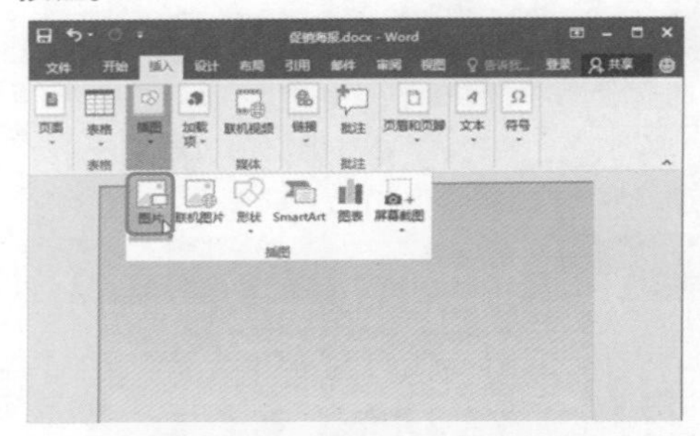

第 2 步：选择图片

打开“插入图片”对话框，❶选择需要插入的图片；❷单击“插入”按钮。

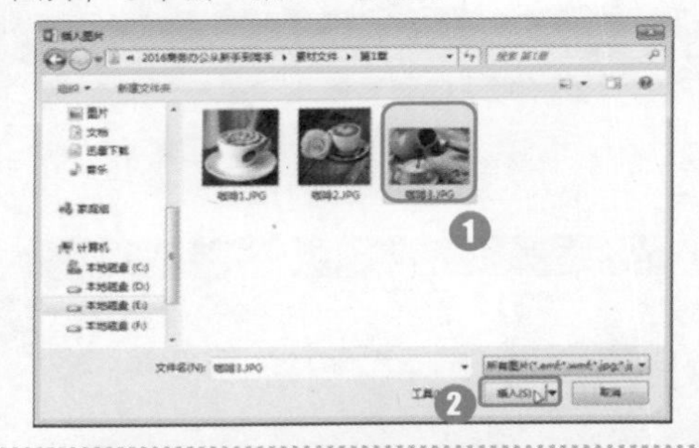

第 3 步：设置环绕文字方式

选中图片，❶在“图片工具/格式”选项卡的“大小”组中更改图片大小；❷单击“图片工具/格式”选项卡“排列”组中的“环绕文字”下拉按钮；❸在弹出的下拉菜单中选择“四周型”。

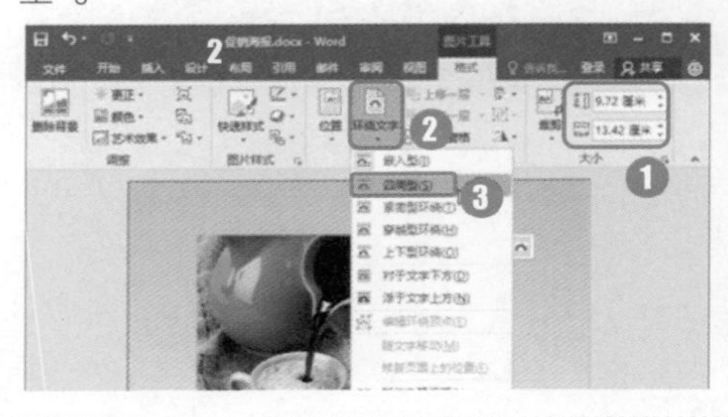

第 4 步：更改图片颜色

选中图片，❶单击“图片工具/格式”选项卡“调整”组中的“颜色”下拉按钮；❷在弹出的下拉菜单中选择一种颜色模式。

第 5 步：柔化图片边缘

选中图片，❶单击“图片工具/格式”选项卡下“图片样式”组中的“图片效果”下拉按钮；❷在弹出的下拉菜单中选择“柔化边缘”选项；❸在弹出的扩展菜单中选择“10 磅”。

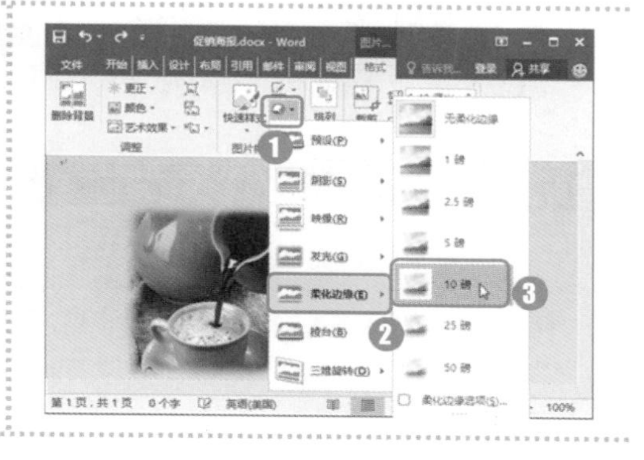

3. 插入文本框并设置格式

在促销海报中，需要在不同的地方插入不同字体格式的文字，此时，最方便的方法是使用文本框制作文字块。

第 1 步：插入文本框

❶单击“插入”选项卡下“插图”组中的“形状”下拉按钮；❷在弹出的下拉菜单中选择“基本形状”栏的“文本框”工具。

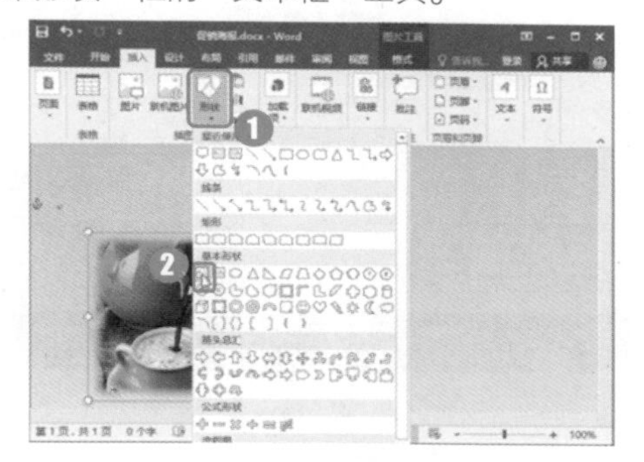

第 2 步：设置文本框无填充颜色

❶在页面中需要添加文字的地方拖动鼠标左键，绘制一个文本框；❷选择文本框，单击“绘图工具/格式”选项卡下“形状样式”组中的“形状填充”下拉按钮；❸在弹出的下拉菜单中选择“无填充颜色”。

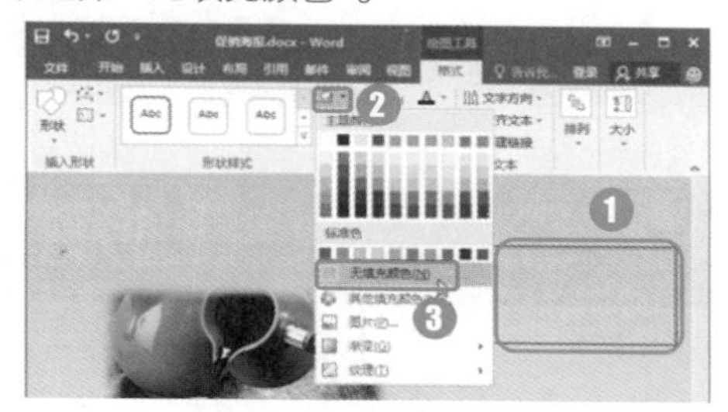

第 3 步：设置文本框无轮廓

选择文本框，❶单击“绘图工具/格式”选项卡下“形状样式”组中的“形状轮廓”下拉按钮；❷在弹出的下拉菜单中选择“无轮廓”。

4. 设置双行合一

通过中文版式命令，可以为文字设置多种格式，如纵横混排、字符缩放、双行合一等特殊格式。

第 1 步：单击“中文版式”按钮

❶在文本框中输入文字；❷设置字体格式为“华文行楷，初号”；❸选择文字，单击“开始”选项卡下“段落”组中的“中文版式”下拉按钮；❹在弹出的下拉菜单中选择“双行合一”选项。

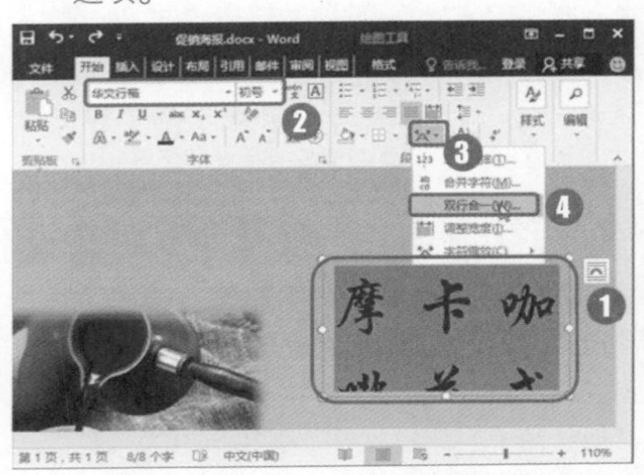

第 2 步：设置双行合一

打开“双行合一”对话框，❶勾选“带括号”复选框；❷在“括号样式”下拉列表中选择括号样式；❸单击“确定”按钮。

第 3 步：选择艺术字样式

选中文字，❶单击“绘图工具/格式”选项卡下“艺术字样式”组中的“快速样式”下拉按钮；❷在弹出的快捷菜单中选择一种艺术字样式。

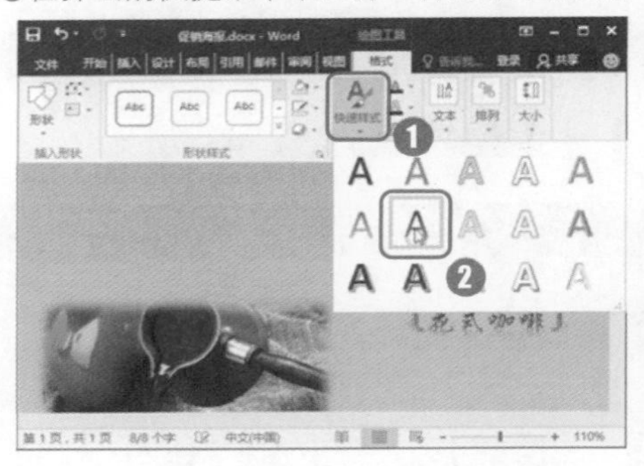

第 4 步：设置文本格式

使用相同的方法在下方添加另一个文本框，❶在文本框中输入“Gourmet coffee”；❷设置字体格式为“华文琥珀，小三，浅蓝”。

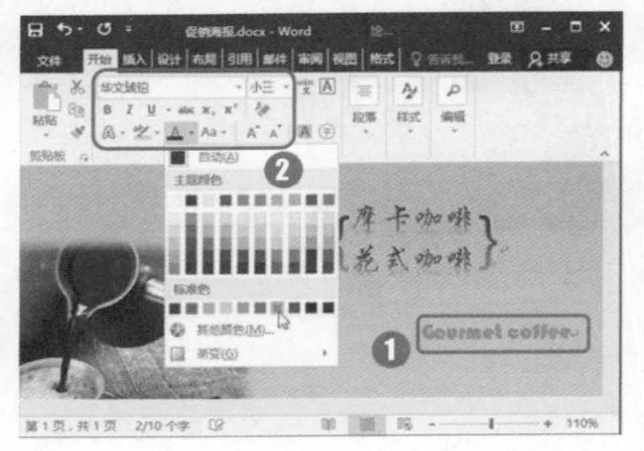

Q：图片插入后默认为嵌入型，如何将其更改为默认四周环绕型?

A：先将图片设置为四周环绕型，然后单击“图片工具/格式”选项卡“排列”组中的“自动换行”下拉按钮，在弹出的下拉菜单中选择“设置为默认布局”即可。

2.1.2 添加促销内容

促销内容包括促销海报的促销商品图片、文字、价格等信息，图文并茂的促销信息可以吸引更多人的眼球。

1. 插入图片

文档中插入图片可以增强文档的表现力，也可以起到美化文档的作用。下面介绍在文档中插入图片的方法。

第 1 步：插入商品图片

单击“插入”选项卡下“插图”组中的“图片”按钮，在弹出的“插入图片”对话框中选择图片插入文档，方法与前文所学相同。

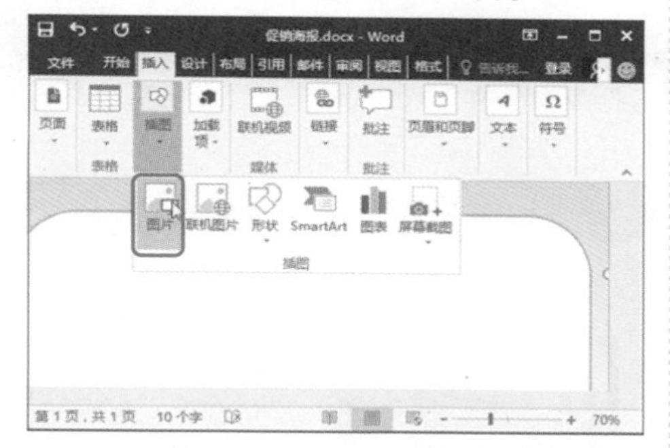

第 2 步：选择环绕文字方式

在插入的图片上右击，❶在弹出的快捷菜单中选择“环绕文字”选项；❷在弹出的扩展菜单中选择“四周型”。

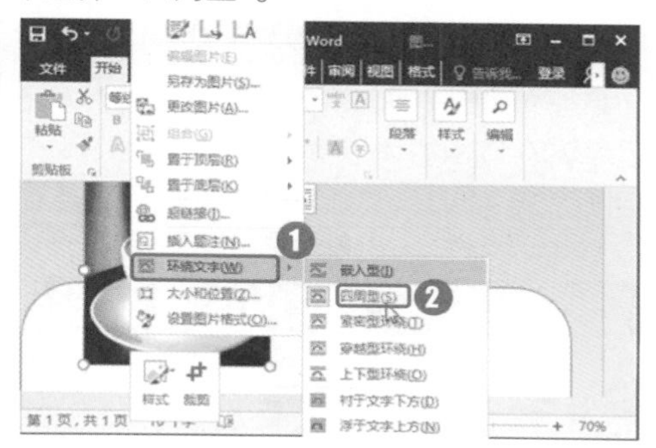

第 3 步：裁剪图片

选中图片；❶单击“图片工具/格式”选项卡下“大小”组中的“裁剪”按钮；❷将鼠标指针移至图片右侧的边线上，按住鼠标左键向左拖动鼠标，将多余的部分裁掉，按下“Enter”键完成裁剪。

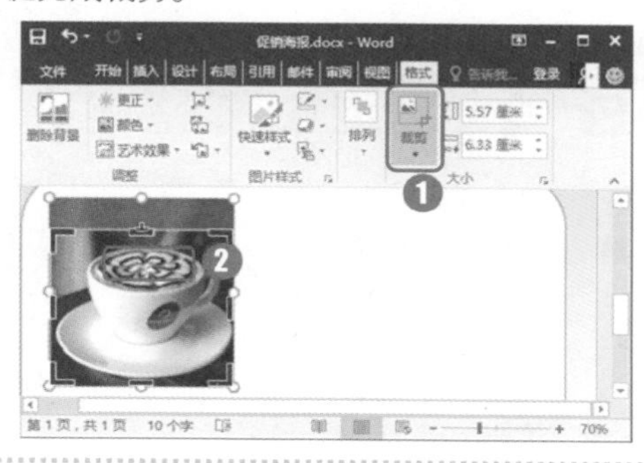

第 4 步：按形状裁剪图片

使用相同的方法插入另一张图片，并进行环绕设置，❶单击“图片工具/格式”选项卡下“大小”组中的“裁剪”下拉按钮；❷在弹出的下拉菜单中选择“裁剪为形状”选项；❸在弹出的扩展菜单中选择“心型”。

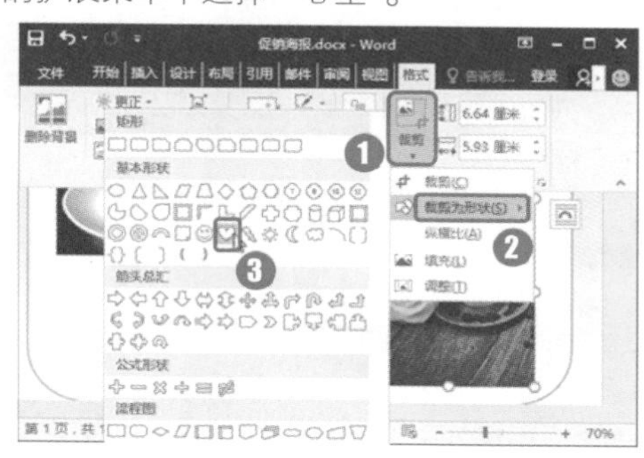

第 5 步：调整图片形状

将鼠标指针移至图片右侧的边线上，按住鼠标左键向左拖动鼠标将多余的部分裁掉，按下"Enter"键完成裁剪。

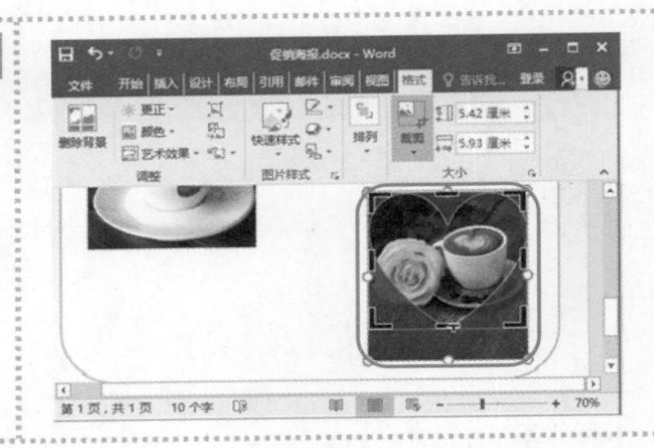

2. 添加促销文字

促销商品的标题和价格需要具有醒目的特点，让人对商品的折扣价格一目了然，刺激顾客的购买欲。

第 1 步：设置艺术字样式

使用前文所学的方法在图片下方添加无填充无轮廓的文本框，❶输入商品名称和价格，然后选择商品名称；❷在"绘图工具/格式"选项卡下"艺术字"组中设置艺术字样式。

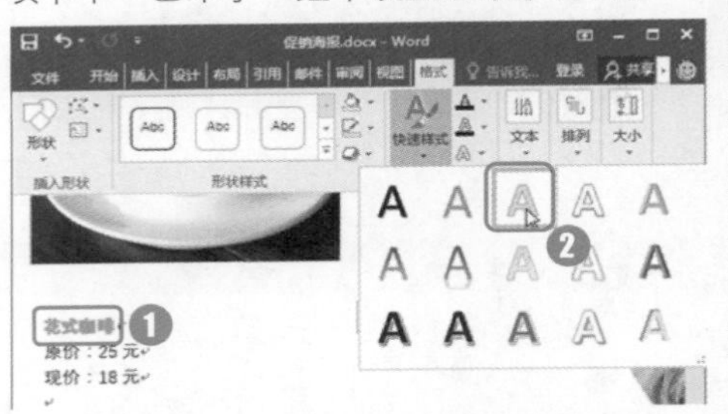

第 2 步：设置文本格式

选择商品名称，设置字体格式为"华文琥珀，二号，加粗"。

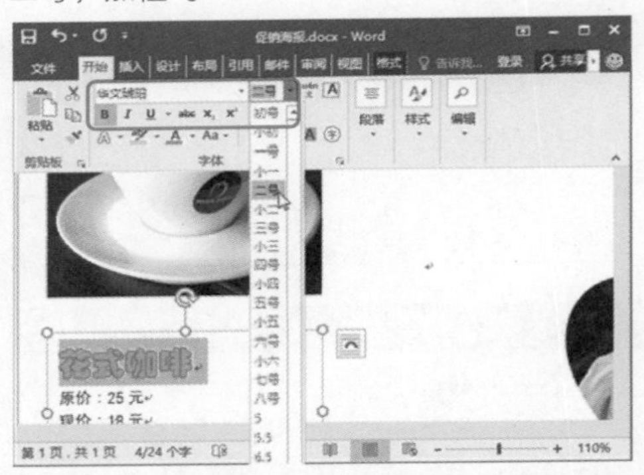

第 3 步：设置文本格式

选择商品价格，设置字体格式为"华文隶书，四号"。

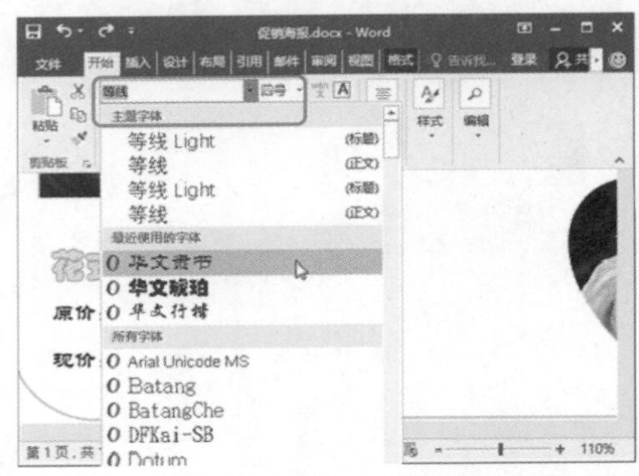

第 4 步：添加删除线

❶选择"原价"后的价格文本；❷单击"开始"选项卡"字体"组中的"删除线"按钮 abc 。

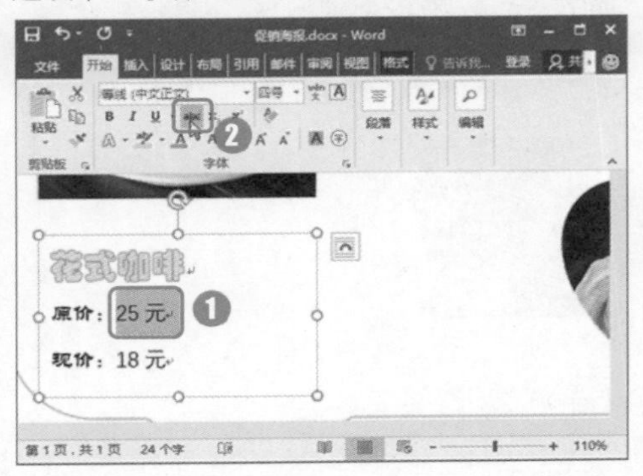

第 5 步：设置价格文本格式

❶选择“现价”后的价格文本；❷设置字体格式为“方正姚体，小二，红色”。

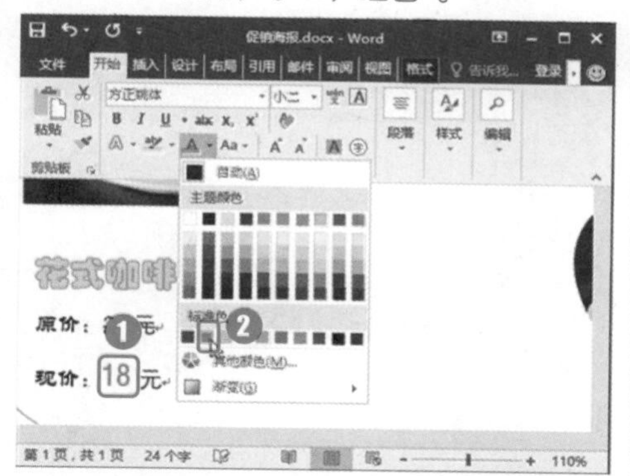

第 6 步：复制文本框

将文本框复制到另一张图片的上方，修改商品名称和价格。

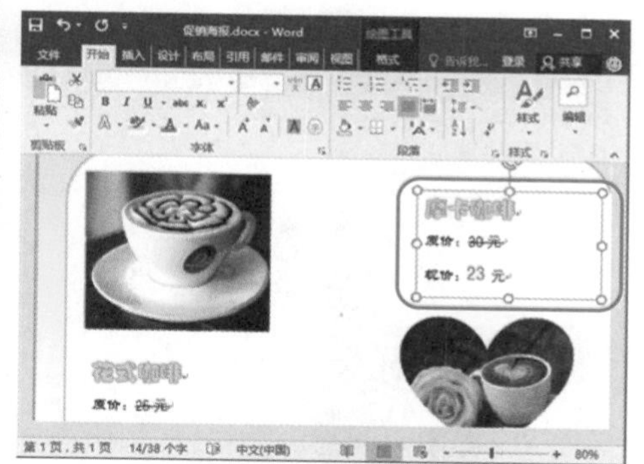

第 7 步：输入促销时间

❶在页面下方添加文本框，设置格式为无填充和无轮廓样式；❷输入促销时间文本，设置文本格式为“黑体，四号，蓝色”。

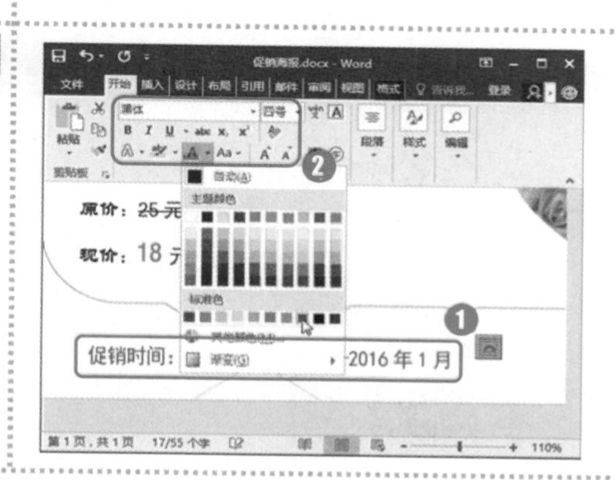

疑难解答

Q：在制作文档时，需要长期使用某一格式的文本框，能不能设置该格式为默认格式?

A：可以，在需要设置为默认格式的文本框上右击，在弹出的快捷菜单中选择“设置为默认文本框”选项即可。

2.1.3 插入形状

促销海报上通常会有一些小标签突出显示，这不仅可以对促销海报进行补充说明，还能起到美化促销海报的作用。通常，使用形状可以快速制作这些小标签。

第 1 步：插入椭圆形状

❶选择椭圆形状绘制椭圆；❷在“绘图工具/格式”选项卡中设置形状样式。

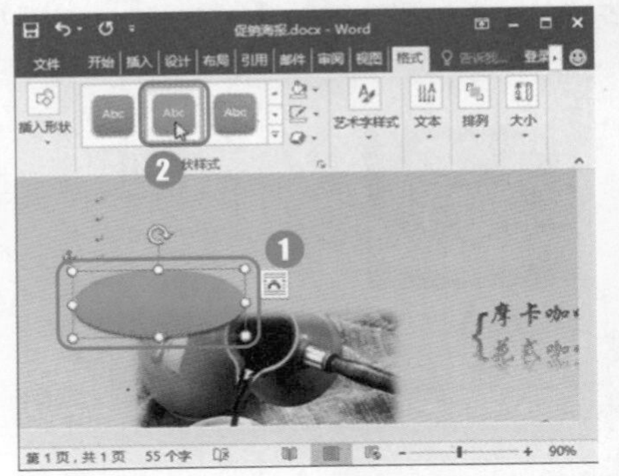

第 2 步：设置文本格式

❶在椭圆形中绘制一个文本框，取消文本框的轮廓与填充，在其中输入文本；❷设置字体格式为“华文隶书，二号，白色”。

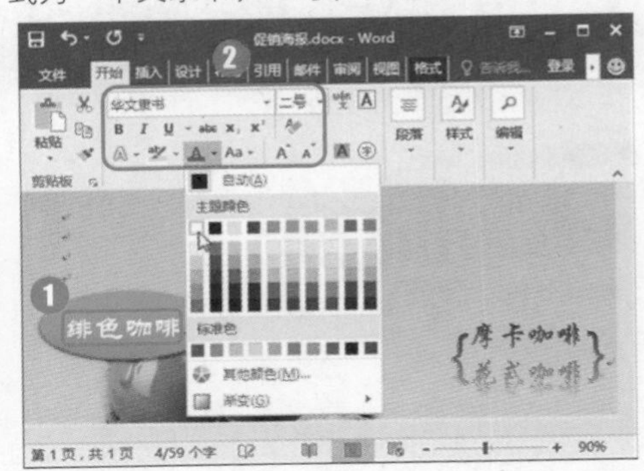

第 3 步：旋转文本框

❶选择椭圆形状，按住“Shift”键绘制一个正圆形，并设置与椭圆形相同的形状样式；❷在圆形中绘制一个文本框，取消文本框的轮廓与填充，在其中输入“限时促销”文本，并设置字体格式；❸拖动文字文本框上方的旋转控制点，旋转文本框。

第 4 步：设置形状样式

❶在第一张图片的左上角绘制“爆炸”图形；❷在“绘图工具/格式”选项卡中设置形状样式。

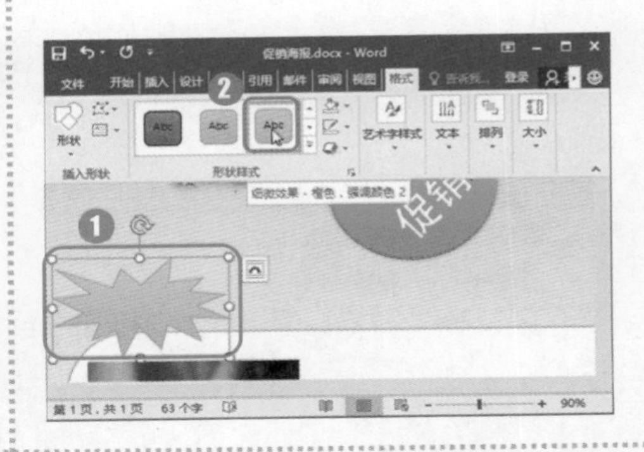

第 5 步：选择艺术字样式

❶在爆炸形状中间绘制文本框，取消文本框的轮廓和填充，输入“热卖”文本；❷选择文本，单击“开始”选项卡下“字体”组中的“文本效果和版式”下拉按钮 A；❸在弹出的下拉菜单中选择一种艺术字样式。

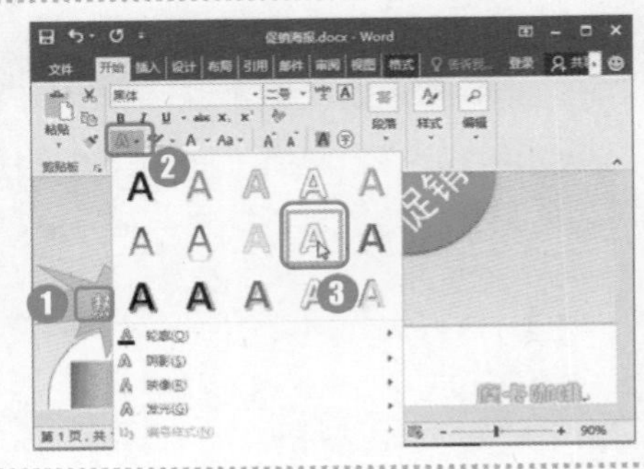

疑难解答

Q：如何绘制等比例的形状?

A：在 Word 中绘制形状时，按住“Ctrl”键并拖动鼠标左键绘制形状，可以使鼠标指针所在的位置为图形的中心点；按住“Shift”键并拖动鼠标左键绘制形状，可以绘制出固定长宽比的形状。例如，要绘制一个正方形，先选择矩形工具，然后按住“Shift”键并拖动鼠标左键即可。

2.2 制作公司组织结构图

公司组织结构图可以直观地表明公司各部门之间的关系，是公司的流程运转、部门设置及职能规划等最基本的结构依据。下面将介绍如何制作一个组织结构图，并美化组织结构图。

“公司组织结构图”文档制作完成后的效果如下图所示。

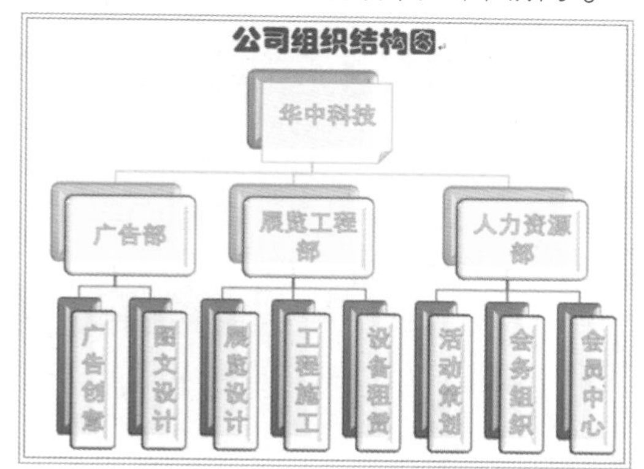

光盘同步文件

结果文件：光盘\结果文件\第 2 章\公司组织结构图.docx

视频文件：光盘\教学文件\第 2 章\制作公司组织结构图.mp4

2.2.1 使用 SmartArt 图形制作结构图

Word 2016 提供了多种样式的 SmartArt 图形，用户可根据需要选择适当的样式插入到文档中。

1. 插入 SmartArt 图形

Word 2016 内置了多种 SmartArt 图形样式，用户可以根据自身的需求选择 SmartArt 图形的样式。

第 1 步：单击“SmartArt”按钮

❶启动 Word 程序，新建一个名为“公司组织结构图.docx”的文档；❷单击“插入”选项卡“插图”组中的“SmartArt”按钮。

第 2 步：选择“SmartArt”图形

❶弹出“选择 SmartArt 图形”对话框，在左侧列表框中选择图形类型；❷在右侧列表框中选择具体的图形布局；❸单击“确定”按钮。

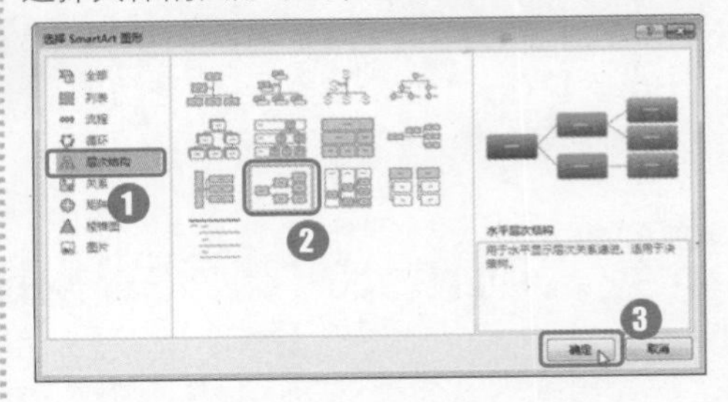

2. 添加内容文本

在文档中添加了 SmartArt 图形后，需要在图形中添加内容文本，添加内容文本的操作方法如下。

第 1 步：输入文本内容

在“在此键入文本”窗格中输入公司组织结构图内容。

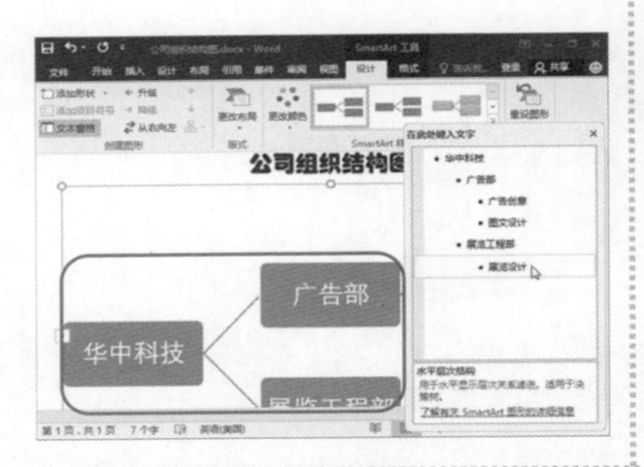

第 2 步：在后面添加形状

❶单击第二级图形；❷切换到“SmartArt 工具/设计”选项卡，在“创建图形”组中单击“添加形状”按钮右侧的下拉按钮；❸在弹出的下拉列表中单击“在后面添加形状”选项。

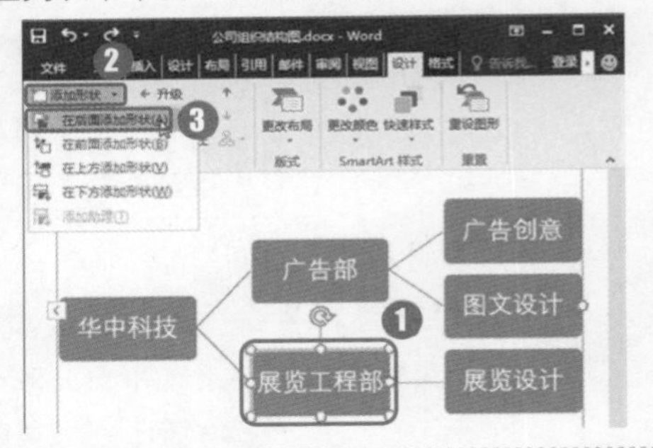

第 3 步：在下方添加形状

❶单击新建的第二级图形直接输入文本；❷选择新建的图形，单击“SmartArt 工具/设计”选项卡下“创建图形”组中的“添加形状”按钮右侧的下拉按钮；❸在弹出的下拉列表中单击“在下方添加形状”选项。

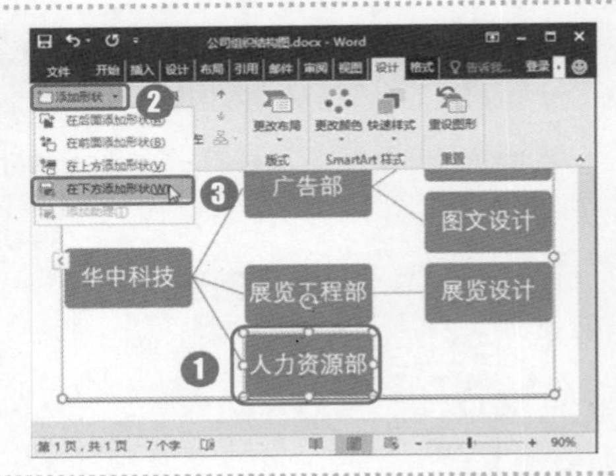

第 4 步：完成制作

使用相同的方法在其他形状下方添加形状，并输入文本，完成后的效果如右图所示。

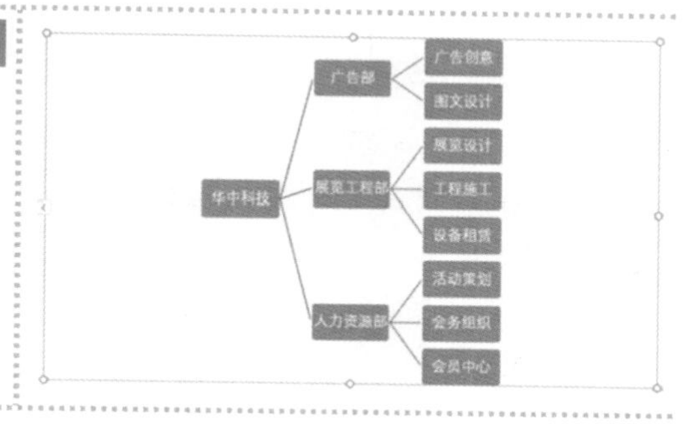

知识加油站

在 SmartArt 图形制作完成后，有时还需要升级或降级形状，此时单击“SmartArt 工具/格式”选项卡“创建图形”中的“升级”按钮或“降级”按钮即可。

2.2.2 设置组织结构图样式

制作好 SmartArt 图形后，为使其更加美观，可以对图形做一些修饰。本节将更改组织结构图的布局，并为组织结构图添加一些修饰。

1. 更改组织结构布局

为了使组织结构图中的元素排列更整齐，用户可以手动对布局结构进行调整。

第 1 步：选择需要更改的布局

选中 SmartArt 图形；❶单击“SmartArt 工具/设计”选项卡下“版式”选项卡中的“更改布局”下拉按钮；❷在弹出的下拉列表中选择需要更改的布局。

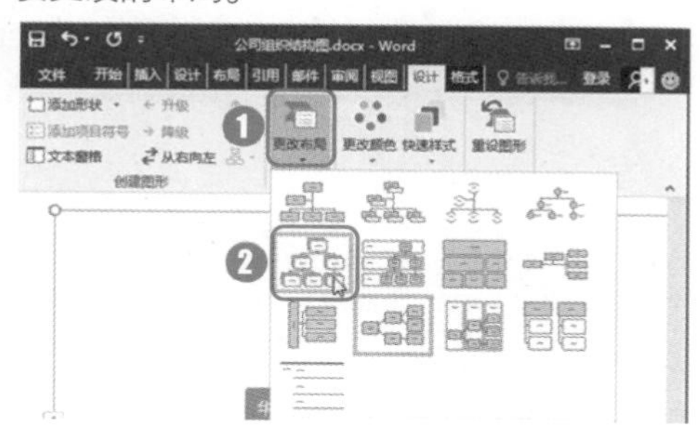

第 2 步：查看更改后的布局效果

更改布局后的效果如下图所示。

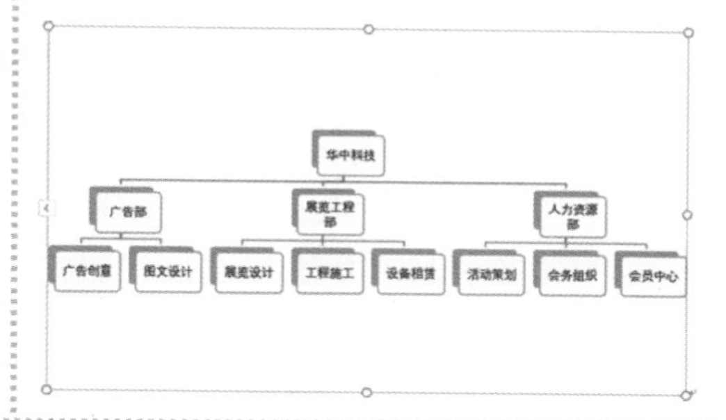

疑难解答

Q：在流程图创建完成后，能否更改流程图的方向，使图形呈镜像显示？

A：可以创建图形的镜像图形，让图形水平翻转，操作方法是：选中“SmartArt 图形”，单击“SmartArt 工具/设计”选项卡“创建图形”组中的“从右到左”按钮。“设置为默认文本框”选项即可。

2．更改图形形状

为了使形状的排版更美观，用户可以调整元素图形的形状。

第 1 步：拖动形状调整大小

按下“Crtl”键依次单击最后一个层次的形状选择全部形状，通过拖动鼠标的方式调整大小。

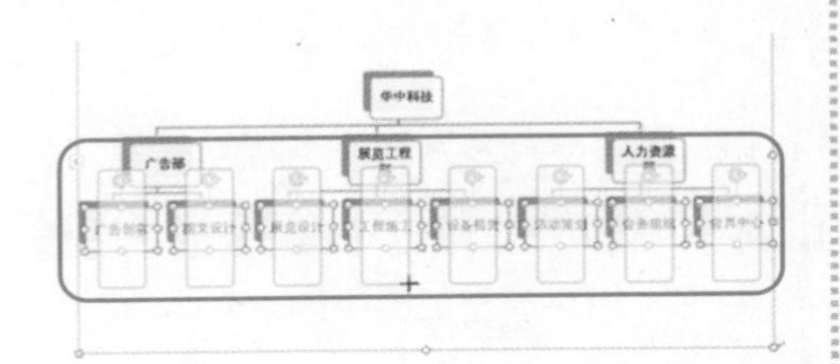

第 2 步：更改形状样式

❶选择第一层的图形；❷单击“SmartArt 工具/格式”选项卡下“形状”组中的“更改形状”下拉按钮；❸在弹出的下拉菜单中选择“折角形”。

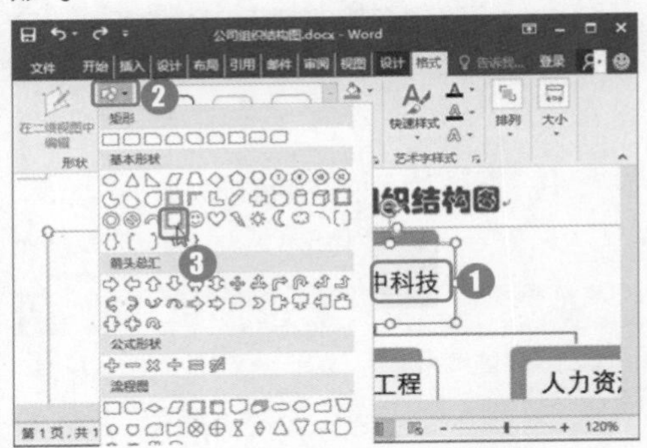

第 3 步：查看更改后的效果

更改完成后，效果如右图所示。

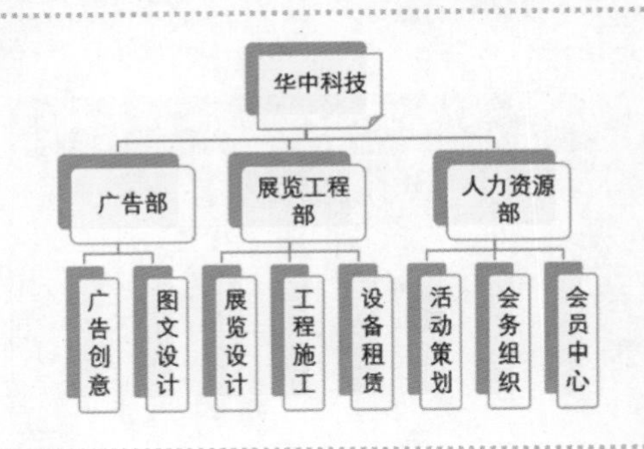

3．套用 SmartArt 图形颜色和样式

为了更好地修饰 SmartArt 图形，使图形结构更加美观，还可以对 SmartArt 图形颜色和样式进行更改。

第 1 步：更改形状颜色

❶选中 SmartArt 图形；❷单击“SmartArt 图形/设计”选项卡下“SmartArt 样式”组中的“更改颜色”下拉按钮；❸在弹出的下拉列表中单击需要的颜色选项。

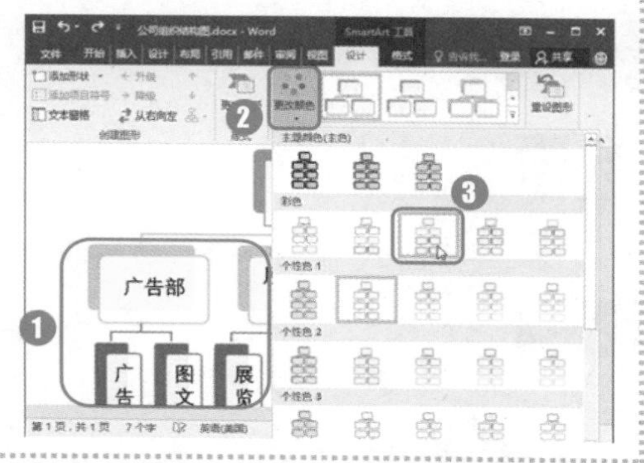

第 2 步：更改外观样式

❶保持图形的选中状态，单击“SmartArt 图形/设计”选项卡下“SmartArt 样式”组中的“快速样式”下拉按钮；❷在弹出的下拉列表中单击需要的外观样式。

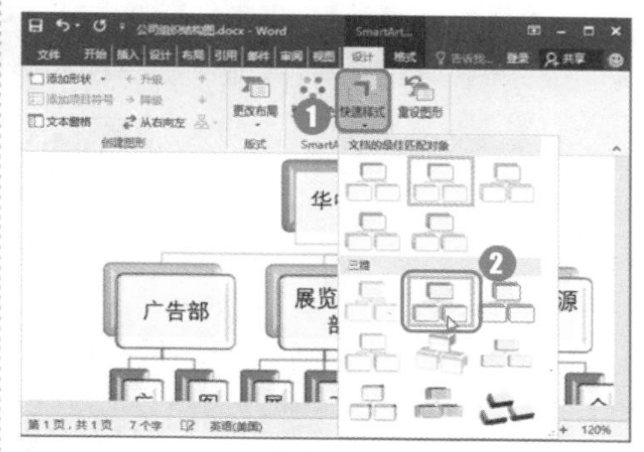

第 3 步：设置艺术字样式

保持图形的选中状态，在“SmartArt 图形/格式”选项卡的“艺术字样式”组中选择一种艺术字样式。

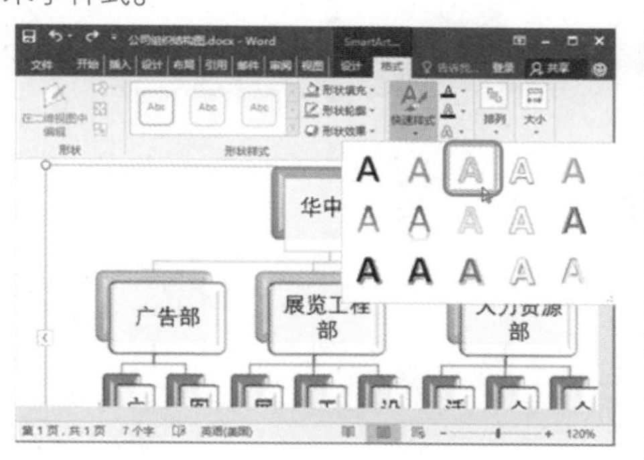

第 4 步：设置文本格式

保持图形的选中状态，在“开始”选项卡的“字体”组中设置字体格式为“华文行楷”。

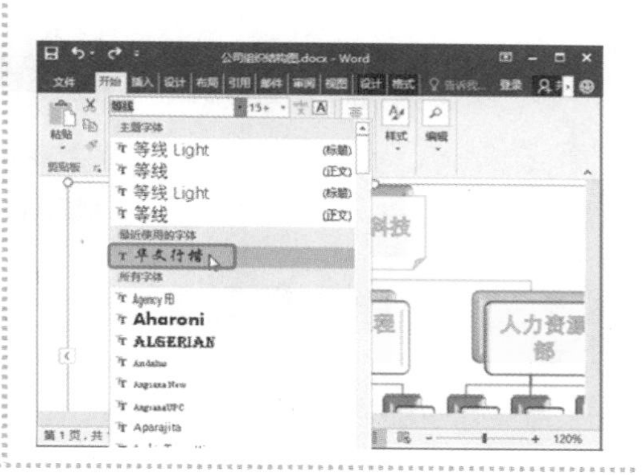

疑难解答

Q：能否将 SmartArt 图形保存为图片格式?

A：如果想将 SmartArt 图形保存为图形文件，把文档保存为网页格式即可。操作方法是：按照前文所学的方法打开另存为对话框，选择保存类型为网页。保存完成后，文件夹中会出现一个与文档同名的“.htm”文件和一个“.file”文件夹，打开文件夹即可看到图片。

2.3 制作招聘流程图

使用图形可以简化文档，使文档内容更加简洁、美观。所以，在制作流程图时，使用图形是对文档进行美化和修饰的一种重要方法。本节将制作招聘流程图，利用图示阐述招聘的流程，从而省去大量的文字描述，使读者一目了然。

“招聘流程图”文档制作完成后的效果如下图所示。

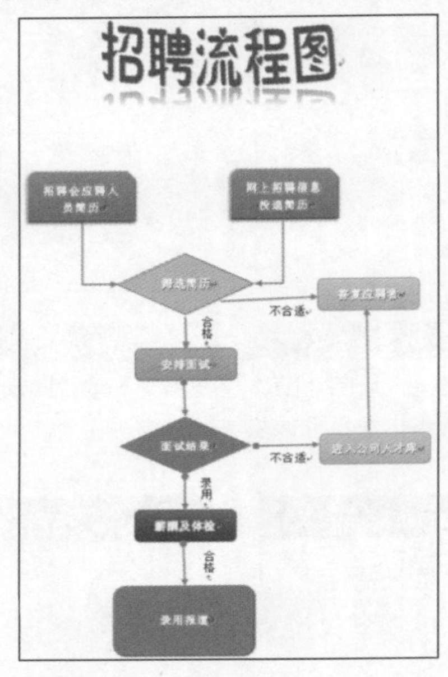

光盘同步文件

结果文件：光盘\结果文件\第 2 章\招聘流程图.docx

视频文件：光盘\教学文件\第 2 章\制作招聘流程图.mp4

2.3.1 制作招聘流程图标题

招聘流程图的标题是文档中起引导作用的重要元素，通常，标题应具有醒目、突出主题的特点，同时可以为其加上一些特殊的修饰效果。本例将使用艺术字为文档制作标题。

1. 插入艺术字

使用艺术字可以快速美化文字，本例需要先新建一个名为“招聘流程图”的 Word 文档，然后进行如下操作。

第 1 步：选择艺术字样式

❶单击“插入”选项卡“文本”组中的“艺术字”下拉按钮；❷在弹出的下拉菜单中选择一种艺术字样式。

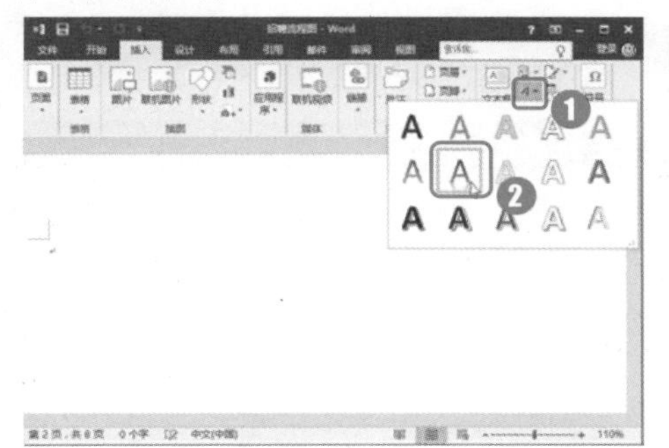

第 2 步：输入标题文字

在文档工作区出现的图文框中输入标题文字内容。

2．设置艺术字字体和样式

为了使艺术字的效果更加独特，可以设置艺术字的字体，以及在艺术字上添加各种修饰效果。

第 1 步：设置字体格式

❶选择艺术字文字；❷在“开始”选项卡的“字体”组中设置字体格式为“汉仪秀英体简，初号”。

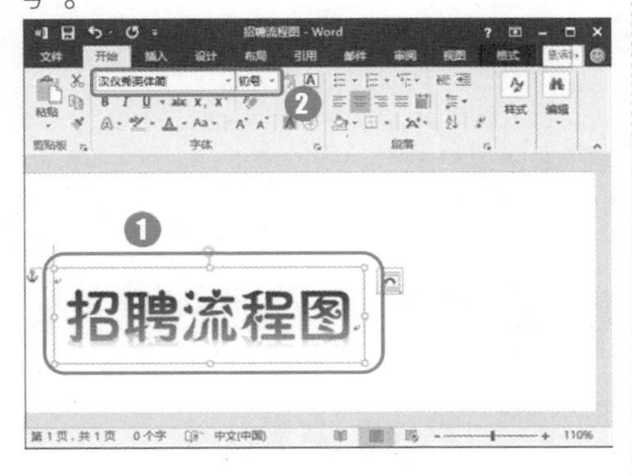

第 2 步：选择转换样式

保持艺术字选中状态，❶单击“绘图工具/格式”选项卡下“艺术字样式”组中的“文本效果”下拉按钮；❷在弹出的下拉列表中选择“转换”选项；❸在弹出的扩展菜单中选择一种转换样式。

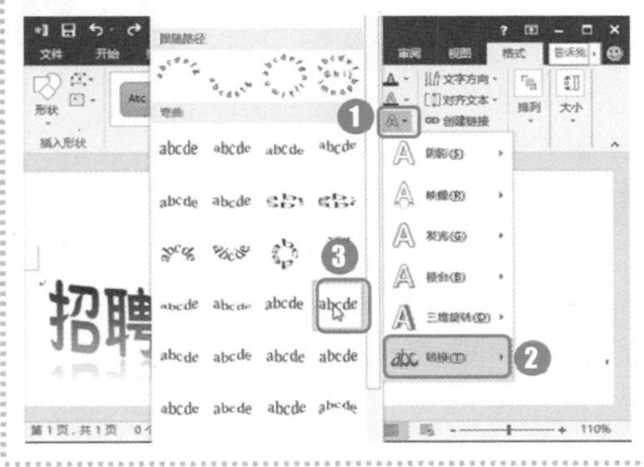

第 3 步：选择艺术字填充颜色

保持艺术字的选中状态，❶单击“绘图工具/格式”选项卡下“艺术字样式”组中的“文本填充”下拉按钮；❷在弹出的下拉菜单中选择一种填充颜色。

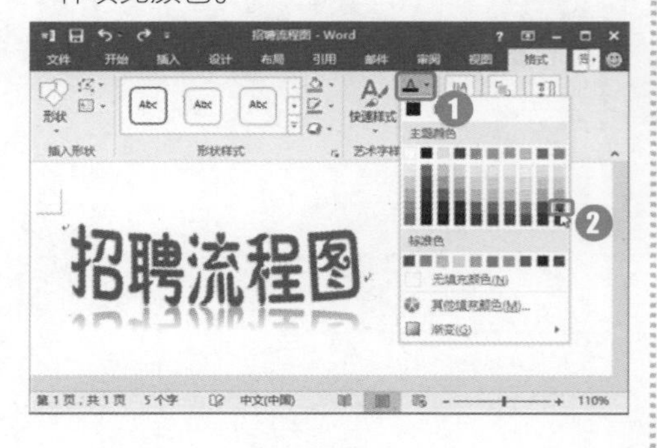

第 4 步：选择“顶端居中”选项

保持艺术字的选中状态，❶单击“绘图工具/格式”选项卡下“排列”组中的“位置”下拉按钮；❷在弹出的下拉菜单中选择“顶端居中”选项。

2.3.2 使用形状绘制流程图

在办公应用中，为了使读者更清晰地查看和理解工作过程，可以通过流程图的方法来表现工作过程。本例将绘制一个流程图来表现招聘过程。

1. 绘制流程图中的形状

在制作流程图时，需要使用大量的图形来表现过程，图形的绘制方法如下。

第 1 步：选择图形工具

❶单击“插入”选项卡下“插图”组中的“形状”下拉按钮；❷在弹出的下拉菜单中选择“单圆角矩形”工具。

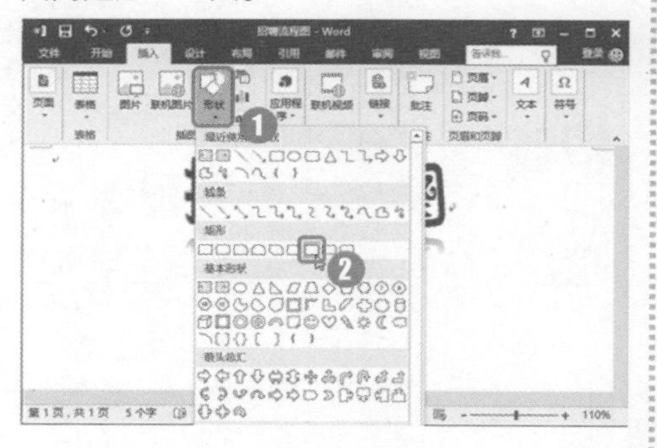

第 2 步：绘制形状

在页面中如下图所示的位置拖动鼠标左键，绘制出如下图所示的形状。

第 3 步：复制形状

按住“Ctrl”键，拖动鼠标左键，复制一个相同的形状到页面右侧。

第 4 步：再次选择图形工具

❶单击“插入”选项卡下“插图”组中的“形状”下拉按钮；❷在弹出的下拉菜单中选择“流程图-决策”工具。

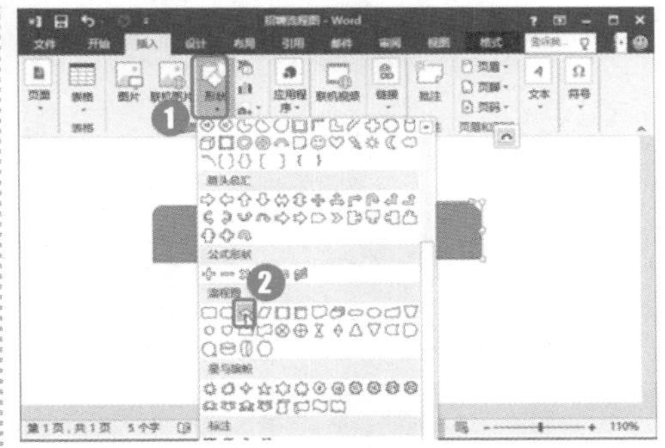

第 5 步：绘制形状

在页面中绘制出如下图所示的形状。

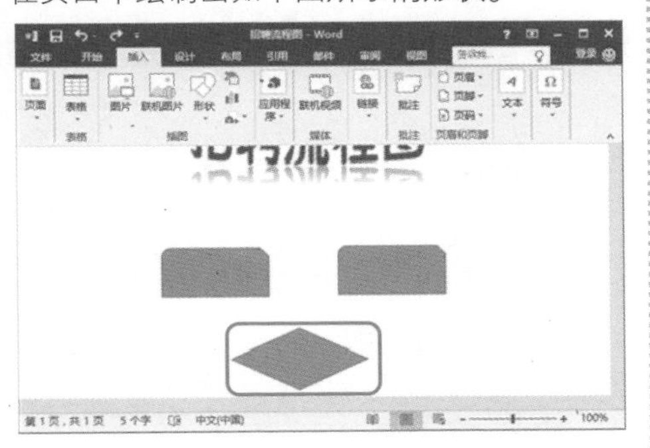

第 6 步：绘制其他形状

使用相同的方法，绘制出整个流程图中的步骤形状。

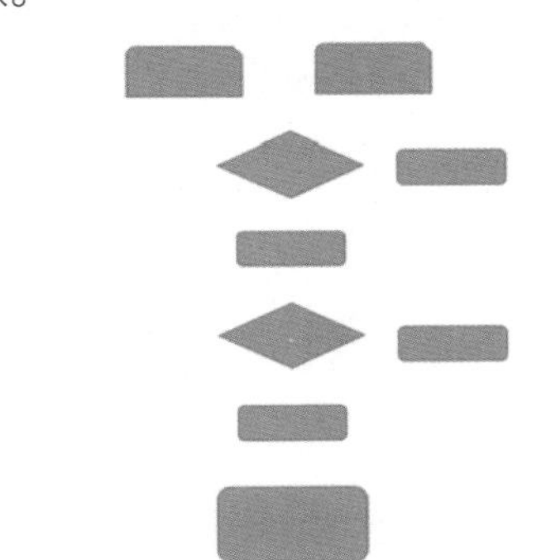

2. 绘制箭头

绘制好流程图后，可以使用线条工具绘制出流程图中的箭头线条，具体操作方法如下。

第 1 步：选择折线箭头工具

❶单击“插入”选项卡下“插图”组中的“形状”下拉按钮；❷在弹出的下拉菜单中选择“肘形箭头连接符”工具。

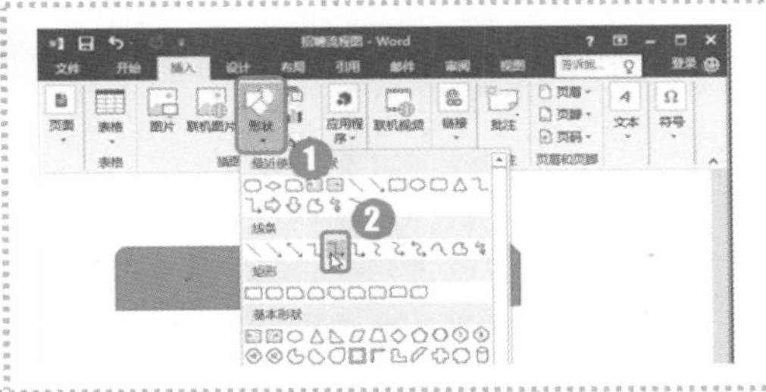

第 2 步：绘制折线

在下图所示的位置绘制折线箭头图形。

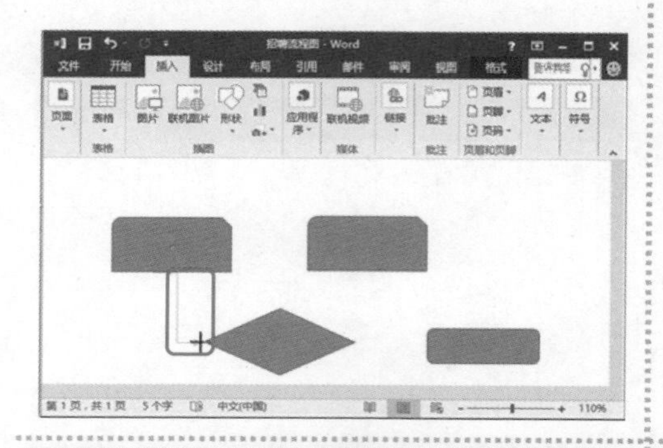

第 3 步：调整折线

拖动折线上的黄色小方块调整折线线条，并使用相同的方法绘制另一侧的线条。

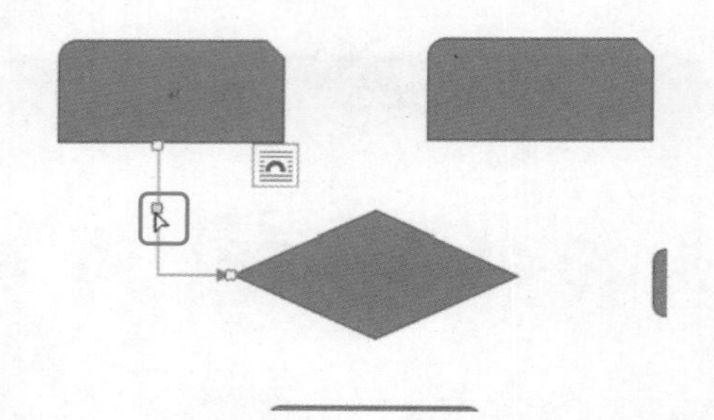

第 4 步：选择直线箭头工具

❶单击“插入”选项卡下“插图”组中的“形状”下拉按钮；❷在弹出的下拉菜单中选择“箭头”工具。

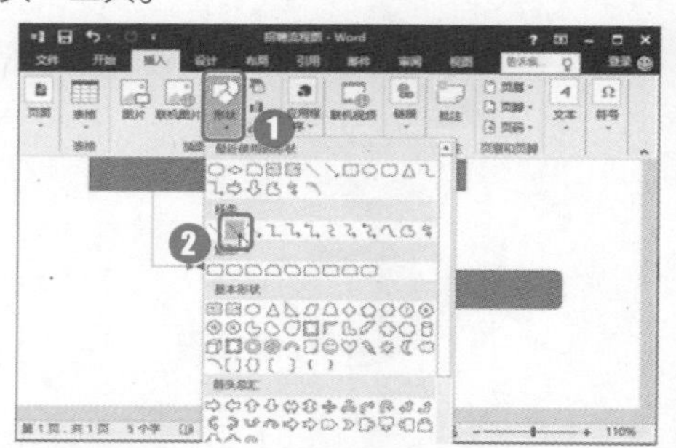

第 5 步：绘制直线箭头

在如下图所示的位置添加一条直线箭头线条。

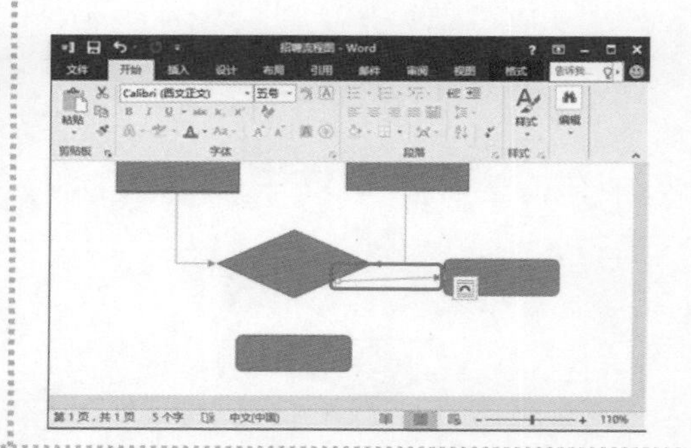

第 6 步：绘制其他箭头

使用相同的方法绘制出流程图中的所有箭头线条。

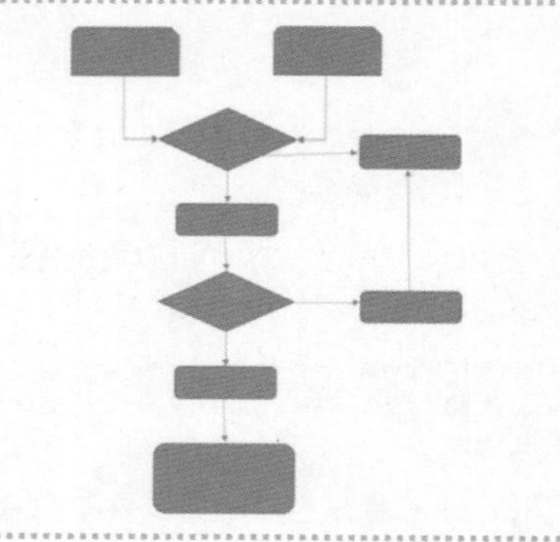

知识加油站

在绘制线条时，如果需要绘制出水平、垂直、呈 45°或 45°倍数的线条，可以在绘制时按住“Shift”键；而在绘制具有多个转折点的线条时，可以使用“任意多边形”工具，绘制完成后按下“Esc”键即可退出线条绘制。

3. 在形状内添加文字

在流程图的形状中，需要添加相应的文字进行说明。

第 1 步：选择“添加文字”选项

❶在形状上单击鼠标右键；❷在弹出的快捷菜单中选择“添加文字”选项。

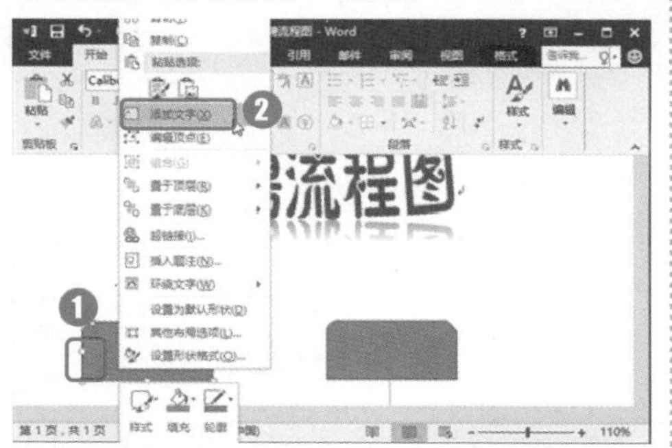

第 2 步：输入文字内容

在光标处输入图形中的文字内容即可。

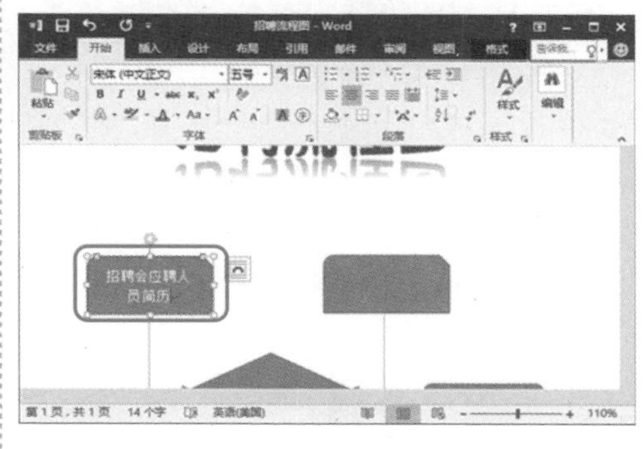

第 3 步：添加其他文字内容

使用相同的方法为其他形状添加文字内容。

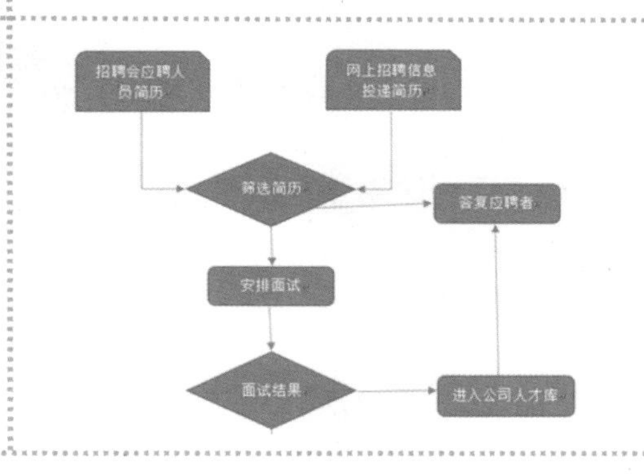

4. 利用文本框添加文字

除在形状中添加文字外，整个流程图中，在某些其他位置也需要添加一些文字信息，此时可以使用文本框添加文字内容。

第 1 步：执行“绘制文本框”命令

❶单击“插入”选项卡下“文本”组中的“文本框”下拉按钮；❷在弹出的下拉菜单中选择“绘制文本框”命令。

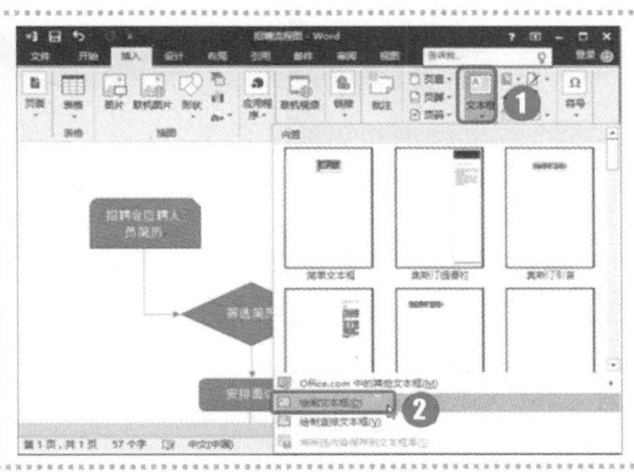

第 2 步：输入文本并设置文本框样式

❶在文本框中输入要添加的文字内容；❷在“绘图工具/格式”选项卡的“形状样式”组中设置文本框样式为无填充颜色，无轮廓。

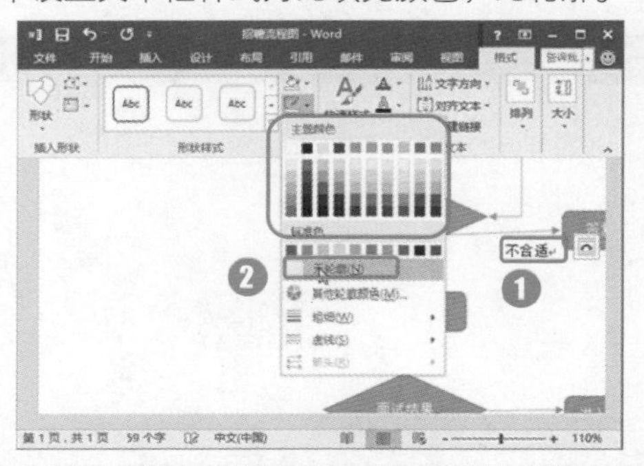

第 3 步：复制文本框

按住“Ctrl”键复制文本框，将文本框复制到下图所示的位置。

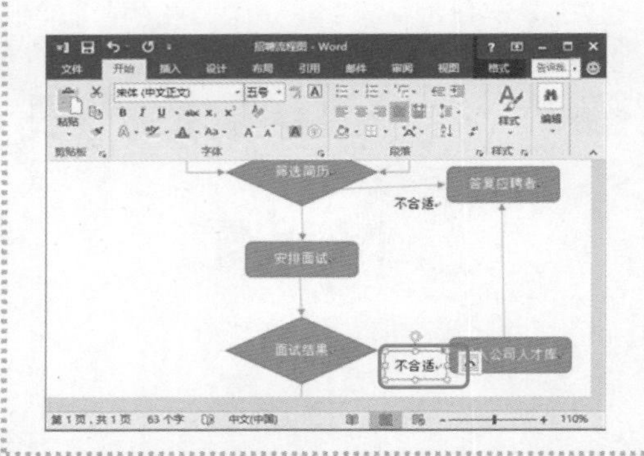

第 4 步：执行“绘制竖排文本框”命令

❶单击“插入”选项卡下“文本”组中的“文本框”下拉按钮；❷在弹出的下拉菜单中选择“绘制竖排文本框”命令。

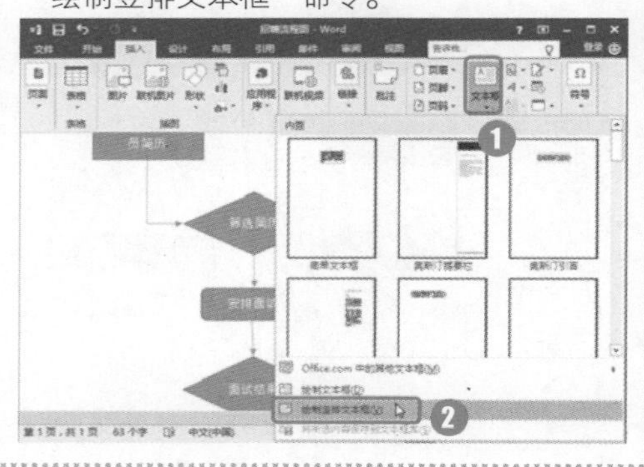

第 5 步：添加其他文本框及内容

用与前几步相同的方式在图中相应的位置添加相应的提示文字，完成后的效果如下图所示。

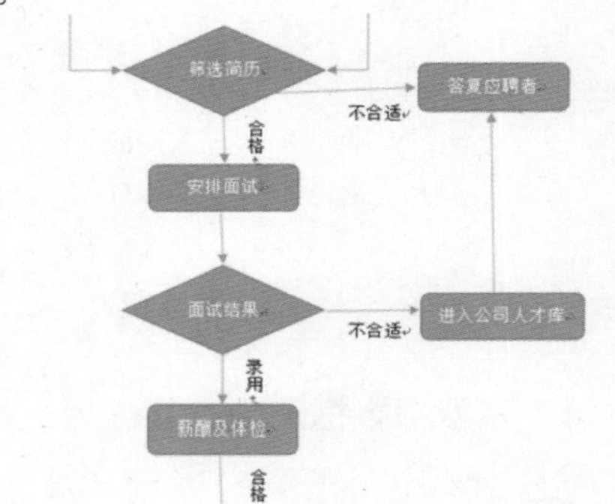

2.3.3 美化流程图

绘制好图形后，常常需要在图形上添加各种美化元素，使图形看起来更具艺术效果，从而增强吸引力和感染力。本例将为图形添加各种样式，并美化图形中的文字。

1. 使用形状样式美化形状

在美化图形时，为了提高工作效率，可以使用 Word 中自带的图形样式来美化图形，具体操作方法如下。

第 1 步：应用图形样式

❶按住“Ctrl”键选择第一排的两个形状；❷在“绘图工具/格式”选项卡“形状样式”组中单击要应用的图形样式。

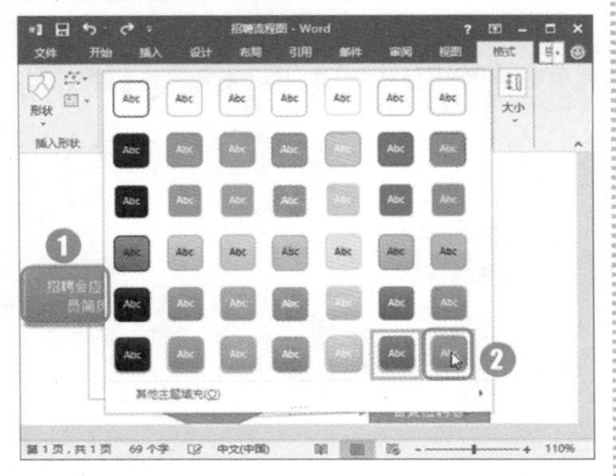

第 2 步：设置填充颜色

❶选择第二排的图形；❷单击“绘图工具/格式”选项卡下“形状样式”组中的“形状填充”下拉按钮；❸在弹出的下拉菜单中选择一种颜色。

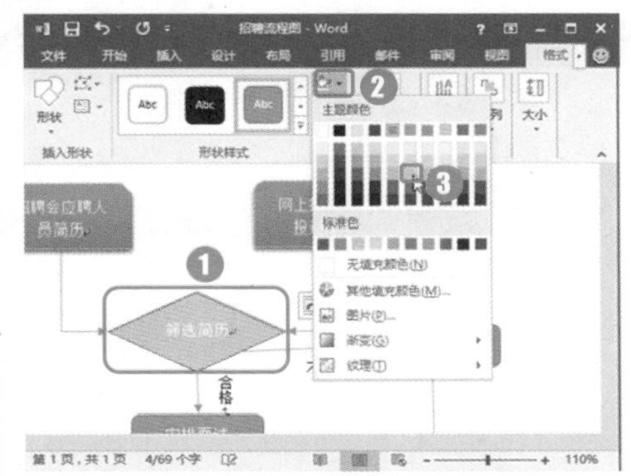

第 3 步：设置轮廓颜色

保持图形的选中状态，❶单击“绘图工具/格式”选项卡下“形状样式”组中的“形状轮廓”下拉按钮；❷在弹出的下拉菜单中选择一种颜色。

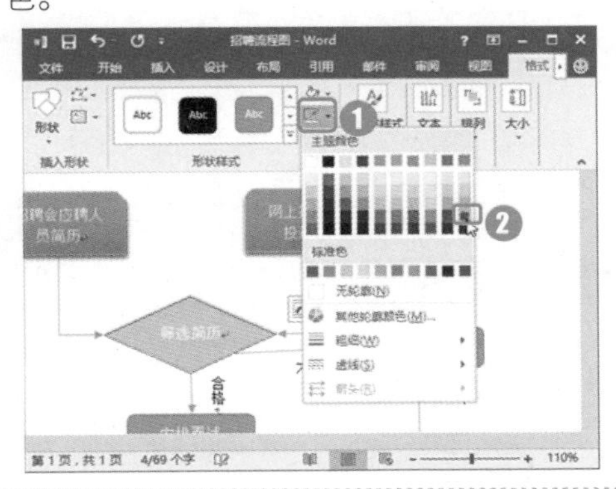

第 4 步：设置其他图形样式

使用相同的方法美化其他图形即可。

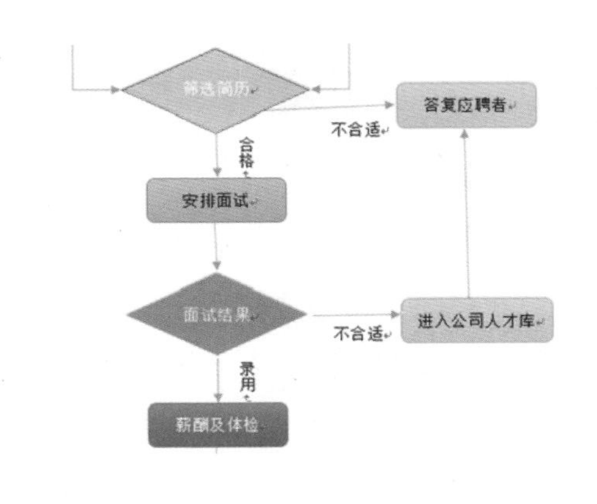

2. 美化流程图文本

在美化流程图的形状后，还可以为流程图中的文本设置艺术字样式。

第 1 步：选择所有的图形

按下“Ctrl”键后依次单击每一个图形，选择所有的图形。

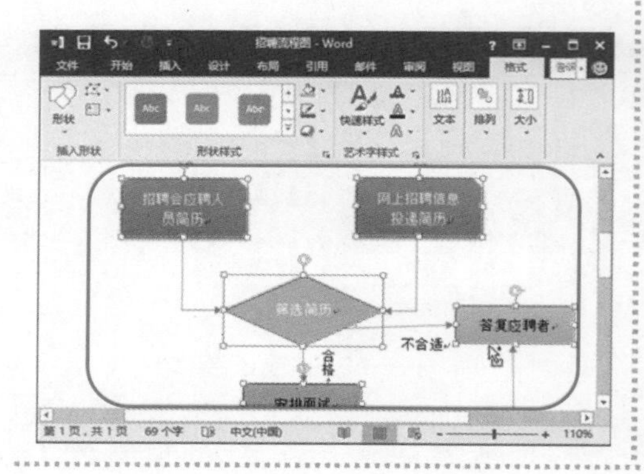

第 2 步：选择艺术字样式

❶单击“绘图工具/格式”选项卡下“艺术字样式”组中的“快速样式”下拉按钮；❷在弹出的下拉菜单中选择一种艺术字样式。

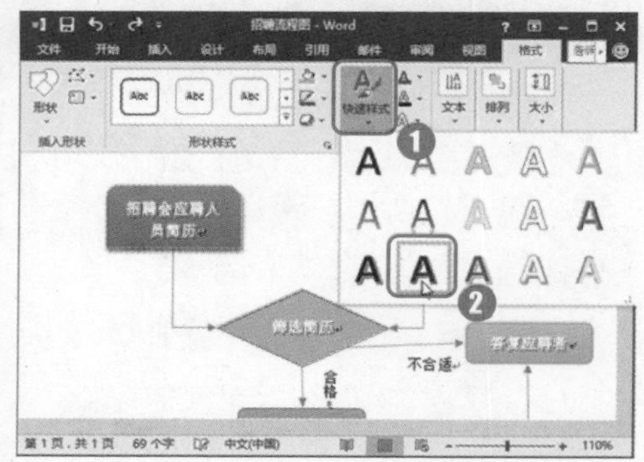

知识加油站

选择一个形状之后，按下“Shift”键也可以选择多个形状。

单独的箭头线条也可以通过形状轮廓改变外观样式，而 Word 2016 为用户提供了多种箭头样式可供选择。

第 1 步：选择箭头样式

❶按住“Ctrl”键选择所有的箭头线条；❷单击“绘图工具/格式”选项卡下“形状样式”组中的“形状轮廓”下拉按钮；❸在弹出的下拉菜单中选择“箭头”命令；❹在弹出的扩展菜单中选择一种箭头样式。

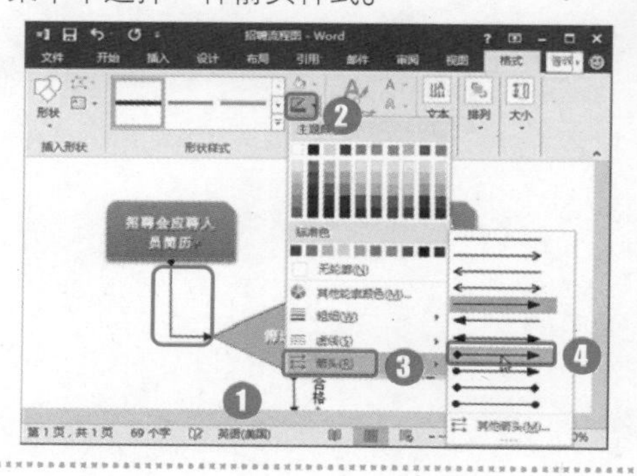

第 2 步：选择线条样式

保持箭头线条的选中状态，在“绘图工具/格式”选项卡的“形状样式”组中选择形状的样式即可。

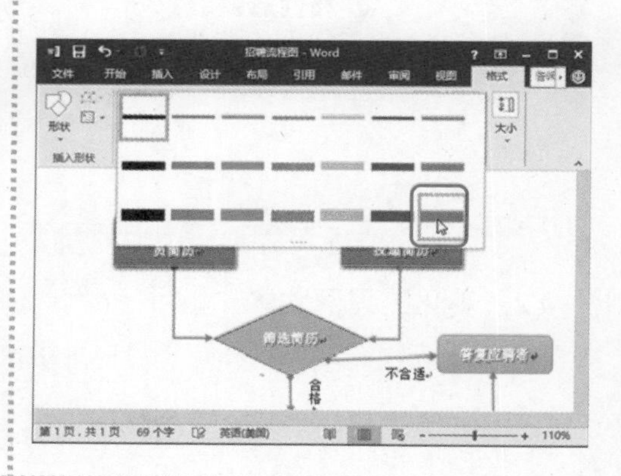

高手秘籍　实用操作技巧

通过对前面知识的学习，相信读者朋友已经掌握了图文混排的相关知识。下面结合本章内容，给大家介绍一些实用技巧。

光盘同步文件

原始文件：光盘\素材文件\第 2 章\实用技巧\
结果文件：光盘\结果文件\第 2 章\实用技巧\
视频文件：光盘\教学文件\第 2 章\高手秘籍.mp4

Skill 01　组合多个图形

将形状图形的叠放次序设置好后，为了更方便地移动和编辑形状，可将它们组合成一个整体。

第 1 步：执行组合命令

❶选中多个图形，然后在图形上单击鼠标右键；❷在弹出的快捷菜单中选择“组合”命令；❸在弹出的扩展菜单中选择“组合”命令。

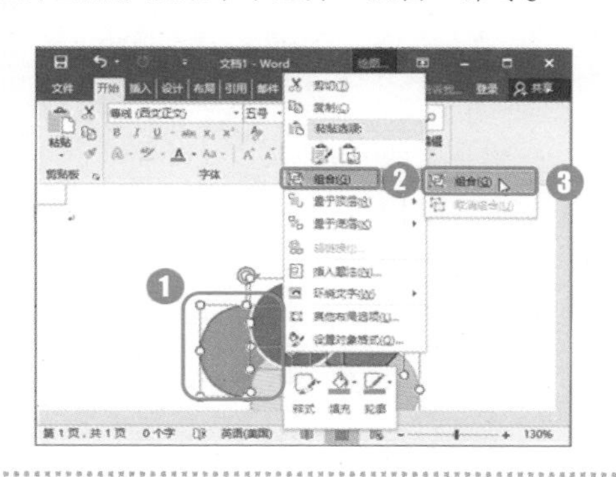

第 2 步：执行取消组合命令

如果需要取消组合图形，❶选中组合图形；❷单击“绘图工具/格式”选项卡下“排列”组中的“组合”下拉按钮；❸在弹出的下拉菜单中单击“取消组合”命令。

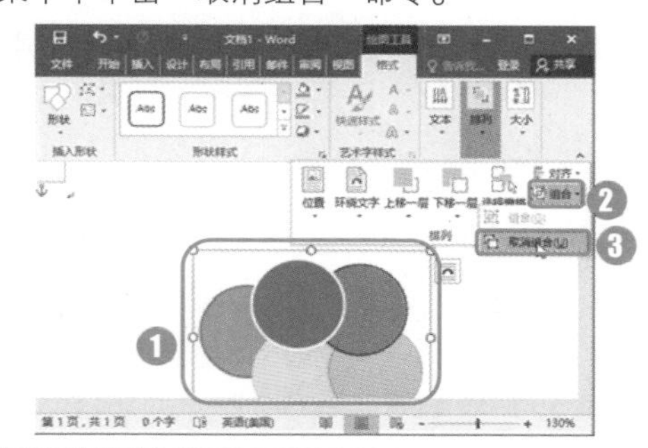

Skill 02　更改艺术字的排列方向

默认的艺术字为水平方向插入，如果有需要，也可以更改艺术字的文字方向。

选择艺术字，❶单击“绘图工具/格式”选项卡下“文本”组的“文字方向”下拉按钮；❷在弹出的下拉菜单中选择“垂直”命令。

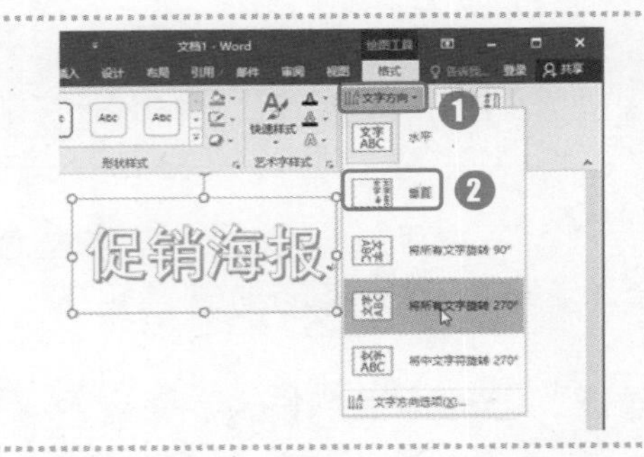

Skill 03 多次使用同一绘图工具

每选择一次工具，在绘制一个图形后就会取消该绘图工具的选中状态。如果需要多次使用同一绘图工具，可以先锁定该工具再绘制图形，具体操作方法如下。

❶在“插入”选项卡单击“插图”组中的“形状”下拉按钮；❷在弹出的下拉菜单中用鼠标右键单击需要锁定的图形工具；❸在弹出的快捷菜单中选择“锁定绘图模式”选项。

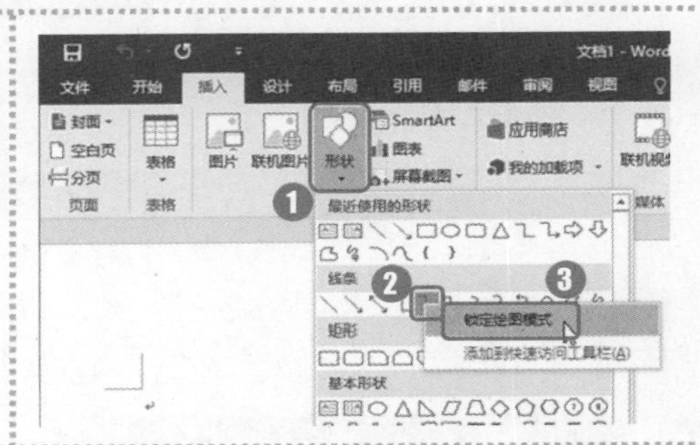

本章小结

本章结合实例主要讲解了如何在 Word 文档中插入形状、艺术字、文本框、图片、SmartArt 图形等对象，以实现图文混排，从而使文档更加美观。通过对本章的学习，读者应初步掌握 Word 的图文混排技巧，可以轻松地制作出图文并茂的精美文档。

第 3 章

Word 2016 表格制作与应用

本章导读

在制作 Word 文档时，用表格可以将各种复杂的多列信息简明、概括地表达出来。而通过图表，可以让用户更快、更清楚地了解表格中的数据变化。本章通过制作员工通信录和年度销售报告，介绍在 Word 2016 中使用表格和图表的方法。

知识要点

- 表格的创建
- 在表格中输入数据
- 设置行高和列宽的方法
- 绘制斜线头的方法
- 美化表格
- 创建图表的方法
- 在表格中使用公式计算
- 编辑与美化图表

案例展示

2015 年度销售报告

编号	姓名	第一季度	第二季度	第三季度	第四季度	年度合计
001	周小菲	250000	265000	260000	280000	1055000
002	王兴彤	250000	240000	256000	260000	1055000
003	陈小丫	300000	320000	280000	320000	1220000
004	李连飞	300000	300000	310000	320000	1230000
005	王立雨	280000	320000	310000	300000	1210000
006	李天一	300000	310000	260000	260000	1150000

部门	编号	姓名	手机号码	QQ 号码	电子邮箱
人事部	001	李小林	13356789999	25878996	25878996@qq.com
	002	王凡有	18985859696	69698787	69698787@qq.com
	003	赵前明	13564787889	589658745	589658745@qq.com
销售部	004	周小刚	15899696636	589965741	589965741@qq.com
	005	包值铭	13998758996	25687878	25687878@qq.com
	006	王小东	15988898989	69689856	69689856@qq.com

实战应用——跟着案例学操作

3.1 制作员工通讯录

通讯录是日常办公中经常需要制作的文档之一。使用 Word 中的表格可以快速地将各部门的员工分类，并登记通讯录。本节使用 Word 的表格功能，详细介绍制作员工通讯录文档的操作方法。

“员工通讯录”文档制作完成后的效果如下图所示。

部门	编号	姓名	手机号码	QQ 号码	电子邮箱
人事部	001	李小林	13356789999	25878996	25878996@qq.com
	002	王凡有	18985859696	69698787	69698787@qq.com
	003	赵前明	13564787889	589658745	589658745@qq.com
销售部	004	周小刚	15899696636	589965741	589965741@qq.com
	005	包倍铭	13998758996	25687878	25687878@qq.com
	006	王小东	15988898989	69689856	69689856@qq.com

光盘同步文件

结果文件：光盘\结果文件\第 3 章\通讯录.docx

视频文件：光盘\教学文件\第 3 章\制作员工通讯录.mp4

3.1.1 创建表格

在制作 Word 文档时，使用表格可以使文档表达更清晰，也能更好地归类和查找数据。

1．插入表格

在 Word 文档中插入表格的方法很简单，本例首先要创建一个名为“通讯录”的 Word 文档，然后再按照以下步骤开始制作。

第 1 步：执行“插入表格”命令

❶单击“插入”选项卡下“表格”组中的“表格”下拉按钮；❷在弹出的下拉菜单中选择“插入表格”命令。

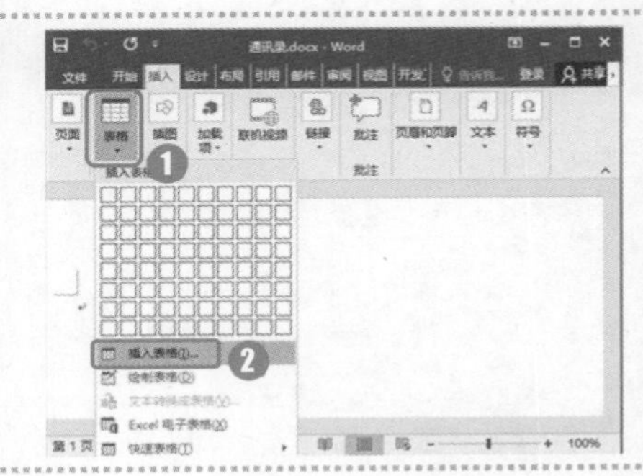

第 2 步：设置表格尺寸

打开“插入表格”对话框，❶在“表格尺寸”栏设置列数与行数；❷单击“确定”按钮。

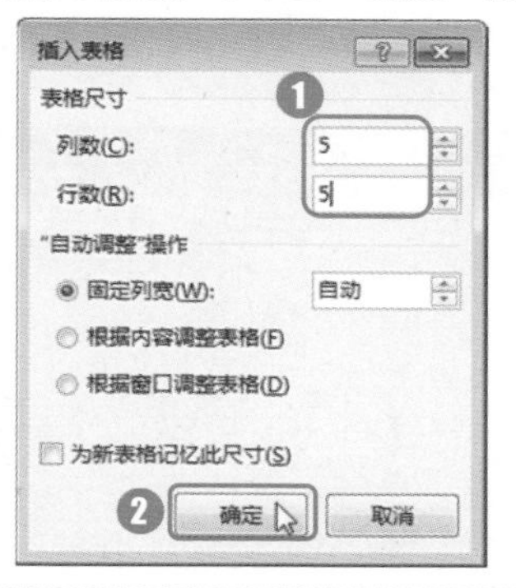

第 3 步：查看表格

表格创建完成后的效果如下图所示。

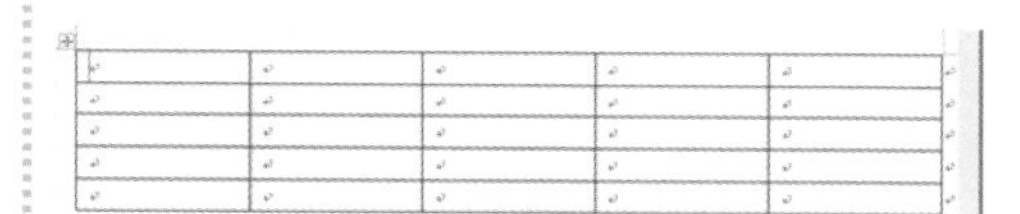

2. 输入表格数据

表格创建完成后，就可以开始输入表格数据了。

第 1 步：输入文本数据

❶将光标定位到第一排的第一个单元格中，直接输入文本；❷输入完成后，将光标定位到下一个单元格中输入文本。

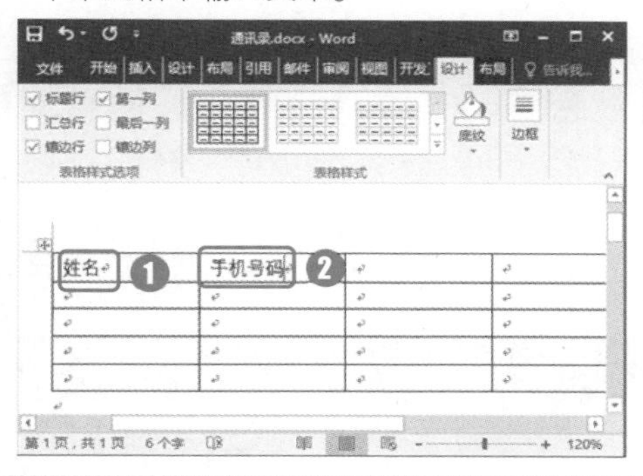

第 2 步：完成数据输入

使用相同的方法输入所有表格的数据。

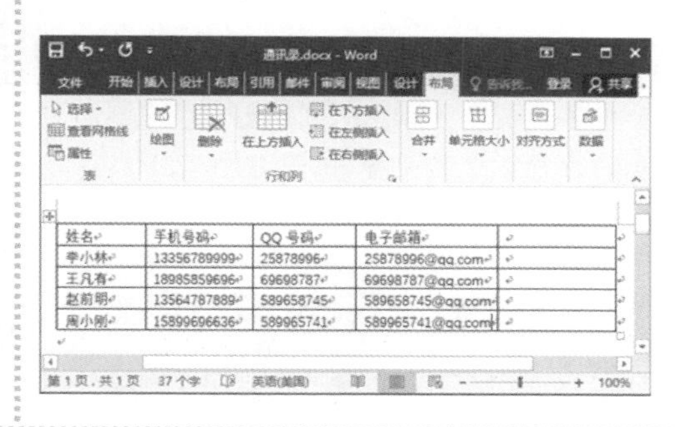

3. 插入或删除行与列

如果创建的表格数量太多或太少，可以随时插入或删除行与列。

第 1 步：执行"删除列"命令

如果要删除列，❶将光标定位到需要删除列的任意单元格中；❷单击"表格工具/布局"选项卡下"行和列"组中的"删除"下拉按钮；❸在弹出的下拉菜单中选择"删除列"选项。

第 2 步：执行添加行命令

如果要在表格的下方添加行，❶将光标定位到要添加行的单元格中；❷单击"表格工具/布局"选项卡下"行和列"组中的"在下方插入"命令即可。

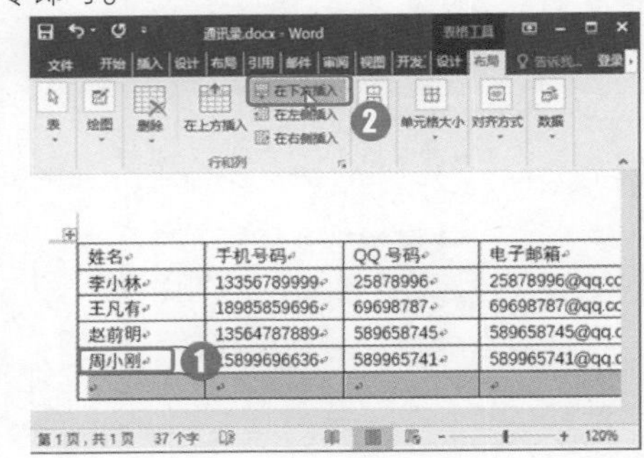

知识加油站

将光标定位到表格右侧的段落标记处，然后按下"Enter"键可以快速地在下方添加行。

4. 调整行高和列宽

因为单元格中需要录入的数据长短不同，需要的单元格大小也有所不同，所以需要调整行高和列宽来适应文本。

第 1 步：设置行高

如果要调整整个表格的行高，❶单击表格左上角的⊞按钮全选表格；❷在"表格工具/布局"选项卡下"单元格大小"组的"高度"微调框中设置表格的行高。

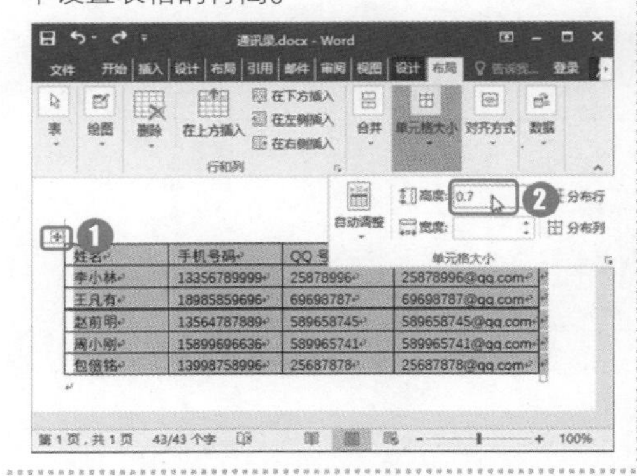

第 2 步：设置列宽

如果要调整某一行或列的列宽，❶将光标置于该列的任意单元格中；❷在"表格工具/布局"选项卡"单元格大小"组的"宽度"微调框中设置表格的列宽即可。

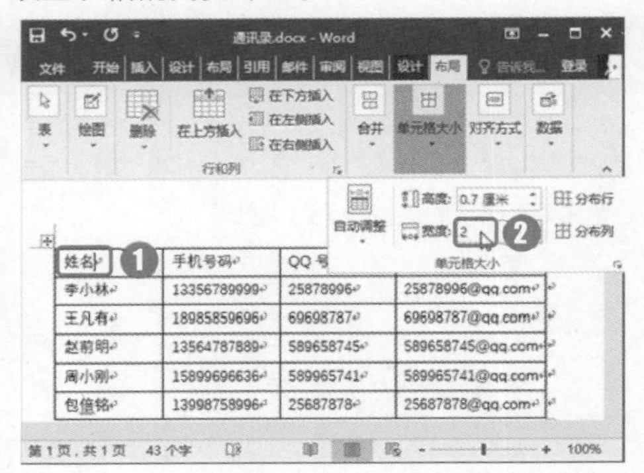

第 3 步：通过拖动调整列宽

如果要通过拖动的方法调整行高或列宽，可以将光标置于行或列的边框线上，当光标变为 ⇹ 时按下鼠标左键，拖动鼠标即可调整行高或列宽。

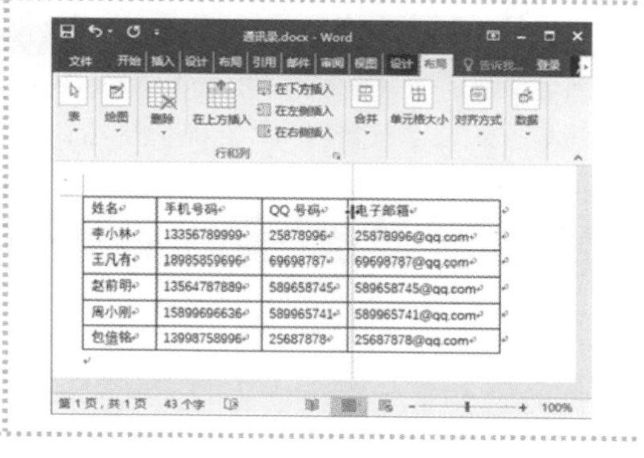

5. 设置对齐方式

Word 默认的表格对齐方式为靠上两端对齐，为了美观，我们可以将其设置为居中对齐方式。

选择整个表格，在“表格工具/布局”选项卡的“对齐方式”组中单击“水平居中”按钮 即可。

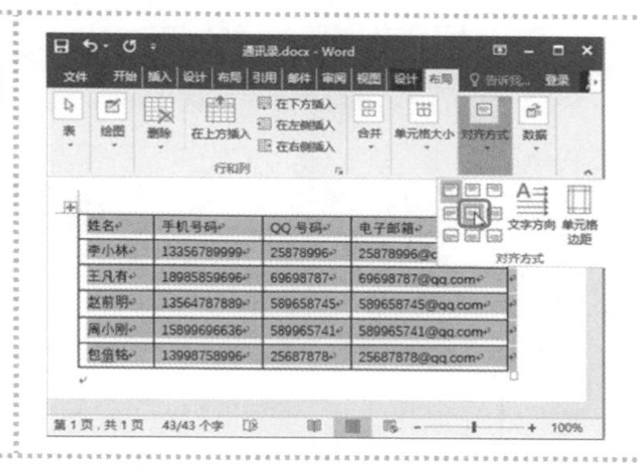

3.1.2 编辑表格

基本的表格制作完成后，为了使表格更完整，可以编辑表格。编辑表格包括拆分与合并单元格、设置文字方向、绘制斜线头等。

1. 拆分与合并单元格

如果需要将单元格一分为二使用，可以使用表格中的拆分单元格功能。

第 1 步：执行插入列命令

使用前文所学的方法在表格左侧插入列。

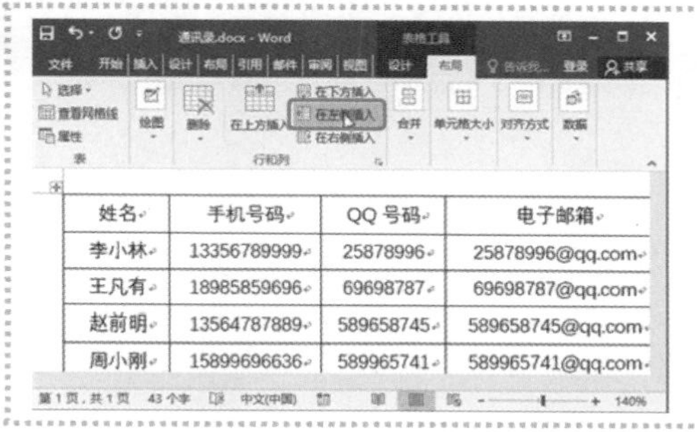

第 2 步：执行“拆分单元格”命令

❶选择除第一排之外的第一列单元格；❷单击“表格工具/布局”选项卡下“合并”组中的“拆分单元格”命令。

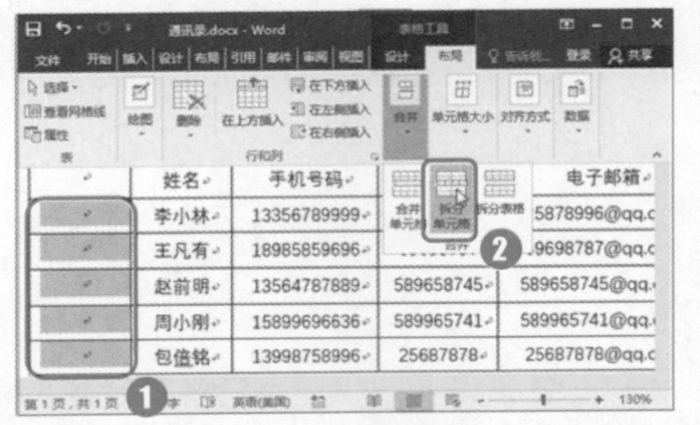

第 3 步：设置拆分参数

打开“拆分单元格”对话框，❶设置“列数”为“2”，“行数”为“5”；❷勾选“拆分前合并单元格”选项；❸单击“确定”按钮。

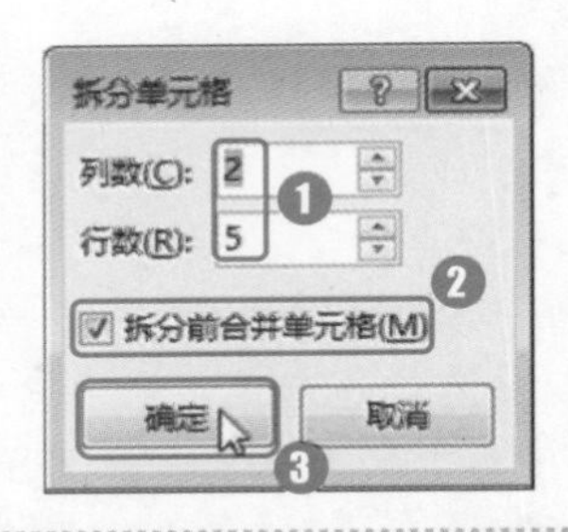

第 4 步：执行“合并单元格”命令

❶在拆分后的第二列中输入编号；❷选择第一列的前三行单元格；❸单击“表格工具/布局”选项卡下“合并”组中的“合并单元格”命令。

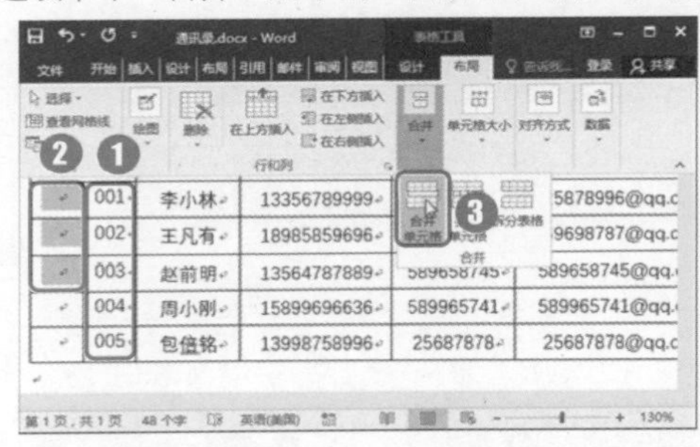

第 5 步：合并其他单元格

❶在合并后的单元格中输入数据；❷使用相同方法合并第一列的另外两个单元格，并输入数据。

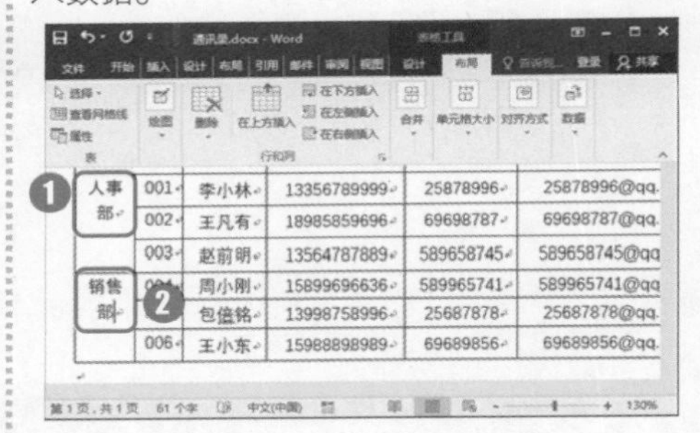

2. 设置文字方向

表格中的文字默认为水平显示，如果有需要，也可以将文字方向更改为垂直方向。

第 1 步：设置文字方向

❶将光标定位到需要更改文字方向的单元格中；❷单击“表格工具/布局”选项卡下“对齐方式”组中的“文字方向”命令，即可更改文字方向为垂直。

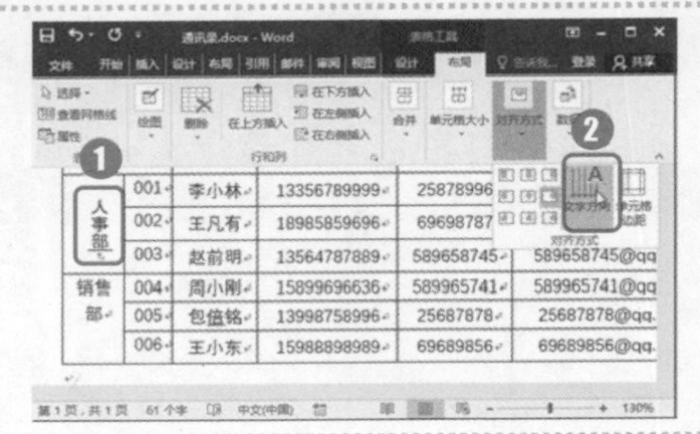

第 2 步：完成设置

使用相同的方法更改下方单元格中的文字方向，完成后的效果如右图所示。

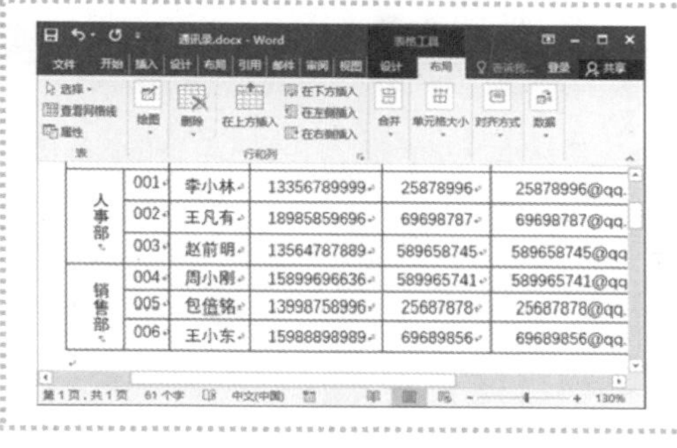

3．绘制斜线头

在制作表头文字时，某些单元格需要输入两个表头，可以使用绘制斜线头的方法来完成。

第 1 步：绘制斜下框线

❶将光标定位到需要绘制斜线头的单元格中；❷单击“表格工具/设计”选项卡下“边框”组中的“边框”下拉按钮；❸在弹出的下拉菜单中选择“斜下框线”。

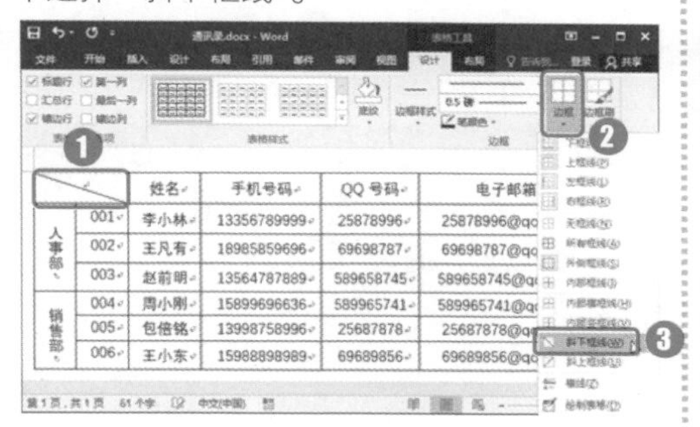

第 2 步：添加文本框

绘制两个文本框，并设置为无边框和无填充格式。在文本框中输入表头文字后将其移动到相应的位置即可。

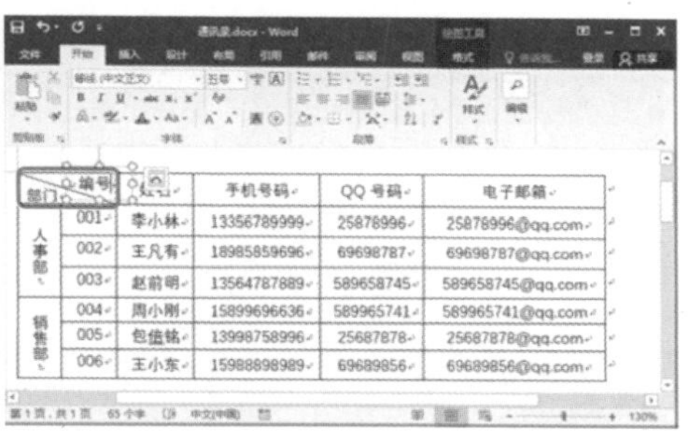

疑难解答

Q：如果我要在一个单元格中绘制两条斜线，应该怎样操作?

A：在 Word 2016 中，如果要在一个单元格中绘制两条斜线，可以通过绘图的方式来完成。操作方法是，在图形工具中选择直线工具，在单元格中绘制两条直线，再将直线的格式设置为与表格框线相同。直线绘制完成后，表头的文字需要使用文本框的形式来输入。

3.1.3 美化表格

为了让表格更加美观，我们可以为表格添加各种颜色和样式的边框和底纹。具体操作方法如下。

1. 设置表格底纹

我们可以为表格设置各种底纹颜色。

❶将光标定位到表格中的任意单元格；❷单击"表格工具/设计"选项卡下"表格样式"组中的"底纹"下拉按钮；❸在弹出的下拉菜单中选择一种底纹颜色。

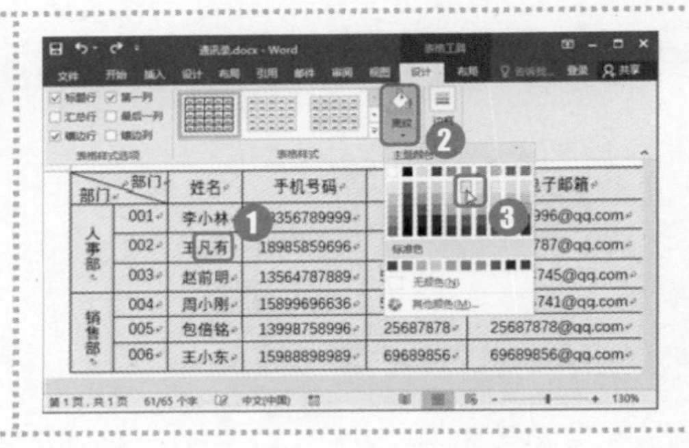

2. 设置表格边框

为表格设置不同颜色和样式的边框，可以让表格看起来更加美观。

第 1 步：设置边框颜色

❶将光标定位到表格中的任意单元格；❷在"表格工具/设计"选项卡的"边框"组中设置笔颜色；❸单击"边框"下拉按钮；❹在弹出的下拉菜单中选择"所有框线"选项。

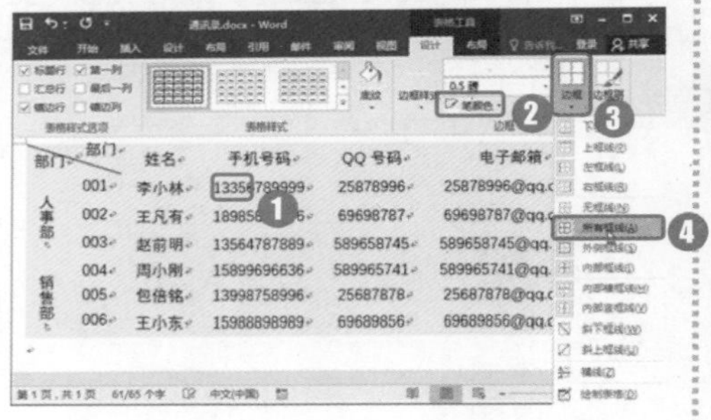

第 2 步：设置斜线头颜色

因为所有的框线中并不包括斜线头，所以斜线头需要单独设置。保持笔颜色不变，❶单击"表格工具/设计"选项卡"边框"组中的"边框刷"命令；❷鼠标指针变为笔的形状，单击斜线头即可。

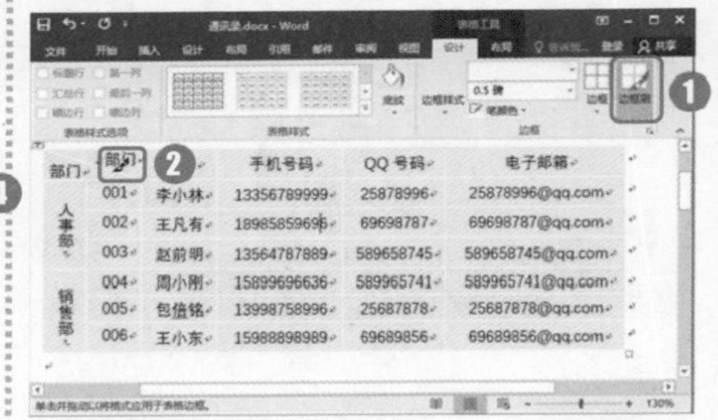

第 3 步：添加外框线

将光标定位到表格中的任意单元格，❶在"表格工具/设计"选项卡的"边框"组中设置笔颜色；❷设置边框样式和磅值；❸单击"边框"下拉按钮；❹在弹出的下拉菜单中选择"外侧框线"选项。

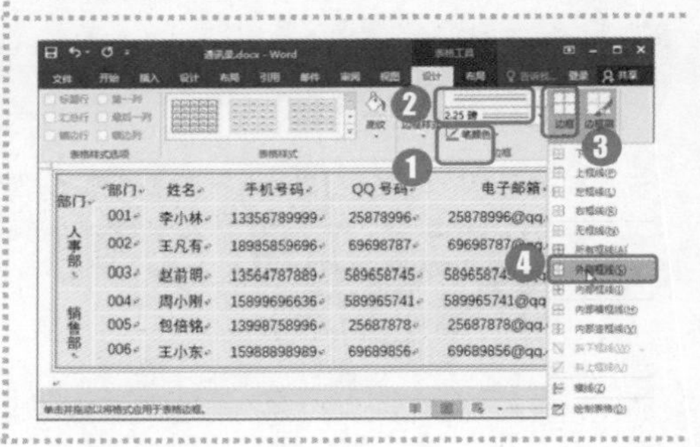

3.2 制作年度销售报告

在日常工作中，处理数据时，用户大多习惯于使用 Excel。可是，当某些报告中需要插入销售报告或图表作为参考依据时，也可以使用 Word 制作表格，并进行简单的计算，还可以在其中插入图表，让他人更方便地查看表格中的数据。本节将使用 Word 的表格和图表的功能，详细介绍制作年度销售报告的具体步骤。

“年度销售报告”文档制作完成后的效果如下图所示。

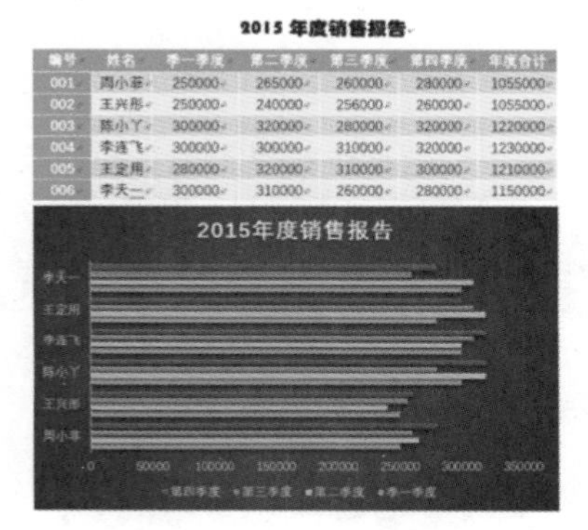

2015 年度销售报告

编号	姓名	季一季度	第二季度	第三季度	第四季度	年度合计
001	周小菲	250000	265000	260000	280000	1055000
002	王兴彤	250000	240000	256000	260000	1055000
003	陈小丫	300000	320000	280000	320000	1220000
004	李莲飞	300000	300000	310000	320000	1230000
005	王定用	280000	320000	310000	300000	1210000
006	李天一	300000	310000	260000	280000	1150000

光盘同步文件

原始文件：光盘\素材文件\第 3 章\年度销售报告.docx

结果文件：光盘\结果文件\第 3 章\年度销售报告.docx

视频文件：光盘\教学文件\第 3 章\制作年度销售报告.mp4

3.2.1 创建销售图表

销售图表是以图表的形式表现数据的趋势，可以让读者一目了然地看到数据的变化，掌握相关的数据信息。

1. 快速美化表格

在创建销售图表之前，可以先使用表格的快速样式美化图表。

第 1 步：选择快速样式

打开素材文件，❶将光标定位到表格中的任意位置；❷在“表格工具/设计”选项卡的“表格样式”中选择一种快速样式。

2015 年度销售报告

编号	姓名	季一季度	第二季度	第三季度	第四季度	年度合计
001	周小菲	250000	265000	260000	280000	
002	王兴彤	250000	[illegible]	256000	260000	
003	陈小丫	300000	320000	280000	320000	
004	李莲飞	300000	300000	310000	320000	
005	王定用	280000	320000	310000	300000	
006	李天一	300000	310000	260000	280000	

第 2 步：查看表格完成效果

快速样式设置完成后的效果如右图所示。

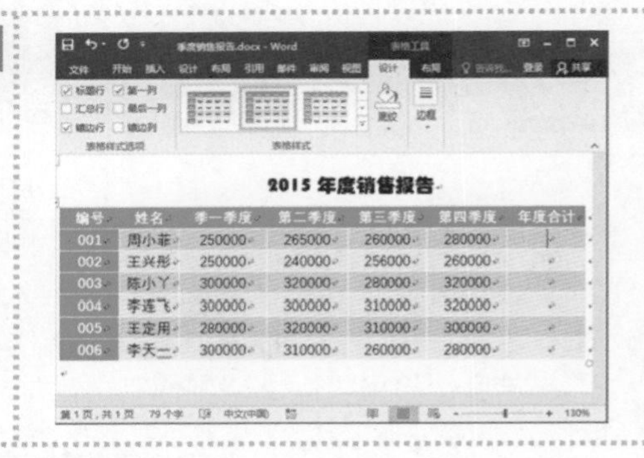

2．使用公式计算总额

使用 Word 也可以对表格中的数据进行简单的计算，下面以计算年度合计为例，使用公式计算出每一位员工的季度总和。

第 1 步：单击“公式”按钮

❶将光标定位到“年度合计”下方的单元格中；❷单击“表格工具/布局”选项卡“数据”组中的“公式”按钮。

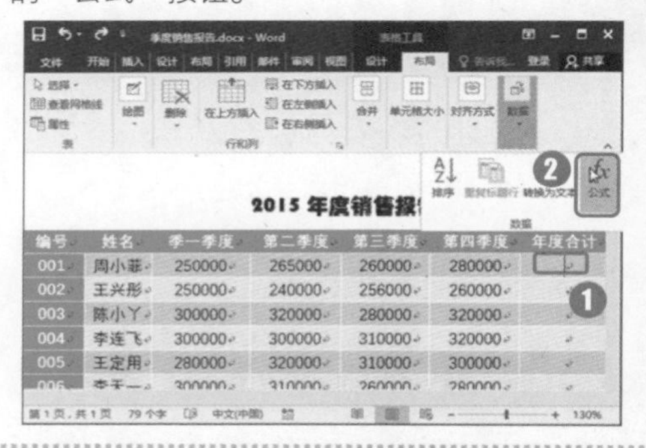

第 2 步：输入计算公式

打开“公式”对话框，❶在公式栏输入公式“=SUM(LEFT)”；❷单击“确定”按钮。

第 3 步：计算所有的合计

❶公式将计算全年季度的总和；❷使用相同的方法计算其他员工的年度合计即可。

知识加油站

公式“=SUM(LEFT) ”表示计算左侧的数值总合，如果要计算上方所有数值的总和，则输入公式“=SUM(ABOVE) ”。

3. 在 Word 中插入图表

如果需要将表格中的数据以图表的形式表现出来，也可以在 Word 中插入图表。

第 1 步：单击“图表”按钮

❶将光标定位到需要插入图表的位置；❷单击“插入”选项卡“插图”组中的“图表”按钮。

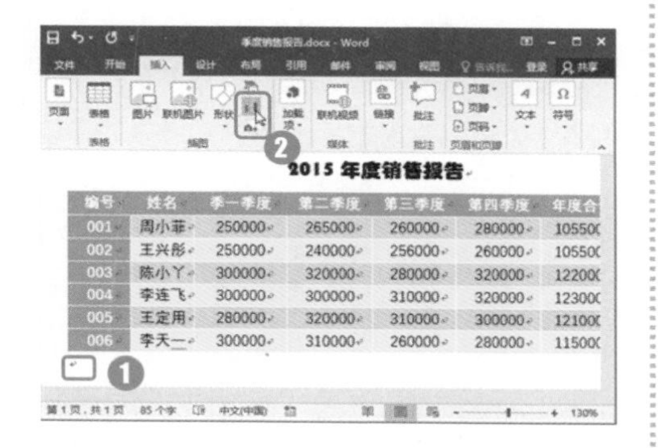

第 2 步：选择图表类型

打开“插入图表”对话框，❶在左侧选择图表的类型；❷在右侧选择该类型图表的样式；❸单击“确定”按钮。

第 3 步：插入图表效果

打开“Microsoft Word 中的图表”Excel 模块，并以模块中的数据创建图表。

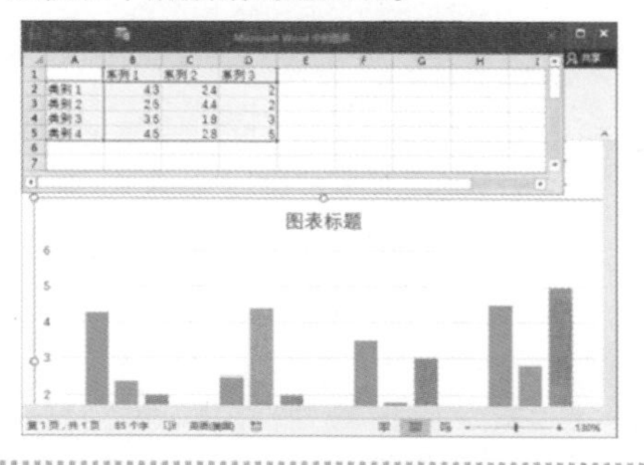

第 4 步：修改数据

把“Microsoft Word 中的图表”Excel 模块中的数据更改为表格中的数据。

第 5 步：查看完成效果

图表模块将随数据的改变发生变化，输入完成后的效果如右图所示。

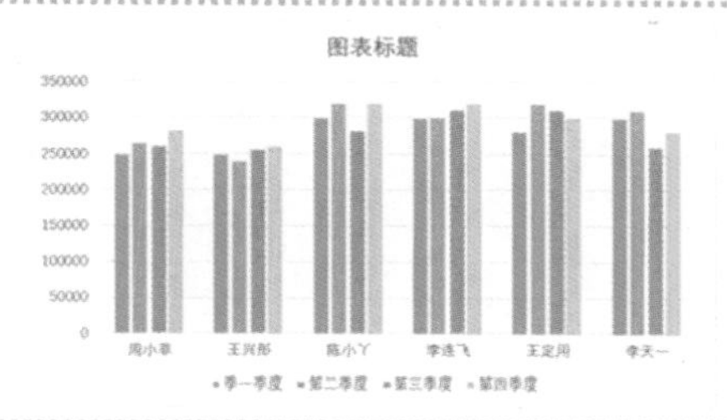

知识加油站

在创建了图表之后，如果发现需要添加或删除数据系列，可以单击“图表工具/设计”选项卡“数据”组中的“编辑数据”按钮，打开 Excel 模块后输入或删除数据内容，即可添加或删除数据系列。

3.2.2 编辑与美化图表

在插入图表后，如果对图表的大小或样式不满意，也可以随时更改图表的大小、类型、颜色和样式等，以美化图表。

1. 调整图表大小

插入图表默认的宽度与页面大小相同，如果用户需要调整图表的大小，可以通过拖动鼠标来完成。

选择图表，将光标放置在图表四周的调节点上，当光标变为双向箭头时，按下鼠标左键拖动，即可调整图表大小。

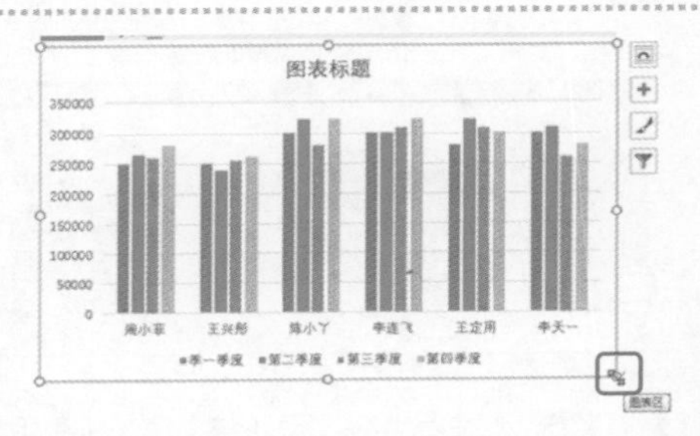

2. 更改图表标题

插入图表后，会默认创建一个图表标题框，并自动命名为“图表标题”，在创建图表后，可以将标题更改为符合图表内容的文本。

第 1 步：删除默认标题

双击标题框，进入图表标题编辑状态，删除默认标题。

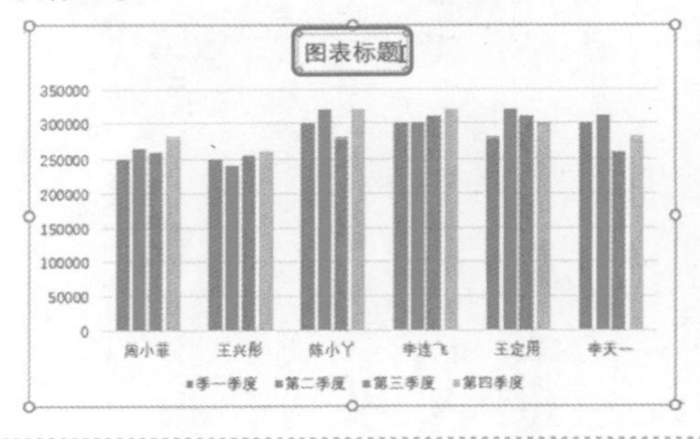

第 2 步：输入图表标题

在标题框中输入图表标题即可。

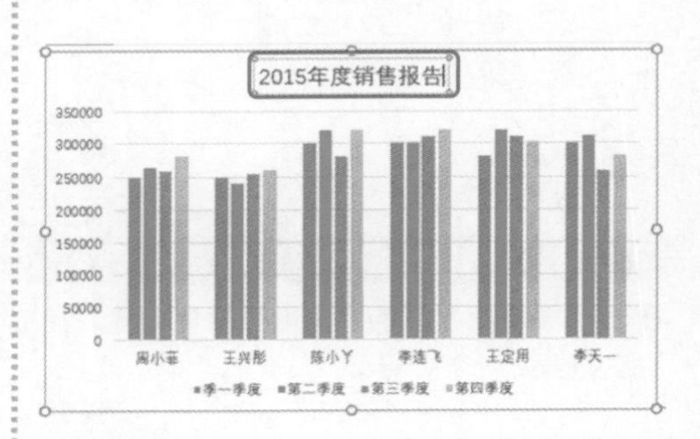

3．更改图表类型

创建图表后，如果对开始选择的图表类型不满意，可以更改图表类型。

第 1 步：单击“更改图表类型”命令

❶选择图表；❷单击“图表工具/设计”选项卡下“类型”组中的“更改图表类型”命令。

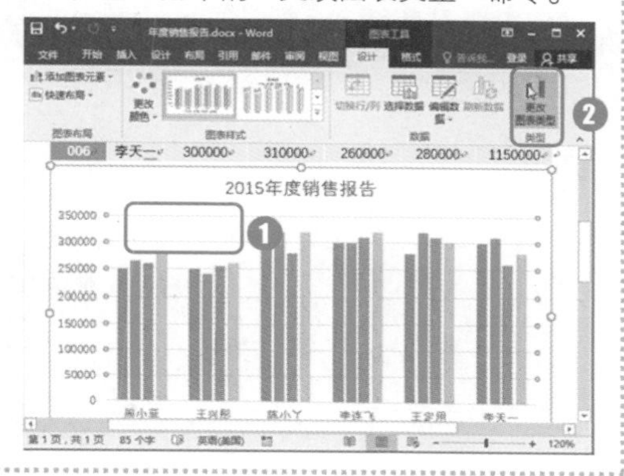

第 2 步：重新选择图表

打开“更改图表类型”对话框，❶重新选择图表类型；❷单击“确定”按钮即可。

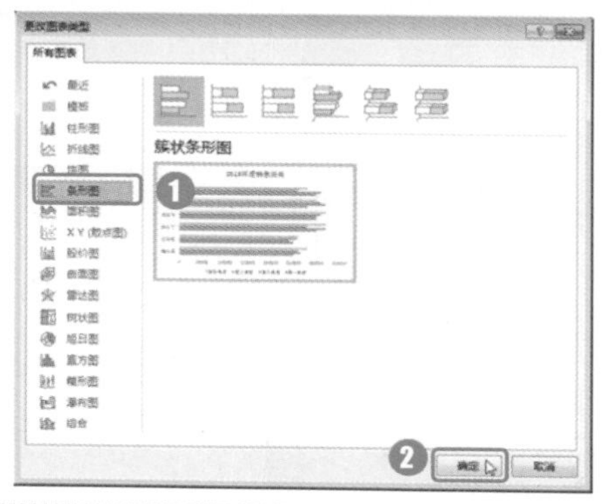

4．更改图表的颜色和样式

创建图表后所看到的图表颜色和样式为系统默认，更换图表的颜色和样式，可以打造更专业、美观的图表。

第 1 步：选择图表颜色

选择图表，❶单击“图表工具/设计”选项卡下“图表样式”组中的“更改颜色”下拉按钮；❷在弹出的下拉菜单中选择一种颜色集。

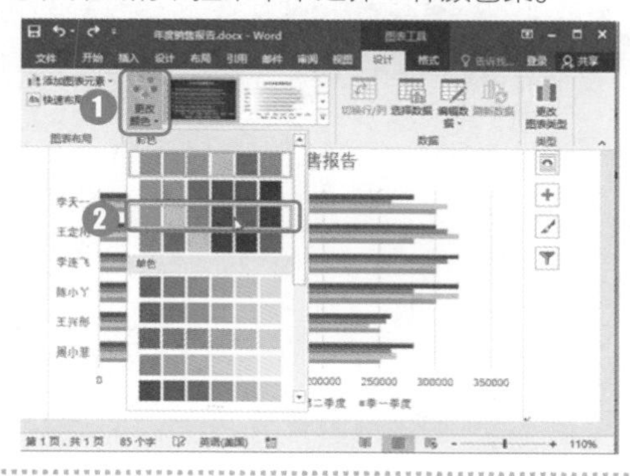

第 2 步：选择快速样式

保持图表的选中状态，在“图表工具/设计”选项卡“图表样式”组中选择图表的快速样式即可。

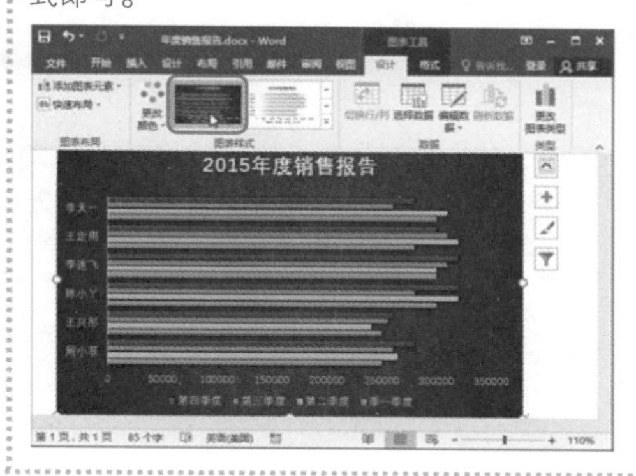

Q：在 Excel 中使用图表可以添加多种辅助线帮助分析数据，Word 中的图表是否能使用这种功能？

A：在“图表工具/设计”选项卡中，单击图表布局组中的“添加图表元素”下拉按钮，在弹出的下拉菜单中可以添加误差线、网格线、趋势线等辅助线。

高手秘籍 实用操作技巧

通过对前面知识的学习，相信读者已经掌握了表格和图表的创建与编辑方面的相关知识。下面结合本章内容，给大家介绍一些实用技巧。

光盘同步文件

原始文件：光盘\素材文件\第 3 章\实用技巧\
结果文件：光盘\结果文件\第 3 章\实用技巧\
视频文件：光盘\教学文件\第 3 章\高手秘籍.mp4

Skill 01 让文字自动适应单元格

在制作表格时，有时需要调整字符间距使文字能够充满整个单元格。此时，使用空格来调节字符间距显然不合适，可以使用以下方法让文字自动适应单元格。

第 1 步：单击“属性”按钮

❶选择要设置的单元格；❷单击“表格工具/布局”选项卡下“表”组中的“属性”按钮。

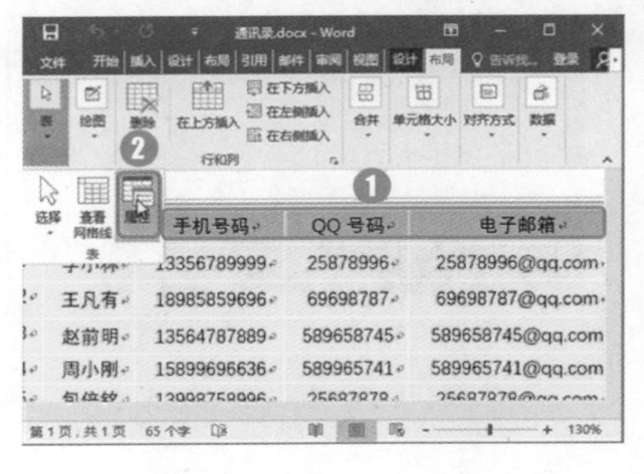

第 2 步：单击“选项”按钮

打开“表格属性”对话框，在“单元格”选项卡中单击“选项”按钮。

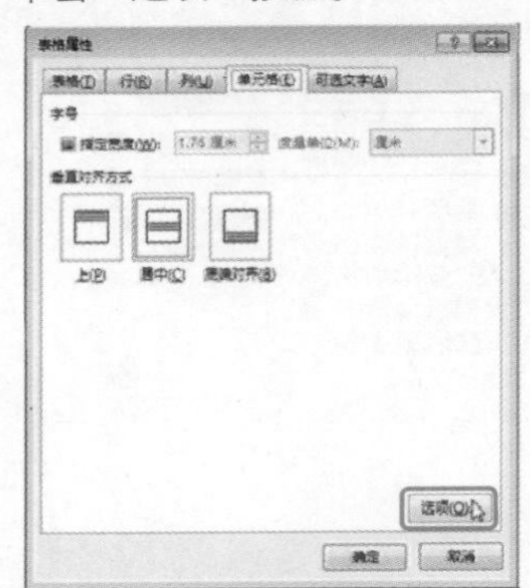

第 3 步：设置单元格选项

打开“单元格选项”对话框，❶勾选“适应文字”复选框；❷依次单击“确定”按钮退出设置即可。

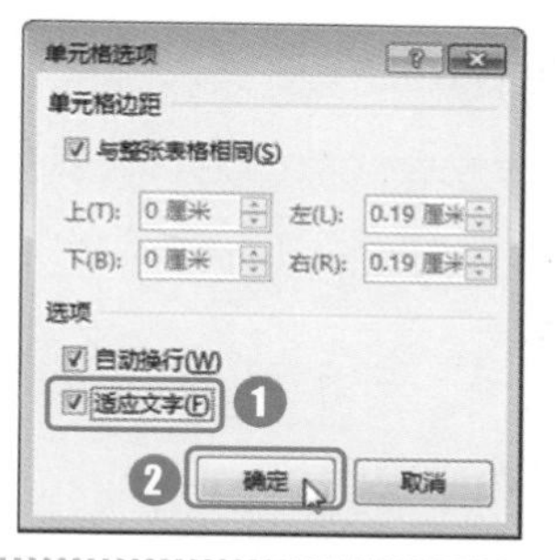

第 4 步：查看完成效果

完成后的效果如下图所示。

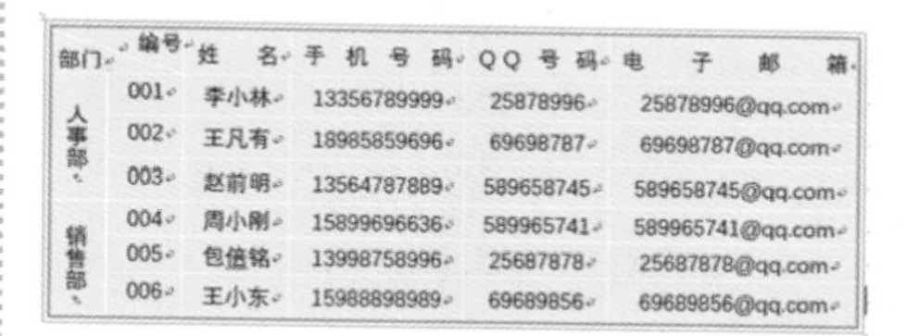

部门	编号	姓　名	手 机 号 码	QQ 号 码	电　子　邮　箱
人事部	001	李小林	13356789999	25878996	25878996@qq.com
	002	王凡有	18985859696	69698787	69698787@qq.com
	003	赵前明	13564787889	589658745	589658745@qq.com
销售部	004	周小刚	15899696636	589965741	589965741@qq.com
	005	包信铭	13998758996	25687878	25687878@qq.com
	006	王小东	15988898989	69689856	69689856@qq.com

Skill 02 快速拆分表格

在制作表格时，有时会遇到需要将一个表格拆分为二的情况，可以通过下面的方法来完成。

第 1 步：执行“拆分表格”命令

❶选择需要拆分为二的部分表格；❷单击“表格工具/布局”选项卡下“合并”组中的“拆分表格”命令即可。

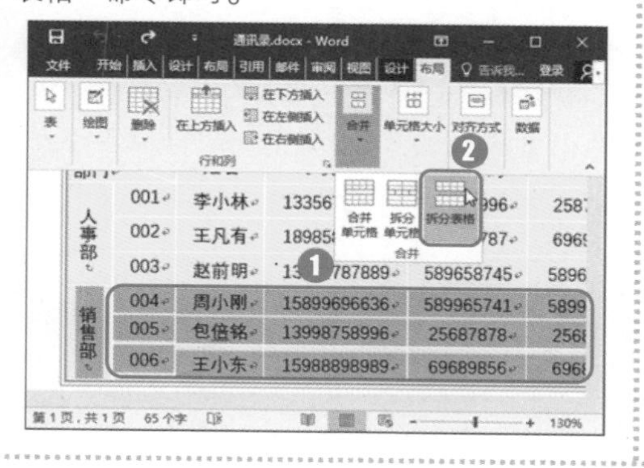

第 2 步：查看完成效果

拆分表格后，效果如下图所示。

部门	编号	姓名	手机号码	QQ 号码	电子邮箱
人事部	001	李小林	13356789999	25878996	25878996@qq.com
	002	王凡有	18985859696	69698787	69698787@qq.com
	003	赵前明	13564787889	589658745	589658745@qq.com

销售部	004	周小刚	15899696636	589965741	589965741@qq.com
	005	包信铭	13998758996	25687878	25687878@qq.com
	006	王小东	15988898989	69689856	69689856@qq.com

Skill 03 对表格进行排序

在输入表格数据后，可以使用排序功能对表格进行排序，具体操作方法如下。

第 1 步：单击“排序”按钮

❶将光标置于任意单元格中；❷单击“表格工具/布局”选项卡“数据”组中的“排序”按钮。

第 2 步：设置排序依据

打开“排序”对话框，❶在“主要关键字”栏选择要排序的列标题；❷选择排序的依据；❸选择升序或降序；❹单击“确定”按钮。返回文档中即可发现表格已按照设置的排序方式排序。

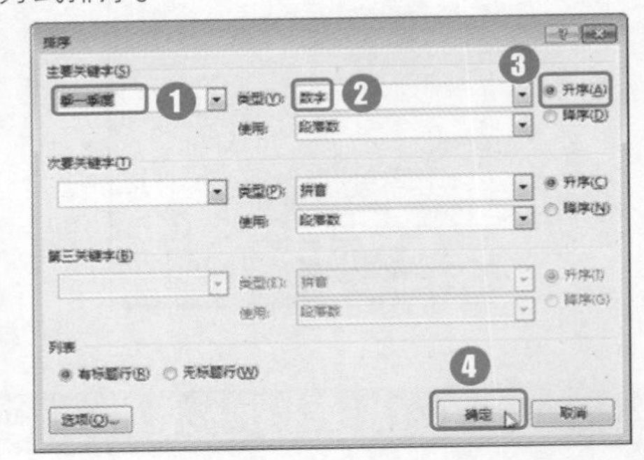

本章小结

本章结合实例主要讲解了在 Word 中插入表格、编辑表格、美化表格、在表格中计算、创建图表和编辑图表的相关知识。通过对本章的学习，读者能够掌握表格的创建、编辑和美化等操作，并对在 Word 中创建图表有一定的了解，在需要使用 Word 图表时可以轻松创建与操作。

04

第 4 章

Word 2016 样式与模板功能的应用

本章导读

使用 Word 的样式、模板和主题，可以快速美化文档，让所有的文档保持统一的格式，综合使用样式、模板和主题是文档排版必不可少的环节。本章通过制作企业模板、使用企业模板和使用样式制作投标书的案例，介绍 Word 2016 模板和样式的使用方法。

知识要点

- 制作模板文件
- 保护模板文件
- 使用模板文件
- 使用样式美化文档
- 使用主题美化文档
- 制作目录文件

案例展示

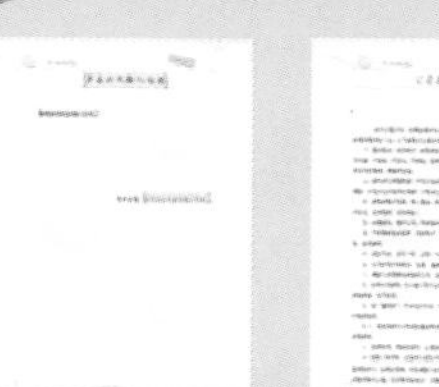

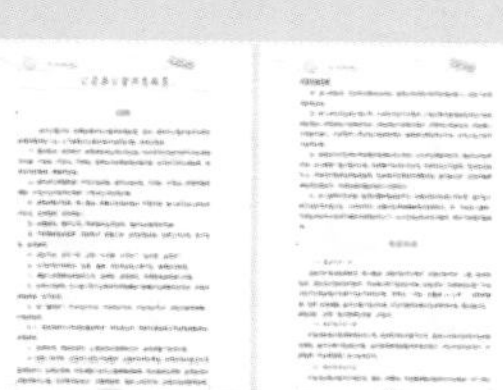

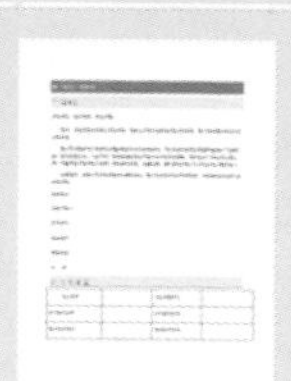

实战应用——跟着案例学操作

4.1 制作企业文件模板

企业内部文件通常具有相同的格式及一些相应的标准，例如，有相同的页眉/页脚、相同的背景、相同的字体及样式等。如果将这些相同的元素制作成为一个模板文件，在使用时就可以直接使用该模板创建文档，而不用花费时间另行设置。本节以制作一个企业文件模板为例，介绍模板的制作方法。

“企业文件模板”文档制作完成后的效果如下图所示。

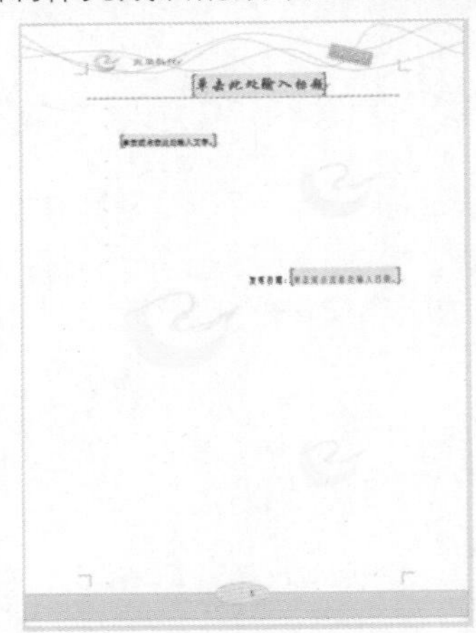

光盘同步文件

原始文件：光盘\素材文件\第 4 章\

结果文件：光盘\结果文件\第 4 章\企业文件模板.docx

视频文件：光盘\教学文件\第 4 章\制作企业文档模板.mp4

4.1.1 创建模板文件

要创建企业模板，需要先新建一个模板文件，然后将常用的元素添加到模板文件中，以方便使用。

1. 另存为模板文件

创建模板文件最常用的方法是在 Word 文档中另存为模板文件，那么首先就需要先创建一个 Word 文档，然后执行以下操作。

使用前文所学的方法打开“另存为”对话框，❶在“保存类型”下拉列表中选择“Word 模板”选项；❷单击“保存”按钮。

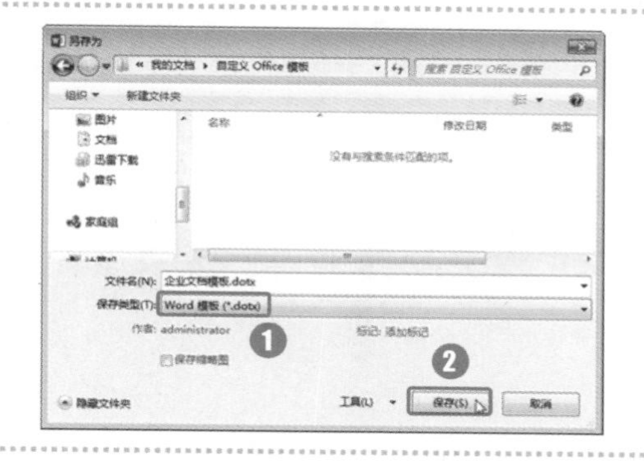

2. 在功能区显示开发工具选项卡

在制作模板文档时，需要用到“开发工具”选项卡中的功能。而“开发工具”选项卡并没有默认显示在工具栏中，需要通过以下操作来显示。

第 1 步：单击“选项”命令

切换到“文件”选项卡后单击“选项”命令。

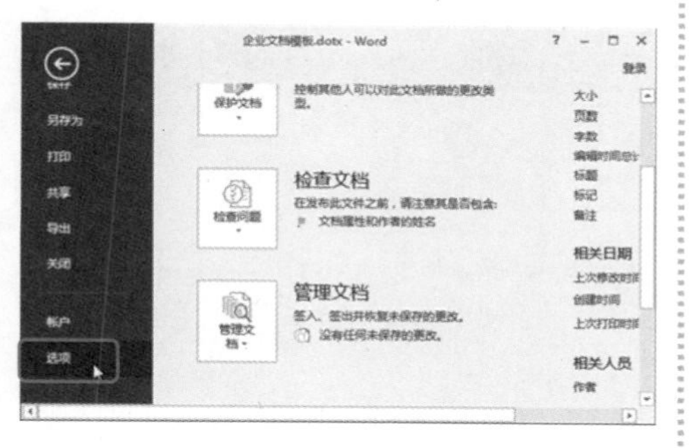

第 2 步：勾选“开发工具”选项卡

打开“Word 选项”对话框，❶在“自定义功能区”列表框中勾选“开发工具”选项卡；❷单击“确定”按钮即可。

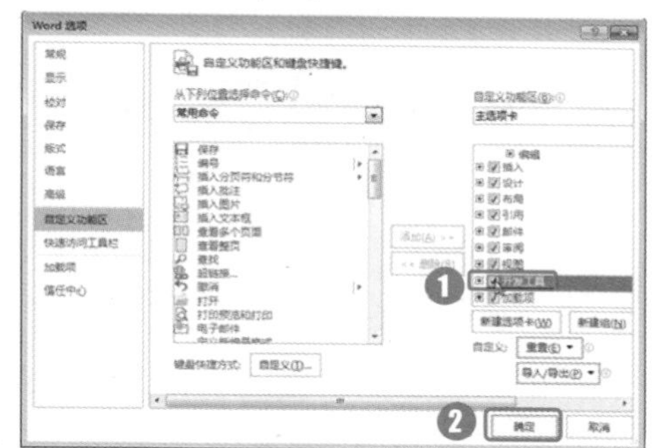

4.1.2 添加模板内容

创建好模板文件之后，就可以为模板添加内容并进行设置，以便以后直接用该模板创建文件。通常，模板中的内容含有固定的装修成分，如固定的标题、背景、页面版式等。

1. 制作模板页眉

企业文档大多会使用公司的名称作为页眉，所以需要将固定的页眉格式添加到模板文件中，具体操作如下。

第 1 步：清除页眉横线

❶双击页眉位置，激活页眉/页脚编辑模式；❷单击“开始”选项卡下“字体”组中的“清除所有格”按钮去除页眉横线。

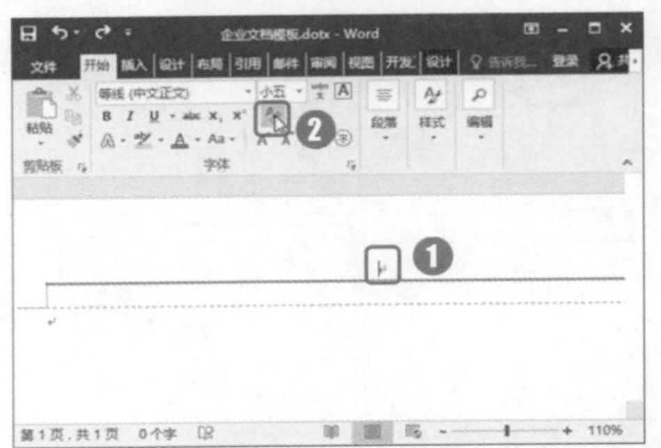

第 2 步：选择“曲线”工具

❶单击“插入”选项卡下“插图”组中的“形状”按钮；❷在弹出的下拉菜单中选择“曲线”工具。

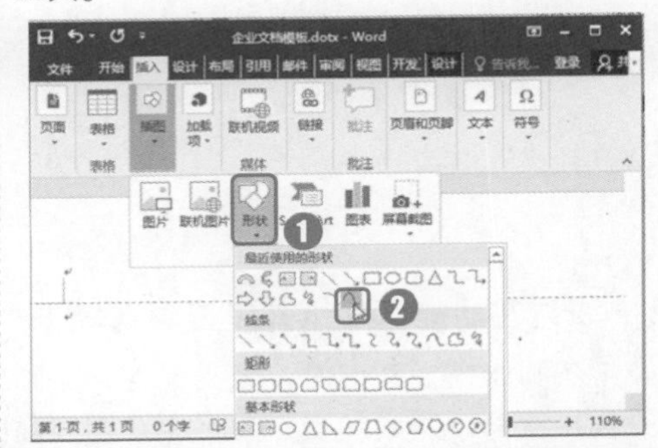

第 3 步：绘制曲线

❶在页眉处绘制如图所示的曲线；❷单击“开始”选项卡下“编辑”组中的“选择”下拉按钮；❸在弹出的下拉菜单中单击“选择窗格”命令。

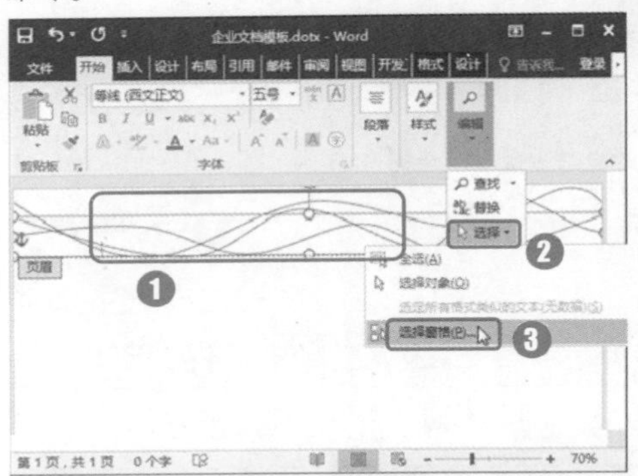

第 4 步：选择曲线

打开选择窗格，❶按下“Ctrl”键选择所有的图形；❷在“绘图工具/格式”选项卡的“形状样式”组中设置图形的快速样式。

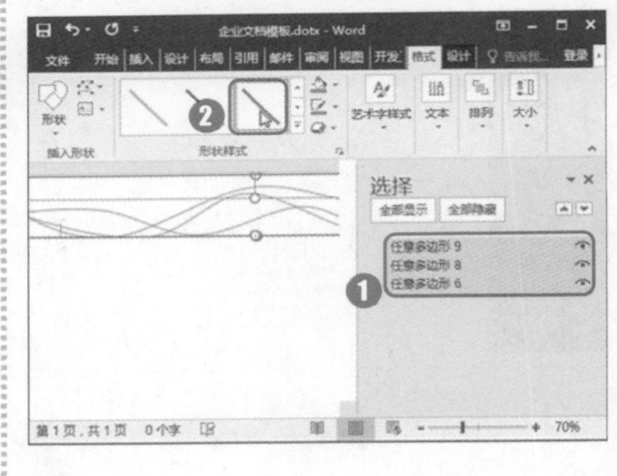

第 5 步：选择图标文件

使用前文所学的方法打开“插入图片”对话框，❶选择公司图标文件；❷单击“插入”按钮。

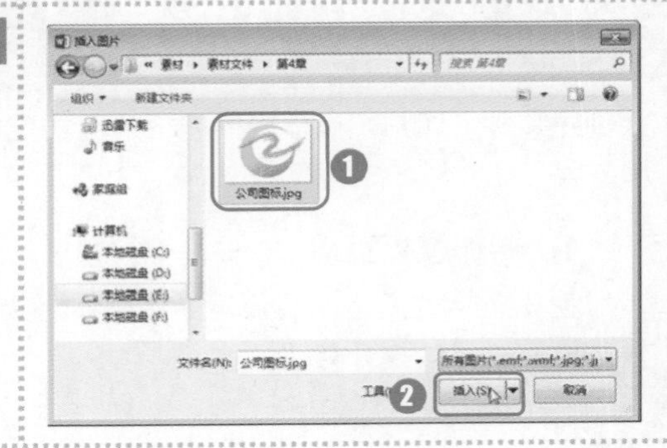

第 6 步：设置环绕方式

选择图片，❶单击“图片工具/格式”选项卡下“排列”组中的“环绕文字”下拉按钮；❷在弹出的下拉菜单中选择“四周型”。

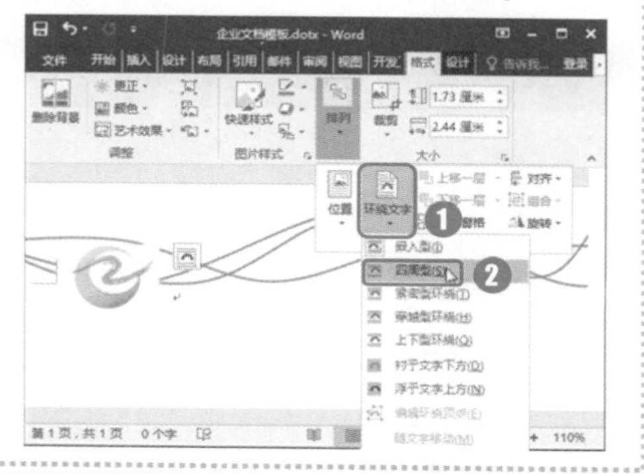

第 7 步：设置图片置于底层

❶在图片上单击鼠标右键；❷在弹出的快捷菜单中选择“置于底层”选项；❸在弹出的扩展菜单中单击“置于底层”命令。

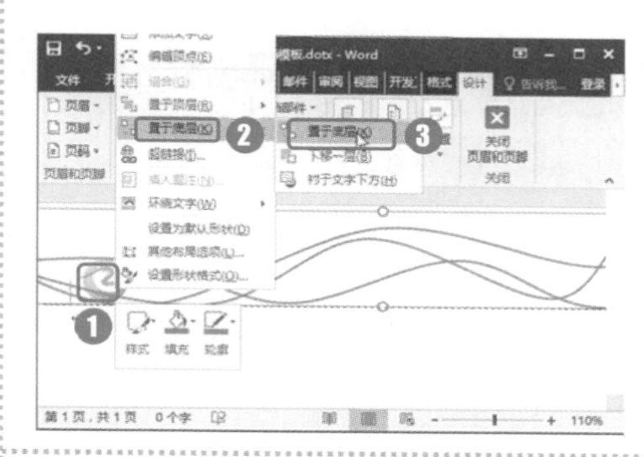

第 8 步：插入文本框

使用前文所学的方法在图片后插入文本框。

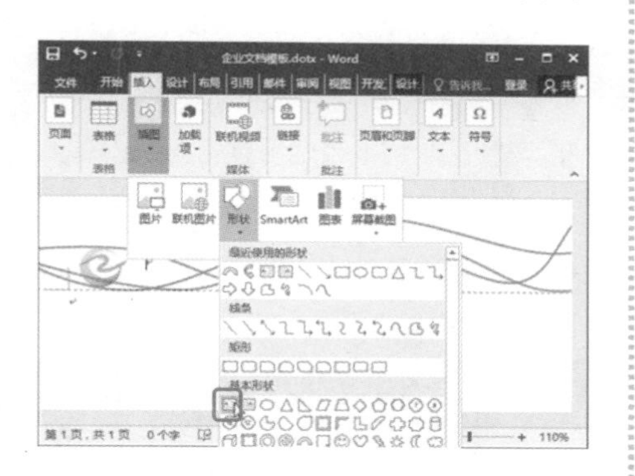

第 9 步：设置文本框格式

❶设置文本框格式为无轮廓和无填充颜色；❷在文本框中输入公司名称。

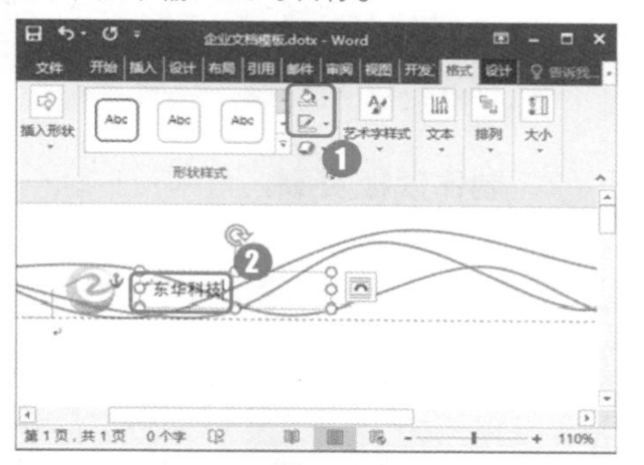

第 10 步：设置文字格式

设置文字格式为“华文隶书，小三，橙色，个性 2，深色 50%”。

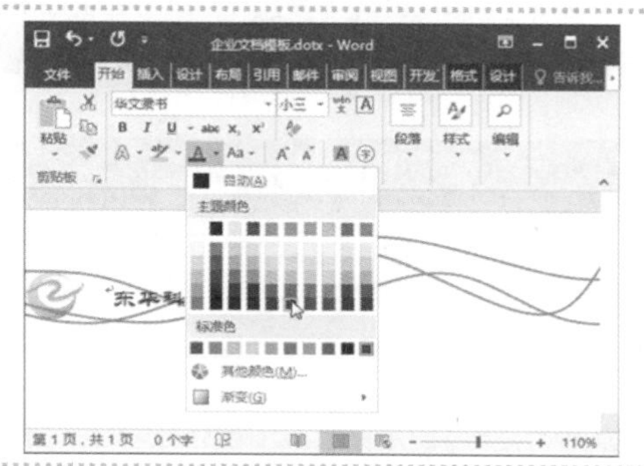

第 11 步：设置艺术字样式

❶使用相同的方法在页眉右侧插入文本框；❷在“绘图工具/格式”选项卡的“形状样式”组中设置形状样式；❸在“艺术字样式”组中设置艺术字样式。

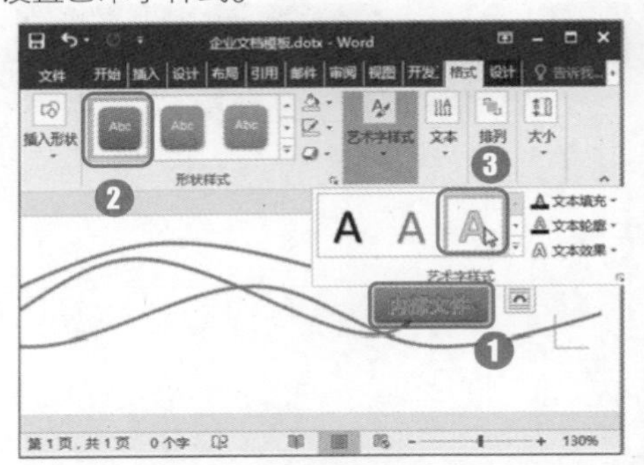

第 12 步：旋转文本框

按住文本框顶端的旋转按钮不放，向左拖动鼠标，直至达到想要的角度。

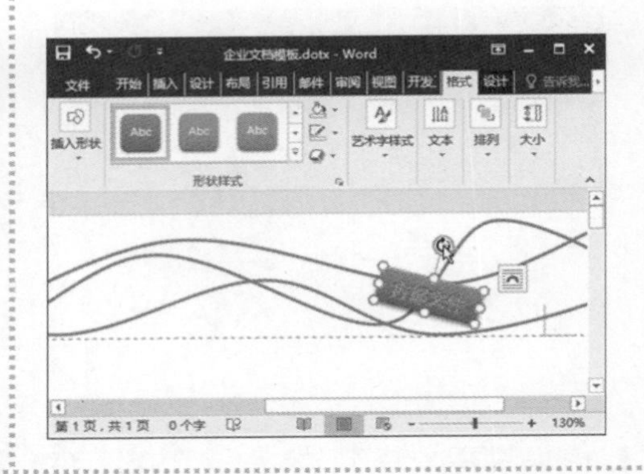

知识加油站

在文档页眉/页脚编辑状态下，如果使用插入图片命令将图片插入到页眉中，此时图片不可设置排列方式，编辑和调整非常不便，为了在页眉中更方便地调整图片，可以将图片放置于文档内容中，修改图片的排列方式后，再将其剪切并粘贴于页眉中。

2. 制作模板页脚

在模板的页脚中，大多会添加页码、公司地址、电话等，本例以在页脚处添加页码为例，介绍制作模板页脚的方法。

第 1 步：绘制形状

❶使用矩形形状在页脚处绘制如图所示的矩形；❷在“绘图工具/格式”选项卡中设置形状样式。

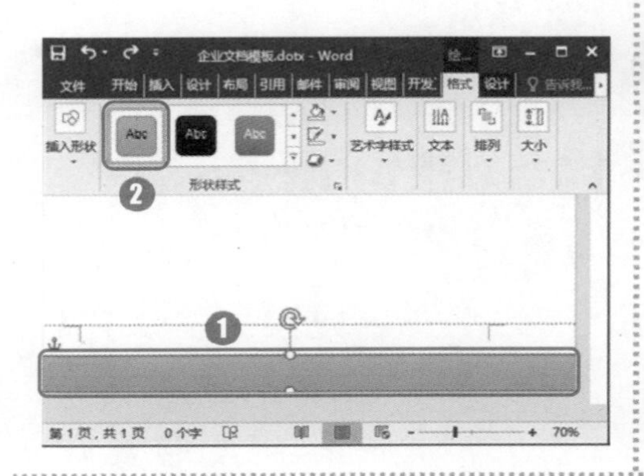

第 2 步：执行“添加文字”命令

❶在矩形形状的中间绘制一个椭圆形状；❷在“绘图工具/格式”选项卡中设置形状样式；❸在椭圆形状上单击鼠标右键，在弹出的快捷菜单中选择“添加文字”命令。

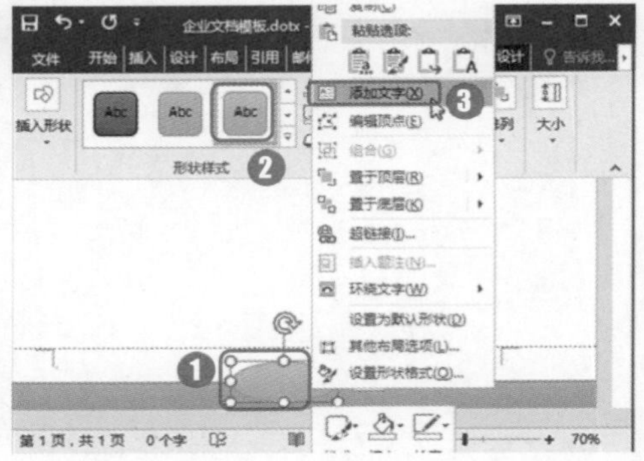

01 02 03 04 05 06 07 08 09 10 11 12

第 3 步：插入页码

❶单击“页眉和页脚工具/设计”选项卡下“页眉和页脚”组中的“页码”下拉按钮；❷在弹出的下拉菜单中选择“当前位置”；❸在弹出的扩展菜单中选择一种页码样式。

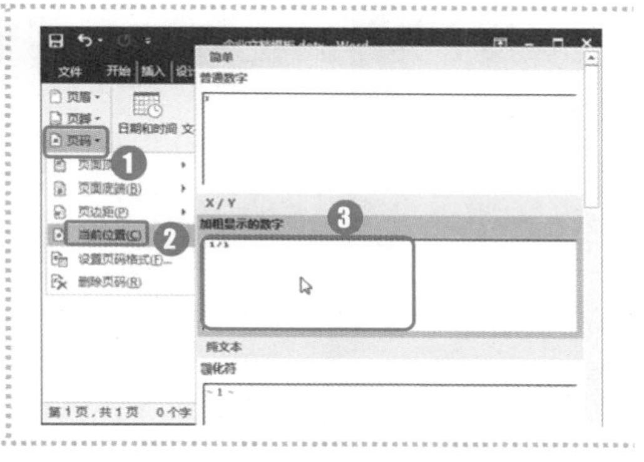

3．添加水印图片

为了防止公司的信息被他人复制盗用，可以在模板中添加公司标志作为水印图片，具体操作方法如下。

第 1 步：执行“自定义水印”命令

❶双击页面空白处，退出页眉和页脚编辑模式，单击“设计”选项卡“页面背景”组中的“水印”下拉按钮；❷在弹出的下拉菜单中选择“自定义水印”命令。

第 2 步：单击“选择图片”按钮

打开“水印”对话框，❶选择“图片水印”单选项；❷单击“选择图片”按钮。

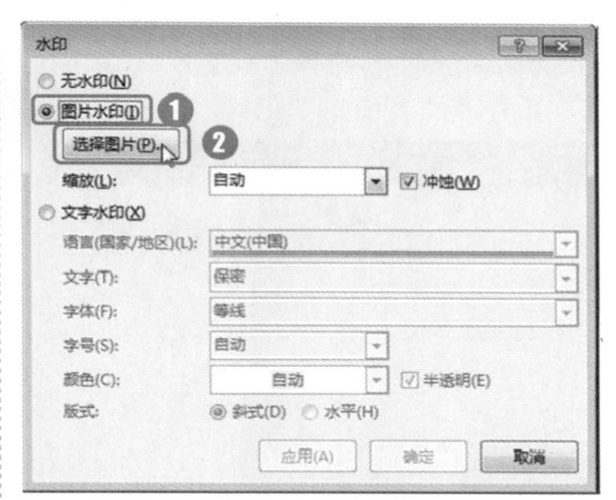

第 3 步：单击“确定”按钮

在打开的“插入图片”对话框中选择要作为水印插入的图片，然后单击“确定”按钮。

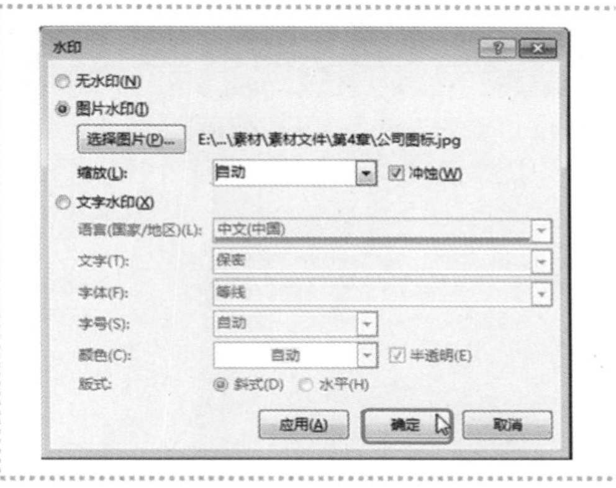

第 4 步：复制多个水印图片

进入页眉/页脚编辑状态，复制多个水印图片到页面，并调整图片大小和位置。

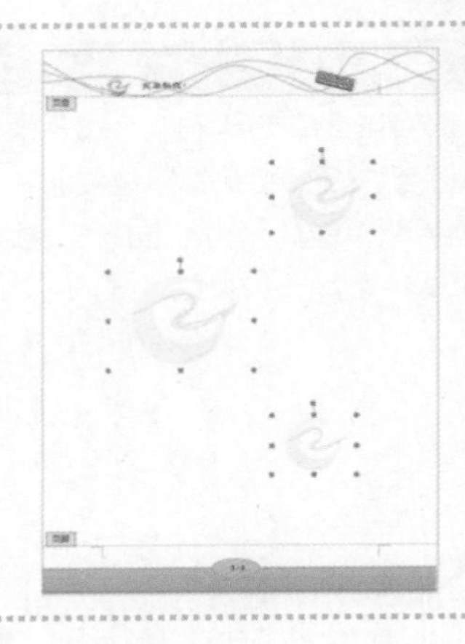

4. 使用格式文本内容控件制作模板内容

在模板文件中，通常需要制作出一些固定的格式，这时可以使用“开发工具”选项卡中的格式文本内容控件来进行设置。在使用模板创建新文件时，只需要修改少量的文字内容就可以制作一份版式完整的文档。

第 1 步：单击“格式文本内容控件”按钮

❶单击“开发工具”选项卡下“控件”组中的“格式文本内容控件”按钮 Aa；❷单击“开发工具”选项卡“控件”组中的“设计模式”按钮。

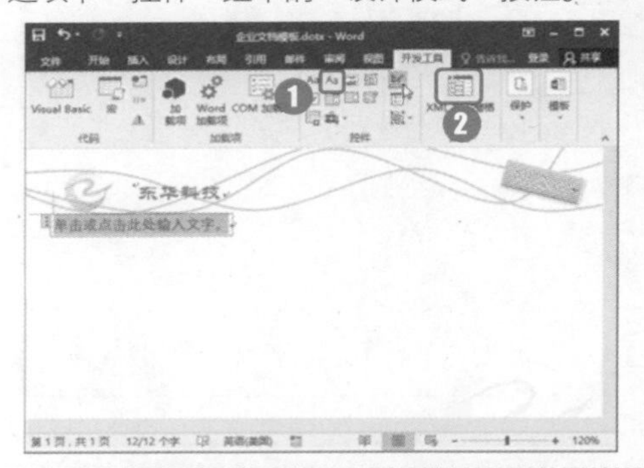

第 2 步：设置标题格式

❶修改控件中的文本内容为“单击此处输入标题”；❷选中插入的控件所在的整个段落，设置字体格式为“华文行楷，二号，蓝色，居中”。

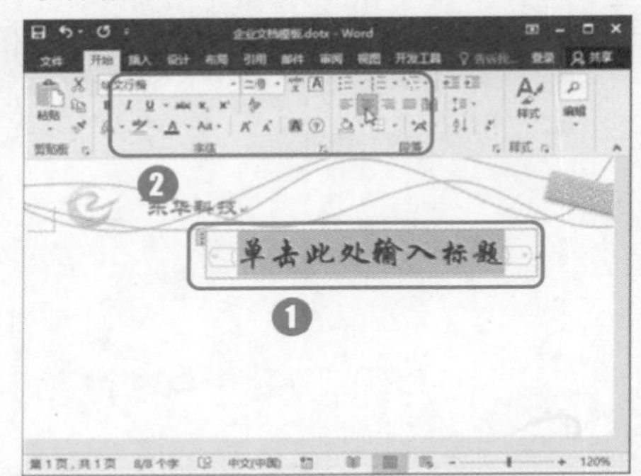

第 3 步：选择“边框和底纹”命令

❶单击“开始”选项卡下“段落”组中的“边框”下拉按钮；❷在弹出的下拉菜单中选择“边框和底纹”命令。

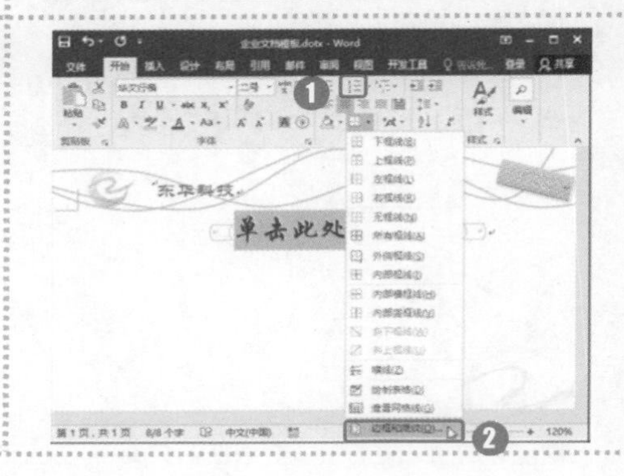

第 4 步：设置边框样式

打开“边框和底纹”对话框，在“边框”选项卡中，❶设置应用于选项为“段落”；设置边框类型为“自定义”；❷分别设置线条的样式、颜色和宽度；❸单击“确定”按钮。

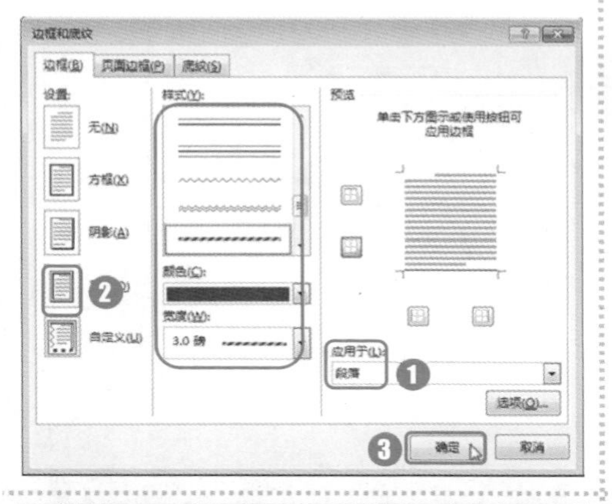

第 5 步：设置下框线

在“开始”选项卡“段落”组中的“边框”下拉菜单中为标题控件应用“下框线”。

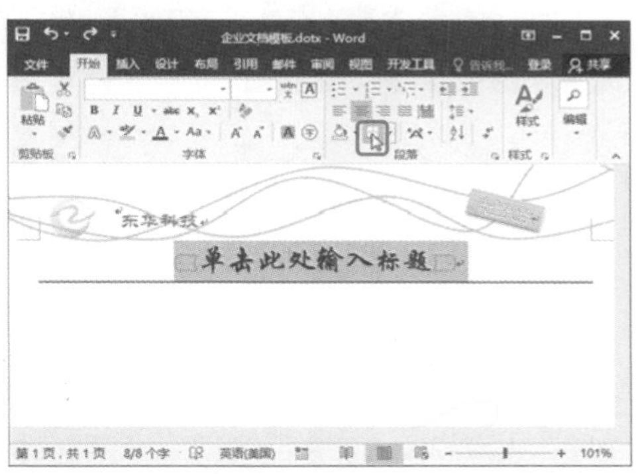

第 6 步：插入第 2 个文本内容控件

❶使用相同的方法在下方插入第 2 个格式文本内容控件；❷单击“开发工具”选项卡下“控件”组中的“属性”按钮。

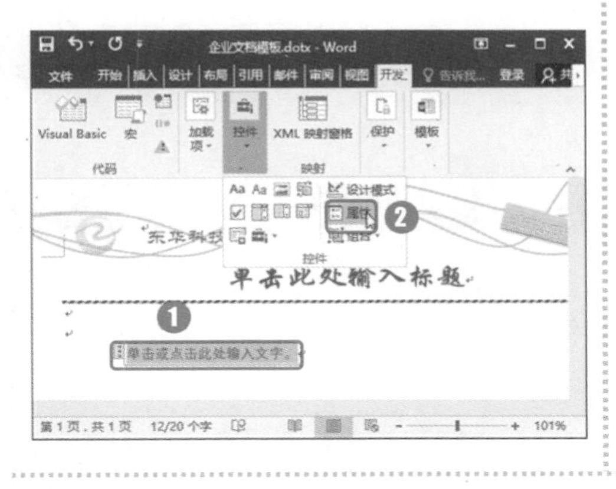

第 7 步：打开“内容控件属性”对话框

打开“内容控件属性”对话框，❶在“常规”栏的“标题”文本框中设置标题为“正文”；❷勾选“内容被编辑后删除内容”控件复选框；❸单击“确定”按钮。

5. 添加日期选取器内容控件

为了方便公司员工方便地为文档添加日期，可以在文档的末尾添加日期选取器内容控件，具体操作方法如下。

第 1 步：添加“日期选取器”内容控件

❶在文档的末尾处输入“发布日期：”文本；❷单击“开发工具”选项卡下“控件”组中的“日期选取器”内容控件按钮；❸单击“开发工具”选项卡下“控件”组中的“属性”按钮。

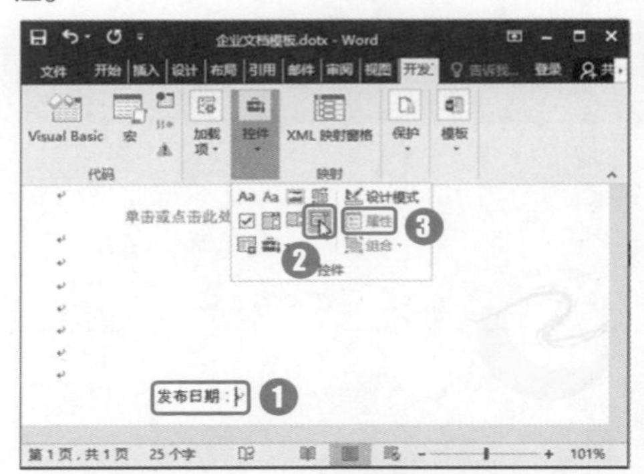

第 2 步：设置日期属性

打开“内容控件属性”对话框，❶在“锁定”栏勾选“无法删除内容控件”复选框；❷在“日期选取器属性”栏选择日期格式；❸单击“确定”按钮。

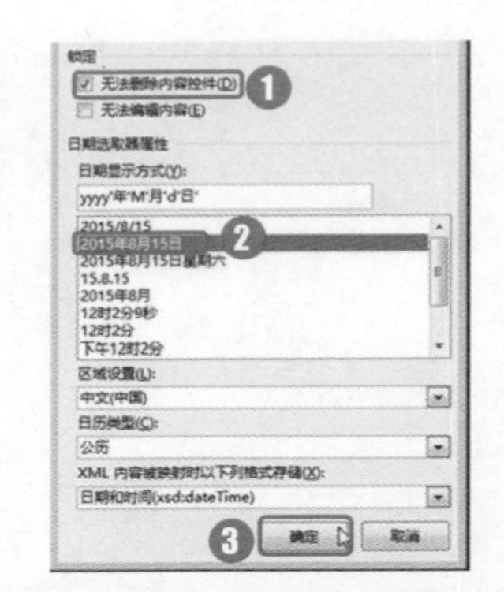

第 3 步：设置日期格式

❶选中日期控件所在的段落；❷设置文本格式为“小四，加粗右对齐”。

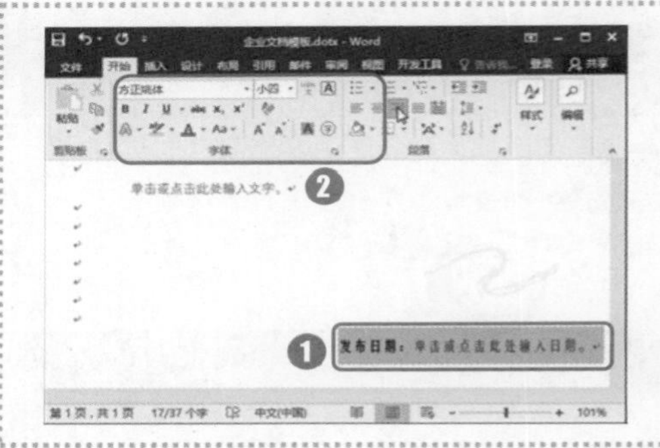

4.1.3 定义文本样式

为了方便在使用模板创建文档时快速地为文档设置内容格式，可以在模板中预先设置一些可用的样式效果，在编辑文件时，直接选用相应的样式即可。

1. 将标题内容的格式新建为样式

如果已经在模板文档中设置了文本的样式，可以将该样式直接创建为新样式，以便日后使用，具体操作方法如下。

第 1 步：选择“创建样式”命令

❶选中标题段落，单击“开始”选项卡“样式”列表框中的下拉按钮；❷在弹出的下拉菜单中选择“创建样式”命令。

第 2 步：单击“确定”按钮

打开“根据格式设置创建新样式”对话框，单击“确定”按钮。

2. 修改正文文本样式

如果想要正文文本样式的基础上修改样式，具体操作方法如下。

第 1 步：选择“修改”命令

❶单击“样式”对话框启动器；❷在样式窗格中单击“正文”右侧的下拉按钮；❸在弹出的下拉菜单中选择“修改”命令。

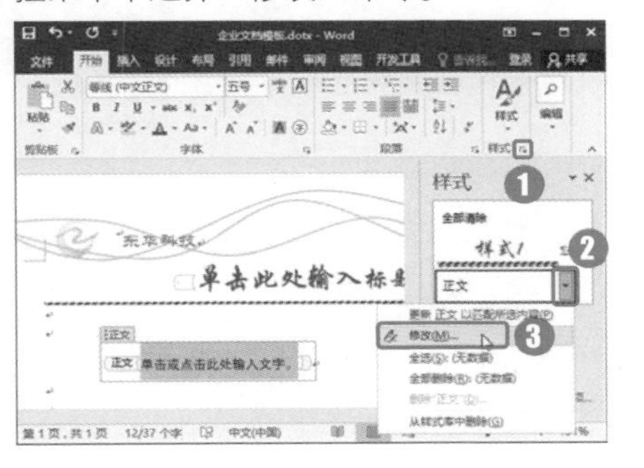

第 2 步：选择“段落”命令

❶选择“基于该模板的新文档”单选项；❷单击“格式”按钮，在弹出的下拉菜单中选择“段落”命令。

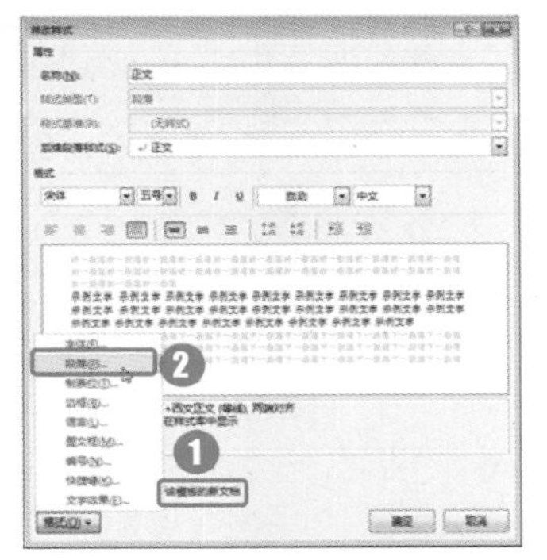

第 3 步：设置段落格式

打开“段落”对话框，❶设置缩进为“首行缩进，2 字符”；❷设置行距为“1.5 倍行距”；❸单击“确定”按钮。

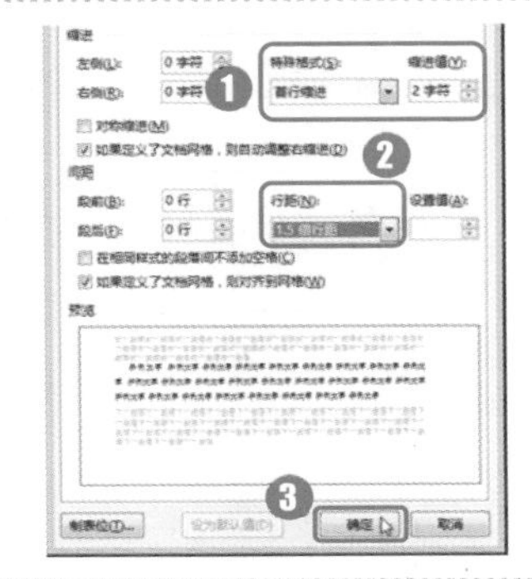

4.1.4 保护模板文件

模板制作完成后，为了避免他人随意更改模板内容，可以设置密码，以保护模板的安全。

第 1 步：执行限制编辑命令

❶单击“文件”选项卡中的“信息”选项；❷单击“保护文档”下拉按钮；❸在打开的下拉列表中选择“限制编辑”命令。

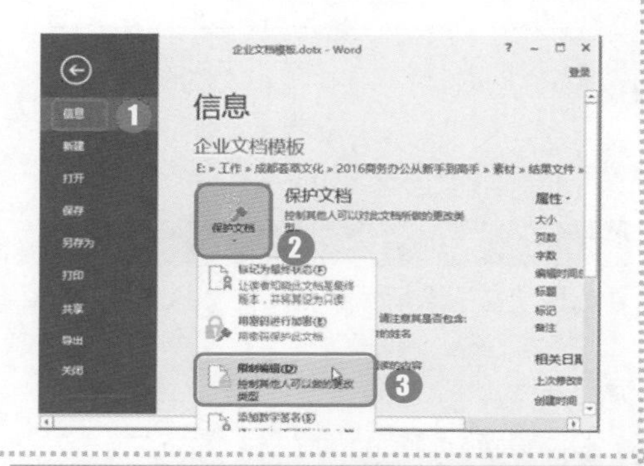

第 2 步：打开“限制编辑”窗格

打开“限制编辑”窗格，❶勾选“编辑限制”组中的“仅允许在文档中进行此类型的编辑”复选框；❷分别选中标题、正文和日期控件后，勾选“例外项（可选）栏”的“每个人”复选框；❸单击“限制编辑窗格”中“是，启动强制保护”按钮。

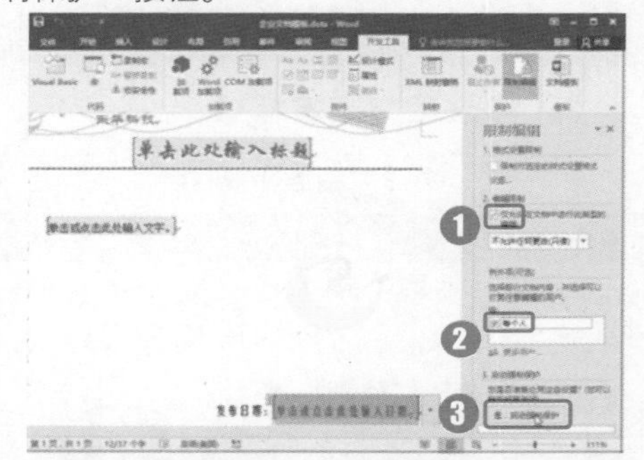

第 3 步：设置密码

打开“启动强制保护”对话框，❶在密码文本框中输入密码；❷单击“确定”按钮。

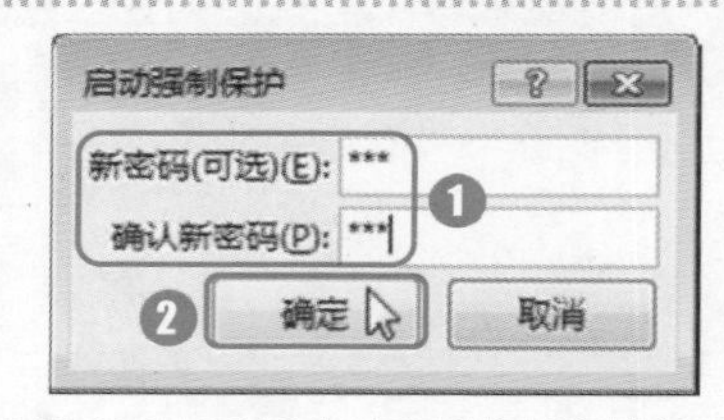

知识加油站

当文档需要多次修改和编辑，或将文档作为模板，而文档中有部分内容不需要被修改时，可以对文档进行保护。在保护文档时，可在限制格式和编辑窗格中设置禁止对指定样式的格式进行修改或对内容进行编辑，设置完成后需保存文件。

4.2 使用模板制作办公行为规范

公司内部文件通常要求使用相同的版面设置来完成，此时，可以使用模板来排版文件。本例将使用上一例所制作的模板来创建一个办公行为规范文档，并在文档中创建和应用新的文本样式。

“公司年度培训计划”文档制作完成后的效果如下图所示。

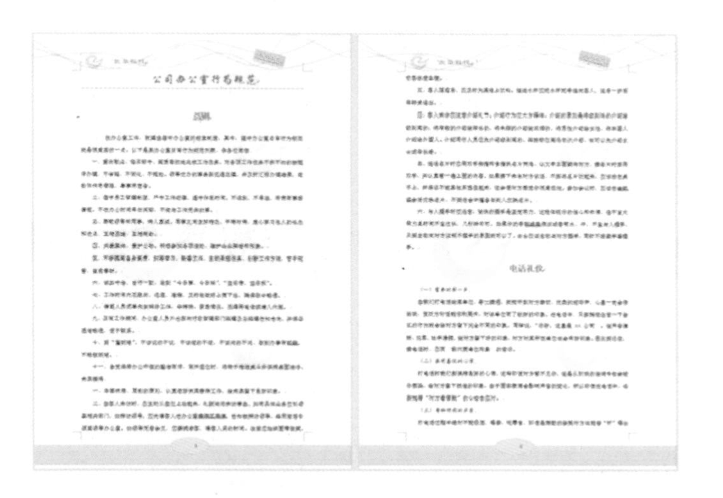

光盘同步文件

原始文件：光盘\素材文件\第 4 章\办公行为规范.txt
结果文件：光盘\结果文件\第 4 章\办公行为规范.docx
视频文件：光盘\教学文件\第 4 章\使用模板制作办公行为规范.mp4

4.2.1 使用模板创建文档

要使用模板创建文件，可以在系统资源管理器中双击打开模板文件，然后在模板中添加相应的内容，也可以通过“新建”菜单新建文件。

1. 根据模板新建 Word 文档

如果想要使用模板文件创建文档，直接找到模板文件并双击，就可以新建一个以该文件为模板的 Word 文档。除此之外，也可以打开 Word 软件，再通过以下方法新建 Word 文档。

❶启动 Word 文档，在右侧的窗口中单击“个人”选项卡；❷新建的模板将显示在该选项卡中，单击模板创建文件。

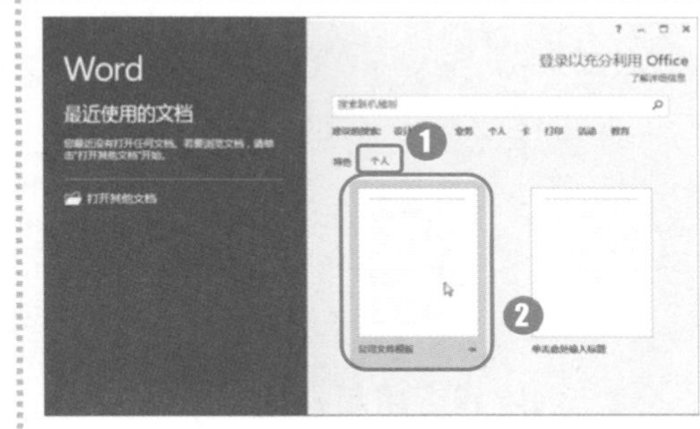

2. 在编辑区添加内容

通过模板文件新建 Word 文档后，就可以根据控件提示在编辑区添加内容了。

第 1 步：添加标题和正文文本

❶单击标题区域的格式文本内容控件，输入标题文字“公司办公室行为规范”；❷单击文本中的正文格式文本内容控件，输入公司办公室行为规范的细则。

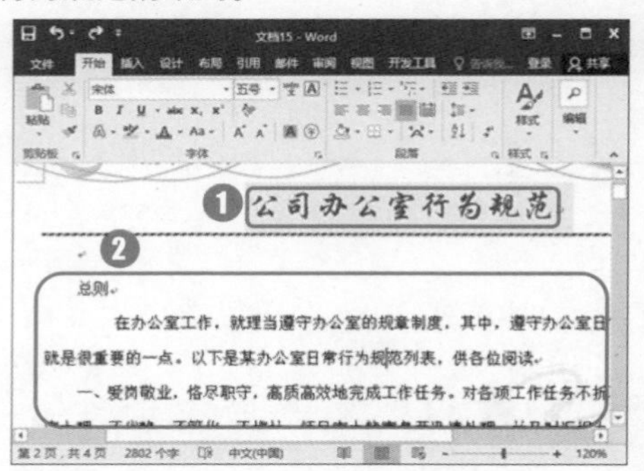

第 2 步：选择发布日期

❶单击文档末尾的文件发布日期右侧的日期选取器内容控件；❷选择发布的日期。

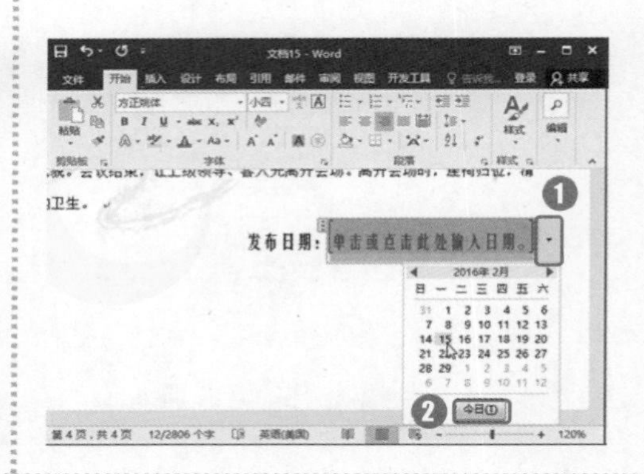

4.2.2 在文档中使用样式

在使用模板创建文档时，可以应用创建于模板中的样式对文档内容进行快速修改，也可以修改和应用新的样式。

1. 应用模板中的样式

在应用文档样式时，如果模板中有需要使用的样式，可以直接使用，操作方法如下。

❶将光标定位到正文区域中需要应用“明显强调”样式的段落中，或选中该段落；❷单击“样式”窗格列表框中的“明显强调”样式。

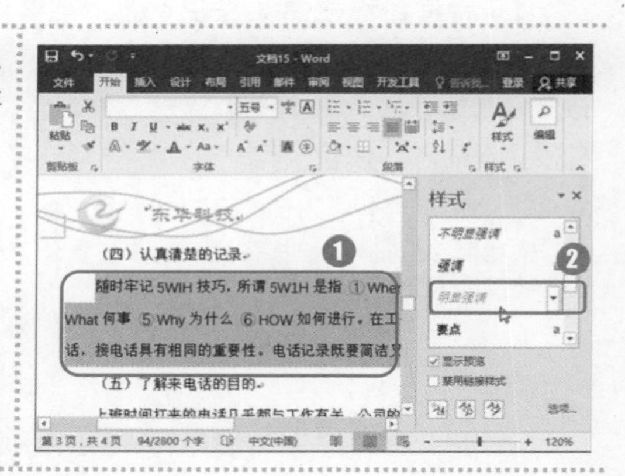

2. 创建和应用新样式

如果模板中的样式不能满足使用的需求，也可以新建样式。

01 02 03 04 05 06 07 08 09 10 11 12

第 1 步：单击“新建样式”按钮

打开“样式”窗格，在“样式”窗格中单击“新建样式”按钮。

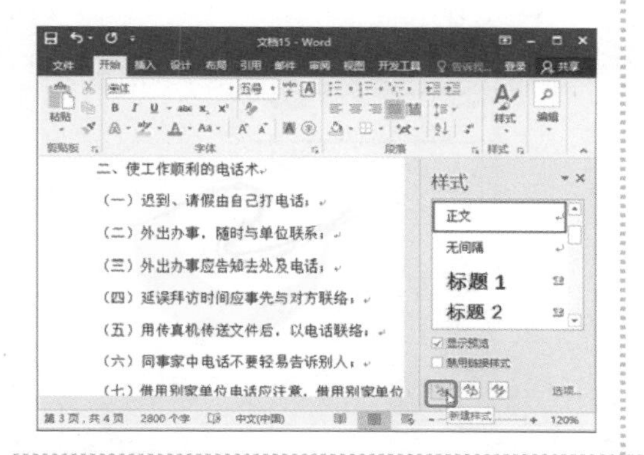

第 2 步：设置样式参数

打开“根据格式设置创建新样式”对话框，❶在“属性”栏输入名称；❷在“格式”栏设置字体、字号、颜色和对齐方式等文本格式；❸单击“确定”按钮。

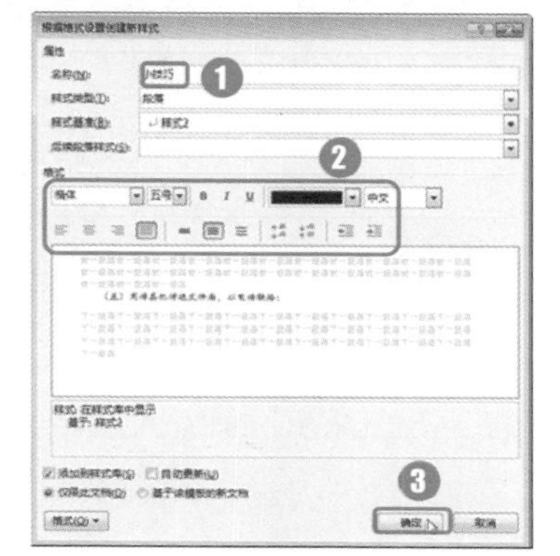

第 3 步：应用新样式

新建的样式将出现在“样式”列表框中，❶选择所有需要应用该样式的段落；❷单击“样式”窗格中的新样式，即可应用该样式。

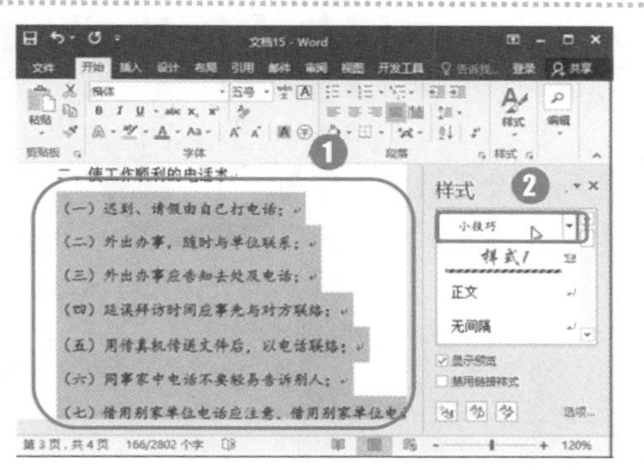

3．修改模板中的样式

为文档应用了样式之后，如果对该样式不满意，可以通过修改样式来修改所有应用了该样式的文本格式。

第 1 步：应用模板中的样式

为文档中的相关文本应用“标题 2”样式。

第 2 步：执行“修改”命令

❶单击“样式”窗格中“标题 2”右侧的下拉按钮；❷在弹出的下拉菜单中选择“修改”命令。

第 3 步：修改样式

打开“修改样式”对话框，❶在“格式”栏修改文本样式；❷单击“确定”按钮，即可修改所有应用了“标题 2”样式的文本格式。

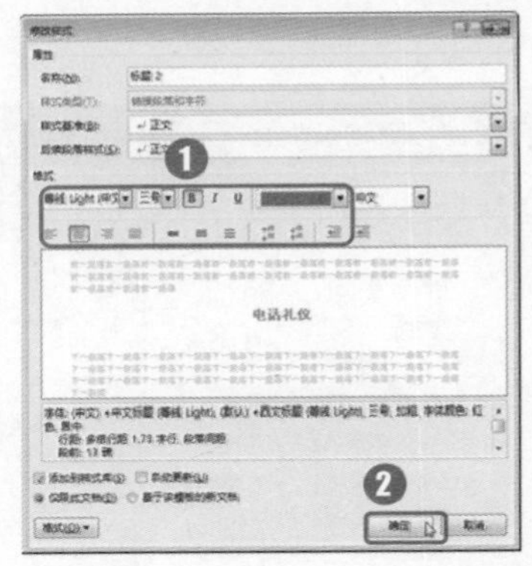

4.3 使用样式制作投标书

招标与投标是政府、企事业单位在进行竞争性经济活动时，如进行大宗货物买卖、工程建设项目的发包与承包，以及服务项目采购与提供时所采用的一种交易方式。在制作投标书时，使用样式排版文档可以让文档看起来更加整洁。

“投标书”文档制作完成后的效果如下图所示。

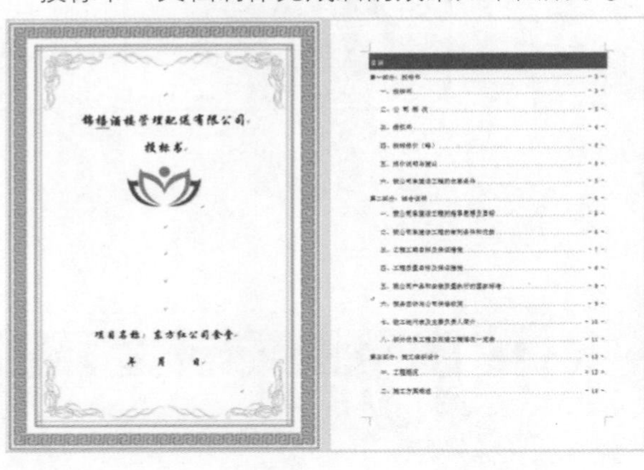

光盘同步文件

原始文件：光盘\素材文件\第 4 章\投标书.docx

结果文件：光盘\结果文件\第 4 章\投标书.docx

视频文件：光盘\教学文件\第 4 章\使用样式制作投标书.mp4

4.3.1 美化投标书封面

投标书的封面就等于敲门砖，美观大方的封面可以让人眼前一亮，提高中标概率。

1. 插入公司图标

公司的图标是企业文化之一，在投标书的封面中插入的公司图标不仅是公司的形象标志，也能起到美化文档的作用。

第 1 步：单击“图片”按钮。

❶将光标定位到插入图标的位置；❷单击“插入”选项卡“插图”组中的“图片”按钮。

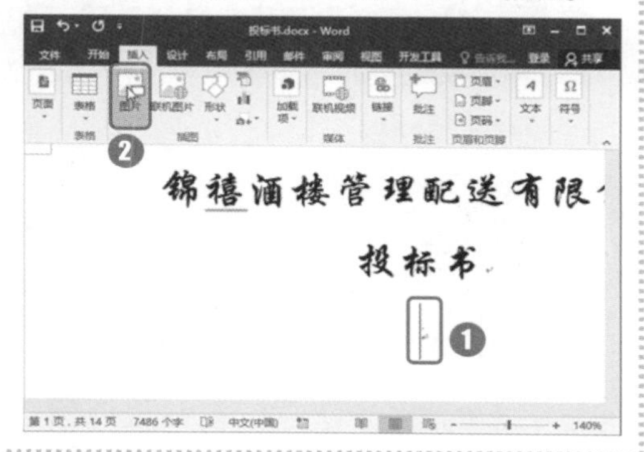

第 2 步：单击“插入”按钮

打开“插入图片”对话框，❶选择公司图标文件；❷单击“插入”按钮。

2. 设置封面背景

投标书的封面如果是单一的白色则显得过于普通，不能第一时间吸引他人的注意。可以在封面中插入图片作为封面背景，美化封面。

第 1 步：选择背景图片

使用前文所学的方法打开“插入图片”对话框，❶选择“背景”图片文件；❷单击“插入”按钮。

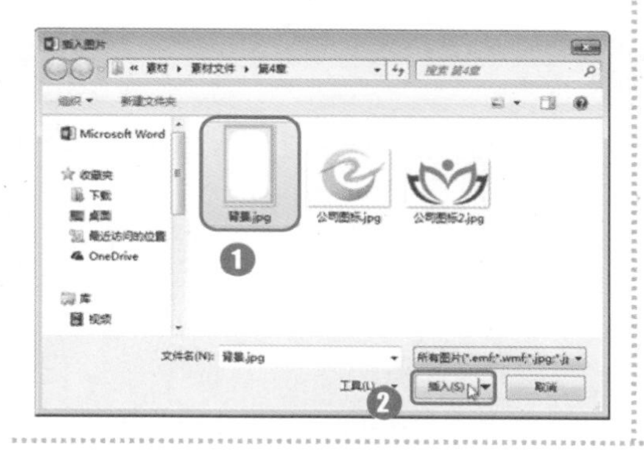

第 2 步：选择“衬于文字下方”命令

❶通过图片四周的控制点调整图片大小；❷单击“图片工具/格式”选项卡“排列”组中的“环绕文字”下拉按钮；❸在弹出的下拉菜单中选择“衬于文字下方”命令。

4.3.2 使用主题更改文档样式

使用主题可以改变文档中的颜色、字体、段落样式等格式，能快速美化文档。我们平时使用的是 Word 默认的主题样式，如果你想要更加个性化的文档样式，可以通过更改主题来达到更改文档样式的目的。

1. 更改主题

如果创建了 Word 文档，又希望快速为文档设置颜色、字体等样式，可以使用主题来完成。

❶切换到“设计”选项卡；❷单击“文档格式”组中的“主题”下拉按钮；❸在弹出的下拉列表中选择一种主题。

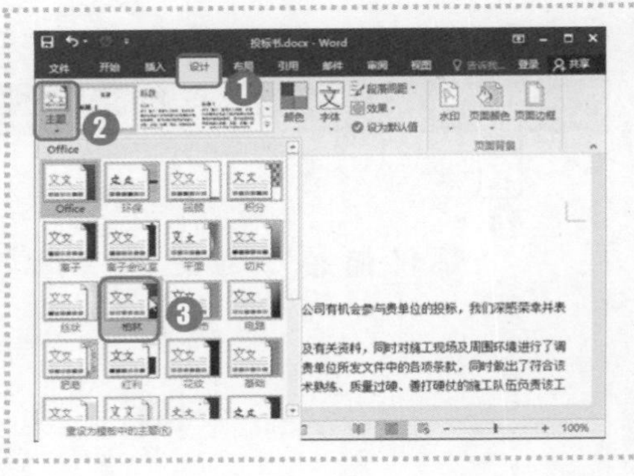

2. 更改样式集

使用样式集可以为文档中的每一个段落应用相应的段落样式，从而快速设置标题样式、行间距等样式。

第 1 步：单击“其他”按钮

单击“设计”选项卡下“文档格式”组中的“其他”下拉按钮。

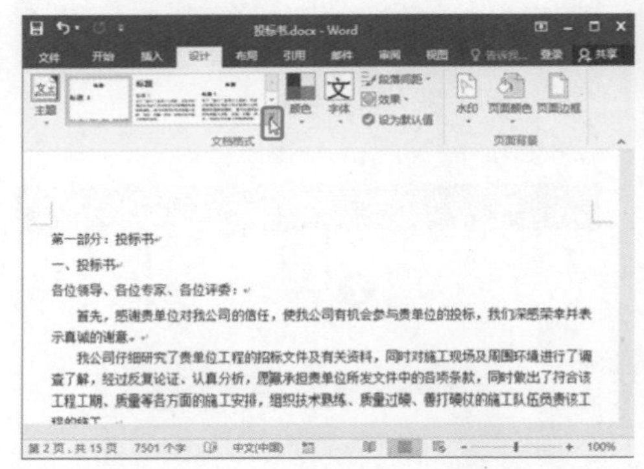

第 2 步：选择样式集

在弹出的下拉菜单中选择一种样式集。

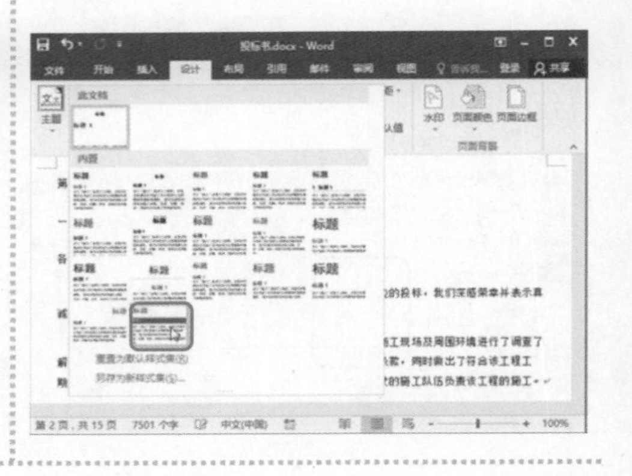

3. 更改颜色集

使用颜色集可以快速地为文档设置字体颜色，如果要使用主题中的颜色集，可以通过以下方法来操作。

❶单击“设计”选项卡下“文档格式”组中的“颜色”下拉按钮；❷在弹出的下拉菜单中选择一种颜色集。

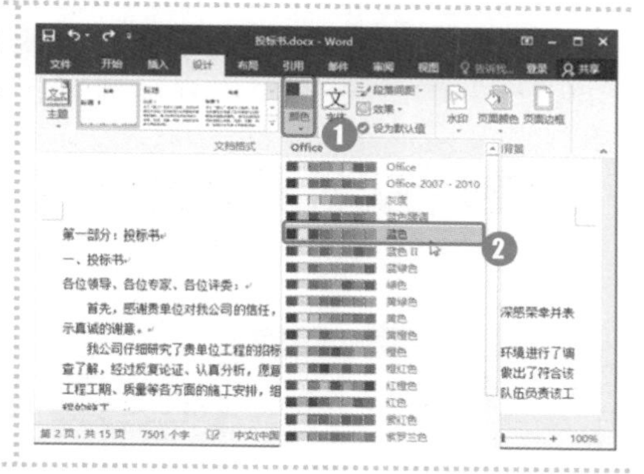

4. 更改字体集

Word 文档制作完成后，如果想快速地为各段落样式应用字体，可以使用主题中的字体集快速设置字体样式。

❶单击“设计”选项卡下“文档格式”组中的“字体”下拉按钮；❷在弹出的下拉菜单中选择一种字体集即可。

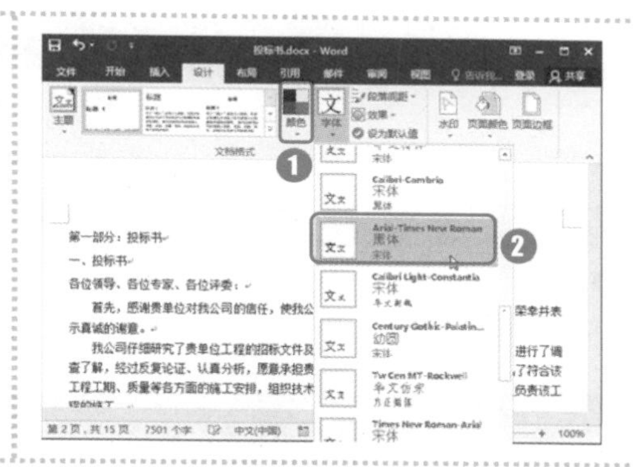

5. 应用标题样式

如果在更改主题前已经为文档应用了文档样式，那么在更改主题后，文档样式将随之改变。如果之前并没有应用文档样式，则需要手动应用标题样式。

第 1 步：应用标题 1 样式

❶分别将光标定位到需要应用“标题 1”样式的段落中；❷单击“样式”窗格中的“标题 1”样式。

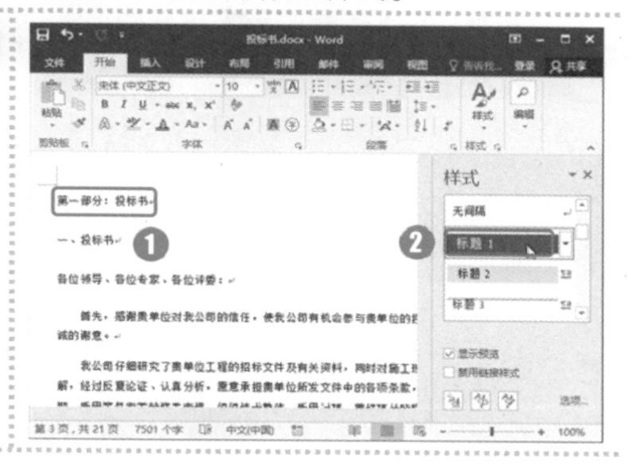

第 2 步：应用标题 2 样式

❶分别将光标定位到需要应用“标题 2”样式的段落中；❷单击“样式”窗格中的“标题 2”样式。

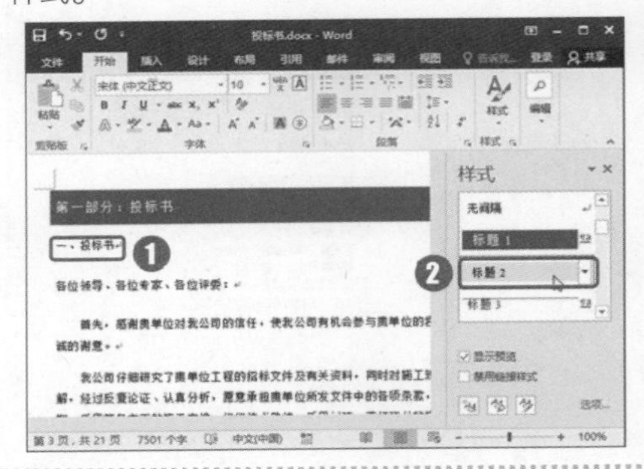

第 3 步：应用明显强调样式

❶选中需要应用“明显强调”样式的段落；❷单击“样式”窗格中的“明显强调”样式。

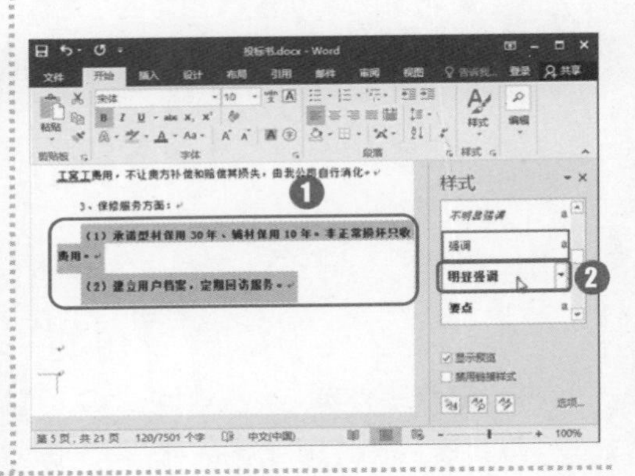

4.3.3 制作投标书目录

投标书的正文制作完成后，可以在正文前面添加目录，使招标方能够从中了解投标方案的大致内容，也方便他人查看投标书的具体内容。

第 1 步：单击“空白页”命令

❶将光标定位到投标书的最前方；❷单击“插入”选项卡“页面”组中的“空白页”命令。

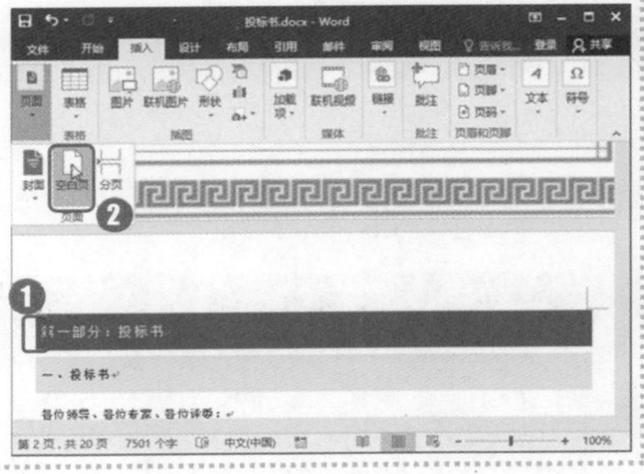

第 2 步：选择自动目录样式

❶单击“引用”选项卡“目录”组中的“目录”下拉按钮；❷在弹出的下拉菜单中选择一种自动目录样式。

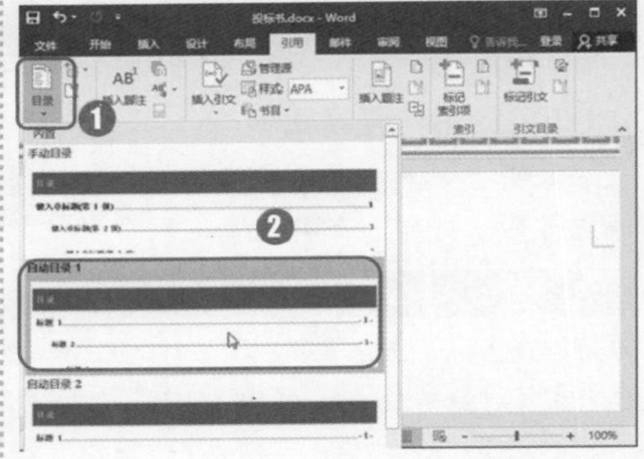

第 3 步：设置目录文本样式

选择目录，在“开始”选项卡的“字体”组中设置字号为“小四”。

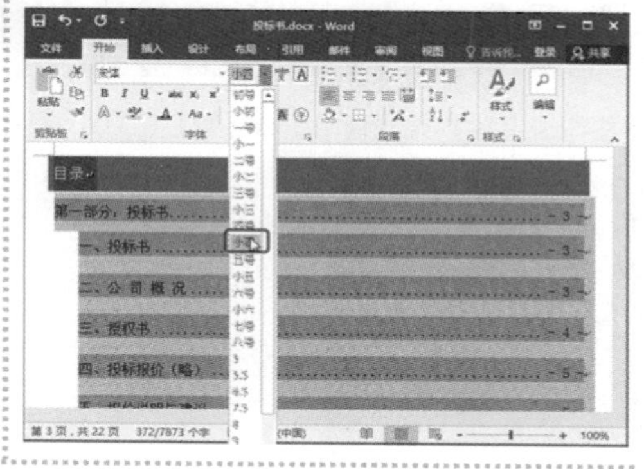

高手秘籍　实用操作技巧

通过对前面知识的学习，相信读者已经掌握了样式与模板应用方面的相关知识。下面结合本章内容，给大家介绍一些实用技巧。

光盘同步文件

原始文件：光盘\素材文件\第 4 章\实用技巧\
结果文件：光盘\结果文件\第 4 章\实用技巧\
视频文件：光盘\教学文件\第 4 章\高手秘籍.mp4

Skill 01　为样式设置快捷键

在为文档应用样式时，经常会遇到一个样式频繁使用的情况，此时可以为该样式设置快捷键。

第 1 步：执行“修改”命令

打开样式窗格，❶单击样式右侧的下拉按钮；❷在弹出的下拉菜单中单击“修改”命令。

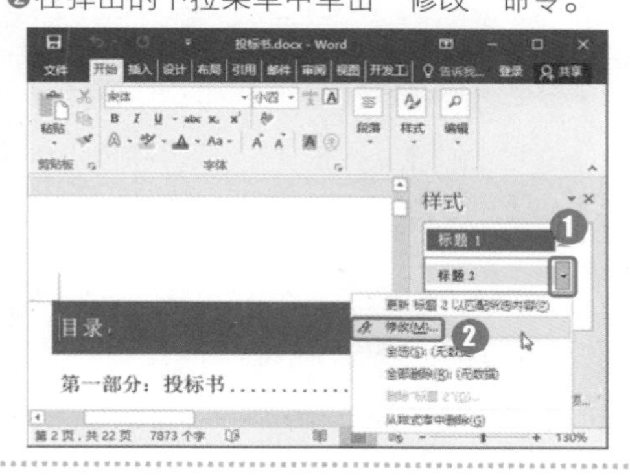

第 2 步：选择“快捷键”命令

打开“修改样式”对话框，❶单击“格式”按钮；❷在弹出的菜单中选择“快捷键”命令。

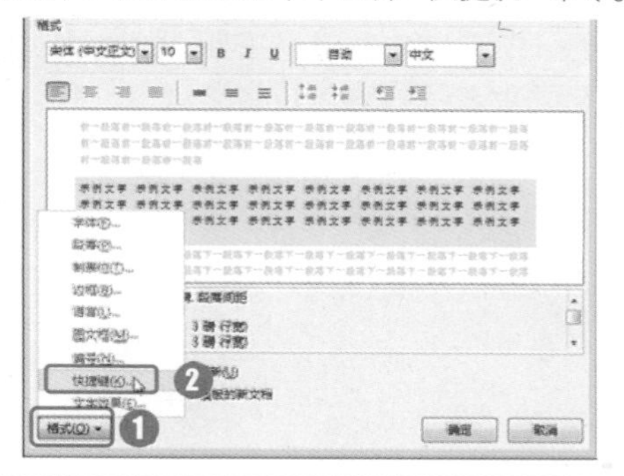

第 3 步：指定快捷键

打开自定义键盘对话框，❶将光标定位到“请按新快捷键”文本框中；❷在键盘上按下要设置的快捷键后，单击“指定”按钮；❸设置完成后单击“关闭”按钮。返回“修改样式”对话框中，再单击“确定”按钮即可。

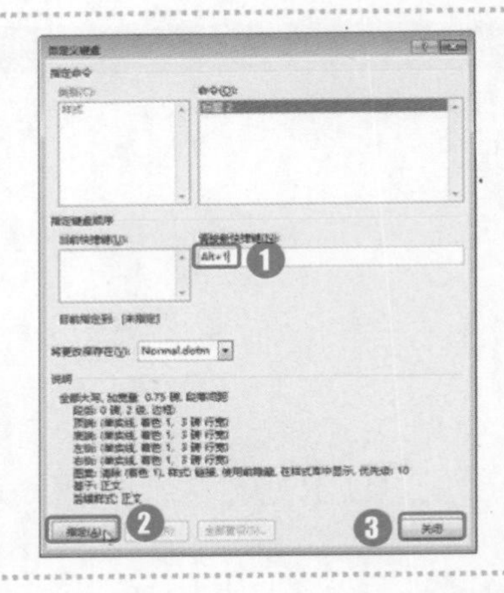

Skill 02 搜索联机模板

为了方便用户使用，Word 内置了一些模板供用户选择。但 Word 内置的模板样式较少，用户如果需要更多的模板，可以搜索联机模板。

❶按照前文所学的方法打开“新建”界面，在文本框中输入关键字；❷单击“开始搜索”按钮 🔍；❸在下方的搜索结果中选择一种模板样式即可。

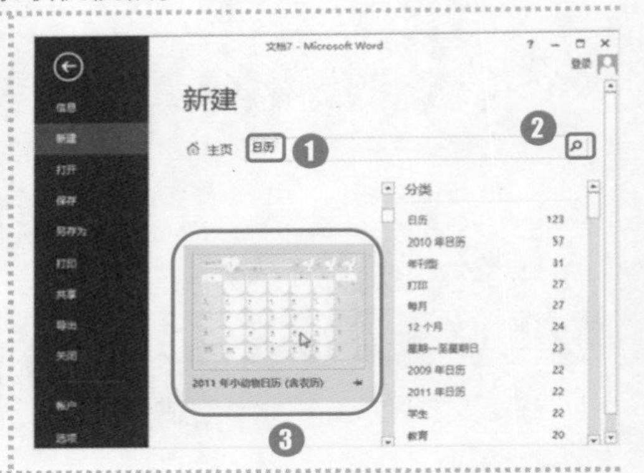

Skill 03 将字体嵌入文件

制作文档之后，我们经常需要把文档发送给他人审阅。如果该文档中使用的字体在他人的电脑中并没有安装，就会发生字体不正常、版式混乱的情况。为了避免这种情况发生，我们可以将字体嵌入文件。

❶按照前文所学的方法打开“Word 选项”对话框，切换到“保存”选项卡；❷勾选“将字体嵌入文件”复选框；❸单击“确定”按钮。

本章小结

本章结合实例主要讲解了 Word 的模板与样式的使用方法，让用户可以熟练掌握新建模板的方法和灵活应用主题样式。通过本章的学习，读者可以创建模板，并使用模板创建文档，在编辑文档的过程中，使用样式快速美化文档，提高工作效率。

05

第 5 章

Word 2016 文档审阅、域与宏的应用

本章导读

在 Word 2016 中，不仅可以编辑文档和表格，还可以使用一些特殊功能完成更高级的编排操作。本章通过修订文档、制作名片和制作问卷调查表等案例，介绍 Word 2016 的高级应用。

知识要点

- 拼写和语法检查
- 添加与删除批注
- 修订文档
- 使用邮件合并
- 使用 ActiveX 控件
- 添加宏代码

案例展示

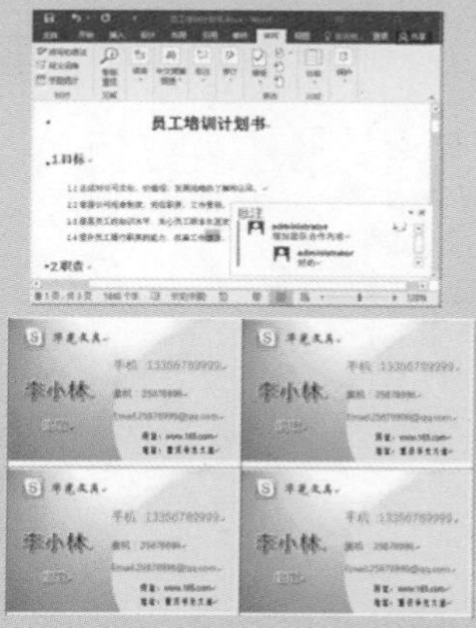

实战应用 ——跟着案例学操作

5.1 审阅员工培训计划书

在完成文档的编辑后，通常还需要对文档进行审阅和修订。一个完整的文档需要经过多次的修订和审核才能得到一个满意的结果。此时，使用修订审阅功能可以记录修改轨迹。

“员工培训计划书”文档审核完成后的效果如下图所示。

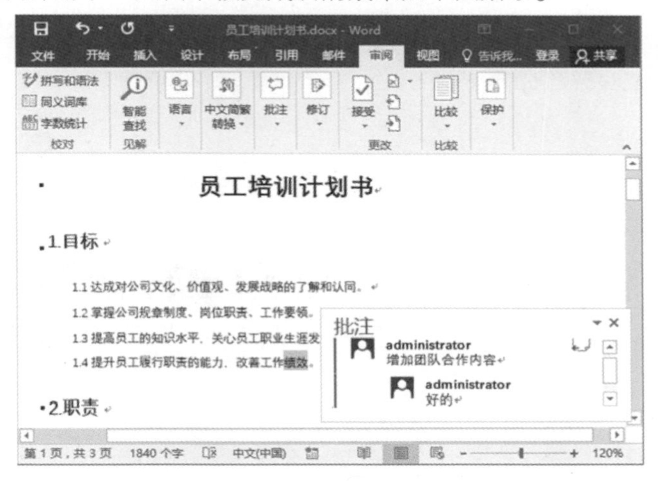

光盘同步文件

原始文件：光盘\素材文件\第 5 章\员工培训计划书.docx
结果文件：光盘\结果文件\第 5 章\员工培训计划书.docx
视频文件：光盘\教学文件\第 5 章\审阅员工培训计划书.mp4

5.1.1 审阅文档

在审核文档时，为了给他人指出文档中欠缺的部分，可以使用批注标注，而其他人也可以通过回复批注来交流。

1. 添加批注

在审阅文档时，如果遇到需要批注的地方，可以通过以下方法来操作。

第 1 步：单击“新建批注”按钮

打开素材文件，❶将光标定位到需要批注的地方；❷单击“审阅”选项卡“批注”组中的“新建批注”按钮。

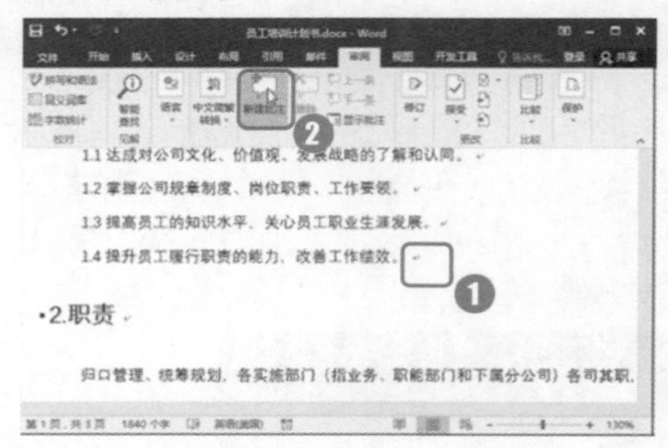

第 2 步：输入批注内容

弹出“批注”窗口，在“批注”窗口中直接输入批注内容，即可为文档添加批注。

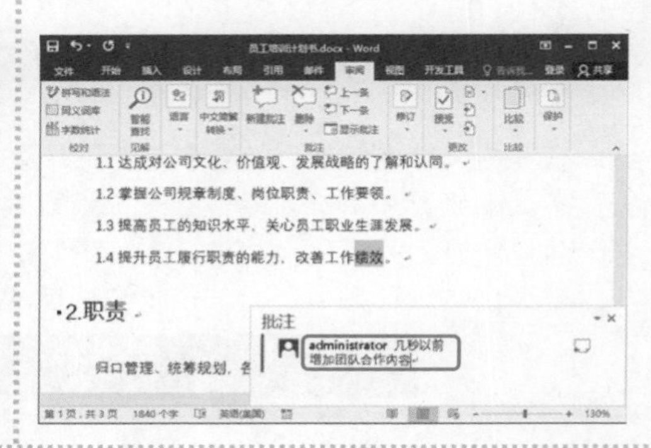

2. 答复批注

他人为文档添加批注之后，用户也可以在批注框中回复批注，以此和审阅者交流修改意见。批注框默认为隐藏状态，在答复批注时，需要先显示批注框，操作方法如下。

❶在文档中单击“显示批注”按钮；❷在打开的批注框中单击“答复批注”按钮；❸在批注框中输入答复内容即可。

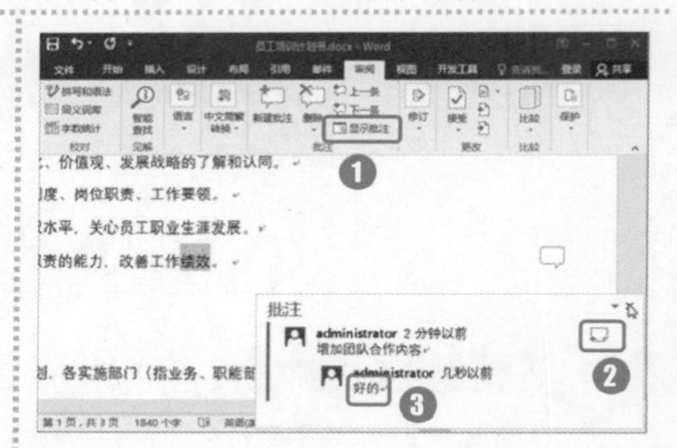

3. 更改批注显示

在 Word 2016 中，批注框默认为隐藏状态，如果用户有需要，也可以将其设置为始终显示状态，操作方法如下。

单击“审阅”选项卡下“批注”组中的“显示批注”按钮，即可在文档的右侧打开批注窗格，始终显示批注内容。

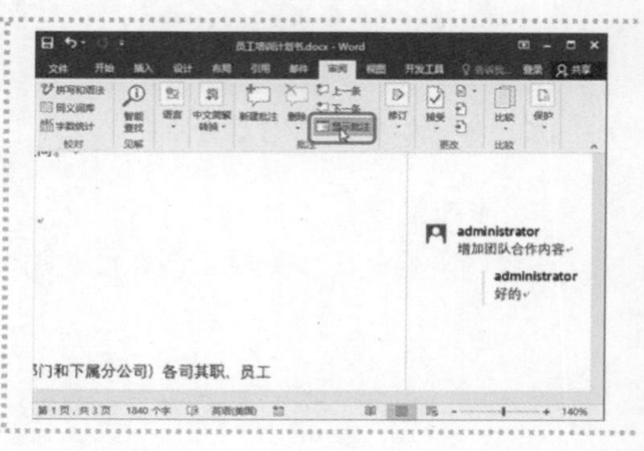

4. 删除批注

在审阅的过程中，用户可能添加了一些批注内容，而在文档审阅完成后，需要将这些批注删除，具体操作方法如下。

❶选择文档中要删除的批注框；❷单击“审阅”选项卡下“批注”组中的“删除”下拉按钮；❸在弹出的下拉菜单中选择“删除”命令。

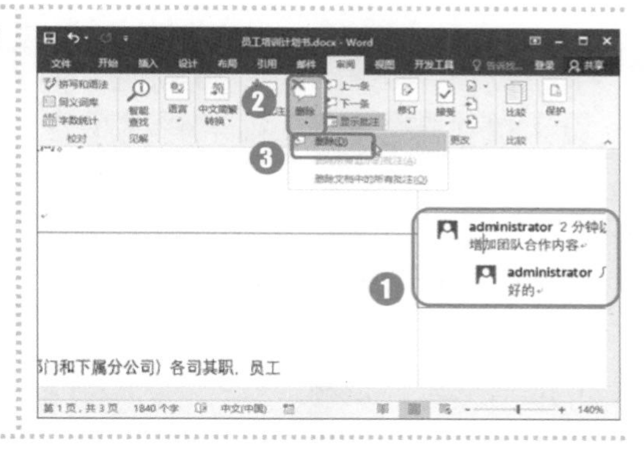

知识加油站

如果需要一次性删除文档中的所有批注，可以在单击批注组的下拉按钮后，在弹出的下拉菜单中选择删除文档中的所有批注命令。

5.1.2 修订文档

在查看考核制度后，需要对考核制度进行修改时，可以使用“拼写和语法”功能辅助修订。打开修订模式后，还可以记录修订的内容，方便他人查看修订轨迹。

1. 校对拼写和语法

在编写文档时，可能会因为一时的误操作导致文章中出现一些错别字、错误词语或者语法错误，此时使用 Word 的拼写和语法功能可以快速找出和解决这些错误。

第 1 步：单击“拼写和语法”按钮

单击“审阅”选项卡下“校对”组中的“拼写和语法”按钮。

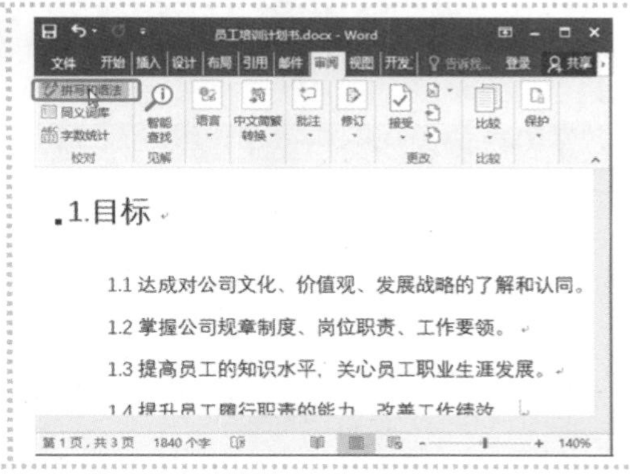

第 2 步：更改错误

打开“语法”窗格，系统将自动搜索第一处错误，并提示错误的类型。在下方的列表框中显示系统认为正确的方案。如果同意更改，则单击“更改”按钮，并自动跳转到下一处错误。

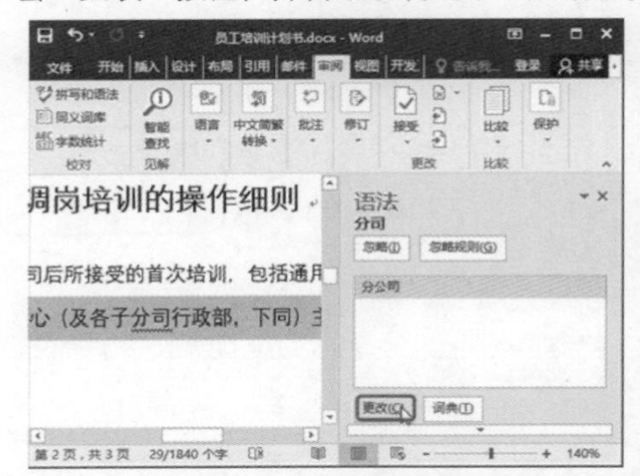

第 3 步：忽略语法错误

如果下一处错误处并不需要修改，则单击“忽略”按钮。

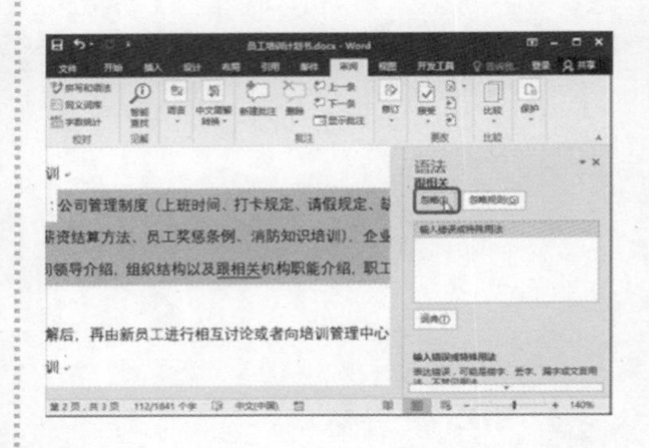

第 4 步：完成检查

拼写和语法检查完成后弹出提示框，单击“确定”按钮即可。

2. 修订文档内容

在修订文档时，如果想要记录修改的轨迹，可以开启修订模式，在修订模式中修订文档的具体操作如下。

第 1 步：开启修订模式

单击“审阅”选项卡下“修订”组中的“修订”按钮开启修订模式。

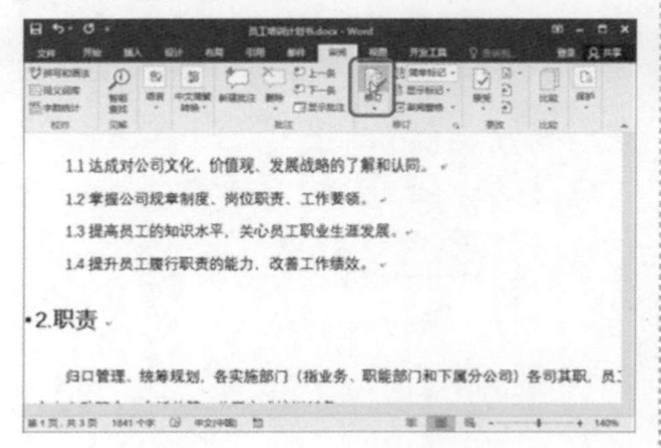

第 2 步：修订文档

开启修订模式后，如果在文档中增加或删除文本，均会在左侧显示红色竖线标识。

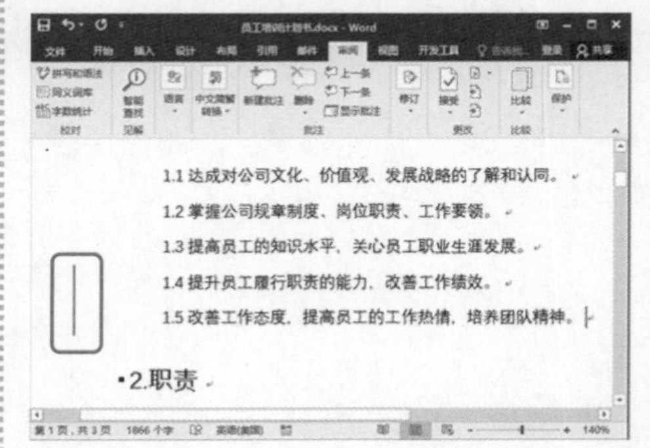

3. 接受和拒绝文档修订

修订文档后，需要审阅修改是否合理，然后接受合理的修改，拒绝不恰当的修改，具体操作如下。

第 1 步：打开“修订”窗格

❶单击“审阅”选项卡下“修订”组中的“审阅窗格”下拉按钮；❷在弹出的下拉菜单中选择“垂直审阅窗格”命令。

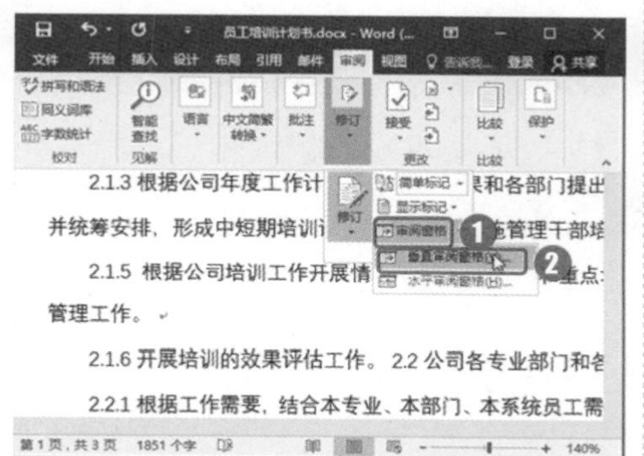

第 2 步：查看所有的标记

在打开的“修订”窗格中查看修订内容，❶单击“审阅”选项卡下“修订”组中的“显示以供审阅”下拉按钮；❷在弹出的下拉菜单中选择“所有标记”命令。

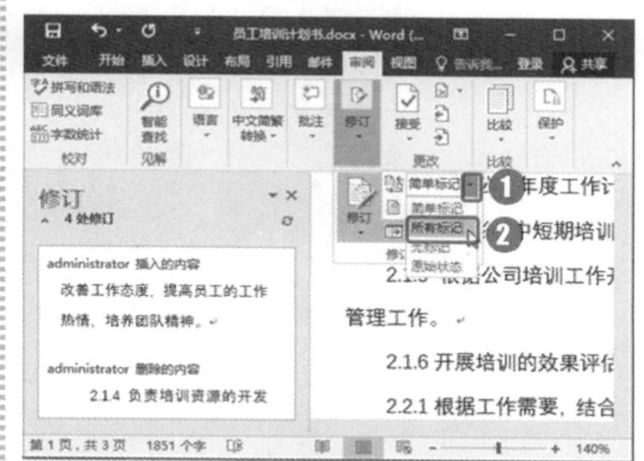

第 3 步：接受修订

查看第一处修改，如果觉得修改合理，可单击“审阅”选项卡“更改”组中的“接受”按钮。

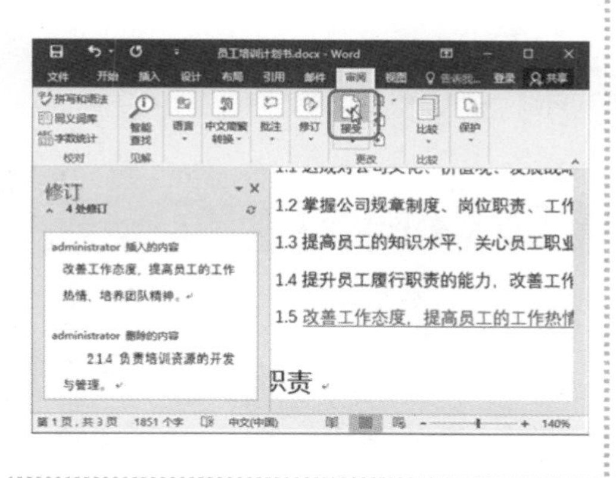

第 4 步：拒绝修订

自动跳转至下一处修订，如果查看了修订内容后，觉得后面的修改都不合理，不需要理会时，❶可以单击“审阅”选项卡下“更改”组中的“拒绝”下拉按钮；❷在弹出的下拉菜单中选择“拒绝所有更改并停止修订”命令。

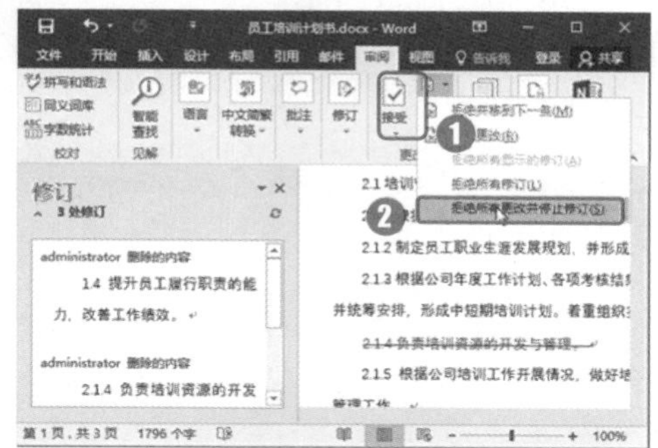

5.2 批量制作名片

公司经常需要为员工制作统一格式的名片，很多用户认为制作名片需要复杂的软件来操作，使用 Word 同样可以快速制作出精美的名片模板。在名片模板制作完成后，

还可以使用邮件功能批量为员工生成自己的名片，从而大大提高工作效率。

"名片" 文档制作完成后的效果如下图所示。

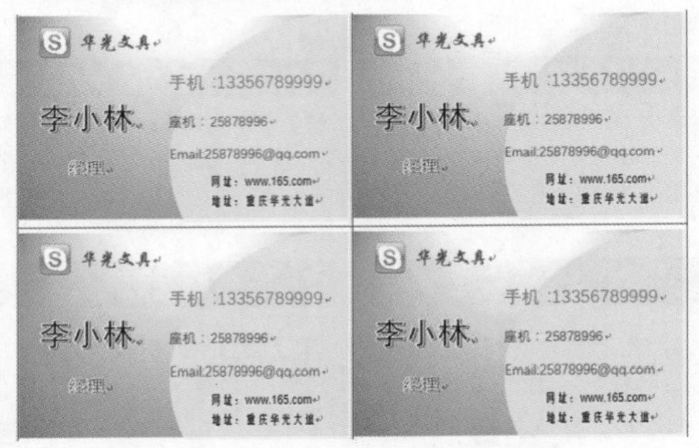

光盘同步文件

原始文件：光盘\素材文件\第 5 章\联系人.txt

结果文件：光盘\结果文件\第 5 章\名片模板.docx

视频文件：光盘\教学文件\第 5 章\批量制作名片.mp4

5.2.1 设计名片模板

若要批量制作名片，首先需要制作出名片的模板文件，在名片模板文件中，设计出名片的版式、内容和效果。设计名片模板的具体操作步骤如下。

1. 制作名片背景

为了使名片更加美观，我们可以先为名片制作背景。使用 Word 的图形，可以快速制作出精美的名片背景。

第 1 步：绘制矩形

新建一个名为 "名片" 的 Word 文档，❶在页面中绘制一个矩形；❷在 "绘图工具/格式" 选项卡的"大小"组中设置矩形的高度为"5.5 厘米"，宽度为 "9 厘米"。

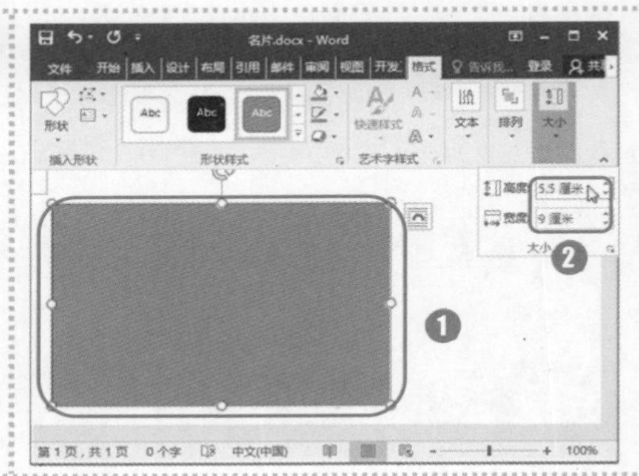

第 2 步：设置形状格式

❶在“绘图工具/格式”选项卡的形状样式组中设置“形状轮廓”为“无轮廓”；❷单击“形状样式”组中的对话框启动器。

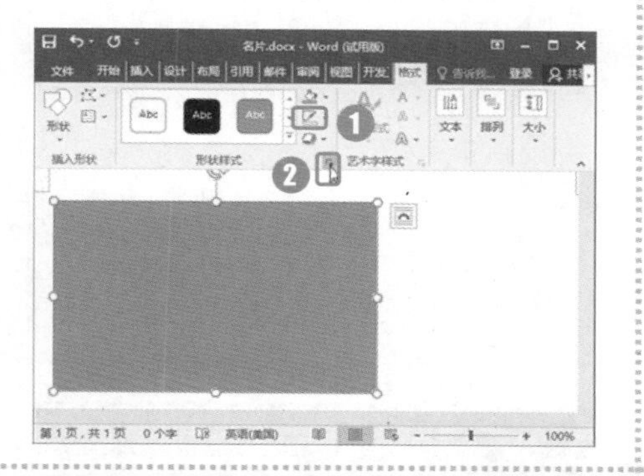

第 3 步：设置渐变填充

打开“设置形状格式”窗格，❶选择填充为“渐变填充”；❷设置“预设渐变”为“顶部聚光灯，个性色 6”；❸设置“类型”为“射线”；❹设置“渐变光圈”的停止点 1 和停止点 2 为“白色”，停止点 3 为“绿色，个性色 6”。

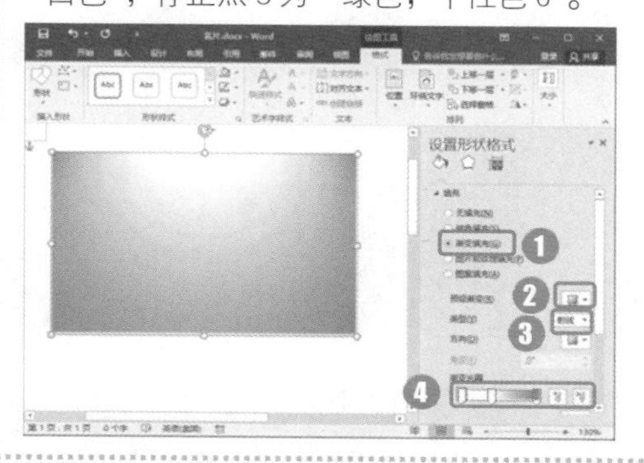

第 4 步：绘制椭圆形

❶在如图所示的位置绘制一个椭圆形；❷在“绘图工具/格式”选项卡的“形状样式”组中设置轮廓为“无轮廓”，设置填充颜色为“绿色，个性色 6，淡色 80%”。

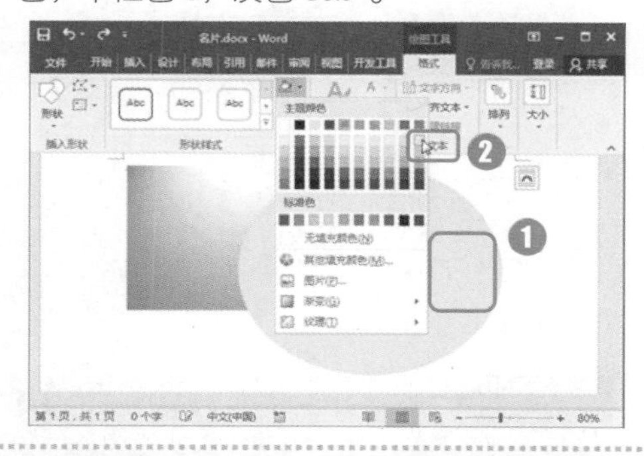

第 5 步：设置矩形轮廓

设置图片的“环绕文字”方式为“浮于文字上方”，并调整图片大小。

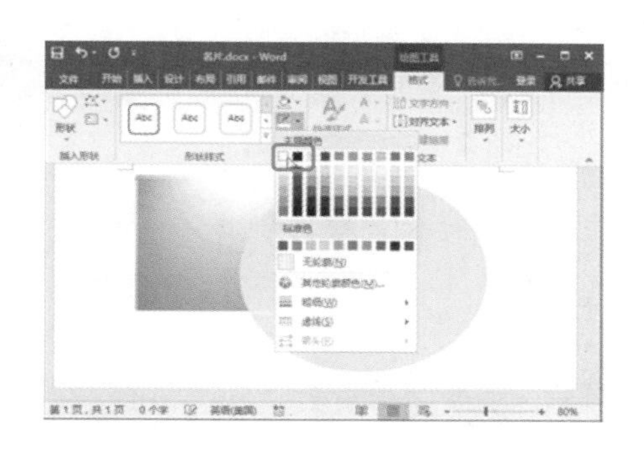

第 6 步：插入公司图标

使用前文所学的方法打开“插入图片”对话框，❶选择公司图标；❷单击“插入”按钮。

第 7 步：设置图片格式

设置图片的“文字环绕”方式为“浮于文字上方”，并调整图片大小。

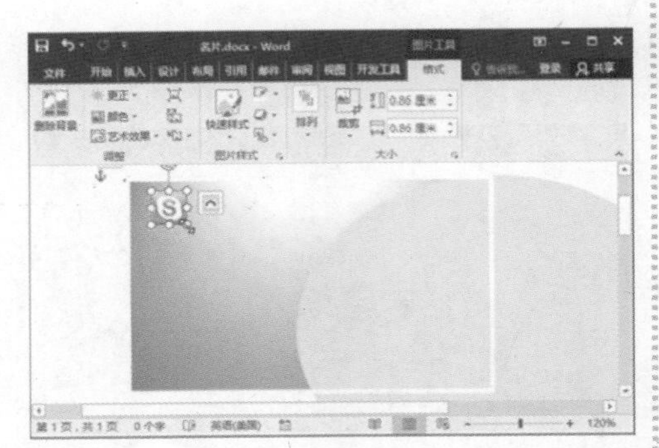

第 8 步：输入公司名称

在公司图标右侧插入无轮廓、无填充颜色的文本框，❶输入公司名称；❷设置字体格式为“华文行楷，四号”。

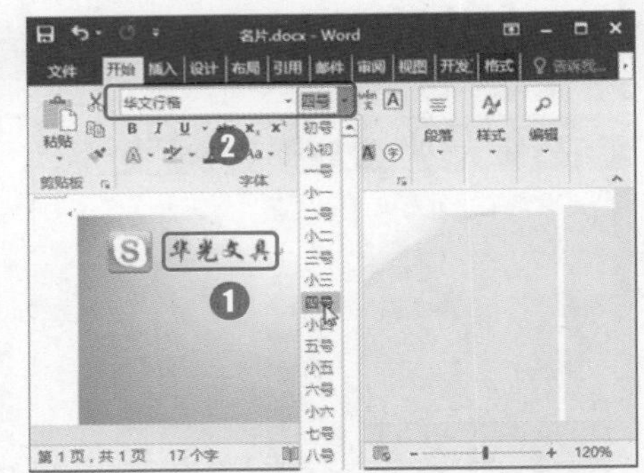

第 9 步：输入公司地址

在右下角插入无轮廓、无填充颜色的文本框，❶输入公司网址和地址；❷设置字体格式为“方正姚体，小五”。

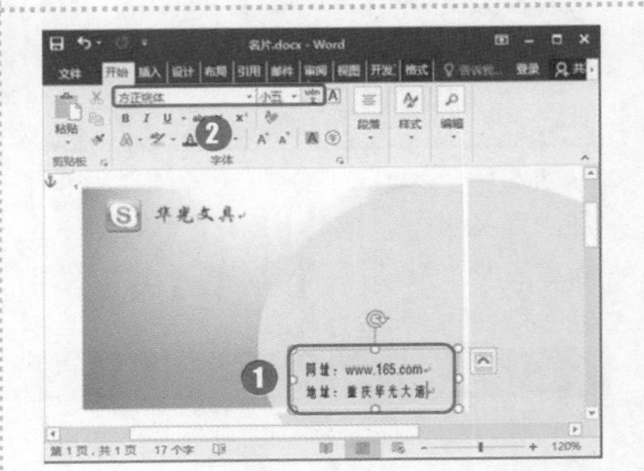

2. 制作名片模板文件

名片的背景制作完成后，需要将名片区域以外的图形去掉，然后将文档制作成为名片模板，并添加上名片内容文本框，具体操作方法如下。

第 1 步：设置页边距

新建 Word 文档，❶在“布局”选项卡的“页面设置”组中单击“页边距”下拉按钮；❷在弹出的下拉菜单中选择“窄”选项。

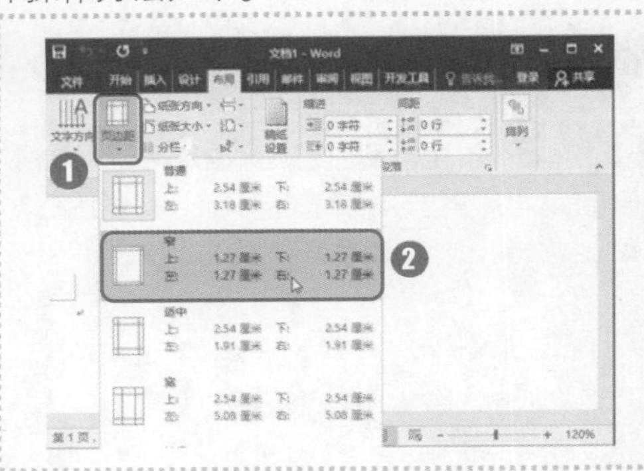

第 2 步：插入表格

❶单击“插入”选项卡下“表格”组中的“表格”下拉按钮；❷在弹出的下拉菜单中插入一个 2 列 4 行的表格。

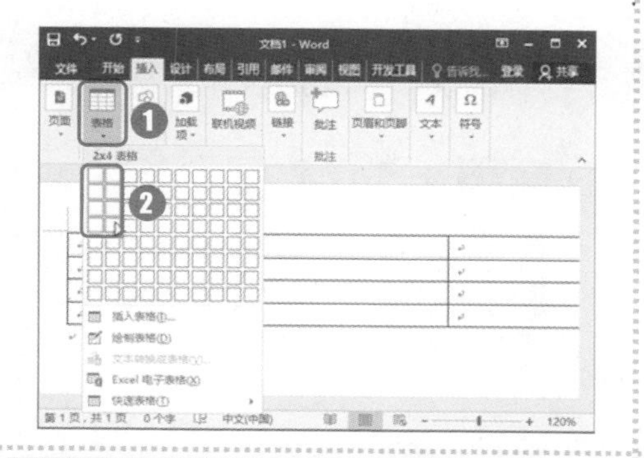

第 3 步：设置单元格高度

❶单击表格左上角的全选按钮选择整个表格；❷在“表格工具/布局”选项卡的“单元格大小”组中设置单元格高度为“5.5 厘米”，宽度为“9 厘米”。

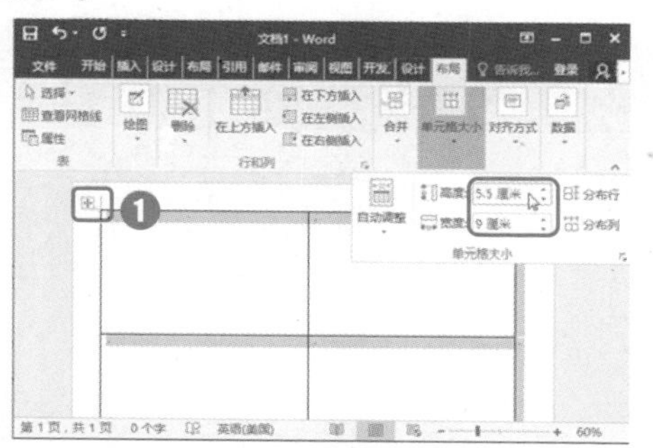

第 4 步：单击“单元格边距”按钮

保持表格全选状态，单击“表格工具/布局”选项卡下“对齐方式”组中的“单元格边距”按钮。

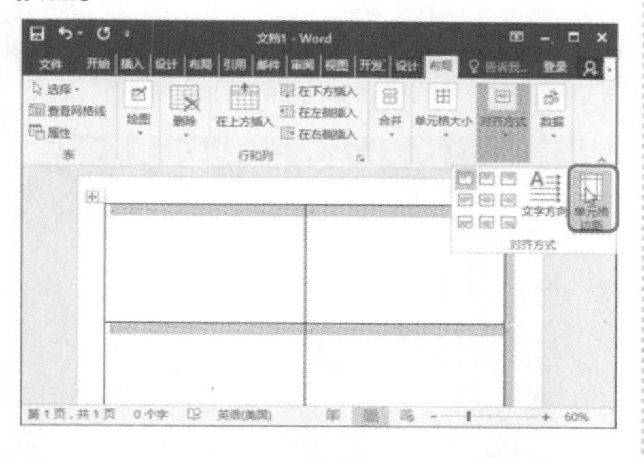

第 5 步：设置表格边距

弹出“表格选项”对话框，❶设置“默认单元格边距”四周的边距为“0”；❷取消勾选自动重调尺寸以适应内容复选框；❸单击“确定”按钮。

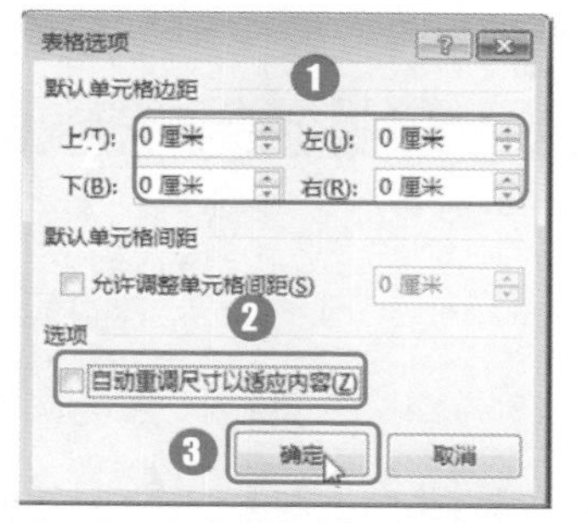

第 6 步：调整名片视图大小

打开前面制作的“名片”文档，然后单击“视图”选项卡下“显示比例”组中的“100%按钮”，使页面中的名片背景内容完全显示出来。

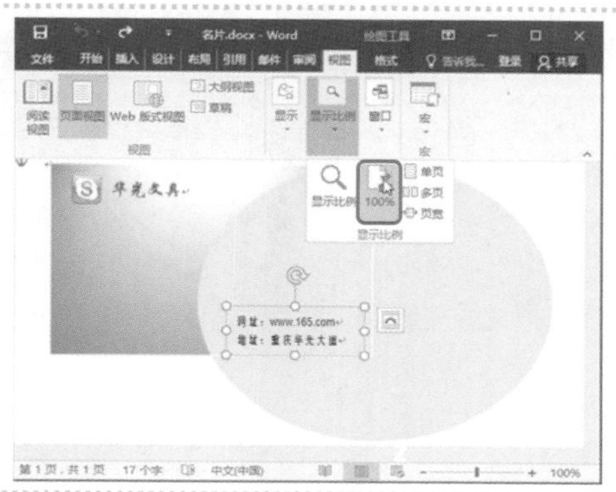

第 7 步：执行屏幕截图命令

保持“名片”文档窗口显示于桌面，并切换至模板文档窗口，将光标定位到表格的第一个单元格中，❶单击“插入”选项卡下“插图”组中的“屏幕截图”下拉按钮；❷在弹出的下拉菜单中单击“屏幕剪辑”命令。

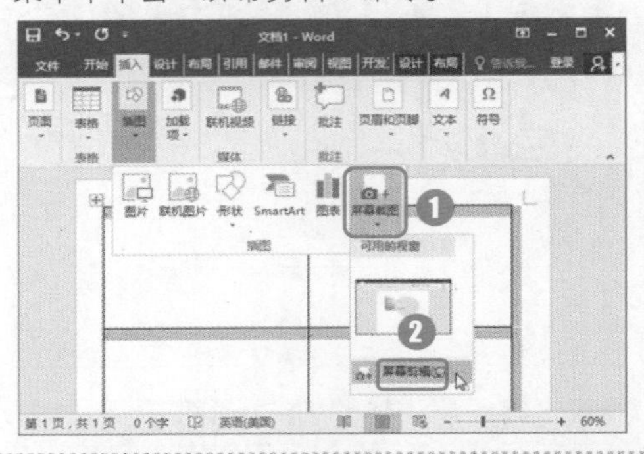

第 8 步：截取名片背景区域

在截图状态下，在名片文档中框选名片的背景区域。

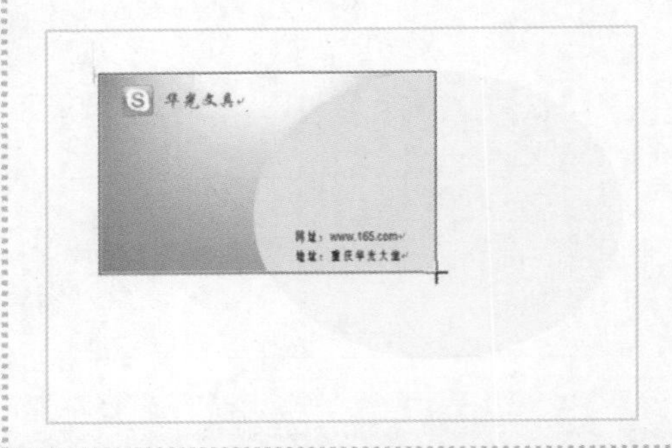

第 9 步：选择艺术字样式

图片将插入表格的第一个单元格中，❶单击“插入”选项卡下“文本”组中的“艺术字”下拉按钮；❷在弹出的下拉菜单中选择一种艺术字样式。

第 10 步：设置艺术字格式

❶在名片中插入艺术字，设置艺术字文本为“某某某”；❷选中艺术字，在“开始”选项卡的“字体”组中设置字体格式为“黑体，小一，深蓝”。

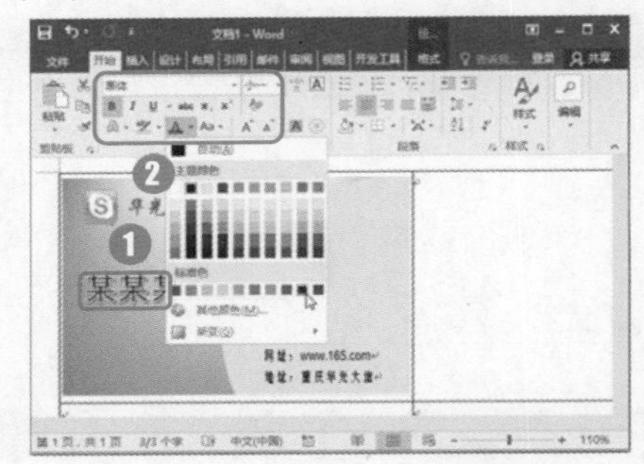

第 11 步：取消勾选复选框

❶单击“绘图工具/格式”选项卡下“艺术字样式”组中的对话框启动器；❷打开“设置形状格式”窗格，在“文本框”选项卡中取消勾选“根据文字调整形状大小”复选框。

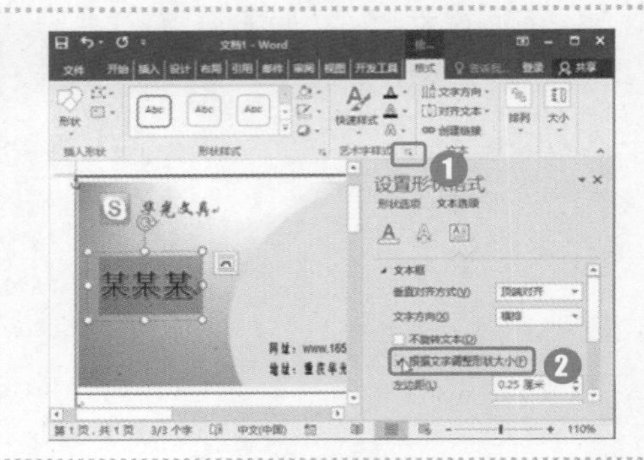

第 12 步：添加其他内容文本

使用相同的方法在名片的背景上添加其他文本内容，并设置相应的文字格式。完成后将该文本保存为“名片模板.docx”。

5.2.2 制作并导入数据表

为了能够快速地将员工的名片数据导入名片模板中，需要先准备好员工的联系方式数据表。数据表可以是 Excel、Access、Word 表格等类型，本例以将数据表存储为 Word 表格格式为例，介绍制作并导入数据表的操作方法。

1. 将文本转换为表格

在素材文件中提供了员工信息文本的“联系人.txt”文档，该文件中存储了多名员工的职位信息及联系方式，但 TXT 文档并不能作为数据表导入，需要先将其转换为 Word 表格，具体操作方法如下。

第 1 步：执行“文本转换成表格”命令

新建一个名为“名片数据”的 Word 文档，并将素材文件“联系人.txt”中的内容复制到 Word 文档中，❶选择所有文本内容后；❷单击“插入”选项卡下“表格”组中的“表格”下拉按钮；❸在弹出的下拉菜单中单击“文本转换成表格”命令。

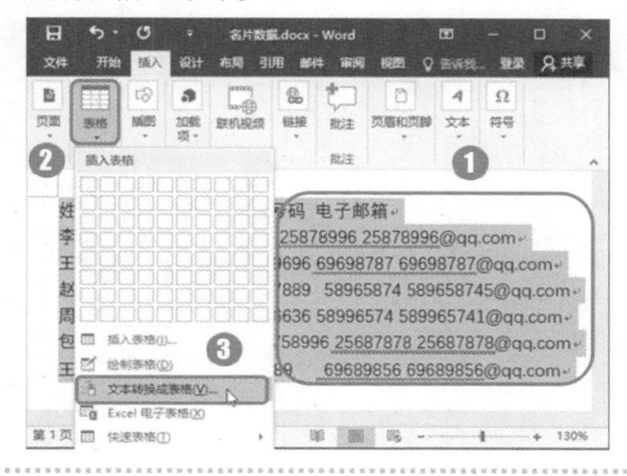

第 2 步：设置转换参数

打开“将文字转换成表格”对话框，❶在“文字分隔位置”栏选择“制表符”单选项；❷单击“确定”按钮。

第 3 步：查看表格效果

返回文档页面中即可查看到文本内容已经转换为表格，效果如右图所示。

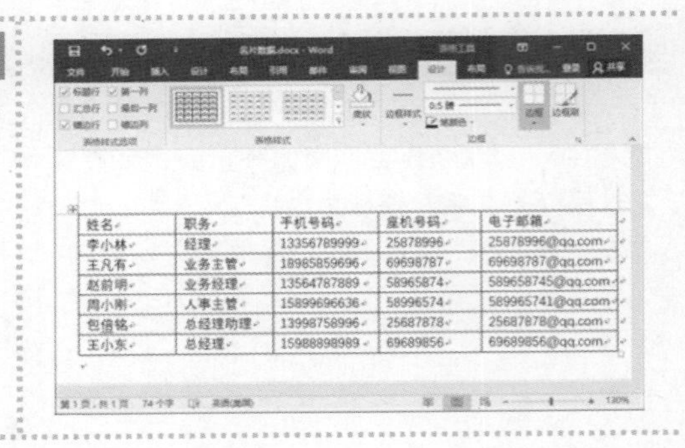

姓名	职务	手机号码	座机号码	电子邮箱
李小林	经理	13356789999	25878996	25878996@qq.com
王凡有	业务主管	18965859696	69698787	69698787@qq.com
赵前明	业务经理	13564787889	58965874	589658745@qq.com
周小刚	人事主管	15899696636	58996574	589965741@qq.com
包信铭	总经理助理	13998758996	25687878	25687878@qq.com
王小东	总经理	15988898989	69689856	69689856@qq.com

知识加油站

因为创建的数据表将应用于后期的数据导入和合并，所以不需要在表格中添加多余的信息和修饰内容。需要保证创建的数据表格是一个单纯而整齐的表格，表格中不能有其他文字内容，否则在导入数据时会发生错误。

2．使用邮件合并功能导入表格数据

在制作名片时，需要使用表格中的所有数据，此时可以先使用邮件合并功能将数据导入名片模板中，具体操作步骤如下。

第 1 步：选择收件人

打开“名片模板.docx”文档，❶单击“邮件”选项卡下“开始邮件合并”组中的“选择收件人”下拉按钮；❷在弹出的下拉菜单中选择“使用现有列表”命令。

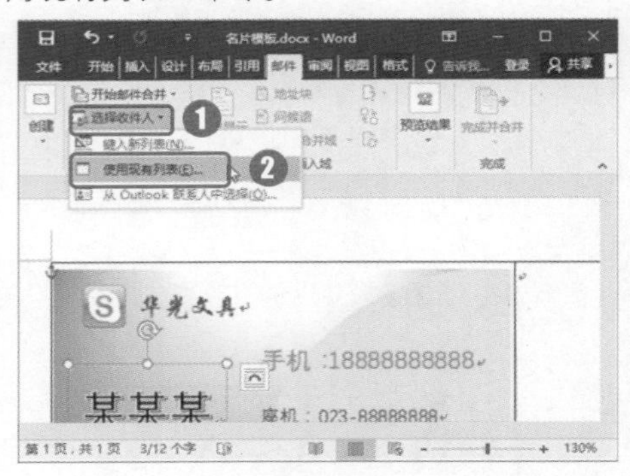

第 2 步：查看“名片数据”文档

打开“选择数据源”对话框，❶选择“名片数据.docx”文档；❷单击“打开”按钮。

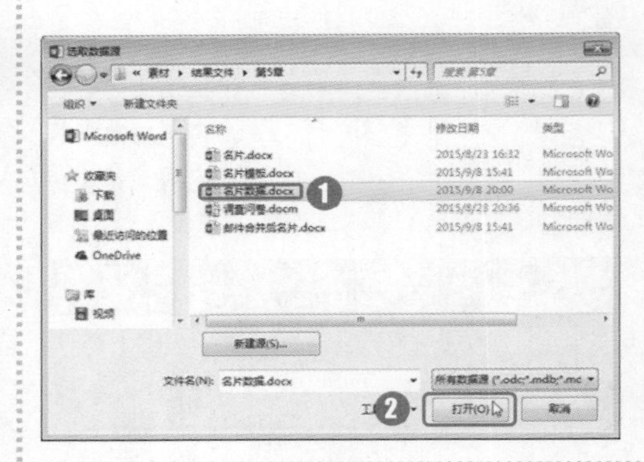

Q：如果我没有数据表格，是否可以使用邮件合并功能批量添加数据呢?

A：在导入数据时，如果没有制作数据表格，也可以在“选择收件人”下拉菜单中单击“键入新列表”命令，在打开的对话框中自行添加数据。如果在 Outlook 软件中已经有相关的联系人及其信息，也可以单击“从 Outlook 联系人中选择”命令直接导入 Outlook 联系人信息。

5.2.3 插入合并域并批量生成名片

把数据表导入名片模板中后，还需要将联系人的各项数据插入名片的相应位置，之后才能批量生成名片，具体操作方法如下。

1. 添加邮件域

要将数据表格中的各项数据分别放置在指定的位置，需要使用插入合并域功能，具体操作如下。

第 1 步：插入“姓名”域

❶选择名片模板中的“某某某”文本内容；❷单击“邮件”选项卡下“编写和插入域”组中的“插入合并域”下拉按钮；❸在弹出的下拉菜单中选择“姓名”选项。

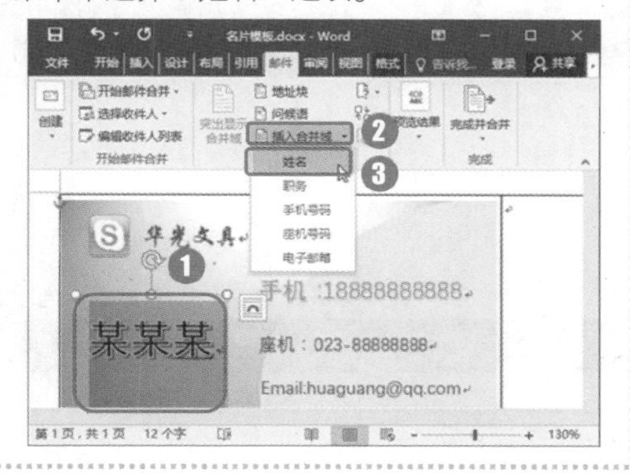

第 2 步：插入“职务”域

❶选择名片模板中的“职务”文本内容；❷单击“邮件”选项卡下“编写和插入域”组中的“插入合并域”下拉按钮；❸在弹出的下拉菜单中选择“职务”选项。

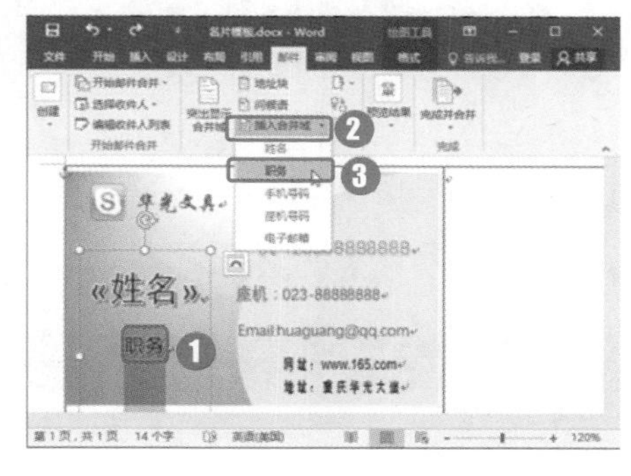

第 3 步：插入其他合并域

使用相同的方法在其他位置插入相应的表格数据。

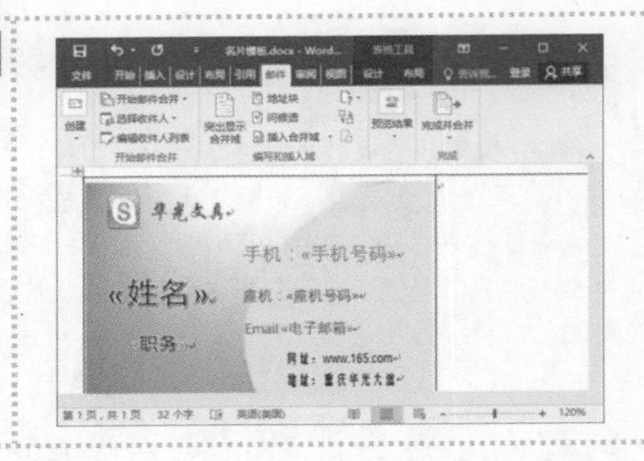

Q：如何查看插入合并域之后的结果？

A：插入合并域后，文档中不会显示数据表格中的具体内容，如果要查看各合并域中的相应内容，单击“邮件”选项卡下“预览结果”组中的“预览结果”命令，即可显示相应的数据。单击“上一记录”、“下一记录”按钮可以查看不同记录显示的结果。

2. 使用邮件合并功能批量生成名片

在添加合并域后，将第一个单元格的内容复制到所有的单元格中，然后执行“完成合并”命令，即可为数据表中的所有联系人生成不同的名片，操作方法如下。

第 1 步：选择单元格内容

❶选择第一个单元格中的名片模板背景图片；❷单击“表格工具/布局”选项卡下“表”组中的“选择”下拉按钮；❸在弹出的下拉菜单中单击“选择单元格”命令，然后按下“Ctrl+C”组合键复制该单元格。

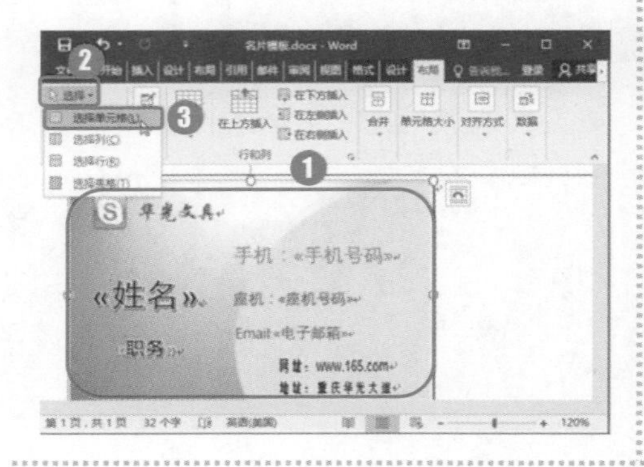

第 2 步：单击“完成并合并”按钮

❶单击表格左上角的全选按钮⊞选择整个表格，然后按下“Ctrl+V”组合键将第一个单元格粘贴到所有的单元格中；❷单击“邮件”选项卡下“完成”组中的“完成并合并”下拉按钮；❸在弹出的下拉菜单中“单击编辑单个文档”命令。

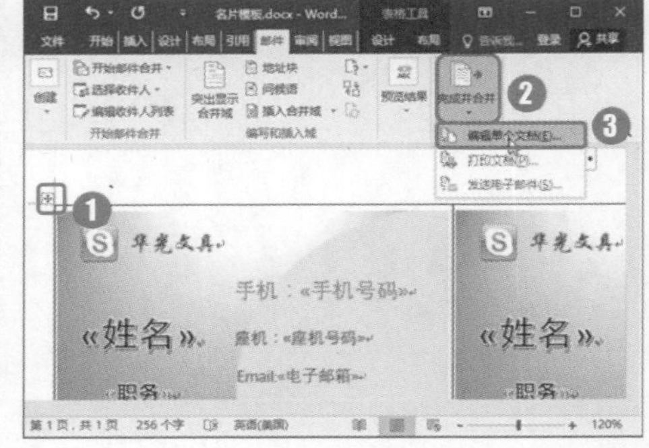

第 3 步：选择合并范围

打开“合并到新文档”对话框，❶在“合并记录”中选择合并范围，如“全部”；❷单击“确定”按钮。

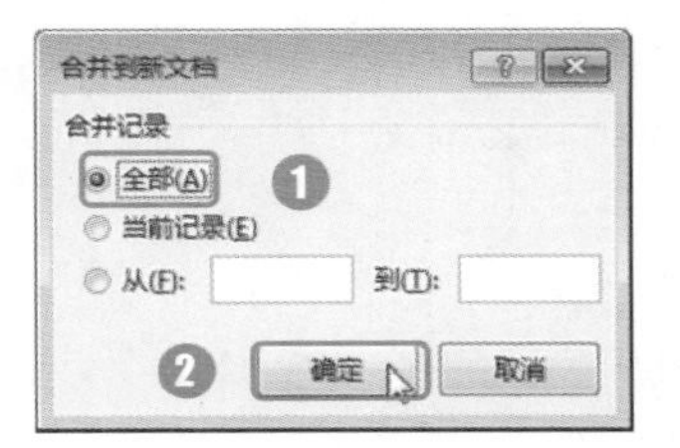

第 4 步：查看合并结果

完成合并后，Word 将创建一个新文档，在该文档中，已经将数据表中的数据放置到对应的合并域位置，效果如下图所示。

知识加油站

因为创建的数据表将应用于后期的数据导入和合并，所以不需要在表格中添加多余信息和修饰内容。创建的数据表格需要保证是一个单纯而整齐的表格，表格中不能有其他文字内容，否则在导入数据时会发生错误。

知识加油站

如果公司想要制作繁体版的名片，可以单击“审阅”选项卡下“中文简繁转换”组中的“简转繁”按钮，即可将文档中的所有简体文字转换为繁体。如果只是想让某几个字转换为繁体，则先选择需要转换的文字，再执行以上操作即可。

5.3 制作问卷调查表

在企业开发新产品或推出新服务时，为了使产品或服务更好地适应市场需求，通常需要事先对市场需求进行调查。本例将使用 Word 制作一份问卷调查表，并利用 Word 中的 Visual Basic 脚本添加一些交互功能，使调查表更加人性化，让被调查者可以更快速、方便地填写问卷信息。

“调查问卷调查表”文档制作完成后的效果如下图所示。

啤酒行业的市场调查问卷

尊敬的客户：您好！

我想了解一下您对啤酒市场的有关问题和看法，您的回答十分重要，将有助于我们改良产品，为您提供更优质的产品。本调查只作为研究参考之用，不会对外公开，请您安心回答。

个人资料

姓名		年龄		婚姻状况	○已婚 ○未婚
性别	○男 ○女	电话			

调查问卷

您的啤酒史？	○一年以内 ○2~5年 ○6~10年 ◉10年以上
您在购买啤酒时，是否指定品牌？	○一定要指定品牌 ○指定品牌，但不坚持非要这种品牌 ○不指定品牌 ○只有一定不会购买的品牌
您一个月在喝啤酒上的消费？	○50元以下 ○50~100元 ○100~300元 ◉300~500元 ○500元以上
哪些牌子的啤酒是您经常喝的呢？	□华润 □青岛 □北京 □喜力 □百威 □蓝带 □嘉仕伯
哪些口味的啤酒是您经常喝的？	□清爽 □醇和 □纯生 □小麦 □全麦 □黑啤 □特啤 □其他
您一般会在何处购买啤酒？	□大型超市 □商场 □附近小商店 □酒吧 □便利店

提交调查表

光盘同步文件

原始文件：光盘\素材文件\第 5 章\调查问卷.docx

结果文件：光盘\结果文件\第 5 章\调查问卷.docm

视频文件：光盘\教学文件\第 5 章\制作调查问卷调查表.mp4

5.3.1 在调查表中应用 ActiveX 控件

ActiveX 控件是软件中应用的组件和对象，如按钮、文本框、组合框、复选框等。在 Word 中插入 ActiveX 控件不仅可以丰富文档内容，还可以针对 ActiveX 控件进行程序开发，使 Word 具有更复杂的功能。

1. 将文件另存为启用宏的 Word 文档

在问卷调查表中，需要使用 ActiveX 控件，并需要应用宏命令实现部分控件的特殊功能，所以需要将素材文件中的 Word 文档另存为启动宏的 Word 文档格式，操作方法如下。

第 1 步：执行“另存为”命令

打开“光盘\素材文件\第 5 章\调查问卷.docx”文件，单击“文件”选项卡，使用前文所学的方法单击“另存为”命令。

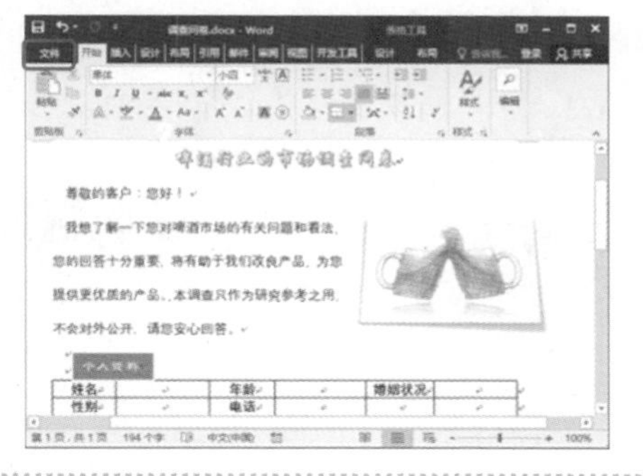

第 2 步：保存为“启用宏的 Word 文档”

打开“另存为”对话框，❶设置保存类型为“启用宏的 Word 文档”；❷单击“保存”按钮。

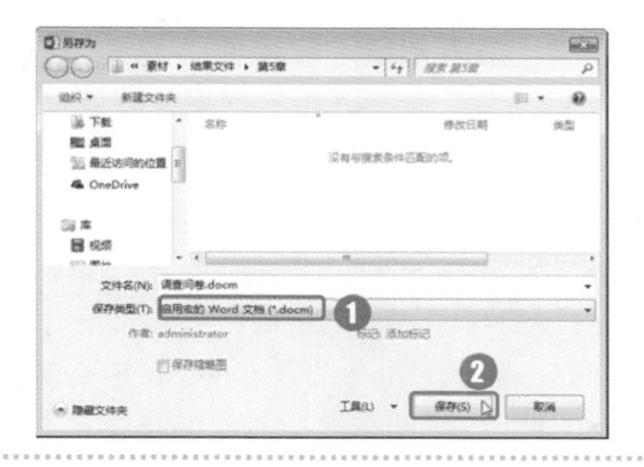

2. 插入文本框控件

在调查表中，需要用户输入文字内容的地方可以应用文本框控件，并根据需要对文本控件的属性进行设置，操作方法如下。

第 1 步：插入文本框控件

❶将光标定位到“姓名”右侧的单元格中；❷单击“开发工具”选项卡下“控件”组中的“旧式工具”下拉按钮；❸在弹出的下拉菜单中选择“文本框”控件 。

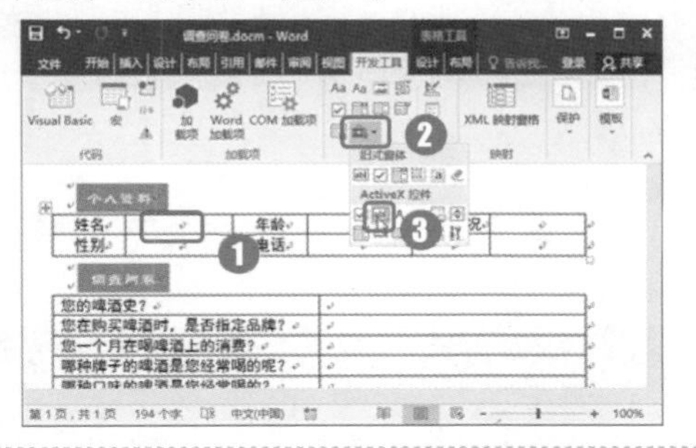

第 2 步：调整文本框大小

通过文本框四周的控制点调整文本框的大小。

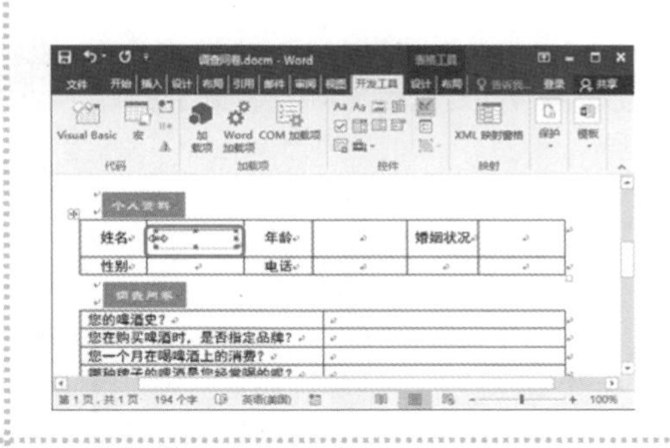

第 3 步：插入其他文本框

使用相同的方法为其他需要填写内容的单元格添加文本框。

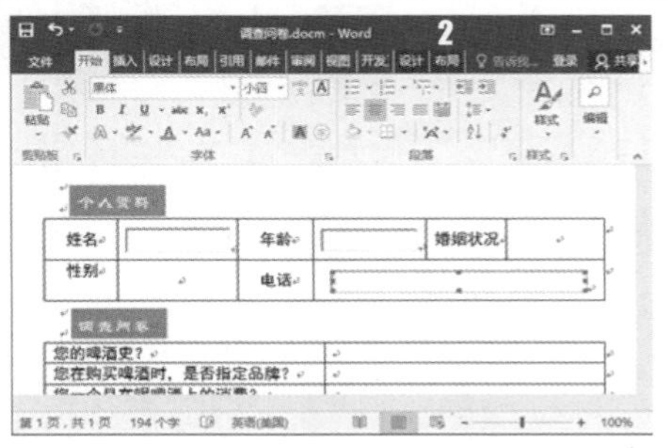

知识加油站

如果工具栏中没有显示“开发工具”选项卡，在插入文本框控件之前，需要使用前文所学的方法将“开发工具”选项卡添加到工具栏中。

3．插入选项按钮控件

如果要求他人在填写调查表时进行选择，而不是填写，并且只能选项一项信息时，可以使用选项按钮控件，具体操作方法如下。

第 1 步：插入一个选项按钮控件

❶将光标定位到“性别”栏右侧的单元格中；❷单击“开发工具”选项卡下“控件”组中的“旧式工具”下拉按钮 ；❸在弹出的下拉菜单中单击“选项按钮”控件。

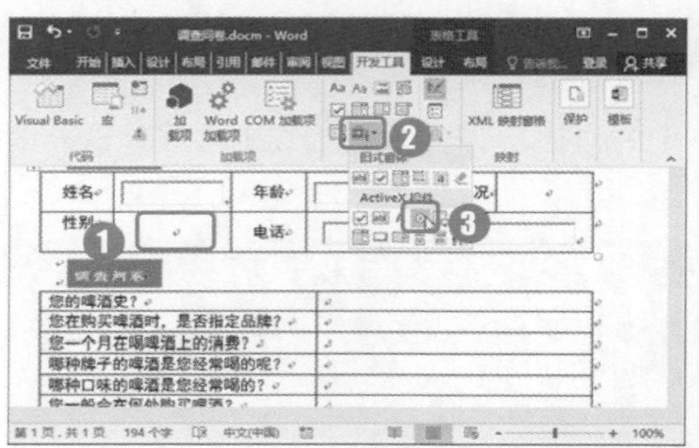

第 2 步：单击“属性”命令

添加的选项按钮为选中状态，单击“开发工具”选项卡下“控件”组中的“属性”命令。

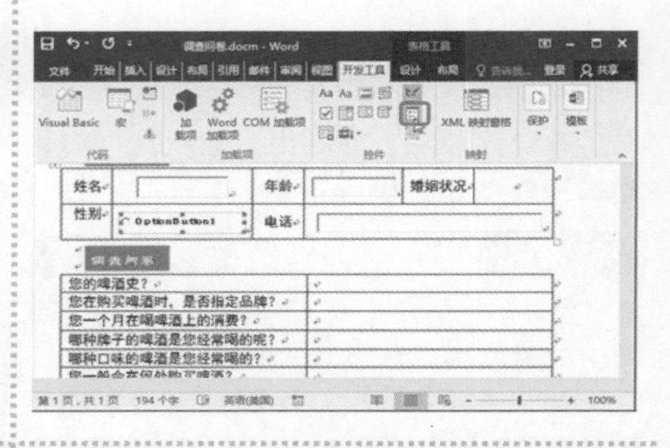

第 3 步：设置 GroupName 属性

打开“属性”对话框，❶将“Caption”更改为“男”；❷将“GroupName”更改为“sex”；❸关闭“属性”对话框。

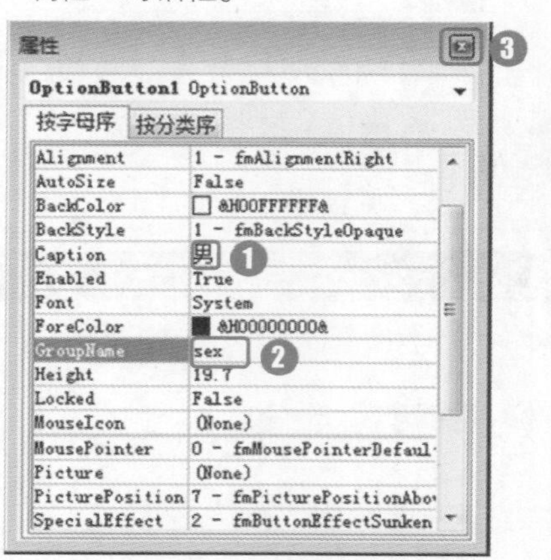

第 4 步：调整控件大小

通过文本框四周的控制点调整选项按钮控件的大小。

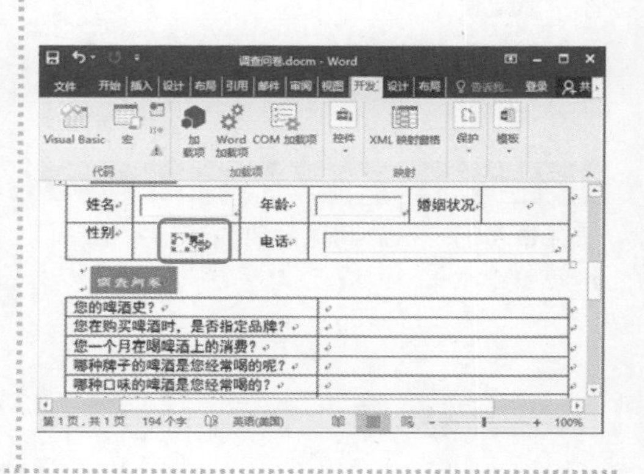

第 5 步：添加第二个控件

使用相同的方法在“性别”文本框中再次添加一个选项按钮控件，并打开“属性”对话框，将“Caption”更改为“女”，“GroupName”更改为“sex”。

第 6 步：添加其他选项按钮控件

使用相同的方法为其他需要单选项的单元格添加选项按钮控件。

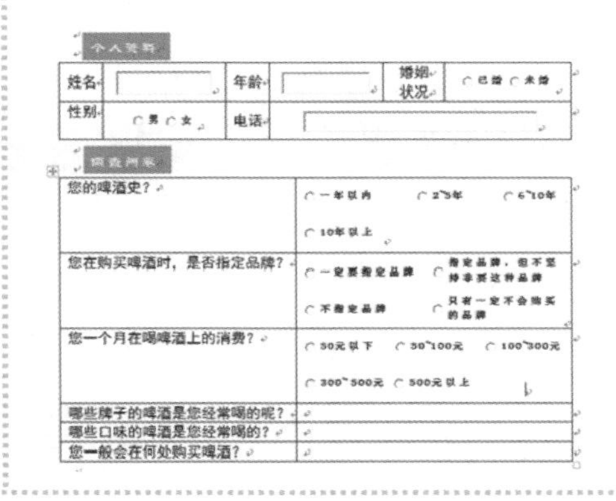

知识加油站

属性是指对象的某些特性，不同的控件具有不同的属性，各属性分别代表它的一种特性，当属性值不同时，控件的外观或功能就会不相同。例如，选项按钮控件的 Caption 属性用于设置控件上显示的标签文字内容；而 GroupName 属性则用于设置多个选项按钮所在的不同组别，同一级别中只能选中其中一个选项按钮。

4. 插入复选框控件

如果要求用户在对信息进行选择时可以选择多项信息，则需要使用复选框控件，具体操作方法如下。

第 1 步：插入一个复选框控件

❶将光标定位到“哪些牌子的啤酒是您经常喝的呢？”右侧的单元格中；❷单击“开发工具”选项卡下“控件”组中的“旧式工具”下拉按钮；❸在弹出的下拉菜单中选择“复选框”控件。

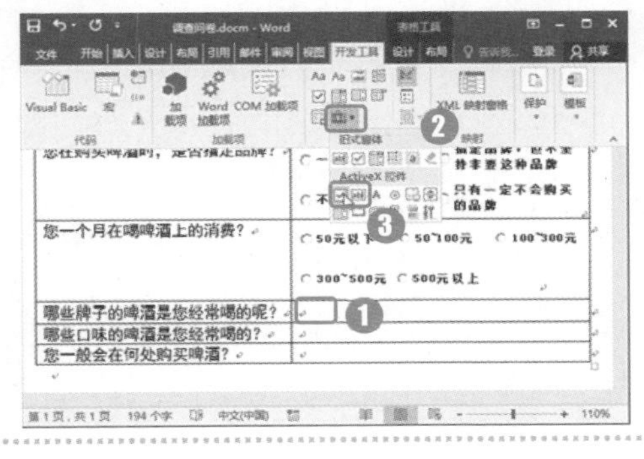

第 2 步：设置标签文字和组名

保持添加的复选框控件为选中状态，❶单击“开发工具”选项卡下“控件”组中的“属性”命令；❷在“属性”对话框中设置“Caption”为“华润”，设置“GroupName”为“name1”。

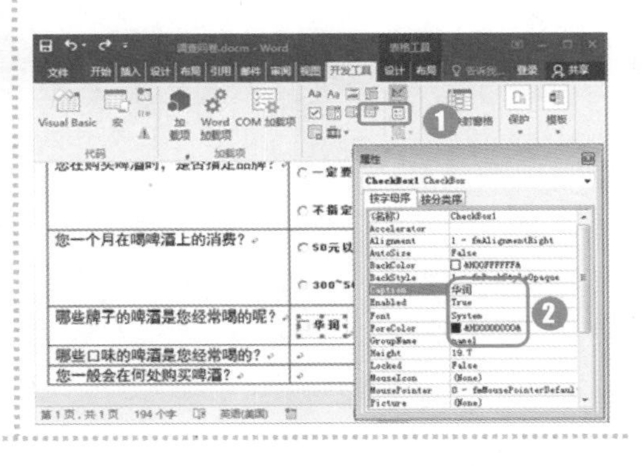

第 3 步：插入其他复选框控件

使用相同的方法分别添加其他复选框控件，注意保持 GroupName 相同。

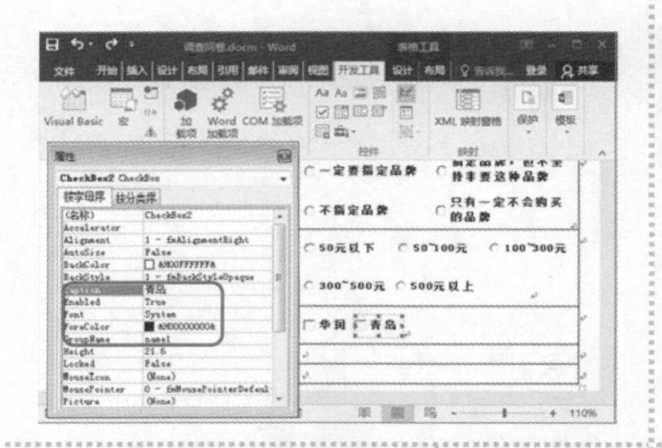

第 4 步：插入另一组复选框

在下方的单元格中添加“复选框”控件，❶单击“开发工具”选项卡下“控件”组中的“属性”命令；❷在“属性”对话框中设置“Caption”为“清爽”，设置“GroupName”为“name2”。

第 5 步：添加其他复选框控件

分别在表格中可多选的单元格中添加复选框控件。

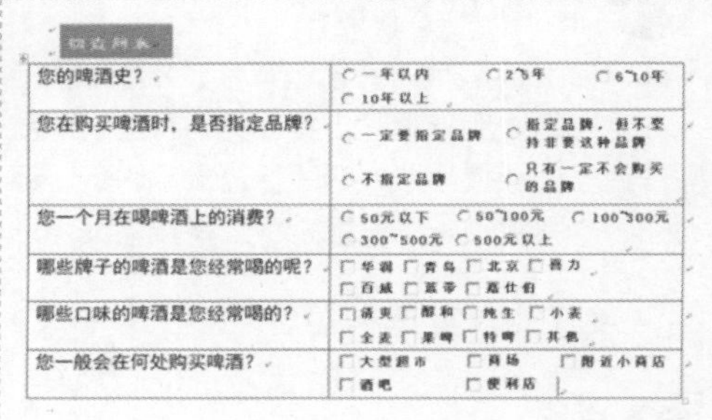

您的啤酒史？	○一年以内 ○2~5年 ○6~10年 ○10年以上
您在购买啤酒时，是否指定品牌？	○一定要指定品牌 ○指定品牌，但不坚持非要这种品牌 ○不指定品牌 ○只有一定不会购买的品牌
您一个月在喝啤酒上的消费？	○50元以下 ○50~100元 ○100~300元 ○300~500元 ○500元以上
哪些牌子的啤酒是您经常喝的呢？	□华润 □青岛 □北京 □喜力 □百威 □蓝带 □嘉仕伯
哪些口味的啤酒是您经常喝的？	□清爽 □醇和 □纯生 □小麦 □全麦 □果啤 □特啤 □其他
您一般会在何处购买啤酒？	□大型超市 □商场 □附近小商店 □酒吧 □便利店

5. 插入命令按钮插件

如果要让用户可以快速执行一些指定的操作，可以在 Word 文档中插入命令按钮控件，并通过编写按钮事件过程代码实现其功能，具体操作方法如下。

第 1 步：插入按钮控件

❶将光标定位到表格下方需要添加按钮的位置；❷单击“开发工具”选项卡下“控件”组中的“旧式工具”下拉按钮；❸在弹出的下拉菜单中选择“命令按钮”控件。

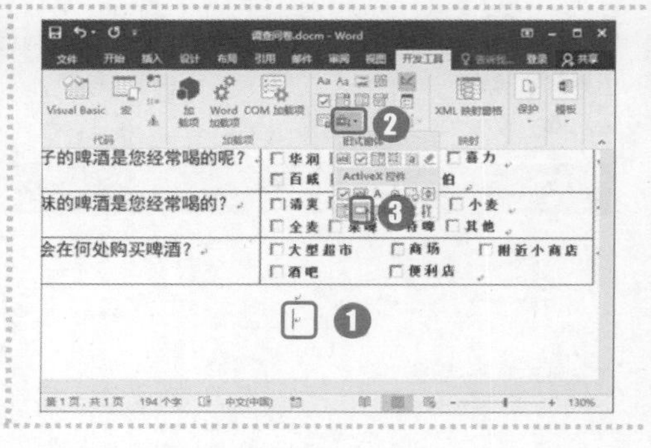

第 2 步：打开“属性”对话框

使用前文所学的方法打开“属性”对话框，单击“Font”选项右侧的“…”按钮。

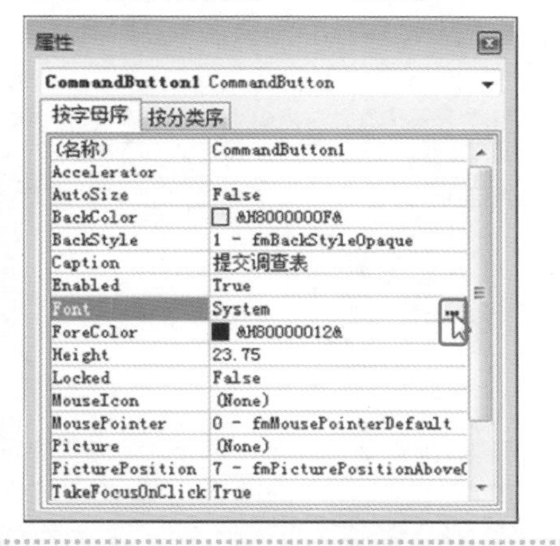

第 3 步：设置按钮字体

打开“字体”对话框，❶设置字体格式为“华文新魏，粗体，三号”；❷单击“确定”按钮。

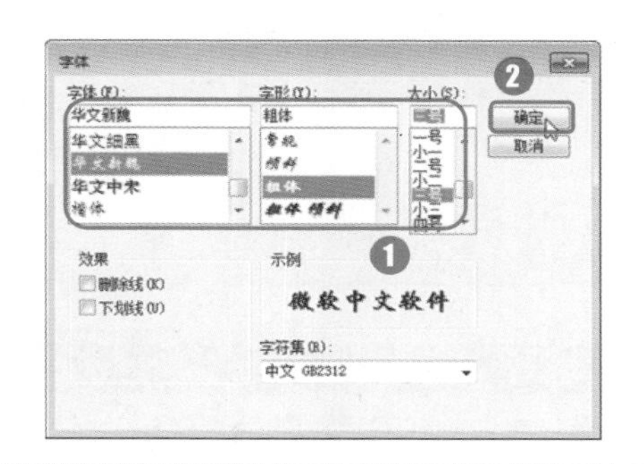

第 4 步：调整按钮大小

返回文档中，通过按钮四周的控制点调整按钮大小。

5.3.2 添加宏代码

在用户填写完调查表后，为了使用户更方便地保存文档，并以邮件的方式将文档发送至指定邮箱，可以在“提交调查表”按钮上添加程序，使用户单击该按钮后自动保存文件并发送邮件，具体操作方法如下。

第 1 步：添加按钮事件单击过程

❶单击“开发工具”选项卡下“控件”组中的“设计模式”按钮打开设计模式；❷双击文档中的按钮“提交调查表”。

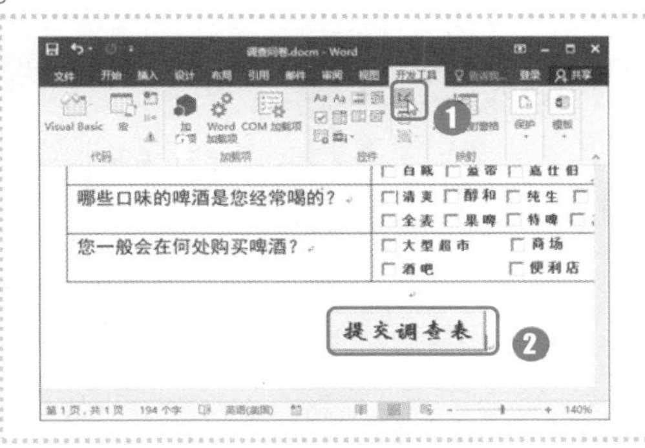

第 2 步：利用代码保存文件

打开代码窗口，并生成代码，在按钮单击事件过程中输入如图所示的程序代码。

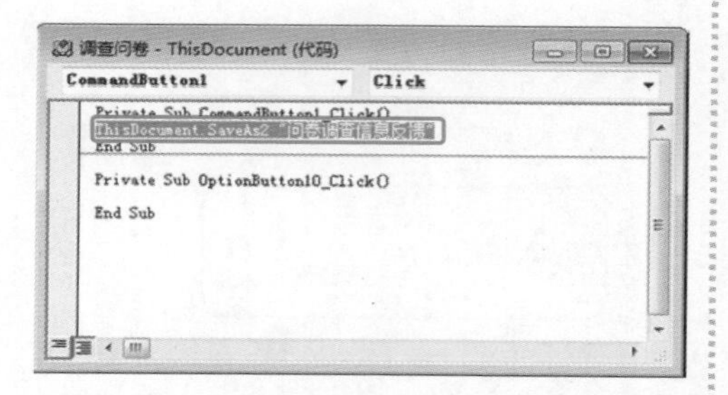

第 3 步：保存文件代码

❶单击“文件”选项卡；❷在弹出的下拉菜单中选择“导出文件”命令将文件另存至 Word 当前的默认保存路径，并命名该文件主文件名为“问卷调查信息反馈”。

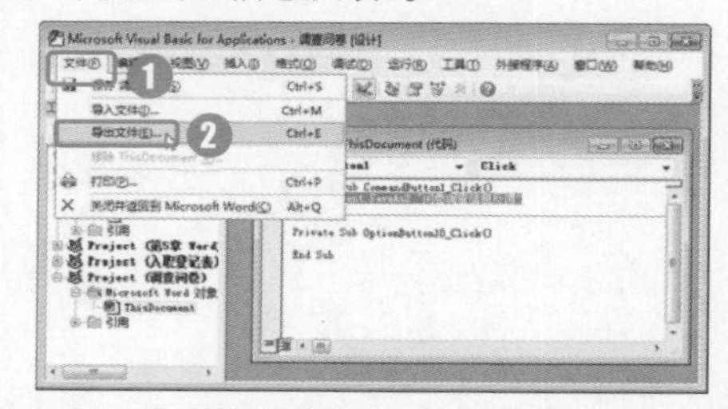

第 4 步：添加发送邮件代码

在保存文件的代码后添加发送代码，并设置邮件地址，设置邮件主题为问卷调查信息反馈，具体代码如右图所示。

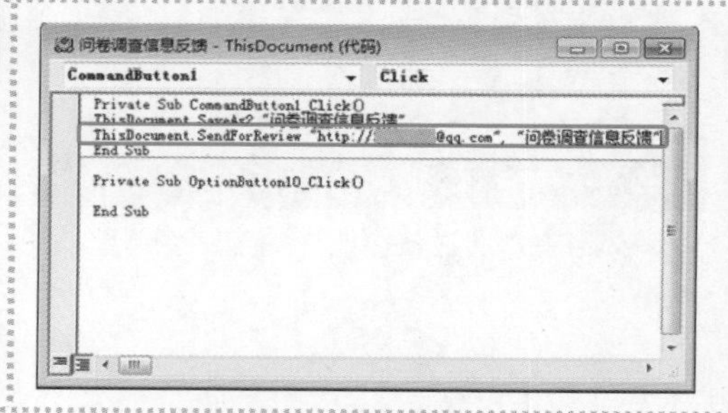

知识加油站

Visual Basic 中的语句是一个完整的命令。它可以包含关键字、运算符、变量、常数，以及表达式等元素，各元素之间用空格进行分隔，每一条语句完成后按“Enter”键换行。如果要将一条语句连续地写在多行上，则可以使用续行符（ – ）连接多行。

5.3.3 完成制作并测试调查表程序

为了保证调查表不被用户误修改，需要进行保护调查表的操作，使用户只能修改调查表中的控件值。同时，为了查看调查表的效果，还需要对整个调查表程序功能进行测试。

1. 保护调查表文档

使用保护文档中的“仅允许填写窗体”功能，可以使用户只能在控件上进行填写，而不能对文档内容进行其他任务操作，具体操作方法如下。

第 1 步：退出设计模式

❶单击“开发工具”选项卡下“控件”组中的“设计模式”按钮退出设计模式；❷单击“开始”选项卡下“保护”组中的“限制编辑”命令。

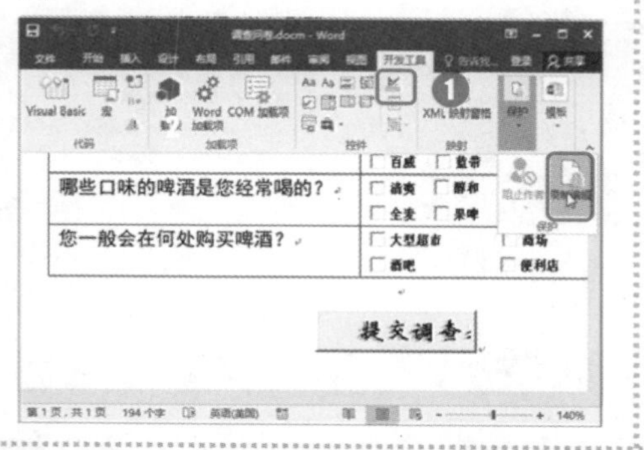

第 2 步：设置“仅允许填写窗体”

打开“限制编辑”窗格，❶勾选“仅允许在文档中进行此类型的编辑”复选框；❷在下方的下拉列表中选择“填写窗体”选项；❸单击“是，启动强制保护”按钮。

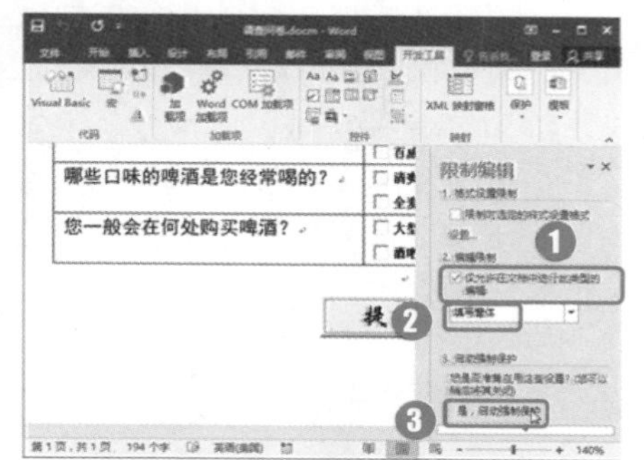

第 3 步：设置密码

打开“启动强制保护”对话框，❶在文本框中输入密码；❷单击“确定”按钮。

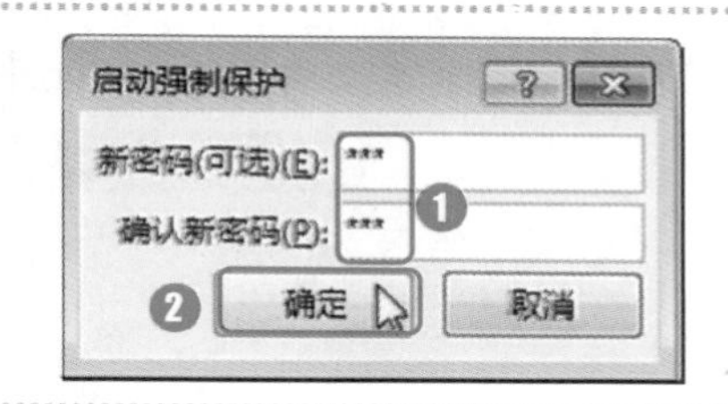

2. 填写调查表

调查表制作完成后，可以填写调查表进行测试，操作方法如下。

第 1 步：填写调查表

❶在文档中填写调查表中的相关信息；❷填写完成后单击提交调查表按钮。

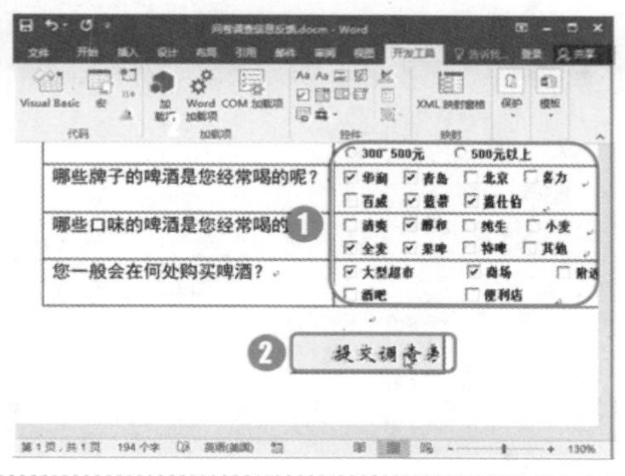

第 2 步：发送邮件

此时，Word 将自动调用 Outlook 软件，并自动填写收件人地址、主题和附件内容，单击“发送”按钮即可直接发送邮件。

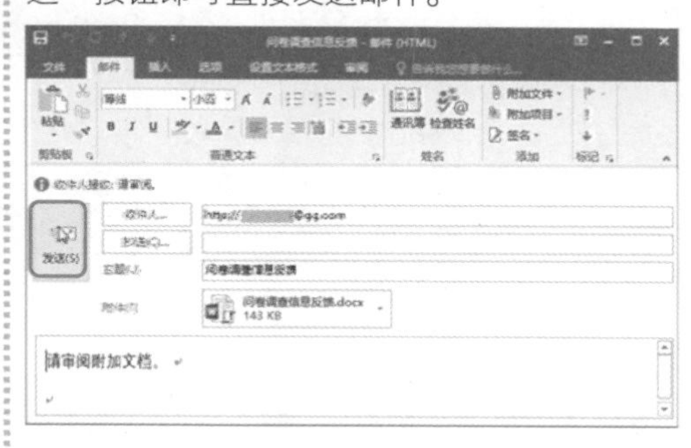

高手秘籍 实用操作技巧

通过对前面知识的学习，相信读者已经掌握了 Word 文档的各种高级应用。下面结合本章内容，给大家介绍一些实用技巧。

光盘同步文件

原始文件：光盘\素材文件\第 5 章\实用技巧\
结果文件：光盘\结果文件\第 5 章\实用技巧\
视频文件：光盘\教学文件\第 5 章\高手秘籍.mp4

Skill 01 锁定修订功能

如果你想追踪他人对文档的所有更改，可以锁定修订功能，那么审阅者对文档做出的每一个修改都会在文档中标记出来。

第 1 步：执行“锁定修订”命令

❶单击“审阅”选项卡下“修订”组中的“修订”下拉按钮；❷在弹出的下拉菜单中选择“锁定修订”命令。

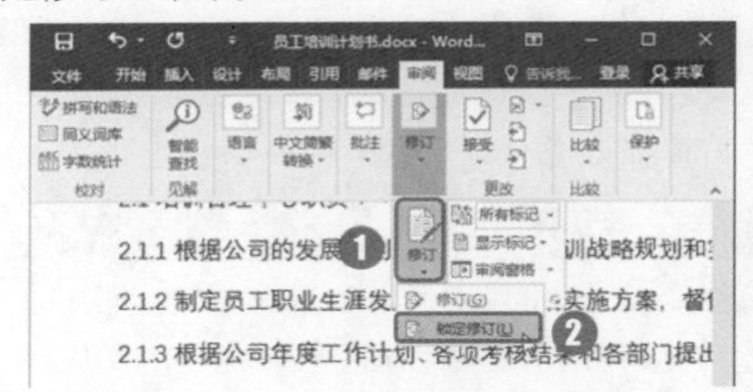

第 2 步：输入密码

打开“锁定跟踪”对话框，❶在“输入密码”文本框和“重新输入以确认”文本框中两次输入密码；❷单击“确定”按钮。

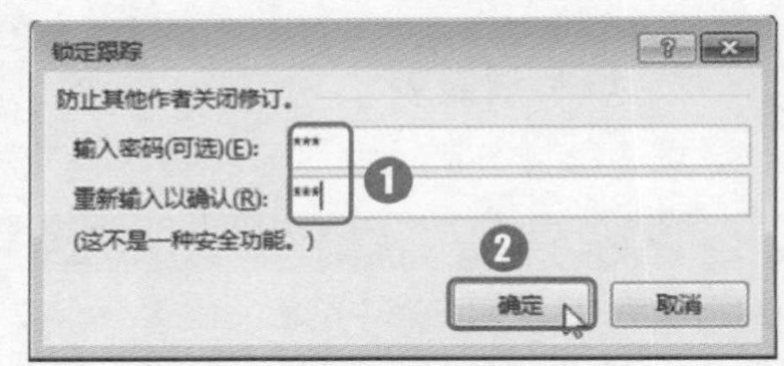

第 3 步：取消锁定

如果要解除锁定修订功能，可以再次单击“锁定修订”命令，❶在弹出的解除锁定跟踪对话框的密码文本框中输入密码；❷单击“确定”按钮。

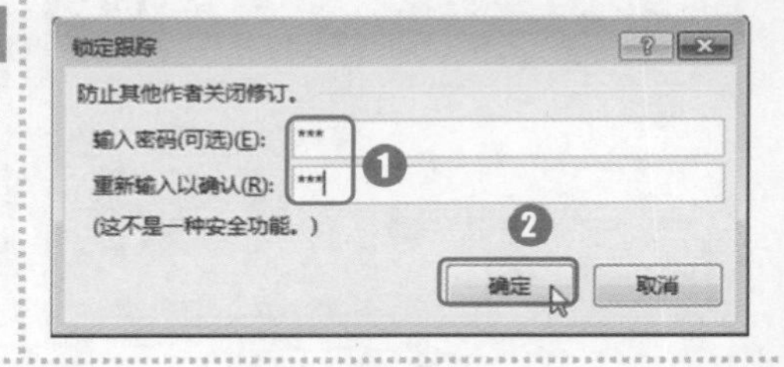

Skill 02 使用并排浏览

文档修订完成后，为了查看两个文档之间的变化，可以使用“并排查看文档”的功能进行比较，具体操作步骤如下。

第 1 步：执行“比较”命令

❶单击“审阅”选项卡下“比较”组中的“比较”下拉按钮；❷在弹出的下拉菜单中选择“比较”命令。

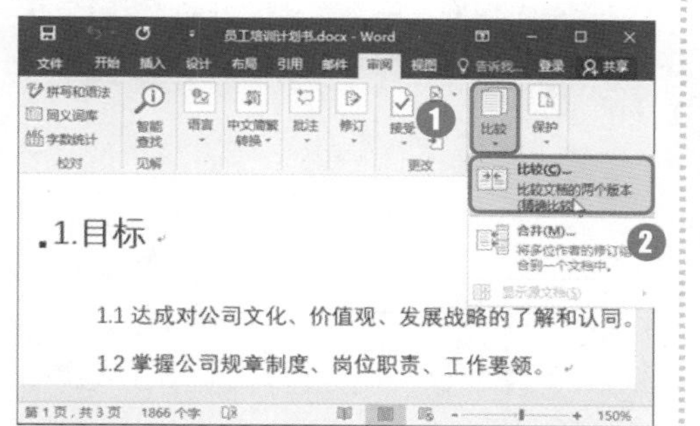

第 2 步：选择比较文档

❶弹出“比较文本”对话框，分别加载“原文档”和“修订的文档”；❷单击“确定”按钮。

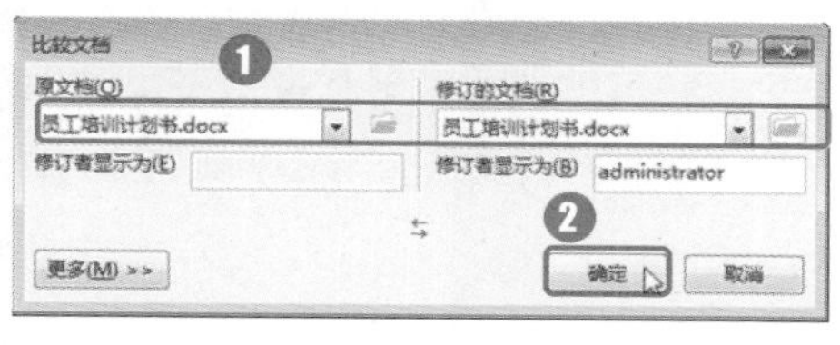

第 3 步：查看比较内容

将显示比较的文档、原文档和修订的文档三个文档的比较窗口，并在左侧打开修订窗格，用户可以比较几个文档的区别。

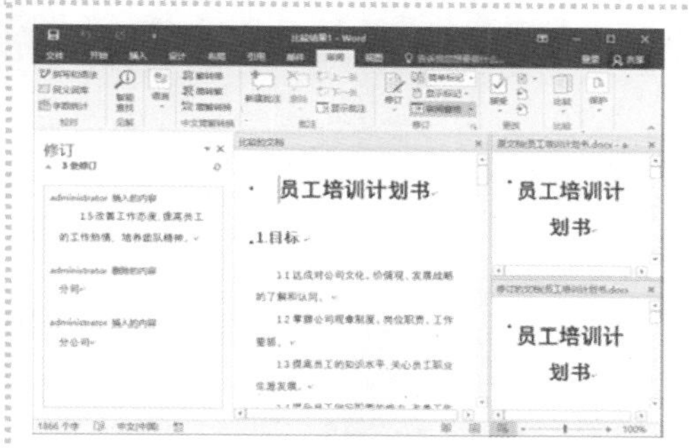

Skill 03 取消文档强制保护

为文档设置了强制保护之后，文档中的文字便不可再进行删除和修改，如果发现文档有错漏，需要取消文档强制保护后再进行修改，具体操作方法如下。

❶单击“限制编辑”窗格中的“停止保护”按钮；❷弹出的“取消保护文档”对话框，在文本框中输入密码后单击“确定”按钮，即可取消文档强制保护。

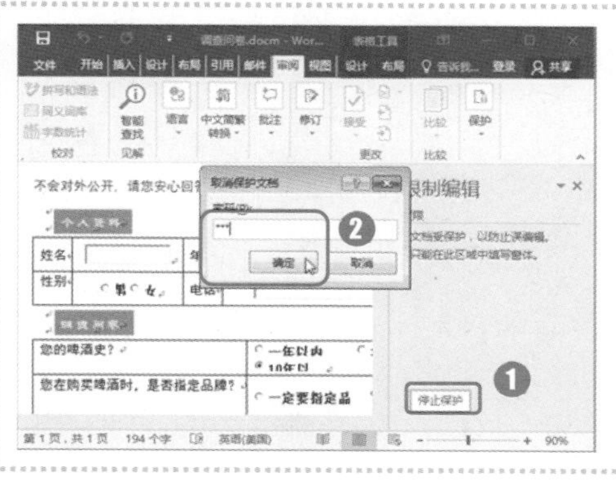

本章小结

本章结合实例主要讲解了Word的审阅、邮件合并和使用ActiveX控件的相关内容。通过对本章的学习，读者应掌握审阅文档的相关技巧，并能结合前几章所学的知识制作更多精美的模板，轻松完成各类Word文档的编排。

06

第 6 章

Excel 2016 表格制作与数据计算

本章导读

Excel 2016 是 Microsoft 公司推出的一款集电子表格、数据存储、数据处理和分析等功能于一体的办公软件。本章通过制作员工档案表、员工数据统计表和工资表，介绍 Excel 表格编辑以及应用公式对数据进行计算的操作方法。

知识要点

- 新建工作簿与工作表
- 在工作表中输入内容
- 设置单元格样式
- 使用公式计算
- 使用函数计算
- 打印工作表

案例展示

	A	B	C	D
1	员工数据统计表			
3	员工总数:			12
4	性别比例统计			
5	男员工数:	7	占总人数的:	58%
6	女员工数:	5	占总人数的:	42%
7	学历统计			
8	本科及以上:	7	占总人数的:	58%

实战应用——跟着案例学操作

6.1 创建公司员工档案表

在办公应用中，常常有大量的数据信息需要进行存储和处理，而使用 Excel 表格可以简单地对数据进行录入和存储。本例以输入员工基本信息为例，介绍如何在 Excel 表格中输入数据并美化表格。

"员工档案表"文档制作完成后的效果如下图所示。

员工档案表

工号	姓名	性别	生日	身份证号码	列1	专业
1001	李清国	男	1985/9/5	530257198509051489	中专	工商管理
1002	周国庆	男	1986/6/21	500107198606211589	本科	电子商务
1003	张思琼	女	1985/9/20	530125198509201685	专科	电子商务
1004	王洋	男	1988/8/12	400126198808126589	本科	广告设计
1005	李林语	男	1983/8/8	530129198308081256	硕士	计算机应用
1006	刘万平	男	1985/1/1	500156198501014589	本科	机电技术
1007	周小花	女	1989/5/3	425189198905031686	专科	文秘
1008	白素容	女	1988/7/31	402452198807314526	高中	财会
1009	刘玲	女	1982/2/14	533158198202144586	本科	财会
1010	周波	男	1983/11/11	500159198311115894	专科	电子商务
1011	王刚	男	1987/6/6	532158198706064587	本科	广告设计
1012	包小佳	女	1986/5/6	560145198605064852	硕士	电子商务

光盘同步文件

结果文件：光盘\结果文件\第 6 章\员工档案表.xlsx

视频文件：光盘\教学文件\第 6 章\创建公司员工档案表.mp4

6.1.1 新建与保存工作簿

在存储数据信息时，首先要创建一个 Excel 表格文件。一个 Excel 文件被称为工作簿，而一个工作簿中可以有多张不同的工作表。

1. 新建 Excel 文档

新建 Excel 文档的方法与新建 Word 文档的方法相似，下面介绍其中一种常用的新建 Excel 文档的方法。

01 02 03 04 05 06 07 08 09 10 11 12

第 1 步：选择“新建”命令

❶在要创建文档的文件夹中单击鼠标右键；❷在弹出的快捷菜单中选择新建命令；❸在弹出的扩展菜单中选择“Microsoft Excel 工作表”选项。

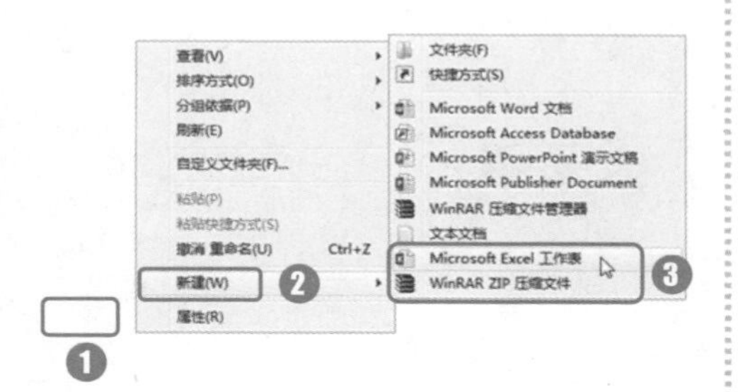

第 2 步：查看新建文档

该文件夹中将新建一个名为“新建 Microsoft Excel 工作表.xlsx”的 Excel 文档，文件名呈选中状态。

第 3 步：为文件命令

直接输入“员工档案表”为文件命令即可。

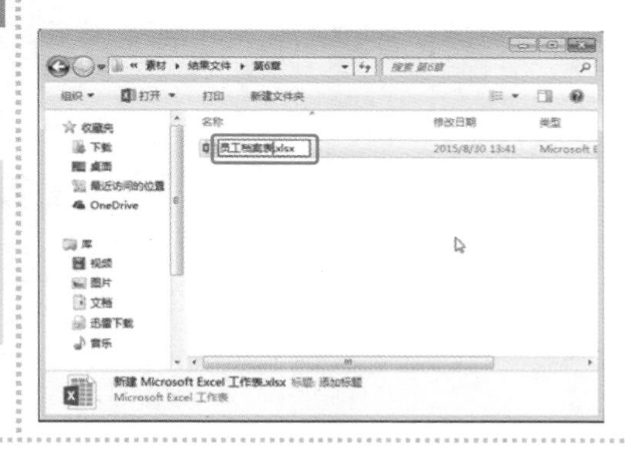

知识加油站

如果要更改文件名，可以在 Excel 文档上单击鼠标右键，在弹出的快捷菜单中选择“重命名”命令，然后输入新文件名即可。

2. 重命名工作簿

为了使工作簿的内容更加清晰，可以为不同的工作簿设置不同的名称，具体操作方法如下。

第 1 步：选择“重命名”选项

❶在工作表中的标签“Sheet1”上单击鼠标右键；❷在弹出的快捷菜单中选择“重命名”选项。

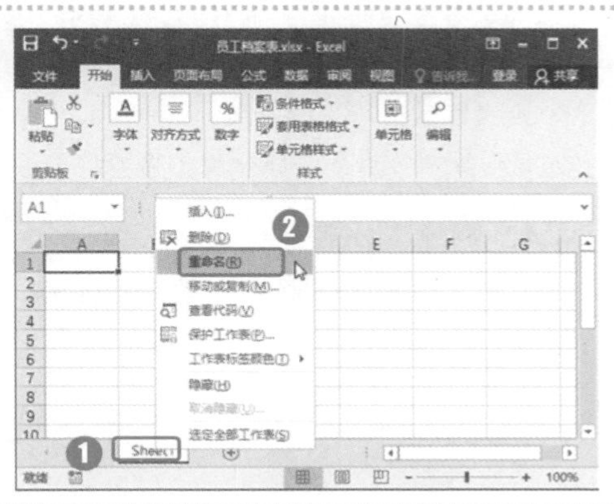

第 2 步：输入文本

工作表的文件名呈选中状态，输入“员工档案”文本。

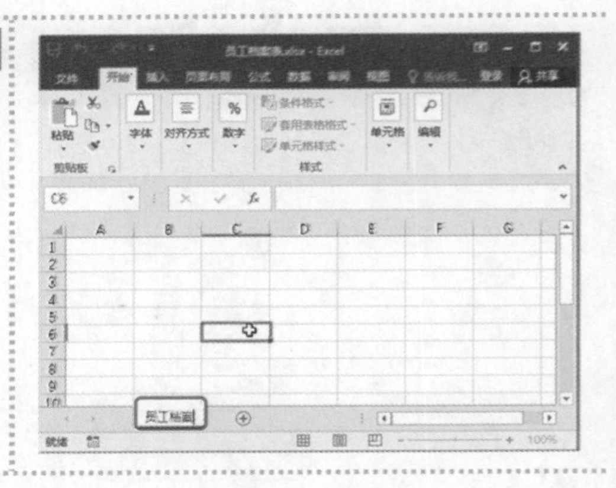

3. 新建工作表

默认的工作簿中只有一个工作表，如果用户要在同一工作簿中保存多个不同的表格数据，则需要新建更多的工作表，具体操作方法如下。

单击工作表标签处右侧的“新工作表”按钮 ⊕，即可在当前工作簿中插入新工作表。

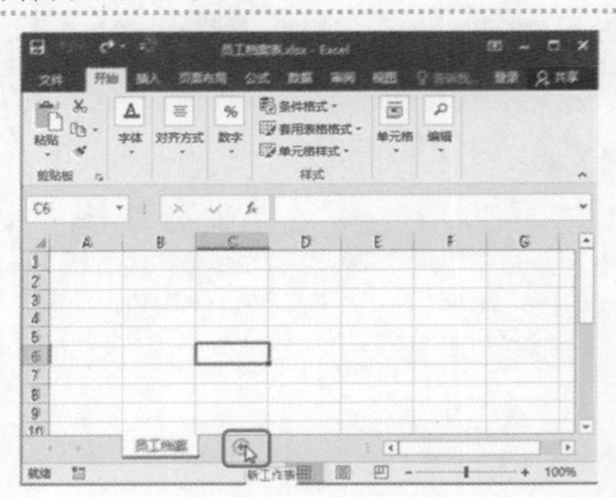

知识加油站

工作表是工作簿中存在的独立表格，一个工作簿可以有多个工作表，用于在同一文件中保存多个不同类型或不同内容的表格数据。每个工作表都有自己独立的名称，用于区别其中保存的数据。新建的工作簿中默认有一个工作表，其名称为 Sheet1，如果新建了工作表，则会默认命名为 Sheet2、Sheet3、Sheet4。工作表的标签在 Excel 工作区底部，单击相应的标签可以切换至相应的工作表。

4. 删除工作表

如果工作簿中不再需要某一工作表，可以将其删除，具体操作如下。

❶在工作表标签上单击鼠标右键；❷在弹出的快捷菜单中选择“删除”命令。

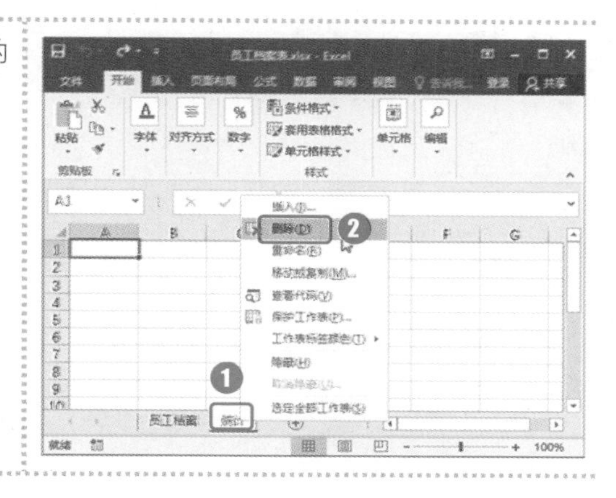

疑难解答

Q：如果工作表比较多，工作区底部不能完全显示时，应该怎样查看工作表？

A：当工作表比较多时，如果工作表标签处无法将工作表标签都显示出来，可以单击工作表标签左侧的导航按钮 ◀ ▶，切换当前显示出的工作表标签。

6.1.2 录入员工基本信息

创建好 Excel 文件后，需要在相应的单元格中输入数据，本例将在工作表中录入公司员工信息。

1. 录入文本内容

在 Excel 中，单元格中的内容具有多种数据格式，不同的数据内容在录入时有一定的区别。如果是录入普通的文本和数值，在选择单元格后直接输入内容即可，具体操作方法如下。

第 1 步：输入首行文本

❶单击工作表中的第 1 个单元格，将单元格选中，直接输入文本内容；❷按下“Tab”键，快速选择右侧的单元格，用相同的方法输入其他文本内容。

第 2 步：输入一列文本

❶将光标定位到 B2，输入第 1 个员工的姓名；❷按下"Enter"键自动换至下方的 B3 单元格，再输入第 2 个员工的姓名；使用相同的方法输入其他员工的姓名。

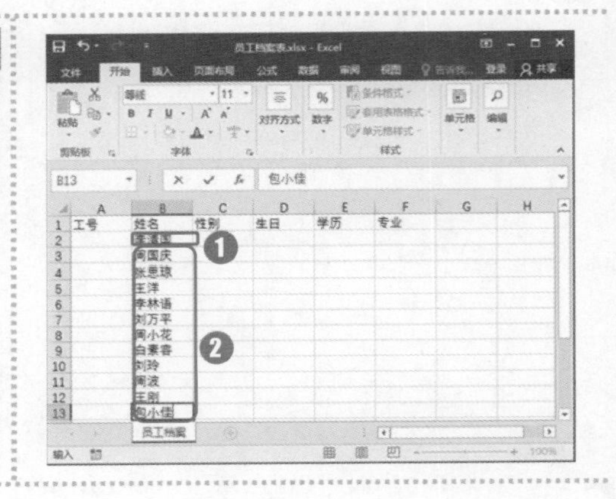

Q：如何快速定位单元格?

A：工作表表格区域中的每一个格子称为一个单元格。单元格是表格中的基本元素，单元格中可存储不同的数据信息，如文字、数值、日期、公式等。同时，每一个单元格都有一个在表格中的引用地址，当选择一个单元格后，可以在名称框中看到该单元格的地址。在公式和函数应用中，可通过单元格的地址对单元格中的数据进行引用。如果要快速定位到某一个单元格，直接在名称框中输入该单元格的地址即可，如定位到 C 列第 3 行的单元格，则在名称框中输入 C3，再按下"Enter"键即可。如果要定位第一行 A 到 F 的单元格，则在名称框中输入 A1：F1，然后按下"Enter"键，即可选中该单元格区域。

2. 填充数据

在单元格中输入数据时，如果数据是连续的，可以使用填充数据功能快速输入数据，具体的操作方法如下。

❶选择 A2 单元格，在单元格中输入工号"1001"；❷将鼠标指针指向所选单元格右下角的填充柄，此时鼠标将变为实心十字形，向下拖动填充柄，将填充区域拖动至单元格 A13，即可完成编号录入。

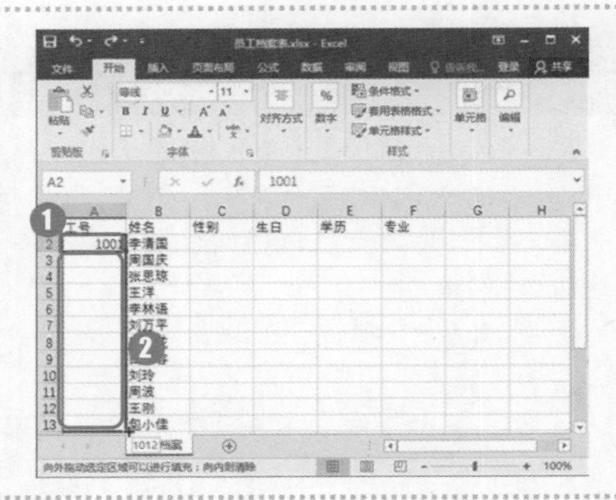

知识加油站

如果输入的数据是数值型，使用本例的方法只能复制数据，而在拖动时按住“Ctrl”键，即可填充连续的数值。

3. 输入日期格式数据

如果要在单元格中输入日期格式的数据，操作方法如下。

在 Excel 中输入日期类型的数据时，需要按照日期相应的格式进行输入，通常可按“年–月–日”或“年/月/日”的格式输入。本例输入的员工具体出生日期效果如右图所示。

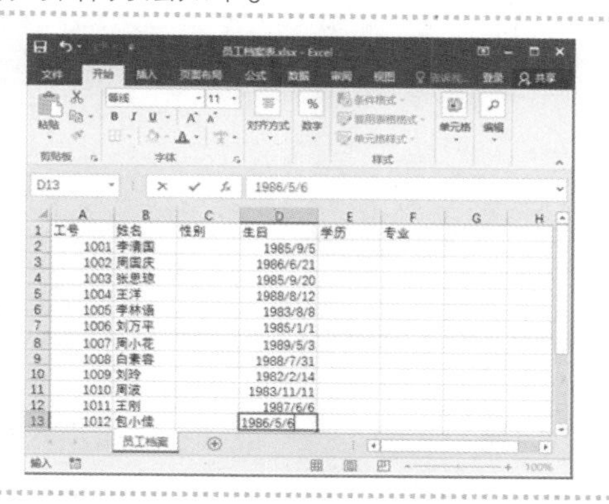

4. 快速输入相同的数据

在输入表格数据时，如果要在某些单元格中输入相同的数据，可以使用以下方法快速输入。本例以输入性别栏的数据为例，介绍快速输入相同数据的方法。

第 1 步：选择单元格

❶将光标定位到 C2 单元格；❷按下“Ctrl”键选择所有需要输入相同数据“男”的单元格；❸选中后直接输入“男”。

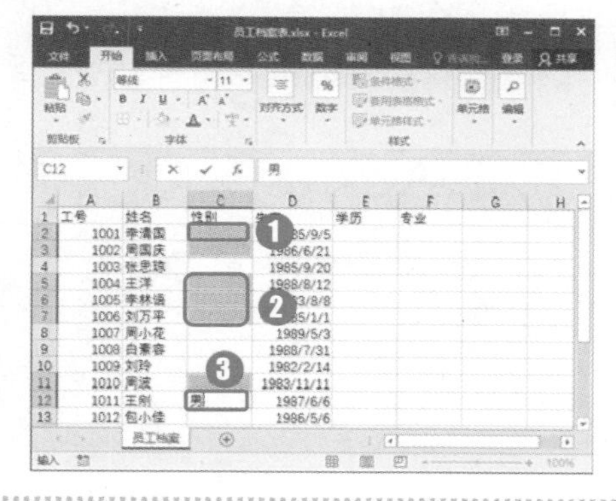

第 2 步：使用快速键输入

按下“Ctrl+Enter”组合键，可将该数据填充至所有选择的单元格中。

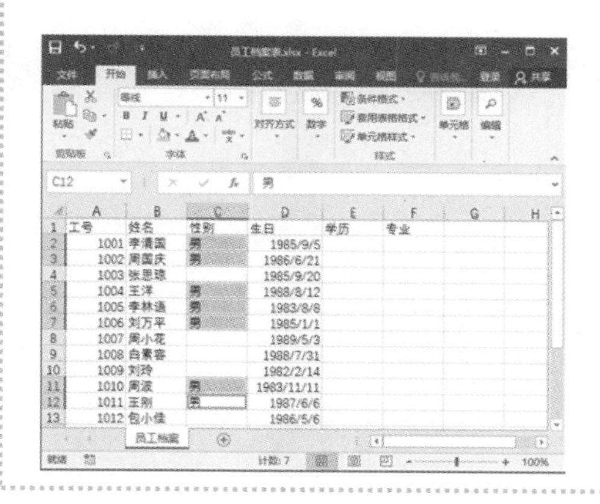

第 3 步：输入其他数据

使用相同的方法在剩下的单元格中输入“女”。

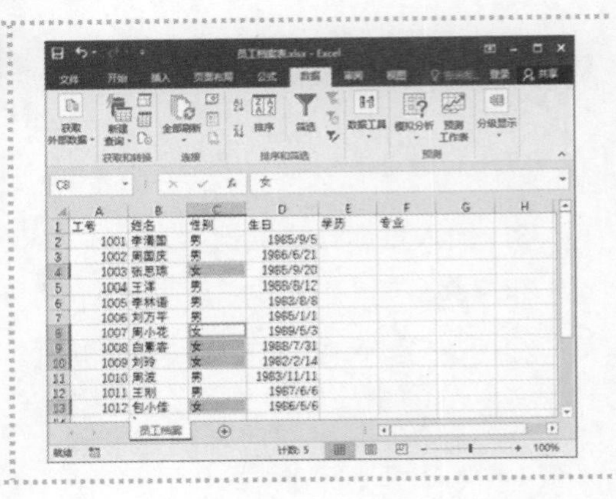

5. 设置数据验证

在表格中输入数据时，为了保证数据的准确性，方便以后对数据进行查找，对相同的数据应使用相同的描述。如“学历”中需要使用的“大专”和“专科”有着相同的含义，而在录入数据时，应使用统一的描述，如统一使用“专科”进行表示。此时，可以使用“数据验证”的功能为单元格加入限制，防止同一种数据有多种表现形式，对单元格内容添加允许输入的数据序列，并提供下拉按钮进行选择，具体操作方法如下。

第 1 步：单击“数据验证”按钮

❶选中 E2：E13 单元格区域；❷单击“数据”选项卡“数据工具”组中的“数据验证”按钮。

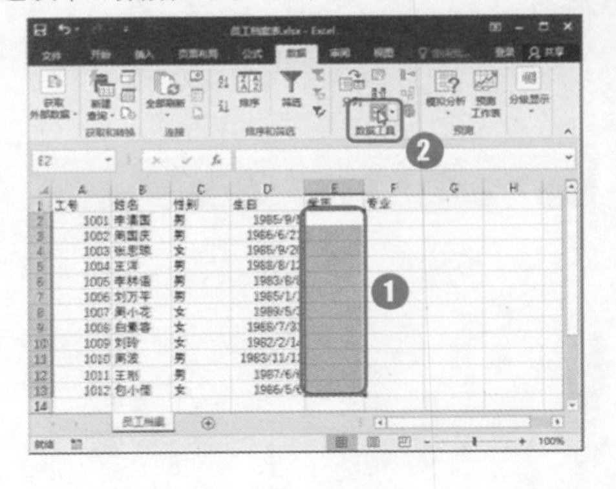

第 2 步：设置数据有效性

打开“数据验证”对话框，❶在“设置”选项卡的“允许”下拉列表中选择“序列”；❷在“来源”文本框中输入数据，数据之间以英文的逗号隔开；❸单击“确定”按钮。

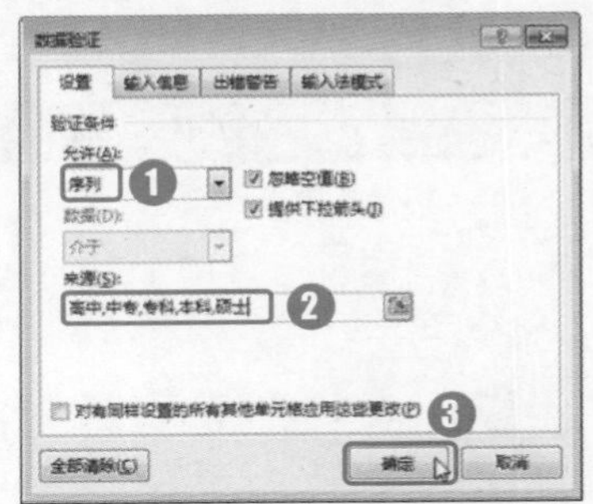

第 3 步：输入数据

返回工作表中，单击 E2：E13 单元格区域中的任意单元格，右侧将出现下拉按钮，单击单元格右侧的下拉按钮，在下拉列表框中选择数据。

6．使用记忆功能输入

在录入数据内容时，如果输入的数据已经在其他单元格中存在，可以借助 Excel 中的记忆功能快速输入数据，具体操作方法如下。

第 1 步：使用记忆功能输入

❶在“专业”列中输入数据内容；❷在输入过程中如果遇到出现过的数据，在输入部分数据后将自动出现完整的数据内容，单击“Enter”键，即可完成数据输入。

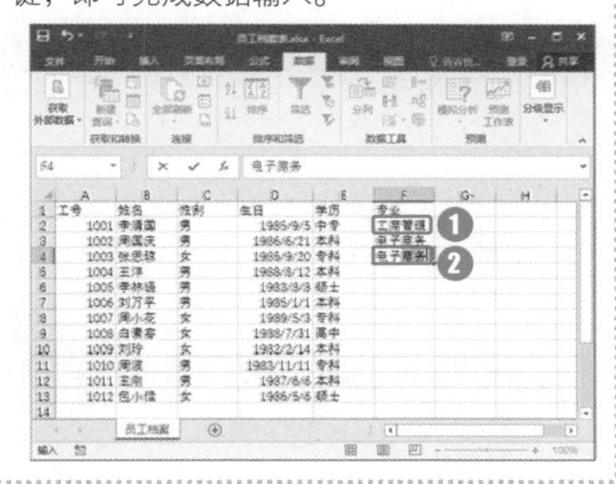

第 2 步：继续输入数据

继续输入其他数据，如果遇到出现过的数据，使用以上方法来输入。

疑难解答

Q：为什么表格中已经存在了相同的数据，在录入时却没有记忆提示？

A：当输入数据的部分内容时，如果 Excel 不能从已存在的数据中找出唯一的数据，则不会出现提示。如表格中已经有“电子商务”和“电子技术”两个数据，如果在新单元格中输入“电子”两个字，Excel 无法确定将引用哪一个数据，故此时不会显示提示。

6.1.3 编辑单元格和单元格区域

在 Excel 表格中录入数据后，有时需要对表格中的单元格或单元格区域进行一些编辑和调整，如插入或删除行、列，调整列宽、行高等操作。

1. 在工作表中插入行

在制作表格的过程中，如果发现需要添加一行数据，可以使用插入行命令。如在表格的上方添加行，作为表格的标题行，操作方法如下。

第 1 步：单击“插入单元格”按钮

❶单击第一行的行号，选择该行；❷单击“开始”选项卡下“单元格”组中的“插入单元格”按钮。

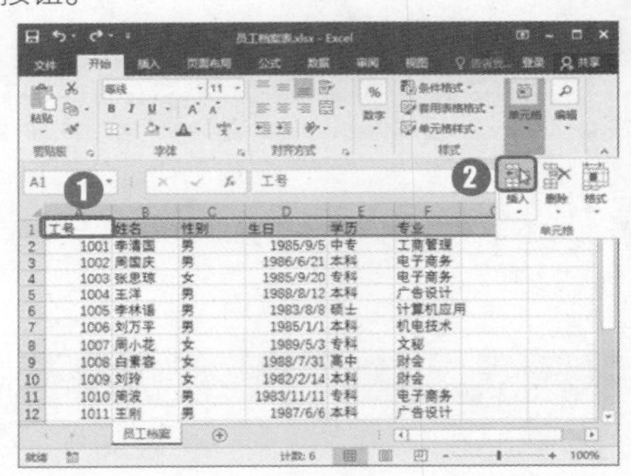

第 2 步：操作完成

操作完成后即可在表格上方插入行。

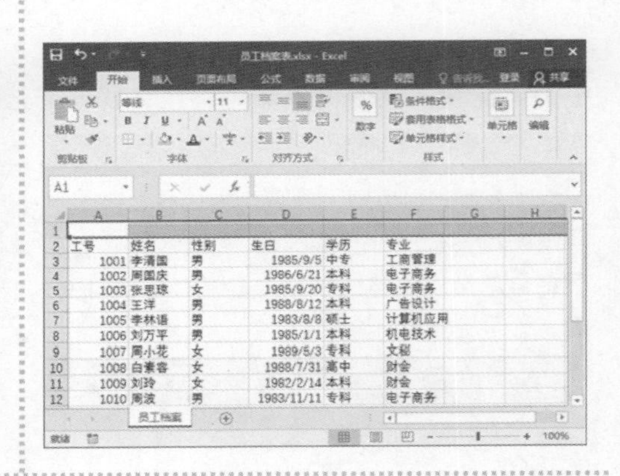

2. 合并单元格

如果要在表格的上方添加标题，那么需要对标题行执行合并单元格的操作，以输入表格标题文档，具体操作方法如下。

❶选择 A1：F1 单元格区域；❷单击“开始”选项卡下“对齐方式”组中的“合并后居中”按钮即可。

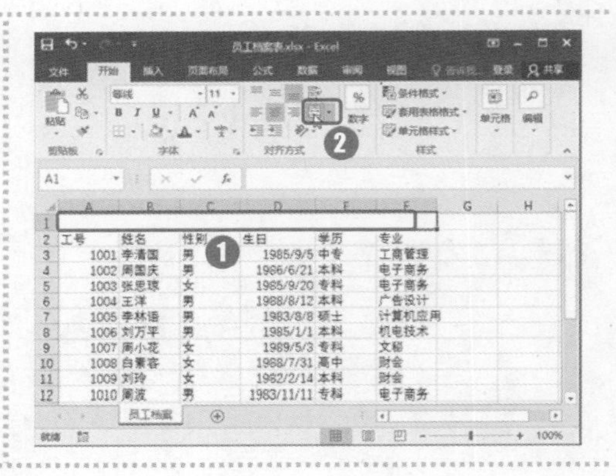

3．调整行高

标题行需要用比普通表格数据更大的文本来表示，为了完整地显示标题文本，需要调整行高。调整行高的具体操作方法如下。

第 1 步：拖动行号下方的分隔线

将光标置于行号下方的分隔线处，当光标变为 ✛ 时，按下鼠标左键拖动标题行所在行号下方的分隔线，即可调整该行的高度。

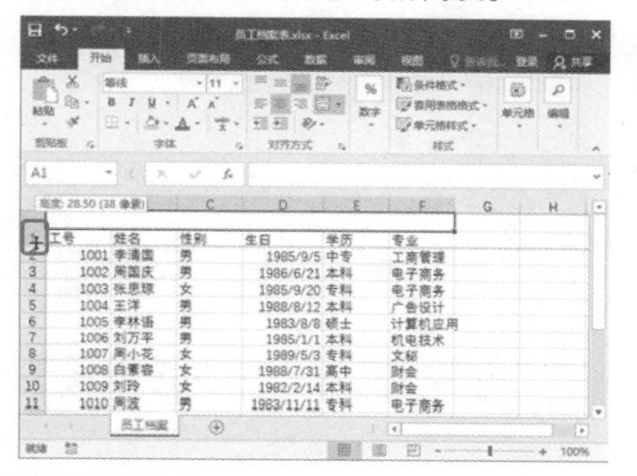

第 2 步：输入标题

选择 A1 单元格，直接输入标题“员工档案表”。

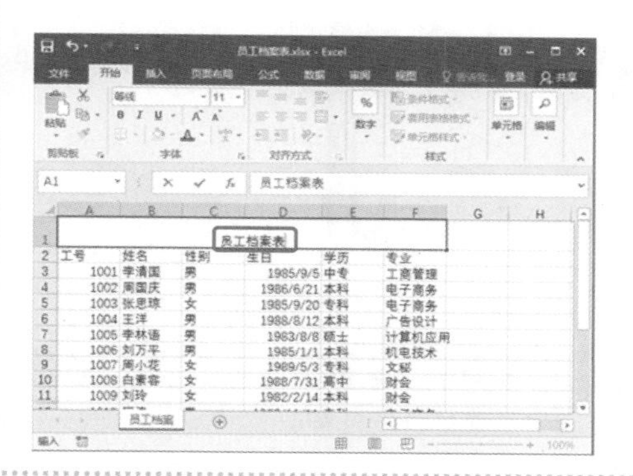

Q：如何设置行高为具体数值?

A：如果要设置具体数值的行高，可以在行号上单击鼠标右键，在弹出的快捷菜单中选择“行高”命令，然后在弹出的对话框中输入行高的具体数值，再单击“确定”按钮即可。

4．输入身份证号码

如果表格中漏记了某列数据，需要执行插入列的操作添加列。本例需要在“学历”列的前方加入一列“身份证号码”列，并在设置文本格式后输入身份证号码，具体操作方法如下。

第 1 步：在工作表中插入列

❶单击“学历”所在列的列号选择该列；❷单击“开始”选项卡下“单元格”组中的“插入单元格”按钮，即可插入列。

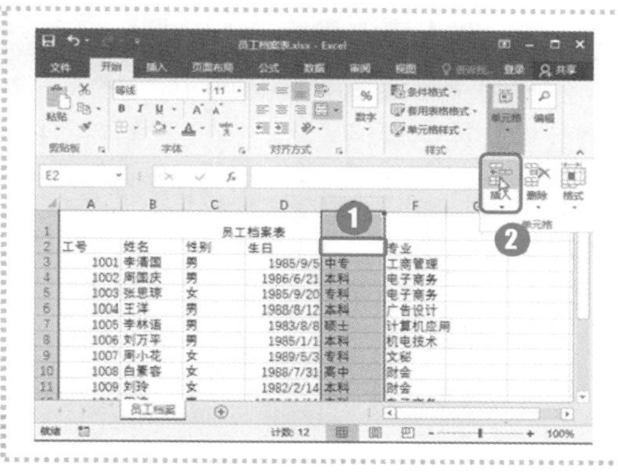

第 2 步：设置数字格式

❶在 E2 单元格输入“身份证号码”文本；❷选中 E3：E14 单元格区域；❸单击“开始”选项卡下“数字”组中的“数字格式”下拉按钮；❹在弹出的下拉列表中选择“文本”。

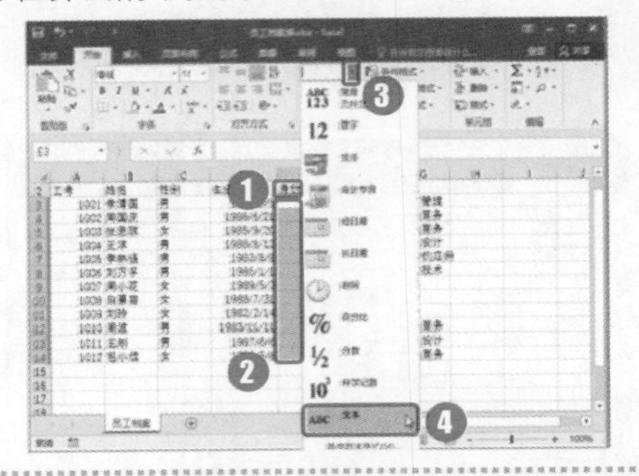

第 3 步：调整列宽

❶在 E3 单元格中输入第 1 位员工的身份证号码，因为单元格宽度不够，所以不能完全显示身份证号码；❷双击该列号右侧的分隔线，以调整列宽自动适应单元格内容。

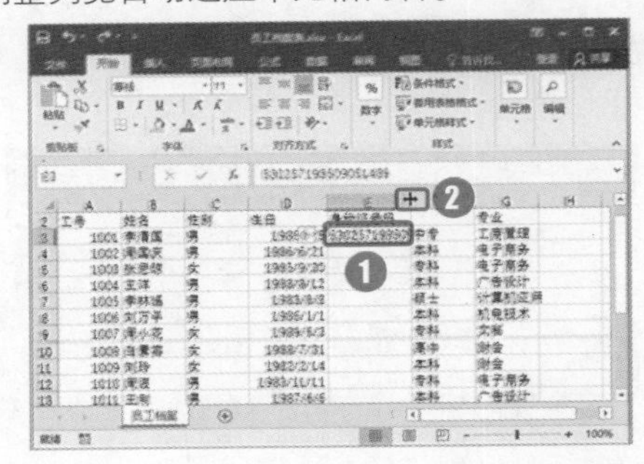

第 4 步：输入其他身份证号码

依次录入其他身份证号码。

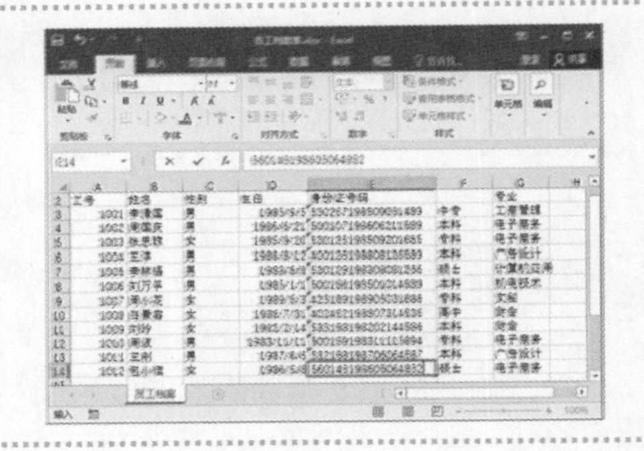

6.1.4 美化工作表

在录入数据完成后，为了使表格的数据更加清晰，使表格更加美观，可以为表格添加各种样式，以美化表格。

1. 套用表格样式

使用 Excel 2016 的套用表格格式功能可以快速美化表格。该功能将所选的单元格区域转换为表格元素，应用表格特有的样式和功能，具体操作方法如下。

第 1 步：选择表格样式

❶选中 A2：G14 单元格区域；❷单击“开始”选项卡下“样式”组中的“套用表格格式”下拉按钮；❸在弹出的下拉菜单中选择一种表格样式。

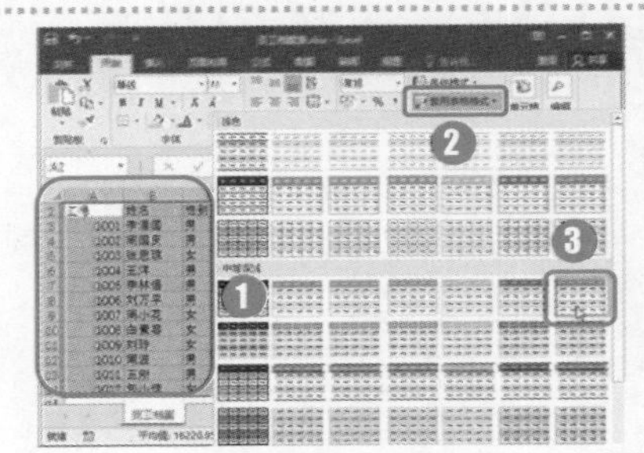

第 2 步：选择表格区域

弹出“套用表格式”对话框，❶勾选“表包含标题”复选框；❷单击“确定”按钮。

第 3 步：取消筛选状态

单击“数据”选项卡下“排序和筛选”组中的“筛选”按钮，取消筛选状态即可。

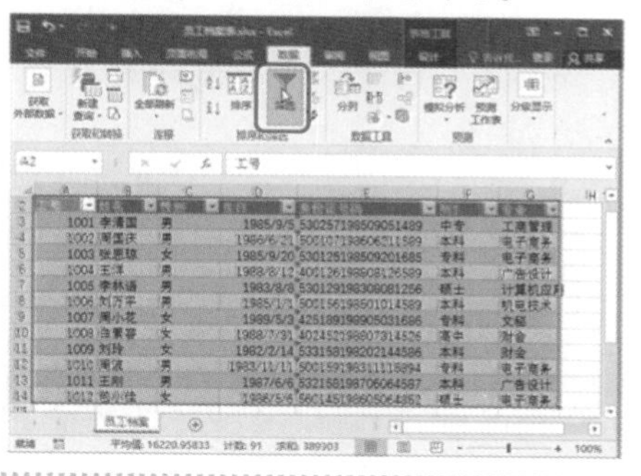

2. 设置边框和底纹

除了套用表格样式，也可以自定义设置单元格的边框和底纹，具体操作方法如下。

第 1 步：设置标题字体格式

❶选择标题行；❷在“开始”选项卡的“字体”组中设置文字格式为“华文隶书，18 号”，字体颜色为“绿色，个性色 6，深色 50%”；❸单击“字体”组的对话框启动器。

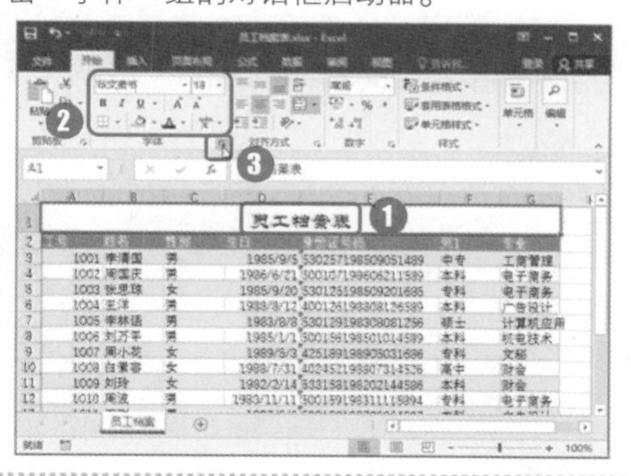

第 2 步：设置边框样式

打开“设置单元格格式”对话框，❶分别设置单元格的“样式”和“颜色”；❷单击“填充”选项卡。

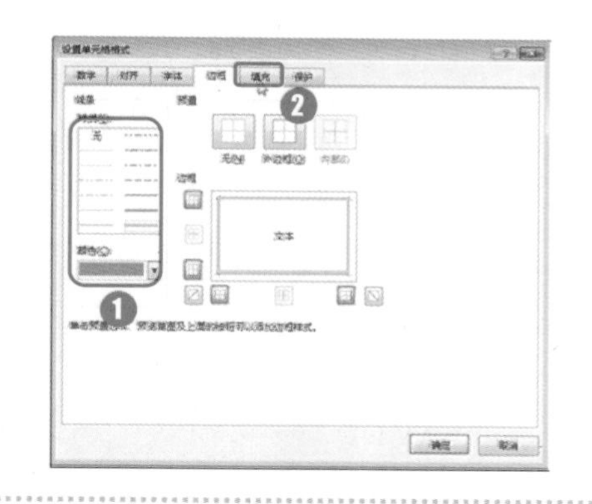

第 3 步：设置填充样式

❶在“背景色”中选择一种颜色作为单元格背景；❷单击“确定”按钮。

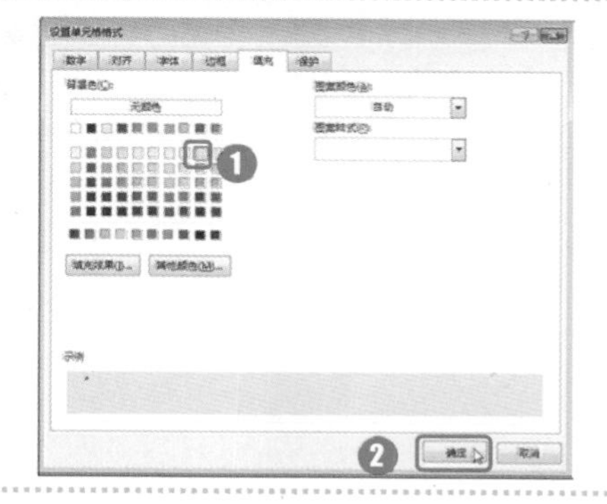

第 4 步：查看完成效果

设置完成后的效果如右图所示。

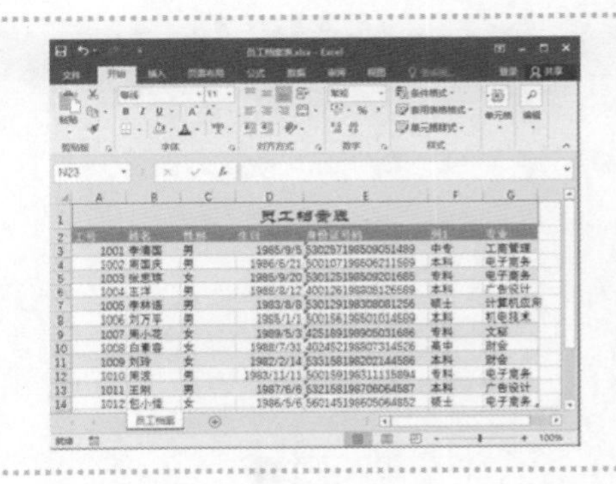

6.2 制作员工数据统计表

在办公应用中，除了对数据进行存储和管理外，常常还需要对数据进行统计和分析。在 Excel 中，可以应用公式和函数快速对工作表中存储的数据进行统计。本例将以制作员工数据统计表为例，统计员工的总数、性别比例和学历。

“员工数据统计表”文档制作完成后的效果如下图所示。

	A	B	C	D
1	员工数据统计表			
3	员工总数:			12
4	性别比例统计			
5	男员工数:	7	占总人数的：	58%
6	女员工数:	5	占总人数的:	42%
7	学历统计			
8	本科及以上:	7	占总人数的:	58%

光盘同步文件

原始文件：光盘\素材文件\第 6 章\员工档案表.xlsx

结果文件：光盘\结果文件\第 6 章\员工档案表（统计数据）.xlsx

视频文件：光盘\教学文件\第 6 章\制作员工数据统计表.mp4

6.2.1 统计员工总人数

在对表格数据进行统计时，常常需要统计总的数据量。使用 COUNT 函数，可以进行单元格个数的统计。

第 1 步：单击“插入函数”按钮

打开“员工档案表.xlsx”素材文档，❶在“统计数据”工作表中定位到 B3 单元格；❷单击“编辑栏”上的“插入函数”按钮 f_x 。

第 2 步：选择“COUNT”函数

打开“插入函数”对话框，❶在“选择函数”列表中选择“COUNT”；❷单击“确定”按钮。

第 3 步：设置函数参数

打开“函数参数”对话框，将光标定位到“Value1”文本框中，❶在“员工基本信息”工作表中选择工号列中的数据单元格区域；❷单击“函数参数”对话框中的“确定”按钮。

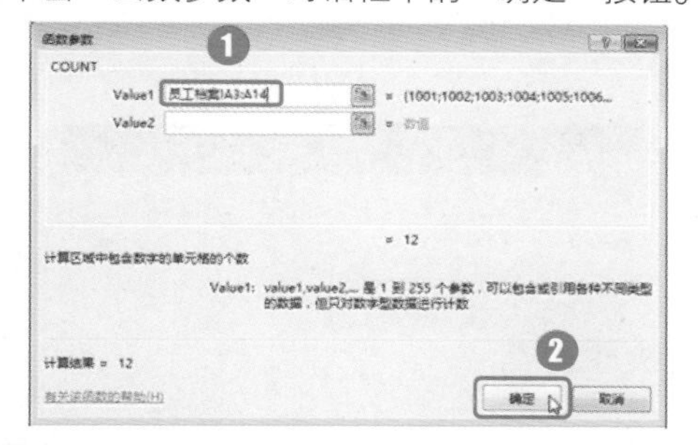

第 4 步：查看统计结果

B3 单元格中将显示统计结果。

	A	B	C	D
1	员工数据统计表			
3	员工总数			12
4	性别比例统计			
5	男员工数		占总人数的	
6	女员工数		占总人数的	
7	学历统计			
8	本科及以上		占总人数的	

6.2.2 统计员工性别比例

在对表格数据进行统计时，经常需要根据指定条件进行数据统计，而且还需要计算出结果所占的比例。本例将统计男女员工的人数，并计算出男女员工占总人数据的百分比。

1. 统计男女员工人数

要在指定单元格区域中统计满足条件的单元格个数，可以应用 COUNTIF 函数。本例中将使用该函数分别统计出男女员工的人数，具体操作方法如下。

第 1 步：单击“插入函数”按钮

❶将光标定位到 B5 单元格；❷单击“编辑”栏上的“插入函数”按钮 f_x 。

第 2 步：选择“COUNTIF”函数

打开“插入函数”对话框，❶选择“统计”类别；❷在“选择函数”列表框中单击“COUNTIF”函数；❸单击“确定”按钮。

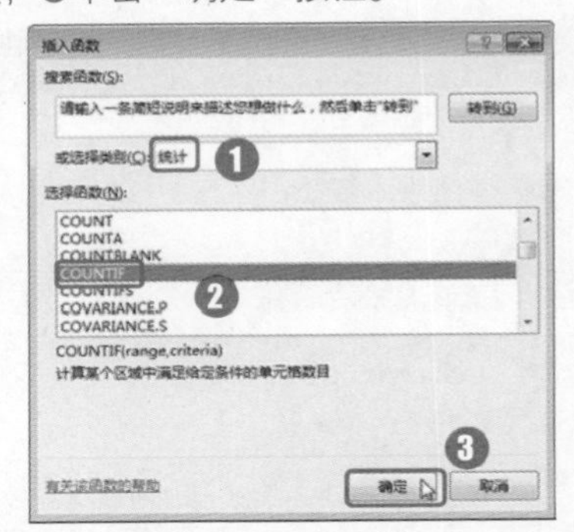

第 3 步：设置函数参数

在“函数参数”对话框中，❶将光标定位到“Range”文本框中，选择“员工基本信息”工作表的“性别”列中的数据；❷将光标定位到“Criteria”文本框中，单击“员工基本信息”工作表下“性别”列中文本为“男”的任意单元格；❸单击“确定”按钮。

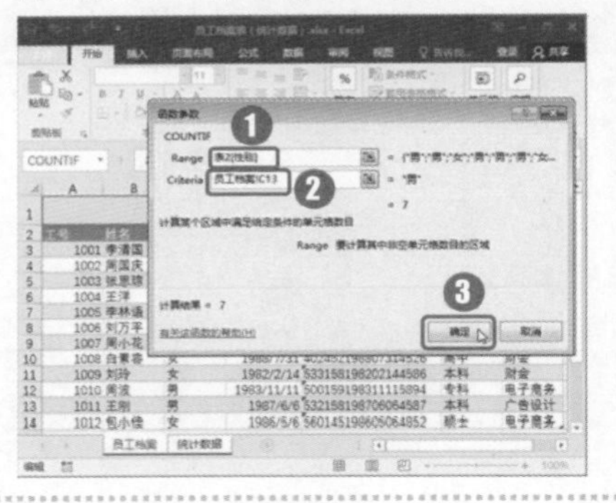

第 4 步：统计“女”的数量

将光标定位到 B6 单元格，使用相同的方法统计“女”的数量。

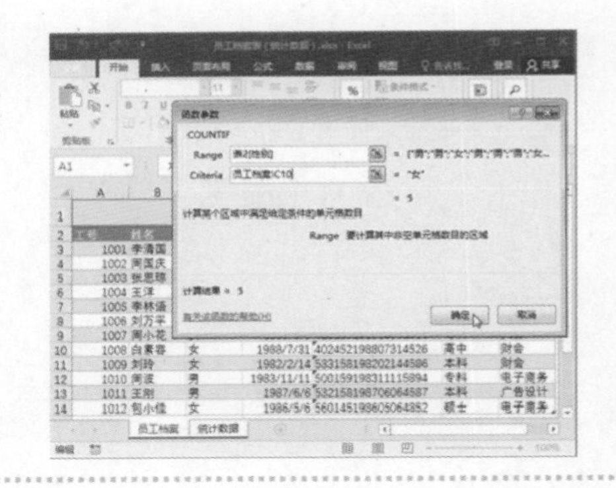

知识加油站

COUNTIF 函数用于统计满足指定条件的单元格个数，该函数的第一个参数 Range，用于计算的单元格区域，第二个参数 Criteria(即条件)，需要应用文本类型数据。在参数 Criteria 中，如果要以文本内容作为比较条件，则直接输入或引用要进行比较的字符即可；若要比较数值，则需要应用比较运算符加上具体数值、数值的引用或运算表达式等，同样需要加上引号。

2. 计算男女员工比例

使用公式可以快速对数据进行数学运算，从而得到准确的计算结果。下面以计算男女员工的比例为例，介绍公式的使用方法。

第 1 步：输入计算公式

将光标定位到 D5 单元格，输入公式“=B5/B3”。

第 2 步：设置绝对引用

选中公式中的单元格引用“B3”，按下“F4”键将其转换为绝对引用，然后按下“Enter”键确认公式的输入，即可得到统计结果。

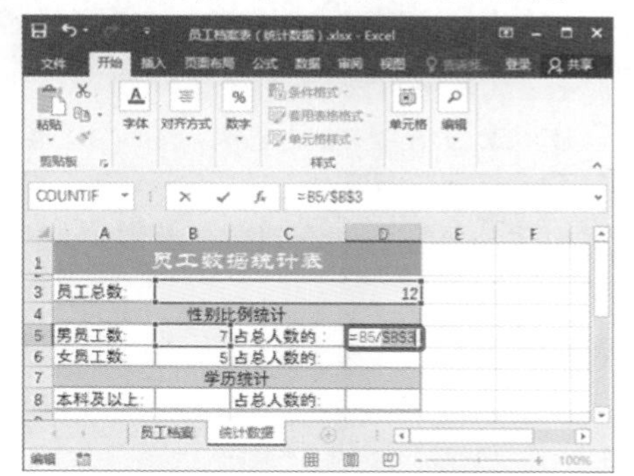

第 3 步：设置数字格式

单击“开始”选项卡下“数字”组中的“百分比样式”按钮，将结果转换为百分比显示。

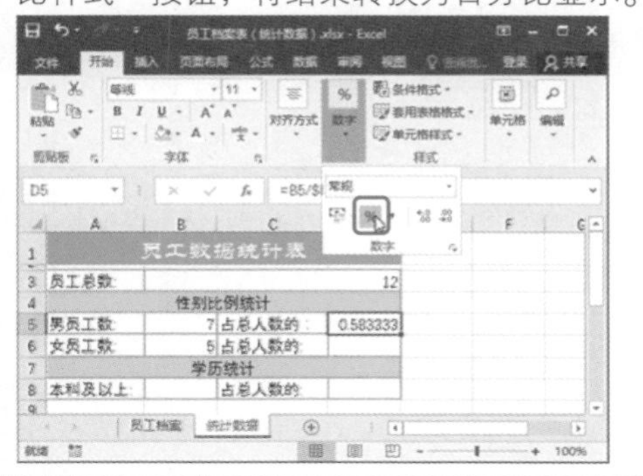

第 4 步：填充公式计算女员工人数比例

将公式填充至统计女员工的人数比例的单元格中。

第 5 步：查看最终效果

统计完成后，效果如右图所示。

	A	B	C	D
1	员工数据统计表			
3	员工总数:	12		
4	性别比例统计			
5	男员工数:	7	占总人数的：	58%
6	女员工数:	5	占总人数的:	42%
7	学历统计			
8	本科及以上:		占总人数的:	

单元格中的绝对单元格引用（例如 A1）总是在指定位置引用单元格。如果公式所在单元格的位置改变，绝对引用保持不变。如果多行或多列地复制公式，绝对引用将不进行相应的调整。默认情况下，新公式使用相对引用，需要将它们转换为绝对引用。例如，如果将单元格 B2 中的绝对引用复制到单元格 B3，则在两个单元格中一样，都是 A1。

6.2.3 统计本科及以上学历的人数及比例

在统计员工数据时，经常需要对员工的学历情况进行统计和分析，本例将统计本科及本科以上的人数及比例。在“员工档案”表中，本科及本科以上学历的数据有“本科”和“硕士”两类，而在 COUNTIF 函数中仅可以设置一个作为计数条件的参数。所以需要进行两次条件计算，然后将结果进行求和，才能够得到本科及本科以上学历的人数，具体操作方法如下。

第 1 步：计算本科人数

使用前文所学的方法打开“函数参数”对话框，❶将光标定位到“Range”文本框中，在“员工基本信息”工作表中选择“学历”列中的数据；❷在“Criteria”文本框中选择任意数据为“本科”的单元格；❸单击“确定”按钮。

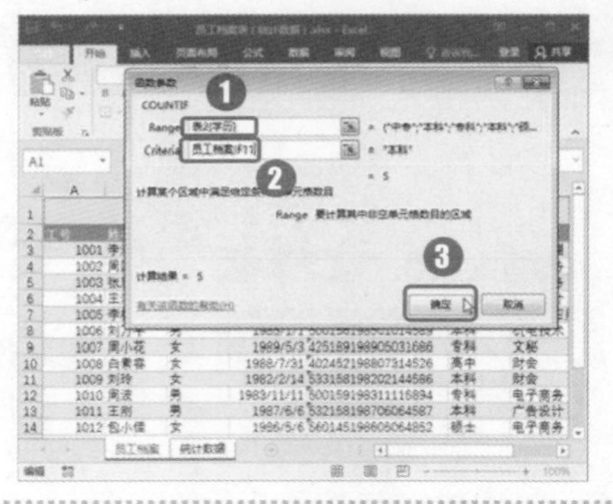

第 2 步：输入加号

❶在“编辑”栏的函数后输入加号“+”；❷单击“编辑”栏中的“插入函数”按钮 f_x。

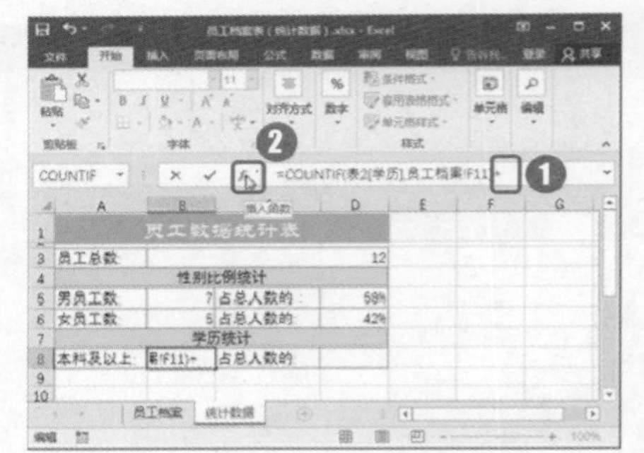

第 3 步：计算硕士人数

使用前文的方法打开“COUNTIF”函数，❶在“函数参数”对话框中，将光标定位到“Range”文本框中，在“员工基本信息”工作表中选择“学历”列中的数据；❷在“Criteria”文本框中输入“‘硕士’”；❸单击“确定”按钮。

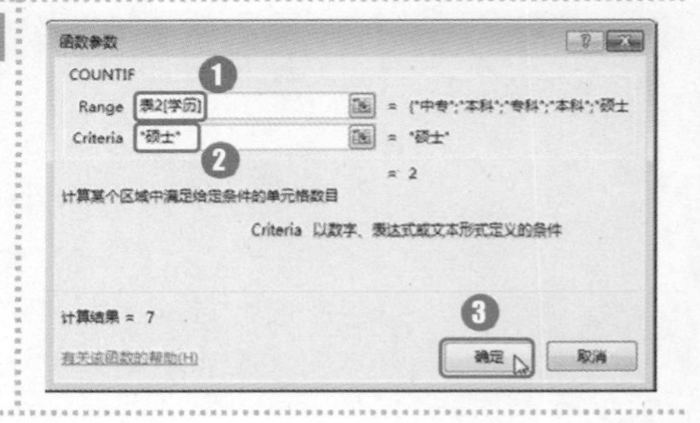

第 4 步：输入公式

❶按“Enter”键确认函数的输入，得到本科及本科以上学历的人数；❷将光标定位到 D8 单元格，输入公式“=D8/B3”，按下“Enter”键计算出结果。

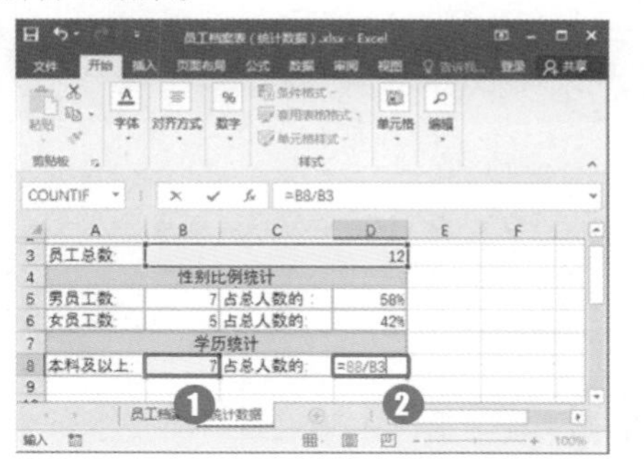

第 5 步：设置显示结果为百分比

单击“开始”选项卡下“数字”组中的“百分比样式”按钮，将结果转换为百分比显示。

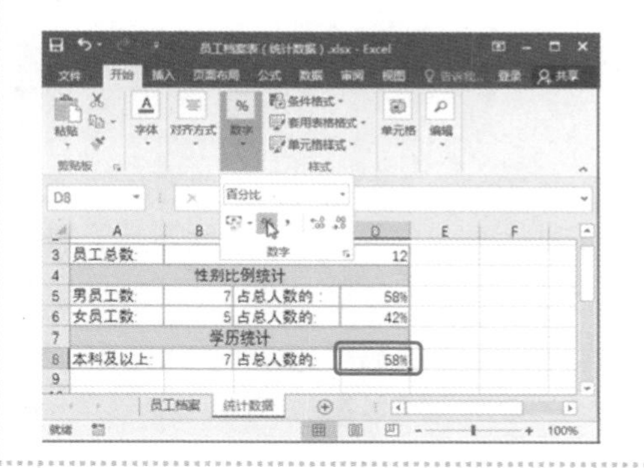

6.3 制作并打印员工工资数据

在企业中，每个月都需要将员工的工资发放情况制作成工资表，并制作和打印工资条。本例将应用公式对员工工资进行计算，再应用公式快速制作员工工资条并打印工资条。

“员工工资表”和“员工工资条”文档制作完成后的效果如下图所示。

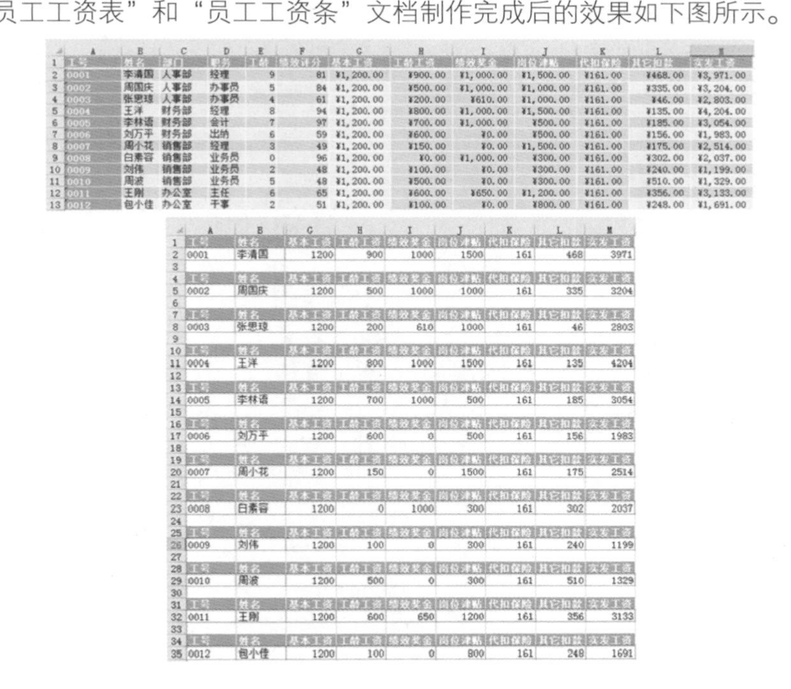

工号	姓名	部门	职务	工龄	绩效评分	基本工资	工龄工资	绩效奖金	岗位津贴	代扣保险	其它扣款	实发工资
0001	李清国	人事部	经理	9	81	¥1,200.00	¥900.00	¥1,000.00	¥1,500.00	¥161.00	¥468.00	¥3,971.00
0002	周国庆	人事部	办事员	5	84	¥1,200.00	¥500.00	¥1,000.00	¥1,000.00	¥161.00	¥335.00	¥3,204.00
0003	张思琼	人事部	办事员	4	61	¥1,200.00	¥200.00	¥610.00	¥1,000.00	¥161.00	¥46.00	¥2,803.00
0004	王洋	财务部	经理	8	94	¥1,200.00	¥800.00	¥1,000.00	¥1,500.00	¥161.00	¥135.00	¥4,204.00
0005	李林语	财务部	会计	7	97	¥1,200.00	¥700.00	¥1,000.00	¥500.00	¥161.00	¥185.00	¥3,054.00
0006	刘万平	财务部	出纳	6	59	¥1,200.00	¥600.00	¥0.00	¥500.00	¥161.00	¥156.00	¥1,983.00
0007	周小花	销售部	经理	3	49	¥1,200.00	¥150.00	¥0.00	¥1,500.00	¥161.00	¥175.00	¥2,514.00
0008	白素容	销售部	业务员	0	96	¥1,200.00	¥0.00	¥1,000.00	¥300.00	¥161.00	¥302.00	¥2,037.00
0009	刘伟	销售部	业务员	2	48	¥1,200.00	¥100.00	¥0.00	¥300.00	¥161.00	¥240.00	¥1,199.00
0010	周波	销售部	业务员	5	48	¥1,200.00	¥500.00	¥0.00	¥300.00	¥161.00	¥510.00	¥1,329.00
0011	王刚	办公室	主任	6	65	¥1,200.00	¥600.00	¥650.00	¥1,200.00	¥161.00	¥356.00	¥3,133.00
0012	包小佳	办公室	干事	2	51	¥1,200.00	¥100.00	¥0.00	¥800.00	¥161.00	¥248.00	¥1,691.00

工号	姓名	基本工资	工龄工资	绩效奖金	岗位津贴	代扣保险	其它扣款	实发工资
0001	李清国	1200	900	1000	1500	161	468	3971
工号	姓名	基本工资	工龄工资	绩效奖金	岗位津贴	代扣保险	其它扣款	实发工资
0002	周国庆	1200	500	1000	1000	161	335	3204
工号	姓名	基本工资	工龄工资	绩效奖金	岗位津贴	代扣保险	其它扣款	实发工资
0003	张思琼	1200	200	610	1000	161	46	2803
工号	姓名	基本工资	工龄工资	绩效奖金	岗位津贴	代扣保险	其它扣款	实发工资
0004	王洋	1200	800	1000	1500	161	135	4204
工号	姓名	基本工资	工龄工资	绩效奖金	岗位津贴	代扣保险	其它扣款	实发工资
0005	李林语	1200	700	1000	500	161	185	3054
工号	姓名	基本工资	工龄工资	绩效奖金	岗位津贴	代扣保险	其它扣款	实发工资
0006	刘万平	1200	600	0	500	161	156	1983
工号	姓名	基本工资	工龄工资	绩效奖金	岗位津贴	代扣保险	其它扣款	实发工资
0007	周小花	1200	150	0	1500	161	175	2514
工号	姓名	基本工资	工龄工资	绩效奖金	岗位津贴	代扣保险	其它扣款	实发工资
0008	白素容	1200	0	1000	300	161	302	2037
工号	姓名	基本工资	工龄工资	绩效奖金	岗位津贴	代扣保险	其它扣款	实发工资
0009	刘伟	1200	100	0	300	161	240	1199
工号	姓名	基本工资	工龄工资	绩效奖金	岗位津贴	代扣保险	其它扣款	实发工资
0010	周波	1200	500	0	300	161	510	1329
工号	姓名	基本工资	工龄工资	绩效奖金	岗位津贴	代扣保险	其它扣款	实发工资
0011	王刚	1200	600	650	1200	161	356	3133
工号	姓名	基本工资	工龄工资	绩效奖金	岗位津贴	代扣保险	其它扣款	实发工资
0012	包小佳	1200	100	0	800	161	248	1691

光盘同步文件

原始文件：光盘\素材文件\第 6 章\员工工资表. xlsx、员工工资条.xlsx
结果文件：光盘\结果文件\第 6 章\员工工资表. xlsx、员工工资条.xlsx
视频文件：光盘\教学文件\第 6 章\制作并打印员工工资数据.mp4

6.3.1 制作固定工资表

员工的工资中除了固定的基本工资和固定的扣款部分外，还有一部分是根据特定的情况计算得出的，本例将计算员工的绩效奖金、岗位津贴、工龄工资等。下面分别计算员工的各项工资，并计算出实发工资。

1. 计算工龄工资

在不同的企业中，工龄工资的计算方式各有不同。本例中假设工龄工资的计算方式为：工龄 5 年以内者每年增加 50 元，工龄 5 年以上者每年增加 100 元。计算工龄工资的具体操作方法如下。

第 1 步：单击“插入函数”按钮

打开“员工工资表.xlsx”素材文件，❶将光标定位到 H2 单元格；❷单击“编辑栏”的“插入函数”按钮。

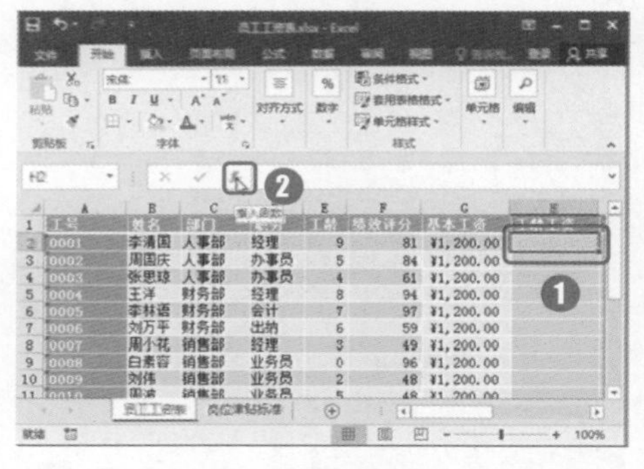

第 2 步：选择“IF”函数

❶在打开的“插入函数”对话框中选择“逻辑”类别；❷在“选择函数”列表框中选择“IF”函数；❸单击“确定”按钮。

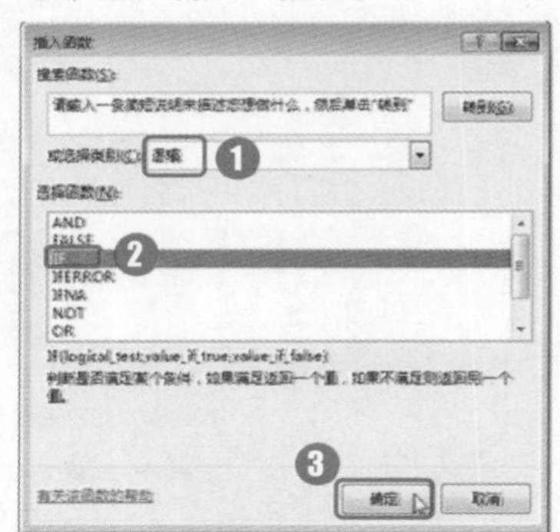

第 3 步：设置函数参数

打开“函数参数”对话框，❶设置“Logical_test”参数为“E2<5”；设置“Value_if_true”参数为“E2*50”；设置“Value_if_false”参数为“E2*100”；❷单击“确定”按钮。

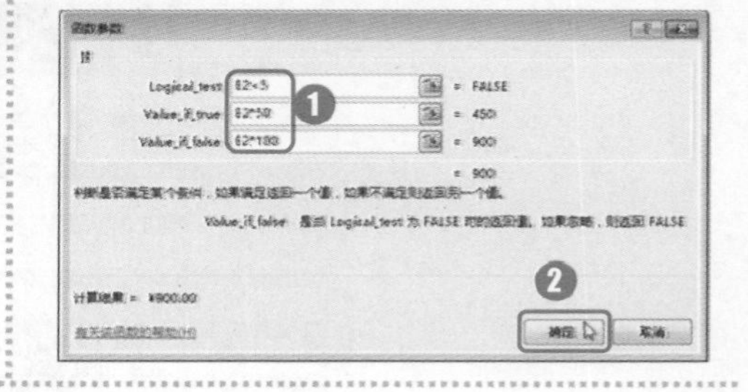

第 4 步：填充公式

返回工作表，即可查看公式计算的结果，填充公式到下方的单元格中即可。

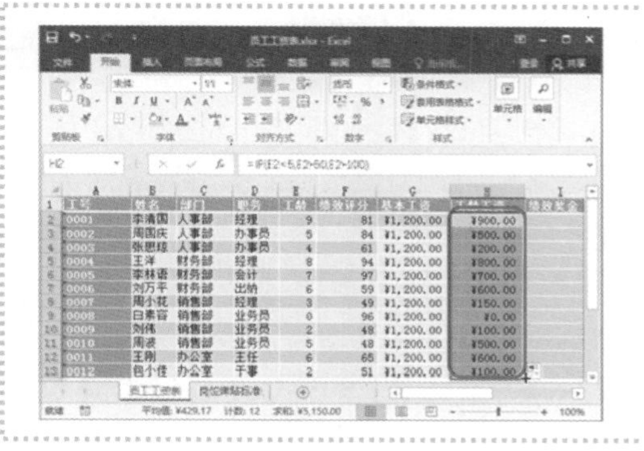

2．计算绩效奖金

员工的绩效奖金通常根据该月的绩效考核成绩或业务量等计算得出，本例中的绩效奖金与绩效评分相关。计算方式为：60 分以下者无绩效奖金，60~80 分以每分 10 元计算，80 分以上者绩效奖金为 1000 元，具体计算方法如下。

第 1 步：单击“插入函数”按钮

❶将光标定位到 I2 单元格；❷单击“编辑栏”中的“插入函数”按钮。

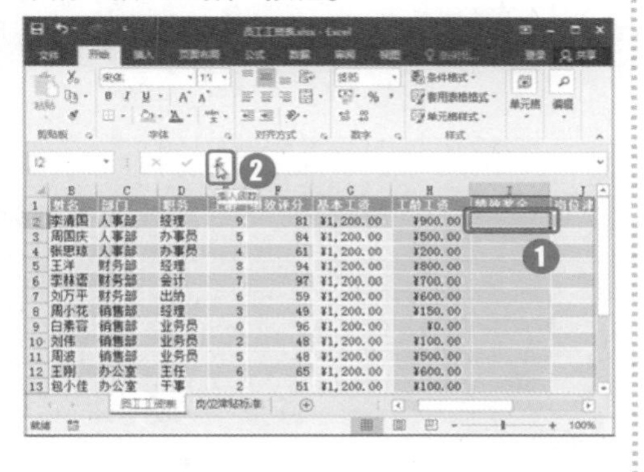

第 2 步：设置函数参数

按照前文所学的方法打开“IF”函数参数对话框，❶设置“Logical_test”参数为“F2<60”；设置“Value_if_true”参数为“0”；设置“Value_if_false”参数为“IF(F2<80,F2*10,1000)”；❷单击“确定”按钮。

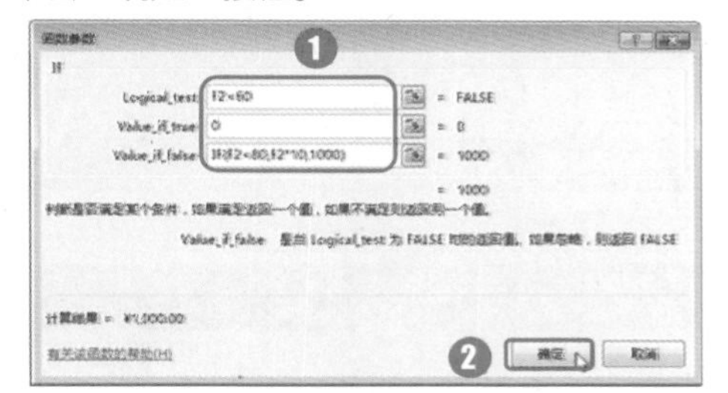

第 3 步：填充公式

返回工作表，即可查看公式计算的结果，填充公式到下方的单元格中即可。

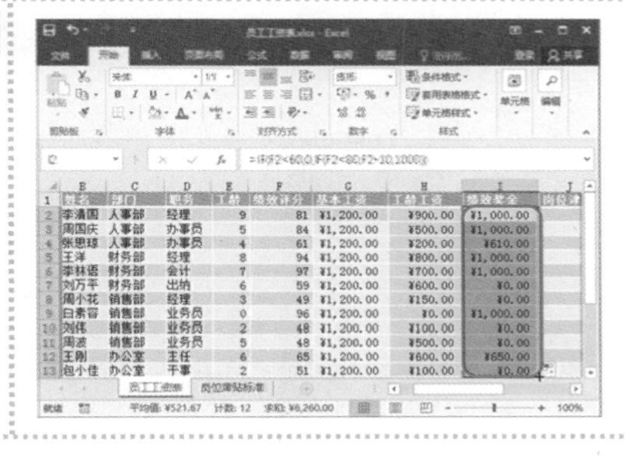

3. 计算岗位津贴

企业中各员工所在的岗位不同，其工资会有一定的差别，所以企业中大多为不同的工作岗位设置了不同的岗位津贴。为了更方便地计算出各员工的岗位津贴，可以新建一个工作表列举出各职务的岗位津贴标准，然后利用查询函数，以各条数据中的职务数据为查询条件，从岗位津贴表中查询相应的数据，具体操作方法如下。

第 1 步：复制数据并删除重复数据

新建一个工作表并重命名为“岗位津贴标准”，复制“员工工资表”中的职务列和“岗位津贴”的表头单元格，❶选中“职务”列；❷单击“数据”选项卡下“数据工具”组中的“删除重复项”按钮；❸弹出“删除重复项警告”对话框，在“给出排序依据”中选择“以当前选定区域排序”选项；❹单击“删除重复项”按钮。

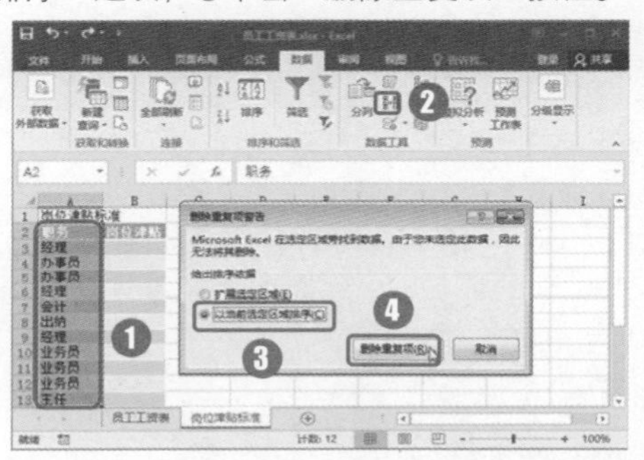

第 2 步：删除重复项

打开“删除重复项”对话框，❶在“列”列表框中勾选“职务”；❷单击“确定”按钮；❸在弹出的提示框中单击“确定”按钮。

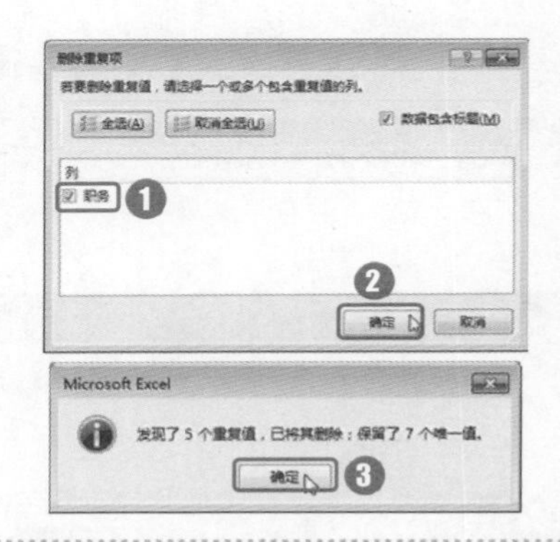

第 3 步：输入津贴数据

在“岗位津贴”工作表中录入相应的数据。

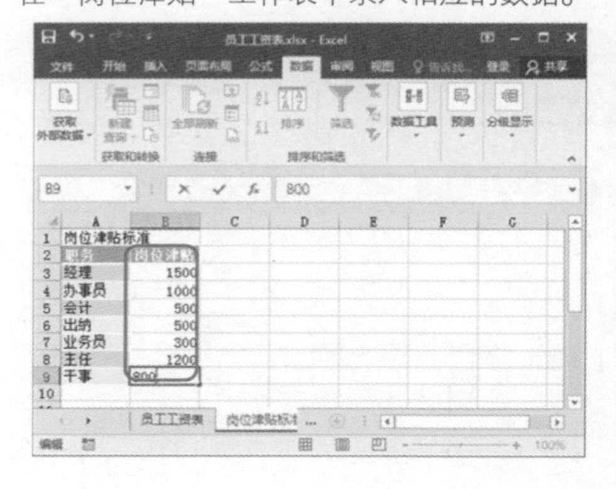

第 4 步：单击“插入函数”按钮

❶将光标定位到 J2 单元格；❷单击“编辑栏”中的“插入函数”按钮。

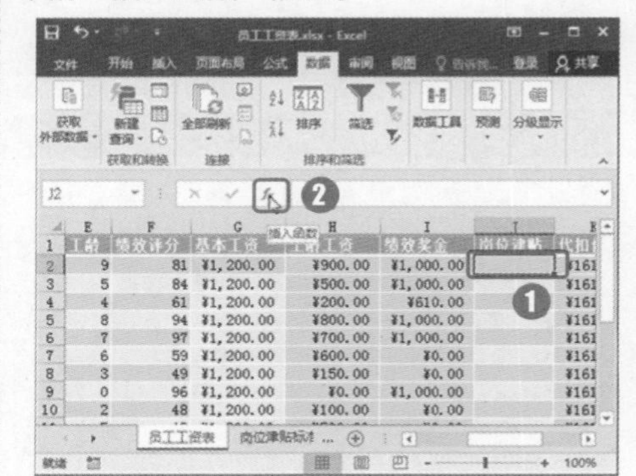

第 5 步：选择“VLOOKUP”函数

打开“插入函数”对话框，❶选择“查找与引用”类别；❷在“选择函数”列表中选择“VLOOKUP”函数；❸单击“确定”按钮。

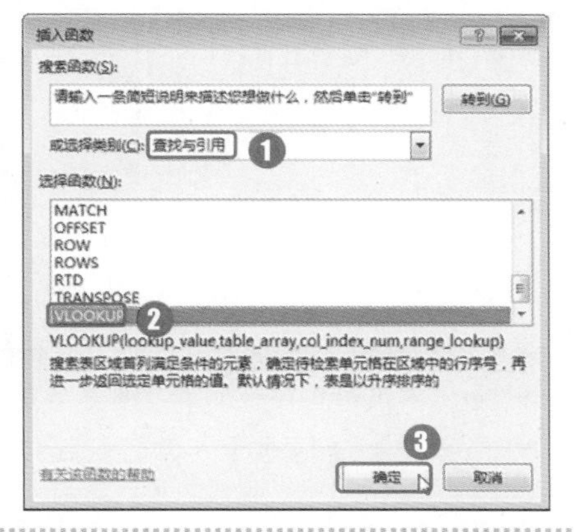

第 6 步：设置函数参数

在“函数参数”对话框中，❶设置“Lookup_value”为“D2”；设置“Table_array”为岗位津贴表中的 A3：B9 单元格区域，并将该单元格区域转换为绝对引用；设置“Col_index_num”为“2”；设置“Range_lookup”为“FALSE”；❷单击“确定”按钮。

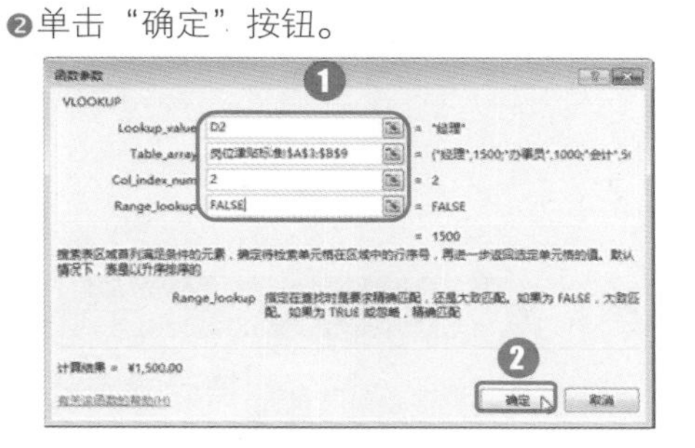

第 7 步：填充公式

返回工作表即可查看公式计算的结果，填充公式到下方的单元格中即可。

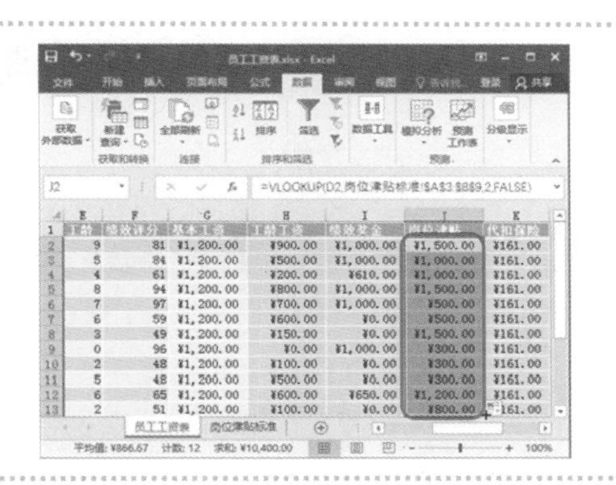

4. 计算实发工资

工资的各部分计算完成后，就可以通过公式计算出员工的实发工资了，具体操作方法如下。

第 1 步：输入公式

❶选择 M2：M13 单元格区域；❷在“编辑栏”中输入公式“=SUM(G2：J2)-SUM(K2:L2)”。

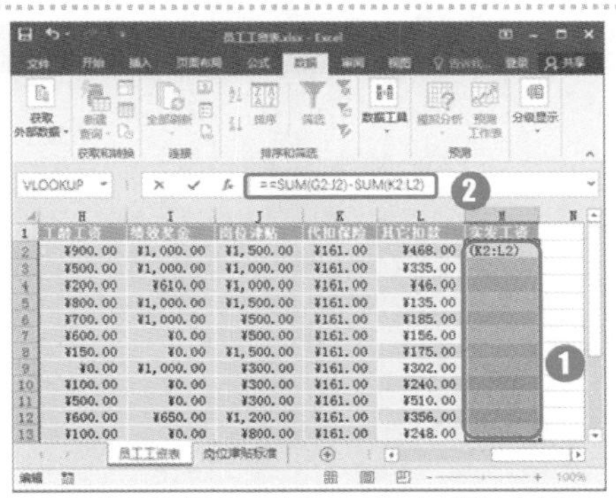

第 2 步：完成计算

按下“Ctrl+Enter”组合键，即可为所选区域填充公式，完成实发工资的计算。

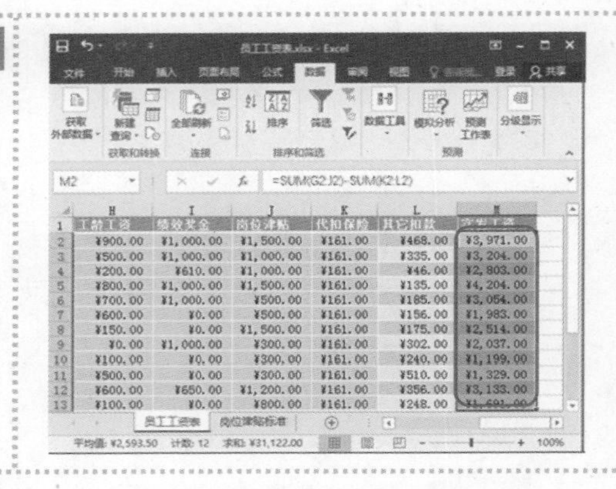

6.3.2 制作工资条

在发放工资时，通常需要同时发放工资条，使员工能够清楚地看到自己各部分工资的金额。本例使用已完成的工资表快速为员工制作工资条。

第 1 步：复制工作表数据

新建一个名为“工资条”的工作表，❶选中“员工工资表”的第一行；❷单击“开始”选项卡下“剪贴板”组中的“复制”按钮。

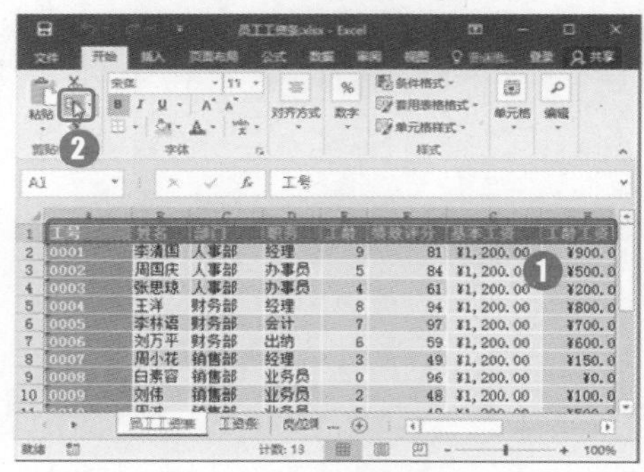

第 2 步：粘贴工作表数据

❶将光标定位到“工资条”工作表的 A1 单元格中；❷单击“开始”选项卡下“剪贴板”组中的“粘贴”按钮。

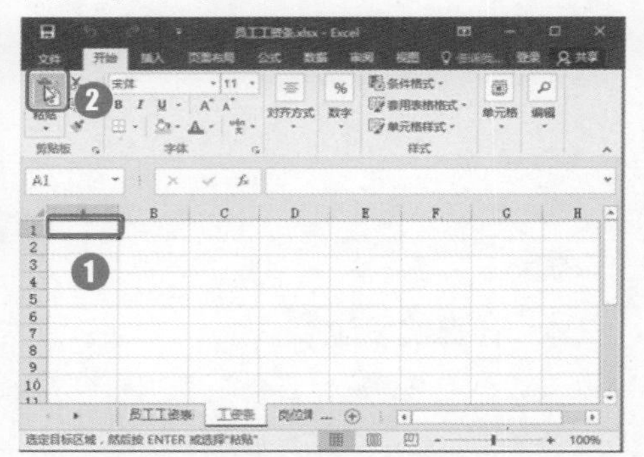

第 3 步：单击对话框启动器

❶选中 A2：M2 单元格区域；❷单击“开始”选项卡下“字体”组中的对话框启动器。

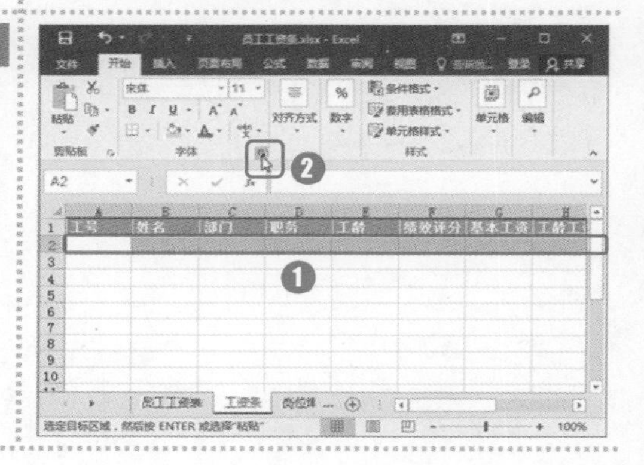

第 4 步：设置边框格式

打开“设置单元格格式”对话框，❶在“边框”选项卡中选择线条的样式和颜色；❷在“预置”栏选择“外边框”和“内部”选项；❸单击“确定”按钮。

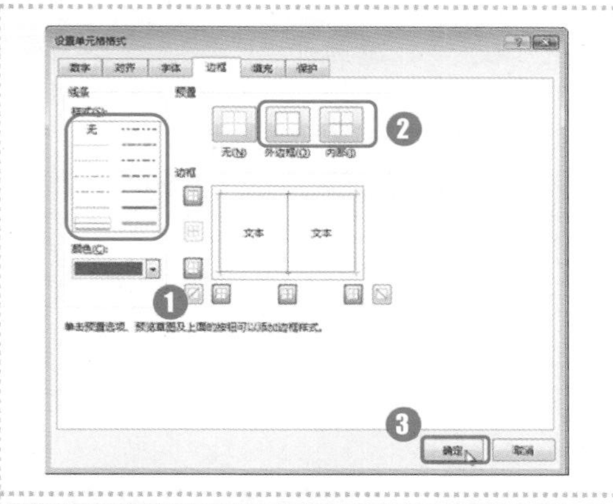

第 5 步：单击“插入函数”按钮

❶将光标定位到“工资条”工作表的 A2 单元格中；❷单击“编辑栏”中的“插入函数”按钮。

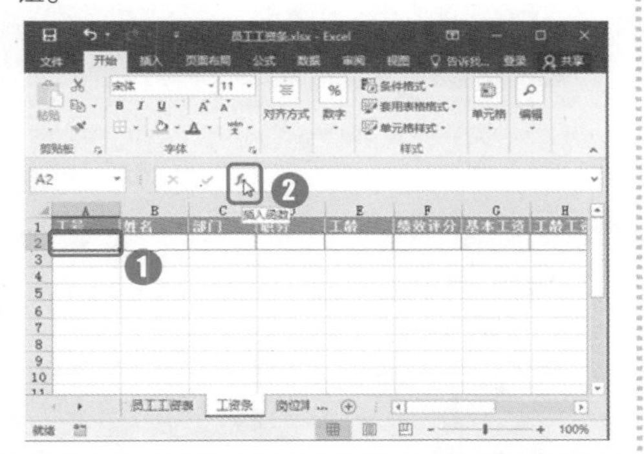

第 6 步：选择“OFFSET”函数

打开“插入函数”对话框，❶选择“查找与引用”类别；❷在“选择函数”列表框中选择“OFFSET”函数；❸单击“确定”按钮。

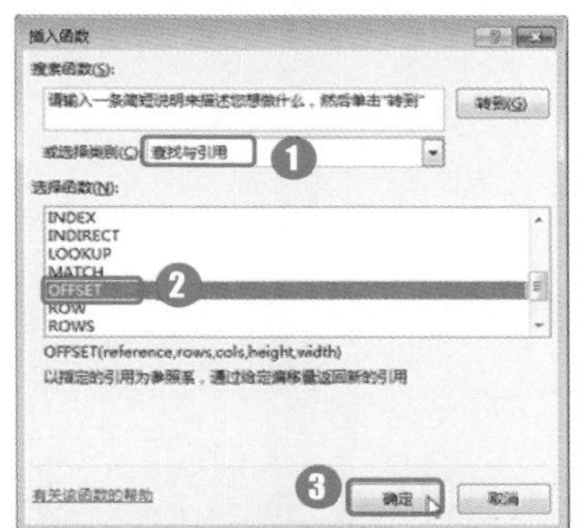

第 7 步：设置函数参数

在“函数参数”对话框中，❶设置“Reference”参数为“员工工资表”工作表中的 A1 单元格，并将单元格引用地址转换为绝对引用；设置“Rows”为“Row()/3+1”（当前行数除以 3 后再加 1）；设置“Cols”参数为“COLUMN()-1”（当前列数减 1）；❷单击“确定”按钮。

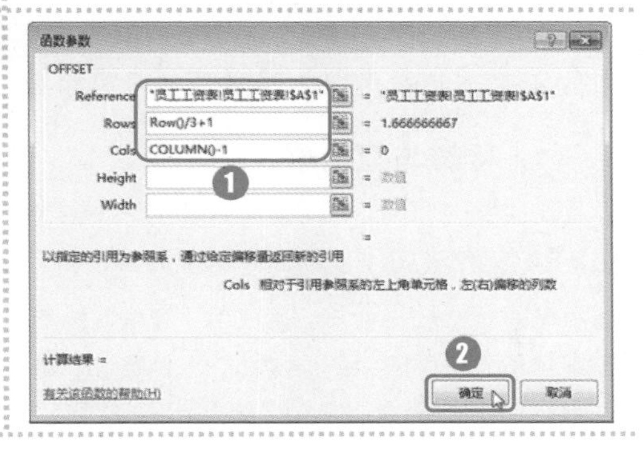

第 8 步：填充公式

返回工作表即可查看公式计算的结果，填充公式到右侧的单元格中。

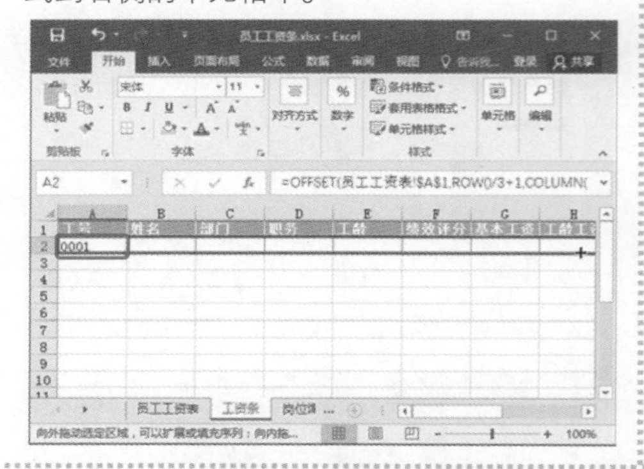

第 9 步：向下填充公式

❶选中 A1：M3 单元格区域；❷拖动活动单元格区域右下角的填充手柄，向下填充至 35 行。

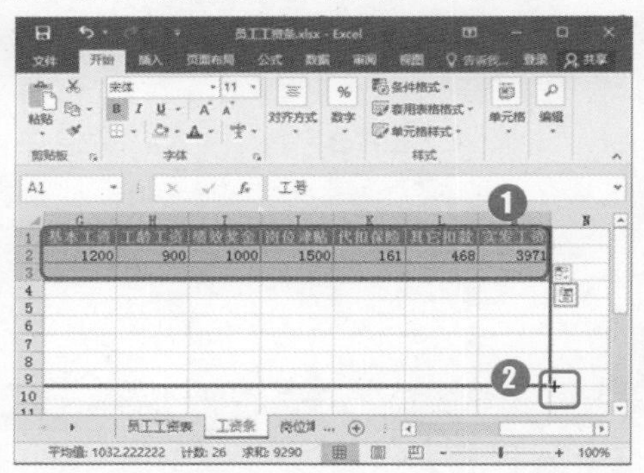

第 10 步：查看工资条

操作完成后，即可查看到所有员工的工资条。

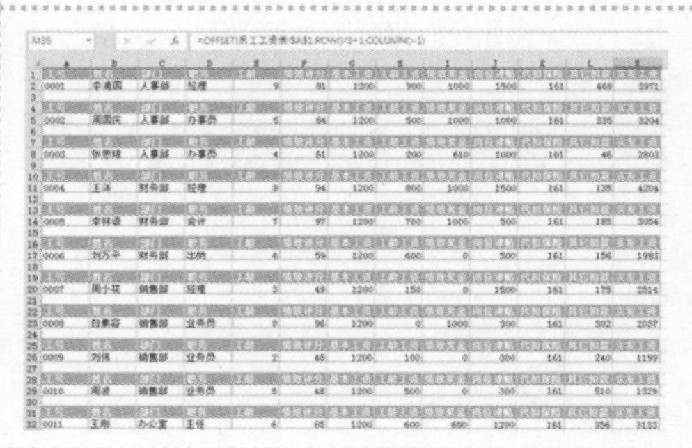

6.3.3 打印工资条

工资条制作完成后，就可以开始打印工资条。但是工资条中有一些数据并不需要打印出来，此时可以将不需要的数据隐藏。

1. 隐藏与显示单元格

如果在打印工作表时，有一些数据并不需要打印出，可以隐藏单元格，隐藏单元格的操作方法如下。

❶选择要隐藏的行或列；❷单击“开始”选项卡下“单元格”组中的“格式”下拉按钮；❸在弹出的下拉菜单中选择“隐藏和取消隐藏”选项；❹在弹出的扩展菜单中选择“隐藏列”选项即可隐藏该列。

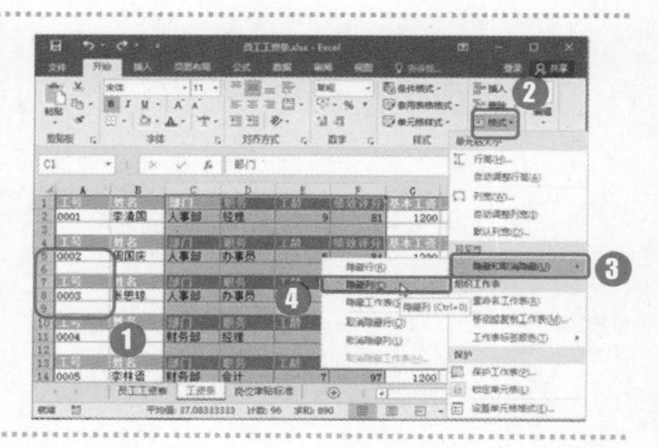

2. 打印工资条

工资条制作完成后，就可以开始打印工资条了。但是在打印之前，要先将有一些不需要打印的数据隐藏起来。

第 1 步：执行隐藏列操作

❶选择“工资条”工作表中第 C 列到 F 列；❷单击“开始”选项卡下“单元格”组中的“格式”下拉按钮；❸在弹出的下拉菜单中选择“隐藏和取消隐藏”；❹在弹出的扩展菜单中单击“隐藏列”命令。

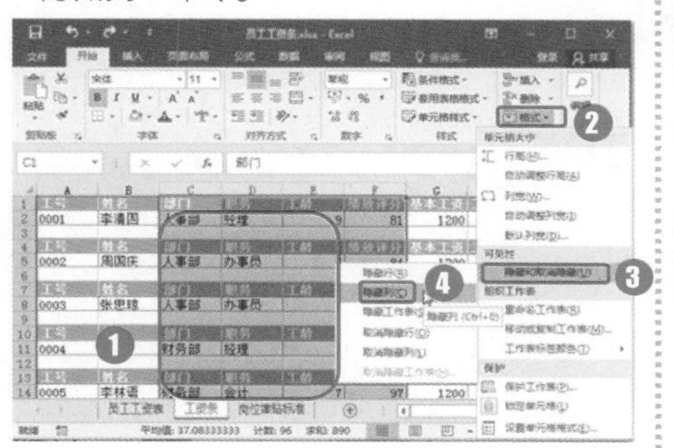

第 2 步：设置缩放比例

在“布局”选项卡的“调整为合适大小”组中设置“缩放比例”为“110%”。

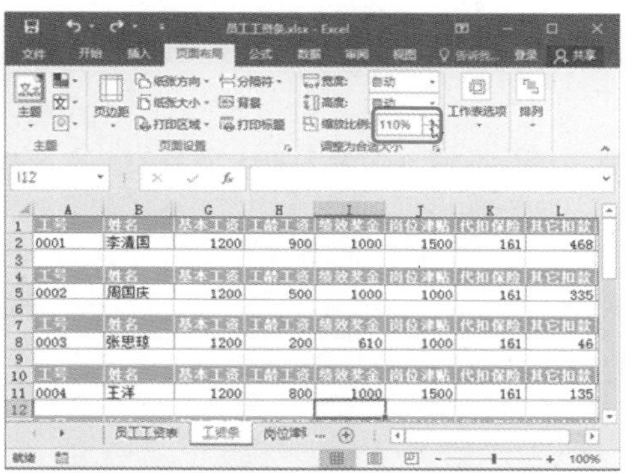

第 3 步：打印工资表

单击“文件”选项卡，❶切换到“打印”选项；❷在右侧的窗口中设置打印参数；❸完成后单击“打印”按钮即可。

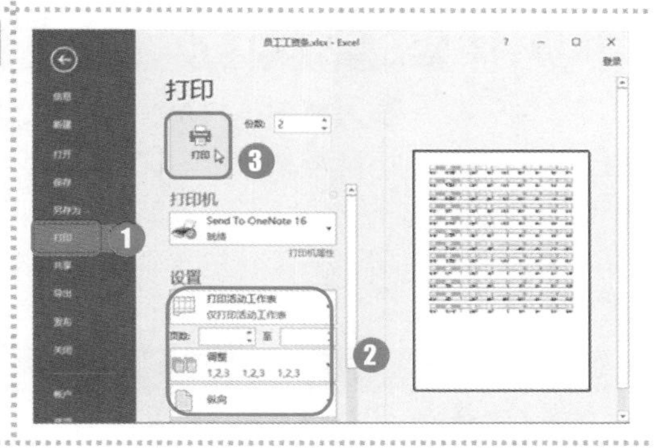

高手秘籍　实用操作技巧

通过对前面知识的学习，相信读者已经掌握了表格编辑与使用公式和函数的相关知识。下面结合本章内容，给大家介绍一些实用技巧。

光盘同步文件

原始文件：光盘\素材文件\第 6 章\实用技巧\
结果文件：光盘\结果文件\第 6 章\实用技巧\
视频文件：光盘\教学文件\第 6 章\高手秘籍.mp4

Skill 01 更改工作表标签颜色

在工作簿中有多个工作表要进行编辑时，为了区别不同的工作表，除了更改工作表名称外，还可以更改工作表标签的颜色，以突出显示该工作表。更改工作表标签颜色的操作方法如下。

❶用鼠标右键单击需要更改颜色的工作表标签；❷在弹出的快捷菜单中选择“工作表标签颜色”选项；❸在弹出的扩展菜单中选择一种颜色。

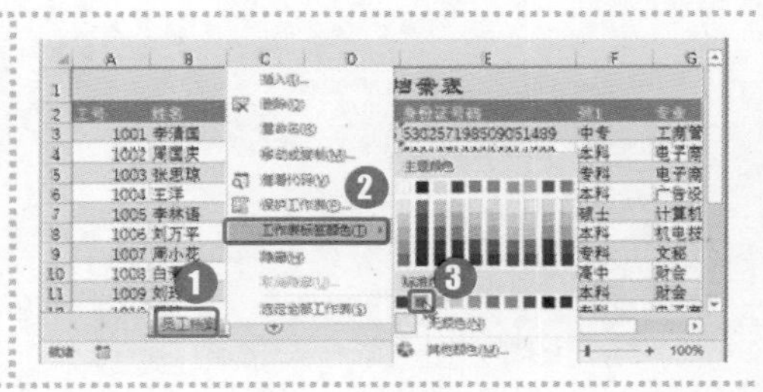

Skill 02 输入以 0 开头的数值

在 Excel 中输入数值内容时，Excel 会自动将其以标准的数值格式保存于单元格中，数值左侧或小数点末尾的“0”将自动省略。如输入“001”时，则自动将该值转换为常规的数值格式“1”。在本例中，如果要在工号列中输入格式为“00*”的工号，可以通过以下方法来完成，并在输入数值后使用填充功能快速填充其他工号，具体操作方法如下。

第 1 步：输入数值

选择要输入数值的单元格，在单元格中先输入一个英文的单引号“'”，然后再输入数值。

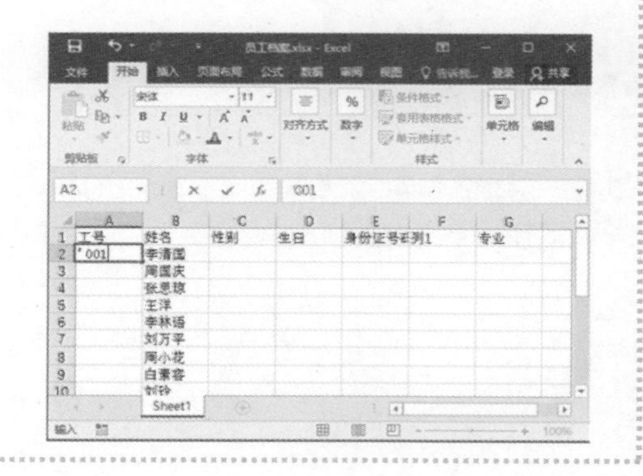

第 2 步：填充数值

按下“Enter”键后即可输入以 0 开头的数值，使用前文所学的方法将该数值填充到下面的单元格即可。

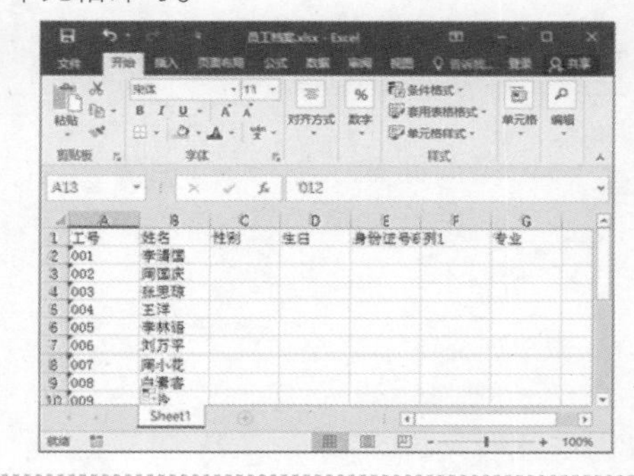

Skill 03 删除录入数据时输入的空格

在录入数据时，有时会不小心输入了空格，而一些操作对表格数据的准确性要求很高，单元格中多出一个空格都可能导致数据不能成功处理。此时，可以使用查找和替换功能删除所有的空格，具体操作方法如下。

第 1 步：执行“替换”命令

❶单击“开始”选项卡下“编辑”组中的“查找和选择”下拉按钮；❷在弹出的下拉菜单中单击“替换”命令。

第 2 步：设置替换内容

打开“查找和替换”对话框，❶在“查找内容”文本框中输入一个窗格；❷“替换为”文本框中不输入任何数据，然后单击“全部替换”按钮。

本章小结

本章结合实例主要讲解了 Excel 的编辑与公式，以及函数的应用，并详细讲解了特殊数据的输入、数据的统计、数据计算等内容。通过对本章的学习，读者应初步掌握 Excel 的使用方法，可以轻松地管理和计算日常数据。

07

第 7 章

Excel 2016 数据排序、筛选与汇总

本章导读

在对表格数据进行查看和分析时，经常需要将表格中的数据按一定的顺序排序，或列举出符合条件的数据，以及对数据进行分类，而这些操作使用 Excel 可以简单地完成。本章通过对表格数据进行排序、筛选以及分类汇总，向读者介绍相关的操作方法。

知识要点

- 启对表格进行排序
- 筛选表格数据
- 使用多条件排序和筛选
- 设置数据格式
- 新建表格样式
- 分类汇总表格数据

案例展示

办公用品采购表

实战应用 ——跟着案例学操作

7.1 排序考评成绩表

在查看数据时，经常需要按一定的顺序排列数据，以便对数据进行查找与分析。例如，在查看员工考评成绩时，需要按总成绩的高低排列数据，以清楚地查看员工的排名。本例将按照不同的方式对考评成绩进行排序，并筛选出符合条件的数据。

“员工考评成绩表”文档制作完成后的效果如下图所示。

	A	B	C	D	E	F	G	H	I	J
1	工号	姓名	专业	理念	业务	综合	总分	平均分	排名	是否合格
2	0008	白素容	96	83	79	91	349	87	1	合格
3	0005	李林语	64	95	95	90	344	86	2	合格
4	0001	李清国	59	85	85	63	292	73	3	合格
5	0006	刘万平	92	77	67	53	289	72	4	合格
6	0011	王刚	51	87	84	64	286	72	5	合格
7	0007	周小花	97	41	86	43	267	67	6	合格
8	0012	包小佳	87	46	91	40	264	66	7	合格
9	0002	周国庆	56	74	45	87	262	66	8	合格
10	0010	周波	80	59	55	64	258	65	9	合格
11	0004	王洋	48	71	47	69	235	59	10	不合格
12	0003	张思琼	93	46	47	40	226	57	11	不合格
13	0009	刘伟	52	46	42	67	207	52	12	不合格
14										
15	总分									
16	>250									
17	工号	姓名	专业	理念	业务	综合	总分	平均分	排名	是否合格
18	0008	白素容	96	83	79	91	349	87	1	合格
19	0005	李林语	64	95	95	90	344	86	2	合格
20	0001	李清国	59	85	85	63	292	73	3	合格
21	0006	刘万平	92	77	67	53	289	72	4	合格
22	0011	王刚	51	87	84	64	286	72	5	合格
23	0007	周小花	97	41	86	43	267	67	6	合格
24	0012	包小佳	87	46	91	40	264	66	7	合格
25	0002	周国庆	56	74	45	87	262	66	8	合格
26	0010	周波	80	59	55	64	258	65	9	合格

光盘同步文件

原始文件：光盘\素材文件\第 7 章\员工考评成绩表.xlsx

结果文件：光盘\结果文件\第 7 章\员工考评成绩表.xlsx

视频文件：光盘\教学文件\第 7 章\排序考评成绩表.mp4

7.1.1 按成绩高低进行排序

为了方便根据成绩的高低来查看记录，需要使用排序功能对指定列中的数据按成绩高低进行排序。本例将使用多种排序方式，灵活地对员工成绩表中的各项数据进行排序。

1. 使用“排序”命令排序数据

使用“开始”选项卡中的“排序”按钮可以快速地对表格中的数据进行排序。本例将对表格中的“专业”成绩按从低到高的顺序排列，操作方法如下。

❶将光标定位于“专业”列的任意单元格中；❷单击“开始”选项卡下“编辑”组中的“排序和筛选”下拉按钮；❸在弹出的下拉菜单中选择“升序”命令，即可将当前列中的数据按从低到高的顺序排列。

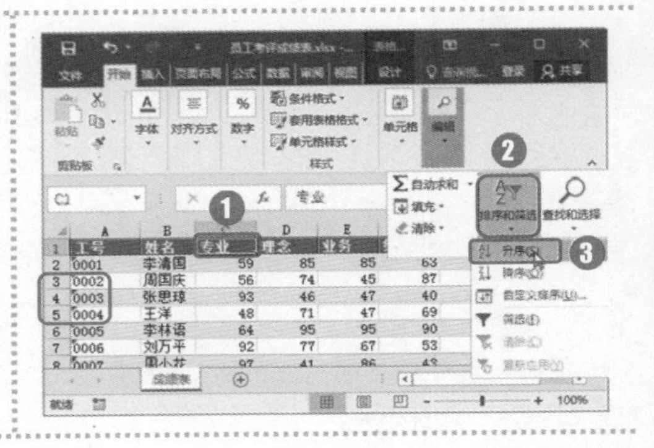

2. 使用筛选功能排序数据

将单元格区域转换为表格对象后，在表格对象中将自动启动筛选功能，此时利用列标题下拉菜单中的排序命令即可快速对表格中的数据进行排序。

第 1 步：打开筛选状态

单击“数据”选项卡下“排序和筛选”组中的“筛选”按钮，打开筛选状态，此时每个列标题的右侧将出现一个下拉按钮。

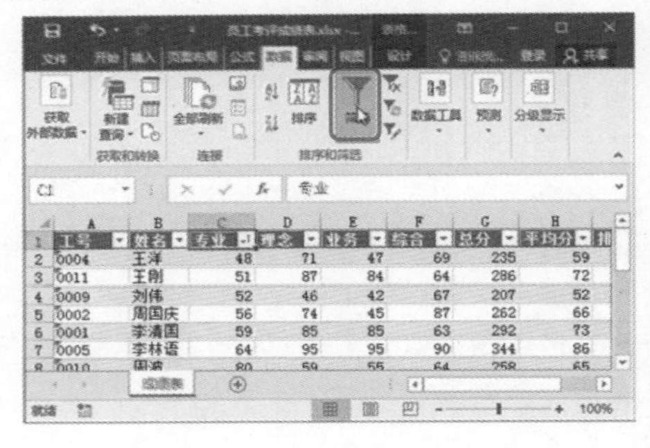

第 2 步：选择排序方式

❶单击“总分”右侧的下拉按钮；❷在弹出的下拉菜单中选择“降序”命令，即可依据“平均分”列中的数据按从高到低的顺序对表格数据进行排序。

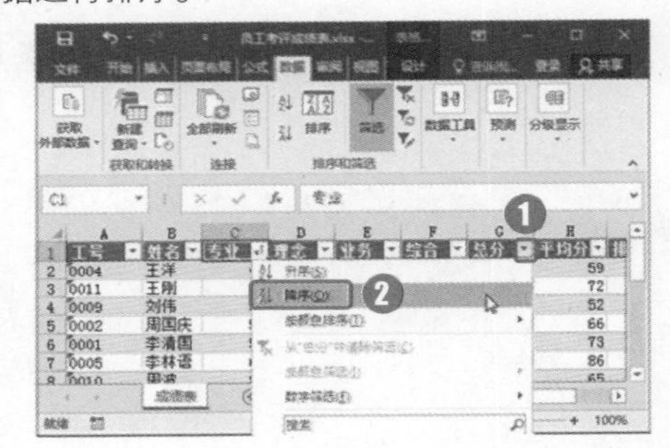

3. 使用多个关键字排序数据

在对表格数据进行排序时，有时进行排序的字段中会存在多个相同的数据，需要使相同的数据按另一个字段中的数据进行排序。

第 1 步：选择“自定义排序”命令

❶单击“开始”选项卡下“编辑”组中的“排序和筛选”下拉按钮；❷在弹出的下拉菜单中选择“自定义排序”命令。

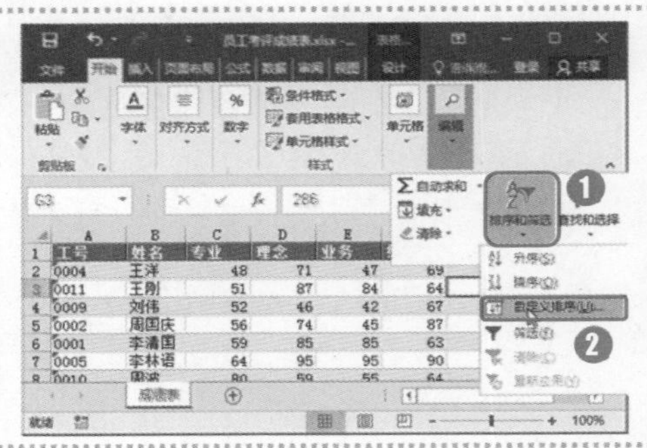

第 2 步：设置排序依据

打开“排序”对话框，❶在“主要关键字”下拉列表中选择“专业”，“排序依据”为“数值”，“次序”为“升序”；❷单击“添加条件”按钮。

第 3 步：设置次要排序依据

❶设置“次要关键字”为“姓名”，“排序依据”为“数据”，“次序”为“升序”；❷单击“选项”按钮。

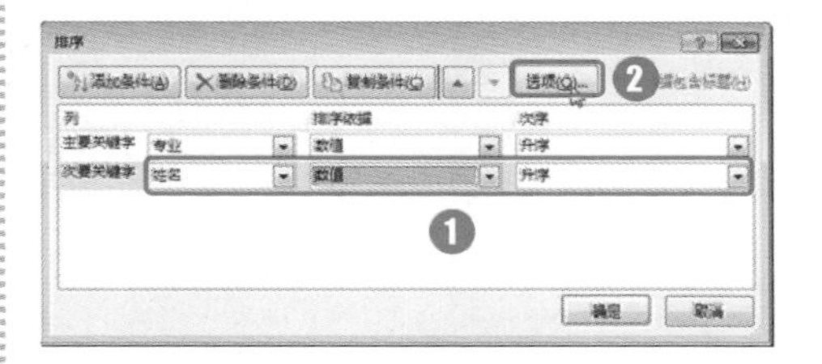

第 4 步：设置行距

❶打开“排序选项”对话框，在“方法”栏中选择“笔划排序”单选项；❷单击“确定”按钮即可排序数据。

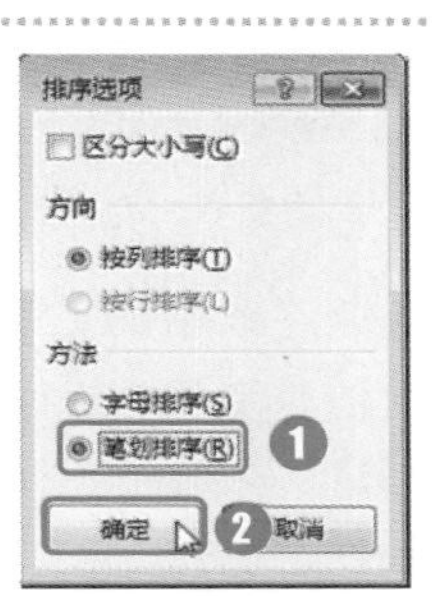

7.1.2 利用自动筛选功能筛选成绩表数据

为了方便数据的查看，可以将暂时不需要的数据隐藏，利用筛选功能可以快速隐藏不符合条件的数据，也可以快速复制出符合条件的数据。本例将从员工成绩表中筛选出符合要求的数据。

1. 筛选指定类别的数据

若要快速筛选表格数据，可以使用自动筛选功能，在表格对象中将自动开启自动筛选功能。若要在普通区域上应用筛选功能，可单击数据选项卡中的筛选按钮，开启高级筛选功能。

第 1 步：设置筛选条件

❶单击“数据”选项卡下“排序和筛选”组中的“筛选”按钮；❷单击“是否合格”单元格右侧的下拉按钮；❸在弹出的下拉菜单中取消勾选“不合格”复选框；❹单击“确定”按钮。

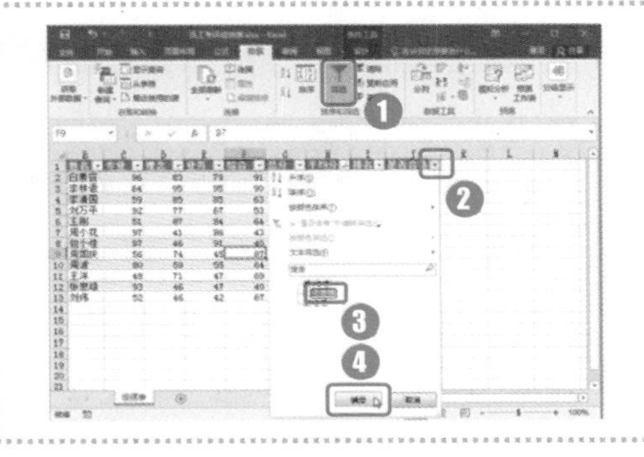

第 2 步：查看筛选结果

系统将筛选出符合条件的数据，效果如图所示。

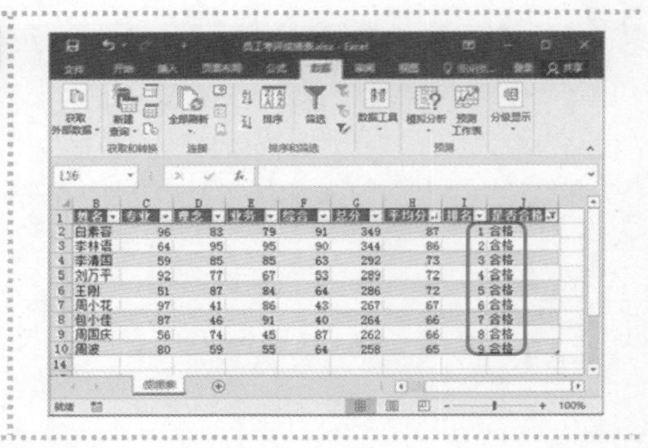

	姓名	专业	理论	业务	综合	总分	平均分	排名	是否合格
2	白素容	96	83	79	91	349	87	1	合格
3	李林语	64	95	95	90	344	86	2	合格
4	李清国	59	85	85	63	292	73	3	合格
5	刘万平	92	77	67	53	289	72	4	合格
6	王刚	51	87	84	64	286	72	5	合格
7	周小花	97	41	86	43	267	67	6	合格
8	包小佳	87	46	91	40	264	66	7	合格
9	周国庆	56	74	45	87	262	66	8	合格
10	周波	80	59	55	64	258	65	9	合格

知识加油站

对表格进行筛选后，不满足条件的数据仍然存在于表格中，只是被隐藏了起来，如果要查看被隐藏的数据，可以清除筛选。清除筛选的方法是：单击已设置筛选字段旁边的下拉按钮，在菜单中选择“从**中清除筛选”即可。

2. 筛选指定范围的数据

在筛选数值类型的数据时，常常需要筛选出一定范围的数据而非确切的多个数值，此时可以为筛选的数值指定范围。本例需要筛选出“综合”成绩在 60 分以上的数值，具体操作方法如下。

第 1 步：执行“数字筛选”命令

❶单击“综合”单元格右侧的下拉按钮；❷在弹出的下拉菜单中选择“数字筛选”选项；❸在弹出的扩展菜单中选择“大于”命令。

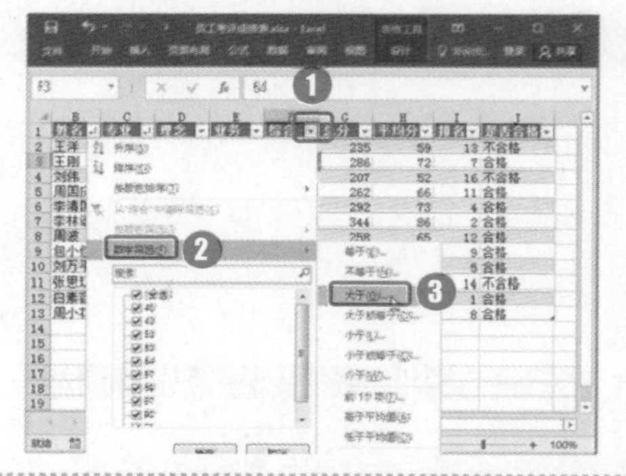

第 2 步：设置自动筛选方式

在打开的“自定义自动筛选方式”对话框中，❶设置“显示行”为“综合大于 60”；❷单击“确定”按钮，即可得到筛选结果。

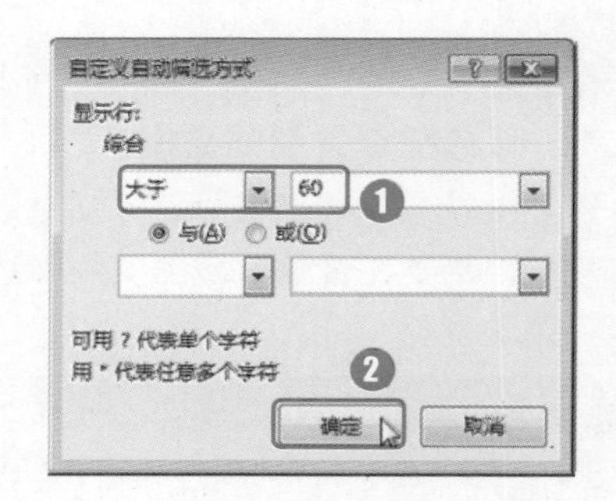

第 3 步：查看筛选结果

返回 Excel 文档中即可查看筛选结果。

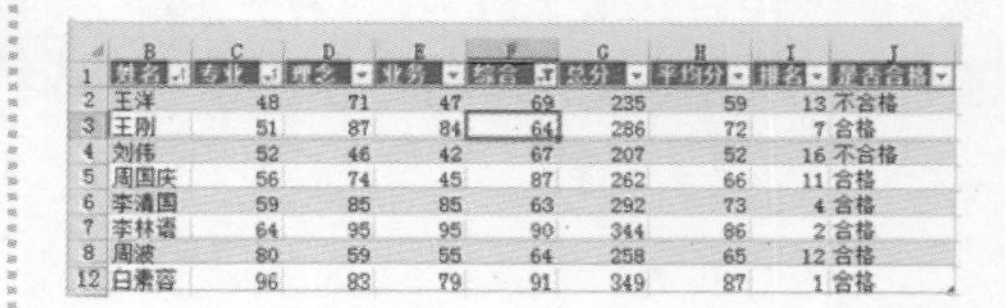

	姓名	专业	理论	业务	综合	总分	平均分	排名	是否合格
2	王洋	48	71	47	69	235	59	13	不合格
3	王刚	51	87	84	64	286	72	7	合格
4	刘伟	52	46	42	67	207	52	16	不合格
5	周国庆	56	74	45	87	262	66	11	合格
6	李清国	59	85	85	63	292	73	4	合格
7	李林语	64	95	95	90	344	86	2	合格
8	周波	80	59	55	64	258	65	12	合格
12	白素容	96	83	79	91	349	87	1	合格

7.1.3 利用高级筛选功能筛选成绩表数据

在对表格中的数据进行筛选时，为了不影响原数据表的显示，常常需要将筛选结果转移到指定的其他单元格区域或工作表中，此时，可以使用高级筛选功能筛选数据。例如，要筛选出“总分>250”的数据，本例将筛选出符合要求的数据移动到其他单元格区域。

第 1 步：单击“高级”按钮

❶在 A16：A17 单元格区域分别输入“总分”、“>250”；❷单击“数据”选项卡下“排序和筛选”组中的“高级”按钮。

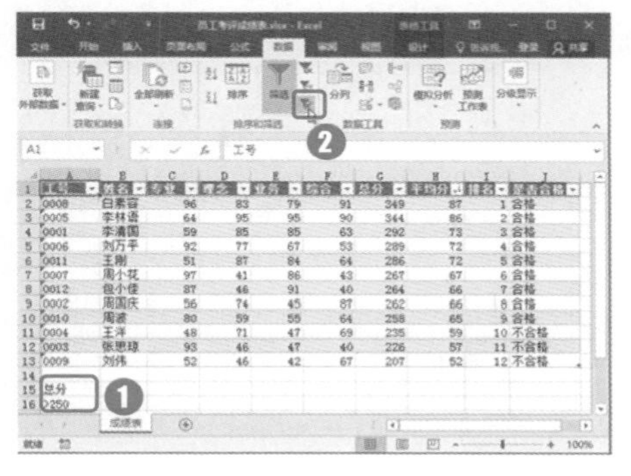

第 2 步：设置筛选参数

打开“高级筛选”对话框，❶选择方式为“将筛选结果复制到其他位置”选项；❷在“列表区域”中选择成绩表中的所有数据单元格（含列标题），在“条件区域”选择 A14:A17 单元格区域，在“复制到”文本框中引用 A18 单元格；❸单击“确定”按钮。

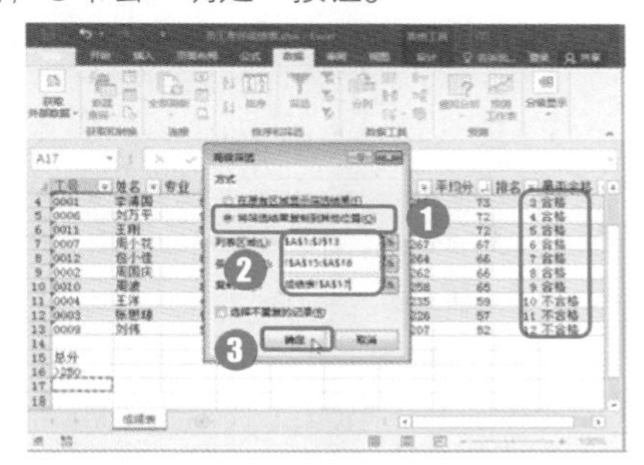

第 3 步：查看筛选结果

筛选结果如右图所示。

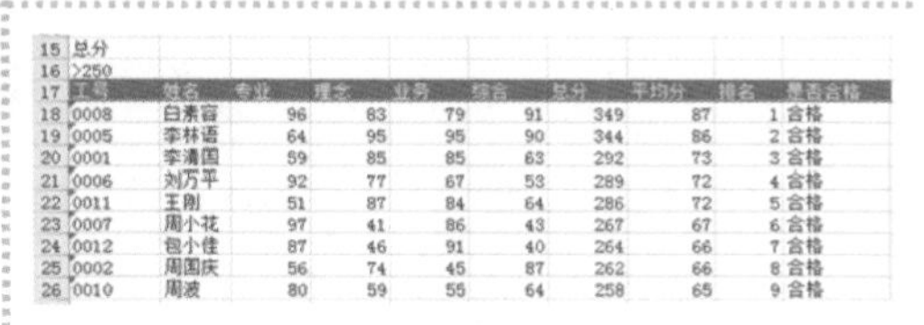

	A	B	C	D	E	F	G	H	I	J
15	总分									
16	>250									
17	工号	姓名	专业	理念	业务	综合	总分	平均分	排名	是否合格
18	0008	白素容	96	83	79	91	349	87	1	合格
19	0005	李林语	64	95	95	90	344	86	2	合格
20	0001	李清国	59	85	85	63	292	73	3	合格
21	0006	刘万平	92	77	67	53	289	72	4	合格
22	0011	王刚	51	87	84	64	286	72	5	合格
23	0007	周小花	97	41	86	43	267	67	6	合格
24	0012	包小佳	87	46	91	40	264	66	7	合格
25	0002	周国庆	56	74	45	87	262	66	8	合格
26	0010	周波	80	59	55	64	258	65	9	合格

7.2 制作办公用品采购表

公司或企业员工在办公时离不开办公用品，它是决定员工能否完成工作的关键，也是提高工作效率的重要因素。办公用品虽小，但长时间使用也是一笔不小的开支。本例将制作办公用品明细采购表，通过该表格可以查看到需要采购的办公用品的名称、数量、单价和金额等，以节约成本，减少浪费。

“办公用品采购表”文档制作完成后的效果如下图所示。

办公用品采购表						
部门	名称	数量	单位	单价（元）	总价（元）	备注
办公区	组合办公桌椅	1	套	¥1,780.0	¥1,780.0	
办公区	电话机	1	部	¥450.0	¥450.0	
办公区	饮水机	1	个	¥130.0	¥130.0	
财务	A4打印纸	1	箱	¥78.0	¥78.0	
财务	办公桌	2	个	¥450.0	¥900.0	
财务	保险柜	1	台	¥1,600.0	¥1,600.0	
财务	电脑	1	台	¥2,700.0	¥2,700.0	
财务	文件柜	1	个	¥359.0	¥359.0	
财务	打印机	1	个	¥340.0	¥340.0	
财务	文件夹	2	个	¥20.0	¥40.0	
财务	办公椅	2	个	¥130.0	¥260.0	
财务	电话机	1	部	¥78.0	¥78.0	
董事长室	单人床	1	床	¥2,350.0	¥2,350.0	
董事长室	茶几	1	个	¥180.0	¥180.0	
董事长室	电脑	1	台	¥2,700.0	¥2,700.0	
董事长室	钢笔	1	支	¥15.0	¥15.0	
董事长室	沙发	1	个	¥1,209.0	¥1,209.0	
董事长室	文件柜	1	个	¥450.0	¥450.0	
董事长室	文件盒	1	个	¥80.0	¥80.0	
董事长室	文件夹	4	个	¥20.0	¥80.0	
董事长室	电话机	1	部	¥78.0	¥78.0	
董事长室	饮水机	1	台	¥130.0	¥130.0	
董事长室	办公椅	1	个	¥130.0	¥130.0	
董事长室	办公桌	3	个	¥450.0	¥1,350.0	
董事长室	笔筒	1	个	¥12.0	¥12.0	
董事长室	冰箱	1	台	¥2,600.0	¥2,600.0	
董事长室	烟灰缸	1	个	¥30.0	¥30.0	
会客区	茶几	1	个	¥180.0	¥180.0	

光盘同步文件

结果文件：光盘\结果文件\第 7 章\办公用品采购明细表.xlsx

视频文件：光盘\教学文件\第 7 章\制作办公用品采购.mp4

7.2.1 创建办公用品采购表

办公用品采购表中包括了部门、名称、数量、单位、单价等信息，在创建办公用品采购表时，需要将各类信息填写到工作表中，并输入相应的数据。

1. 计算办公用品总价

办公采购表需要先填写购买记录，再计算出各类办公用品的总价。本例需要先创建一个名为“办公用品采购明细表”的 Excel 文档，然后进行如下操作。

第 1 步：制作标题与表头内容

❶合并并居中显示 A1:G1 单元格区域，在 A1 单元格输入标题，设置字体格式为“加粗，20 号”；❷在 A2:G2 单元格区域中输入表头内容，设置字体格式为“加粗，12 号”。

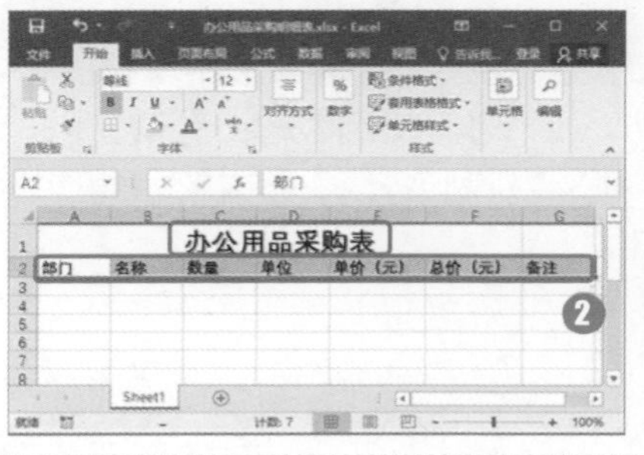

第 2 步：输入采购信息并设置对齐方式

❶在 A3：E51 单元格区域输入采购信息；❷选中 A3：G51 单元格区域设置对齐方式为“左对齐”。

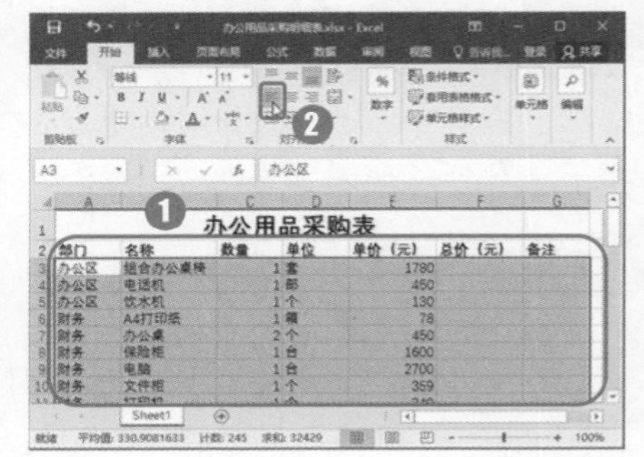

第3步：计算总价

❶选择 F3 单元格；❷在编辑栏输入公式"=E3*C3"，按下"Enter"键计算出总价。

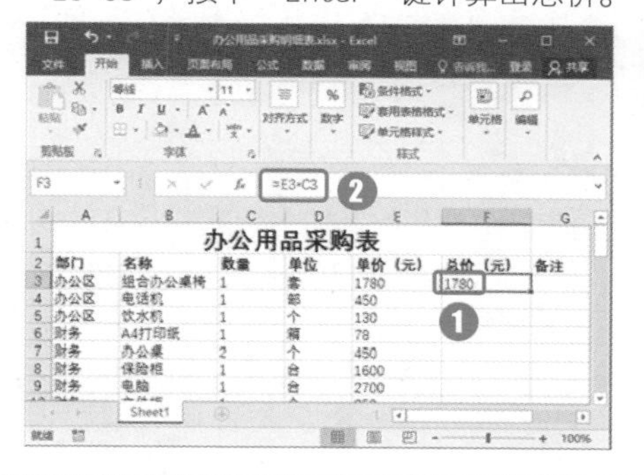

第4步：填充公式

向下填充 F4：F51 单元格区域，计算出所有物品的总价。

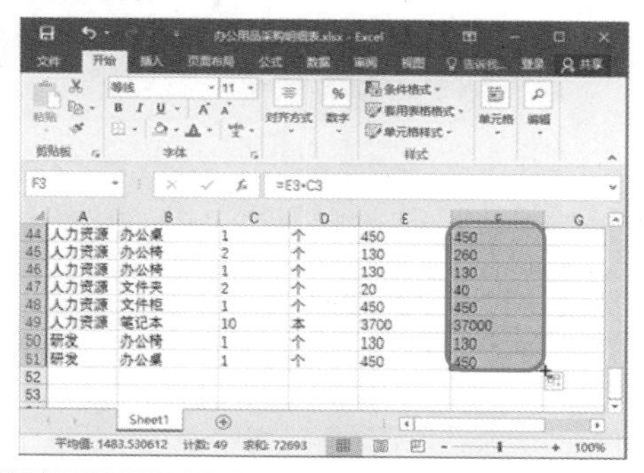

2. 设置货币格式

直接输入数字会默认为数值格式，所以需要将表格中的价格设置为货币格式，具体操作方法如下。

第1步：设置货币格式

❶选择 E3：F51 单元格区域；❷在"开始"选项卡的"数字"组中设置数据格式为"货币"。

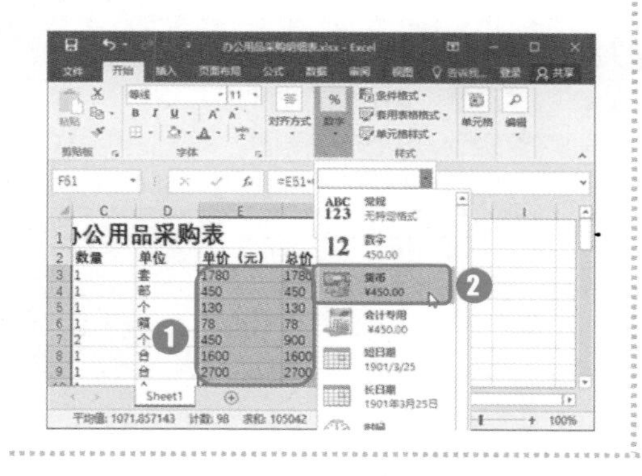

第2步：设置小数位数

单击"开始"选项卡下"数字"组中的"减少小数位数"按钮，为数据设置一位数的小数点（默认为 2 位）。

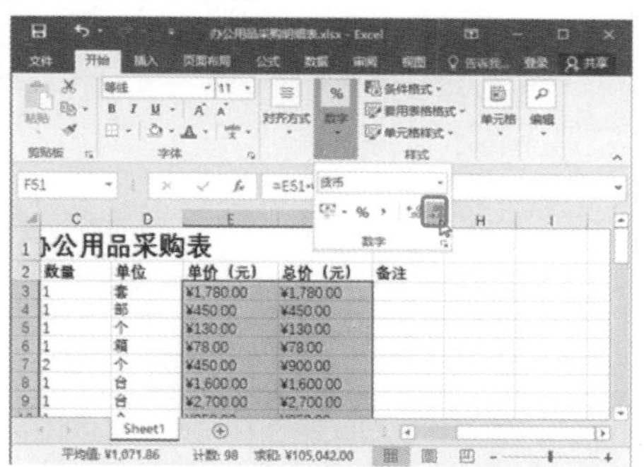

3. 为表格添加框线

为表格添加框线可以使表格显示更加清晰，而只有添加了框线的表格，在打印时才会显示出表格的结构，下面介绍为表格添加框线的方法。

第 1 步：为表格设置框线

❶选择 A1:G51 单元格区域，单击“开始”选项卡下“字体”组中的“边框”下拉按钮；❷在弹出的下拉菜单中选择“所有框线”命令。

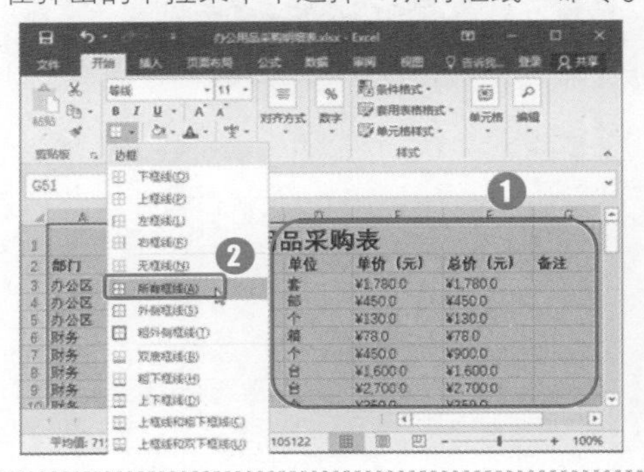

第 2 步：查看效果

为表格添加框线后的效果如图所示。

	A	B	C	D	E	F	G
1	办公用品采购表						
2	部门	名称	数量	单位	单价（元）	总价（元）	备注
3	办公区	组合办公桌椅	1	套	¥1,780.0	¥1,780.0	
4	办公区	电话机	1	部	¥450.0	¥450.0	
5	办公区	饮水机	1	个	¥130.0	¥130.0	
6	财务	A4打印纸	1	箱	¥78.0	¥78.0	
7	财务	办公桌	2	个	¥450.0	¥900.0	
8	财务	保险柜	1	台	¥1,600.0	¥1,600.0	
9	财务	电脑	1	台	¥2,700.0	¥2,700.0	
10	财务	文件柜	1	个	¥359.0	¥359.0	
11	财务	打印机	1	个	¥340.0	¥340.0	
12	财务	文件夹	2	个	¥20.0	¥40.0	
13	财务	办公椅	2	个	¥130.0	¥260.0	
14	财务	电话机	1	部	¥78.0	¥78.0	
15	董事长室	单人床	1	床	¥2,350.0	¥2,350.0	
16	董事长室	茶几	1	个	¥180.0	¥180.0	
17	董事长室	电脑	1	台	¥2,700.0	¥2,700.0	
18	董事长室	钢笔	1	支	¥15.0	¥15.0	
19	董事长室	沙发	1	个	¥1,209.0	¥1,209.0	
20	董事长室	文件柜	1	个	¥450.0	¥450.0	
21	董事长室	文件盒	1	个	¥80.0	¥80.0	
22	董事长室	文件夹	4	个	¥20.0	¥80.0	
23	董事长室	电话机	1	部	¥78.0	¥78.0	
24	董事长室	饮水机	1	台	¥130.0	¥130.0	

7.2.2 按总价排序

为了方便查看办公用品采购表的数据，可以将工作表中的数据按照一定的规律排序。本例以按总价排序为例，介绍排序的使用方法。

第 1 步：单击“排序”按钮

❶选择 A2:G51 单元格区域；❷单击“数据”选项卡下“排序和筛选”组中的“排序”按钮。

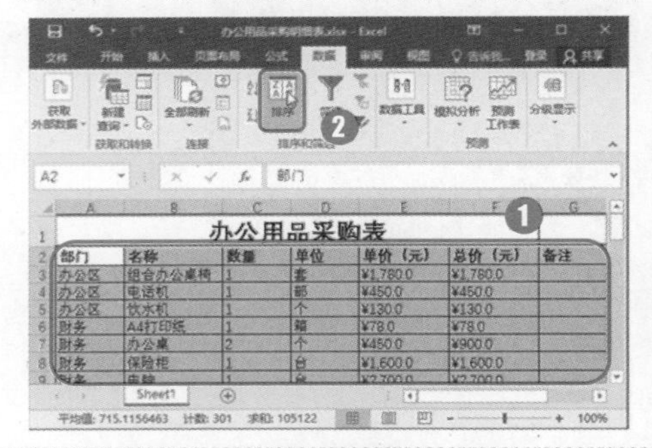

第 2 步：设置排序依据

打开“排序”对话框，❶选择主要关键字为“总价”，排序依据为“数据”，次序为“升序”；❷单击“确定”按钮。

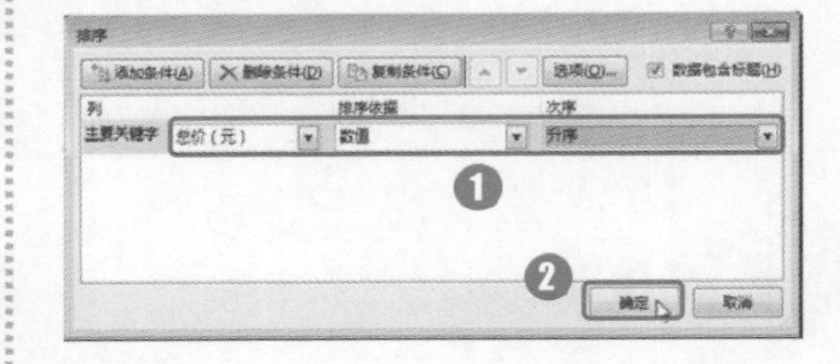

第 3 步：查看排序

返回工作表中即可查看到数据已经按总价升序排列。

	A	B	C	D	E	F	G
1	办公用品采购表						
2	部门	名称	数量	单位	单价（元）	总价（元）	备注
3	董事长室	笔筒	1	个	¥12.0	¥12.0	
4	技术总监	笔筒	1	个	¥12.0	¥12.0	
5	董事长室	钢笔	1	支	¥15.0	¥15.0	
6	董事长室	烟灰缸	1	个	¥30.0	¥30.0	
7	财务	文件夹	2	个	¥20.0	¥40.0	
8	人力资源	文件夹	2	个	¥20.0	¥40.0	
9	技术总监	文件盒	1	个	¥45.0	¥45.0	
10	财务	A4打印纸	1	箱	¥78.0	¥78.0	
11	财务	电话机	1	部	¥78.0	¥78.0	
12	董事长室	电话机	1	部	¥78.0	¥78.0	
13	技术总监	电话机	1	个	¥78.0	¥78.0	
14	董事长室	文件盒	1	个	¥80.0	¥80.0	
15	董事长室	文件夹	4	个	¥20.0	¥80.0	
16	办公区	饮水机	1	个	¥130.0	¥130.0	
17	董事长室	饮水机	1	台	¥130.0	¥130.0	
18	董事长室	办公椅	1	个	¥130.0	¥130.0	
19	技术总监	饮水机	1	个	¥130.0	¥130.0	

7.2.3 新建表格样式

Excel内置了很多表格样式，使用户可以快速地为表格应用样式以美化工作表。如果对内置的表格样式不满意，也可以新建表格样式。

第1步：选择“新建表格样式”命令

❶单击“开始”选项卡“样式”组中的“套用表格格式”下拉按钮；❷在弹出的下拉菜单中选择“新建表格样式”命令。

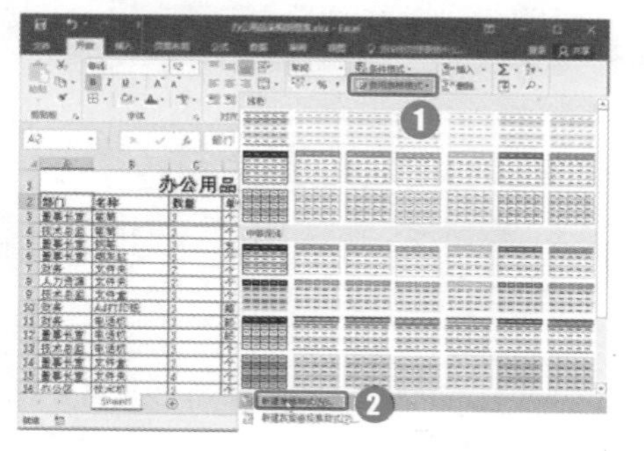

第2步：选择“第一行条纹”

打开“新建表样式”对话框，❶在“名称”文本框中输入“我的样式”文本；❷在“表元素”列表框中选择“第一行条纹”；❸单击“格式”按钮。

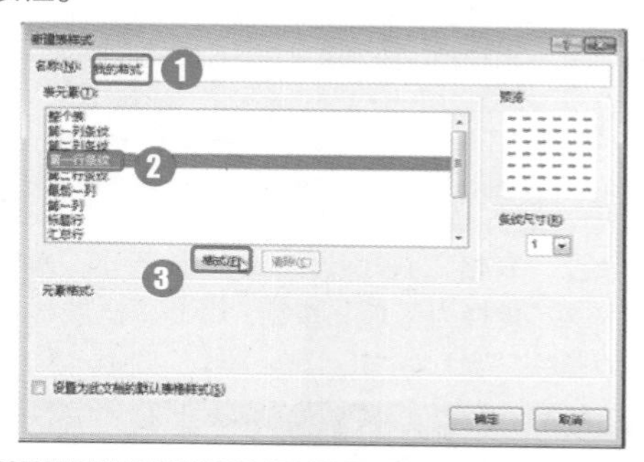

第3步：设置填充背景

打开“设置单元格格式”对话框，❶在“填充”选项卡中选择背景色；❷单击“确定”按钮。

第4步：设置其他表格元素

❶分别为“第二行条纹”和“标题”设置背景填充颜色；❷完成后单击“确定”按钮。

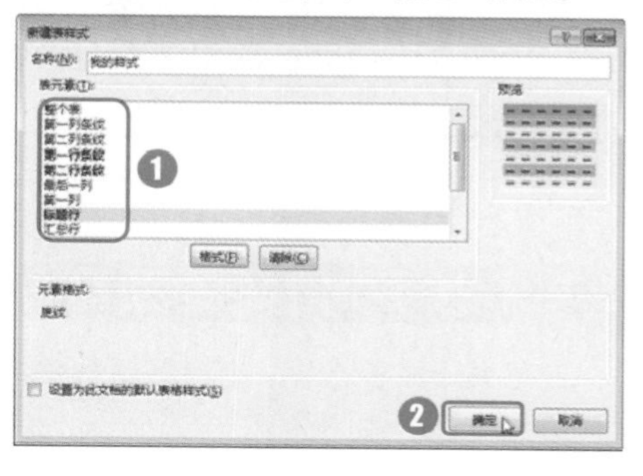

第 5 步：使用新样式

❶选择 A2：G51 单元格区域；❷单击“开始”选项卡下“样式”组中的“套用表格格式”下拉按钮；❸在弹出的下拉菜单中选择“自定义”栏中的新样式。

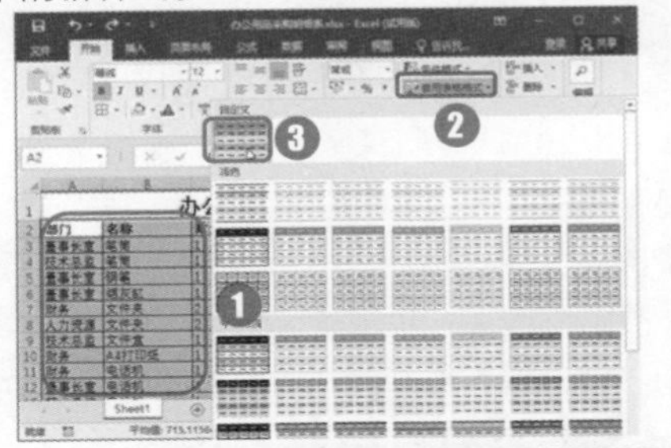

第 6 步：选择表格来源

打开“套用表格式”对话框，保持“表数据的来源”中的数据不变，单击“确定”按钮。

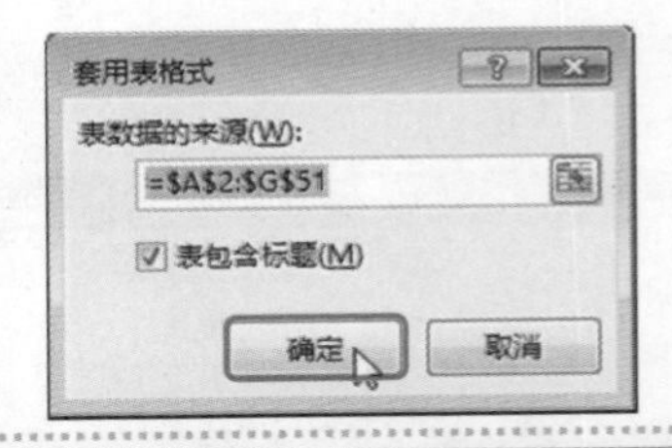

第 7 步：单击“是”按钮

❶单击“表格工具/设计”选项卡下“工具”组中的“转换为区域”按钮；❷在弹出的提示框中单击“是”按钮即可。

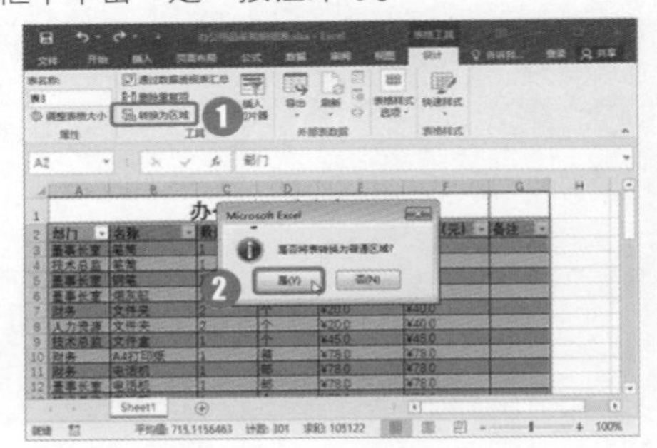

第 8 步：查看完成效果

样式应用完成后的效果如下图所示。

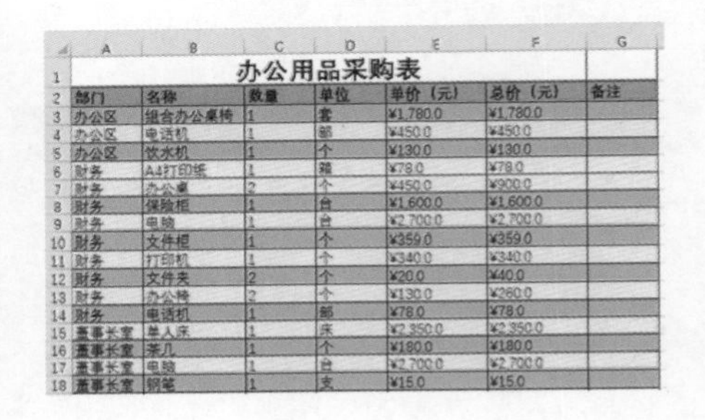

办公用品采购表

部门	名称	数量	单位	单价（元）	总价（元）	备注
办公区	组合办公桌椅	1	套	¥1,780.0	¥1,780.0	
办公区	电话机	1	部	¥450.0	¥450.0	
办公区	饮水机	1	个	¥130.0	¥130.0	
财务	A4打印纸	1	箱	¥78.0	¥78.0	
财务	办公桌	2	个	¥450.0	¥900.0	
财务	保险柜	1	台	¥1,600.0	¥1,600.0	
财务	电脑	1	台	¥2,700.0	¥2,700.0	
财务	文件柜	1	个	¥359.0	¥359.0	
财务	打印机	1	个	¥340.0	¥340.0	
财务	文件夹	2	个	¥20.0	¥40.0	
财务	办公椅	2	个	¥130.0	¥260.0	
财务	电话机	1	部	¥78.0	¥78.0	
董事长室	单人床	1	床	¥2,350.0	¥2,350.0	
董事长室	茶几	1	个	¥180.0	¥180.0	
董事长室	电脑	1	台	¥2,700.0	¥2,700.0	
董事长室	钢笔	1	支	¥15.0	¥15.0	

7.2.4 按类别汇总总价金额

为了方便统计数据，有时候需要将采购表按类别对总计金额进行汇总统计，其操作方法如下。

第 1 步：执行“分类汇总”命令

❶选择 A2:G51 单元格区域；❷单击“数据”选项卡“分级显示”组中的“分类汇总”命令。

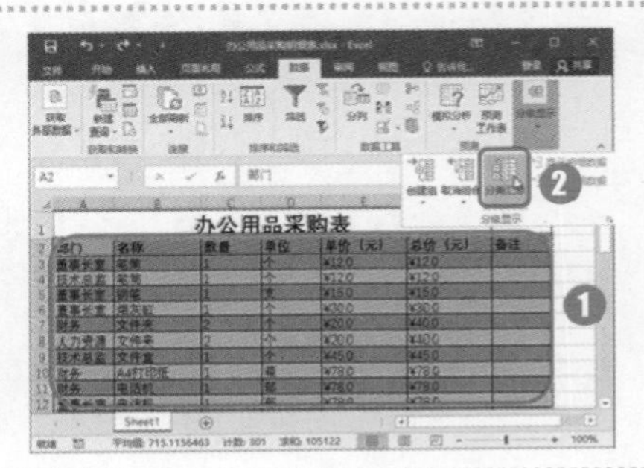

第 2 步：设置分类汇总参数

❶打开“分类汇总”对话框，设置“分类字段”为“名称”，“汇总方式”为“求和”。❷在“选定汇总项”列表框中勾选“总价”复选框；❸单击“确定”按钮。

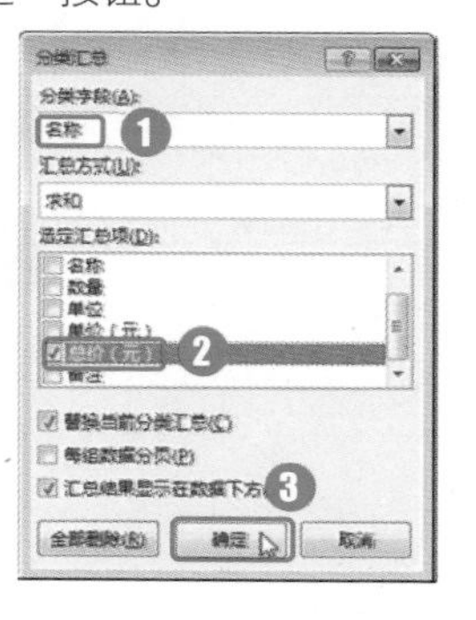

第 3 步：查看分类汇总结果

返回工作表中即可查看到工作表已经按总价分类汇总，并在表格底部汇总了所有物品的总价。分类汇总的数据将分组显示，单击左侧的“-”按钮可隐藏明细数据，单击“+”按钮可以显示出该分类中的明细数据。

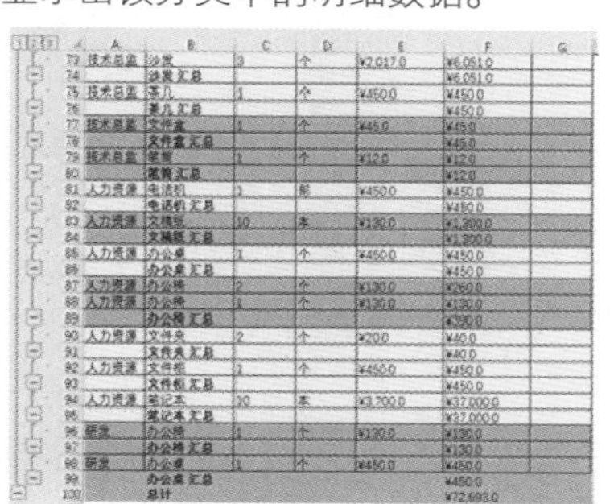

疑难解答

Q：分类汇总后，如何删除分类汇总的结果?

A：对表格中的数据进行分类汇总后，如果要删除分类汇总的结果，可以再次执行“分类汇总”命令，然后在“分类汇总”对话框中单击“全部删除”按钮即可。

高手秘籍　实用操作技巧

通过对前面知识的学习，相信读者已经掌握排序、筛选与汇总方面的相关知识。下面结合本章内容，给大家介绍一些实用技巧。

光盘同步文件

原始文件：光盘\素材文件\第 7 章\实用技巧\
结果文件：光盘\结果文件\第 7 章\实用技巧\
视频文件：光盘\教学文件\第 7 章\高手秘籍.mp4

Skill 01　按单元格颜色进行排序

如果工作表中的单元格设置了颜色、字体颜色或条件格式，可以按单元格颜色、字体颜色或图标进行排序。下面介绍按单元格颜色进行排序的方法。

第 1 步：单击“排序”按钮

❶将光标定位到需要进行排序的列中；❷单击“数据”选项卡下“排序和筛选”组中的“排序”按钮。

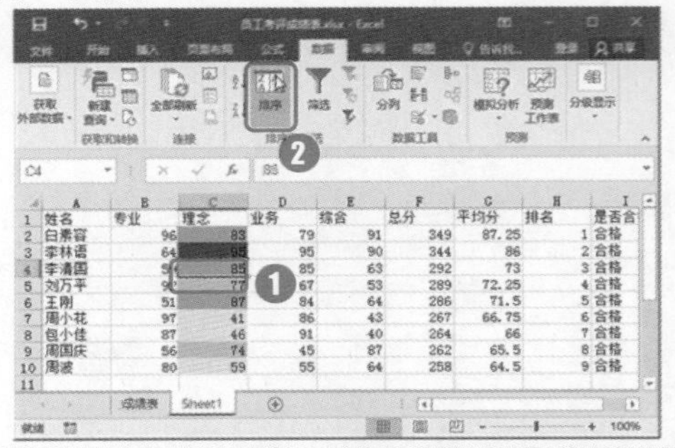

第 2 步：设置排序依据

❶在“排序”对话框中设置“主要关键字”为需要排序的列，设置排序依据为“单元格颜色”选项；❷在“次序”下拉列表框中选择一种颜色，在右侧设置该颜色的单元格位置；❸单击“确定”按钮。

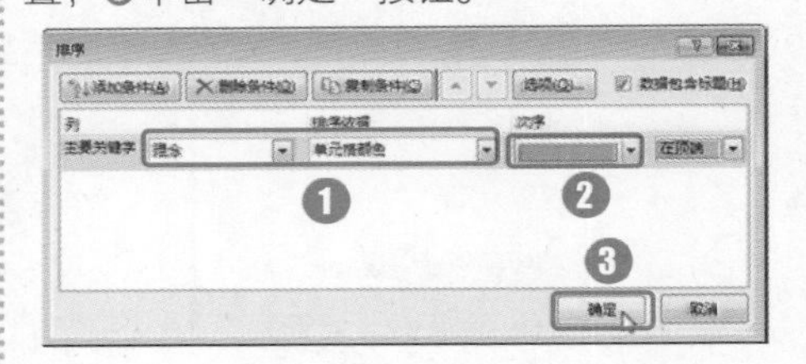

第 3 步：查看排序效果

返回工作表，即可查看到排序情况，效果如右图所示。

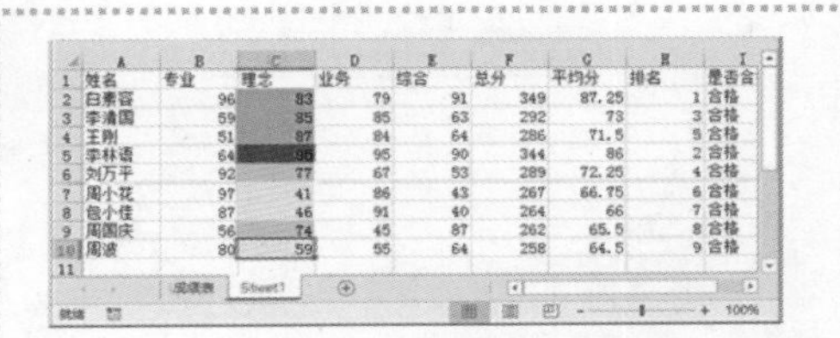

Skill 02 使用通配符筛选数据

通配符“*”表示一串字符，“？”表示一个字符，使用通配符可以快速筛选出一列中满足条件的数据。下面以筛选姓名中姓王的员工为例，具体操作步骤如下。

第 1 步：选择“自定义筛选”命令

❶打开筛选状态；❷单击“姓名”右侧的下拉按钮，在弹出的列表中选择“文本筛选”选项；❸在弹出的扩展菜单中选择“自定义筛选”命令。

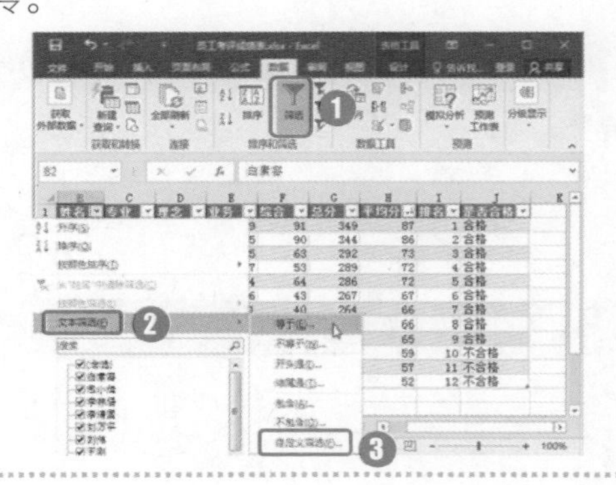

第 2 步：设置筛选方式

打开“自定义自动筛选方式”对话框，❶在“姓名”列表框中选择“等于”选项，在后面的文本框中输入“周*”；❷单击“确定”按钮。

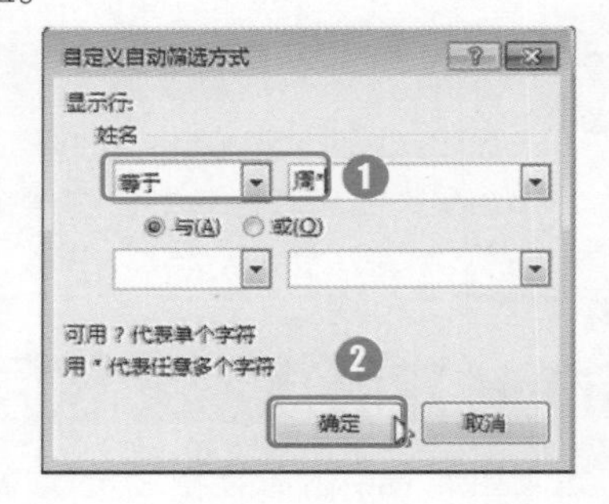

第 3 步：查看筛选结果

返回 Excel 文档，即可查看到筛选之后的结果，如右图所示。

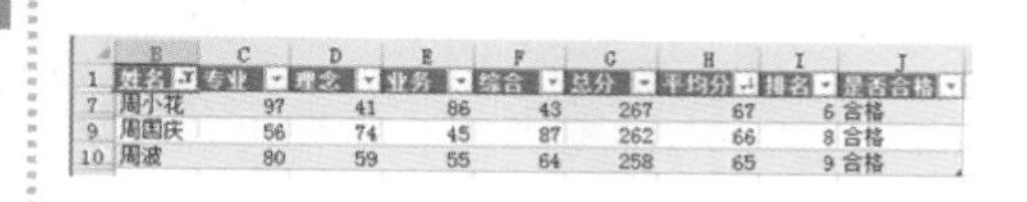

姓名	专业	理念	业务	综合	总分	平均分	排名	是否合格
周小花	97	41	86	43	267	67	6	合格
周国庆	56	74	45	87	262	66	8	合格
周波	80	59	55	64	258	65	9	合格

Skill 03 为数据应用合适的数字格式

在 Excel“开始”菜单的“数字”命令组中，“数字格式”组合框中会显示活动单元格的数字格式类型。如果要更换数字格式，可以在选中单元格区域后，通过“数字格式”右侧的下拉菜单来完成。

在单元格中输入数据时，多数情况下会以“常规”格式键入。如果要为输入的数据设置其他数字格式，可以在选中单元格或单元格区域后，单击“开始”选项卡下“数字”命令组中的下拉列表框，在弹出的下拉列表中选择需要的数字格式。

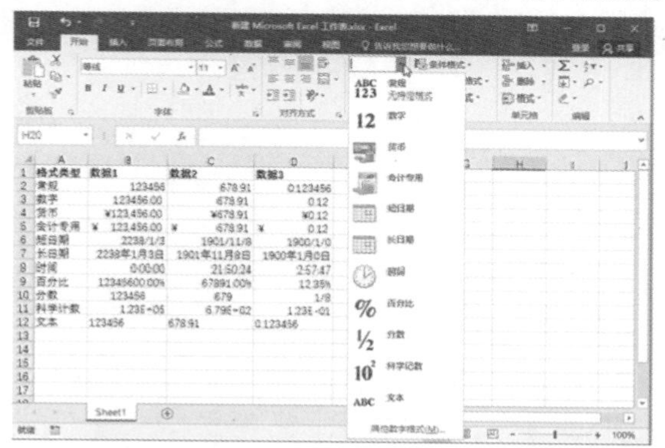

在组合框的下方，还预置了 5 个常用的数字格式按钮，包括“会计专用格式”、“百分比样式”、“千位分隔样式”、“增加小数位数”和“减少小数位数”。

会计专用格式：在数值的开头增加倾向符号，并为数值增加千位分隔符，数值显示两位小数。

百分比样式 %：以百分数形式显示数值。

千位分隔样式 ,：使用千位分隔符分隔数值，显示两位小数。

增加小数位数：在原数值小数位数的基础上增加一位小数。

减少小数位数：在原数值小数倍数的基础上减少一位小数。

通过键盘的快捷键可以快速设定目标单元格区域的数字格式，以下是几种常用的快捷键。

Ctrl+Shift+~：设置为常规格式，即不带格式。

Ctrl+Shift+%：设置为百分数格式，无小数部分。

Ctrl+Shift+^：设置为科学计数法格式，含两位小数。

Ctrl+Shift+#：设置为短日期格式。

Ctrl+Shift+@：设置为时间格式，包含小时和分钟显示。

Ctrl+Shift+!：设置为千位分隔符显示，不带小数。

本章小结

本章结合实例主要讲解了 Excel 的排序、筛选与汇总的相关知识，学习了如何在表格中通过排序和筛选准确的查看数据，并使用分类汇总统计数据的方法。通过对本章的学习，读者可以掌握在表格中快速排序和筛选、利用汇总功能分级显示数据的操作。

第 8 章

08

Excel 2016 统计图表与透视图表的应用

本章导读

在对表格数据进行查看和分析时，为了更直观地展示数据表中的不同数据及多个数据之间的比例关系，可以使用各种类型的图表来展示数据。本章通过使用图表和数据透视表来介绍在 Excel 中分析数据的方法。

知识要点

- 创建图表
- 调整图表布局
- 美化图表
- 创建数据透视图
- 使用数据透视图分析数据
- 使用切片器分析数据

案例展示

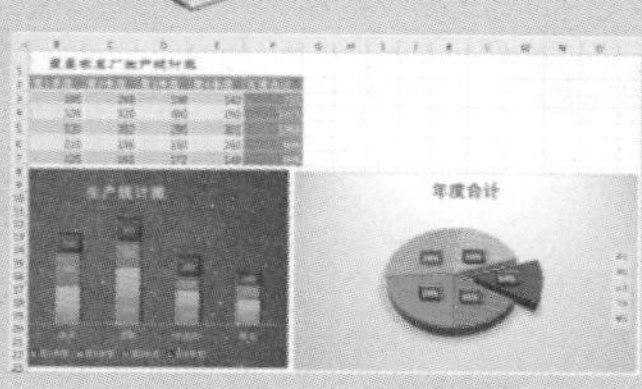

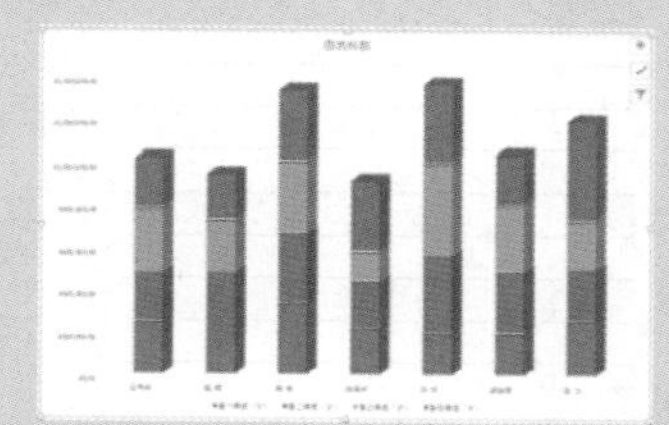

重庆光明销售有限责任公司2015年销售统计表

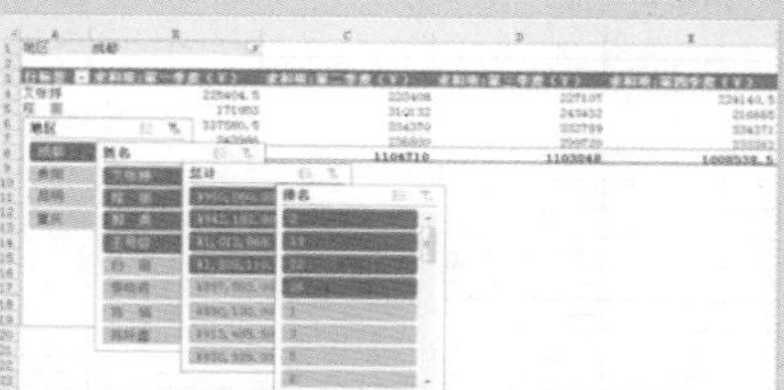

实战应用 ——跟着案例学操作

8.1 创建生产统计图表

企业每年都需要制作生产统计表，以了解每季度的生产总量和年度总计。为了更清楚地查看数据对比，可以根据表格创建图表。本节以制作车间生产报告图表和插入多个图表，并美化图表为例，介绍制作和美化图表的方法。

"车间生产报告" 文档制作完成后的效果如下图所示。

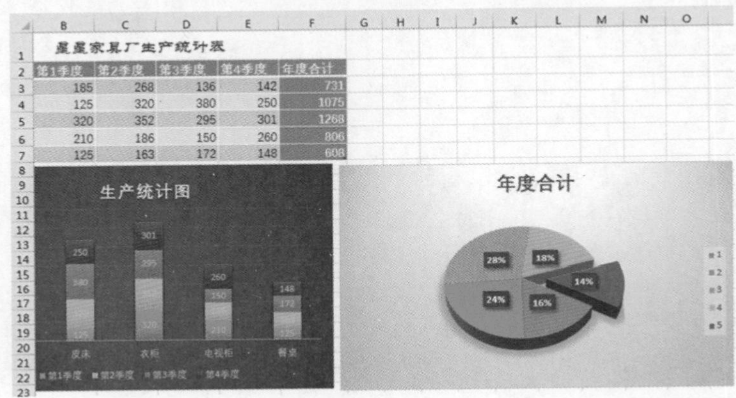

星星家具厂生产统计表

第1季度	第2季度	第3季度	第4季度	年度合计
185	268	136	142	731
125	320	380	250	1075
320	352	295	301	1268
210	186	150	260	806
125	163	172	148	608

光盘同步文件

原始文件：光盘\素材文件\第 8 章\车间生产报告. xlsx

结果文件：光盘\结果文件\第 8 章\车间生产报告. xlsx

视频文件：光盘\教学文件\第 8 章\创建生产统计图表.mp4

8.1.1 创建图表

使用图表可以直观地显示出各车间每季度的生产量，并对数据进行对比。下面将根据表格创建图表来分析数据。

1. 插入图表

Excel 有多种图表类型，用户可以根据数据选择合适的图表类型。下面以创建条形图为例，介绍创建图表的具体方法。

第 1 步：选择数据区域

打开素材文件，选择 A2:E7 单元格区域，即生产季度和生产类型，作为图表数据区域。

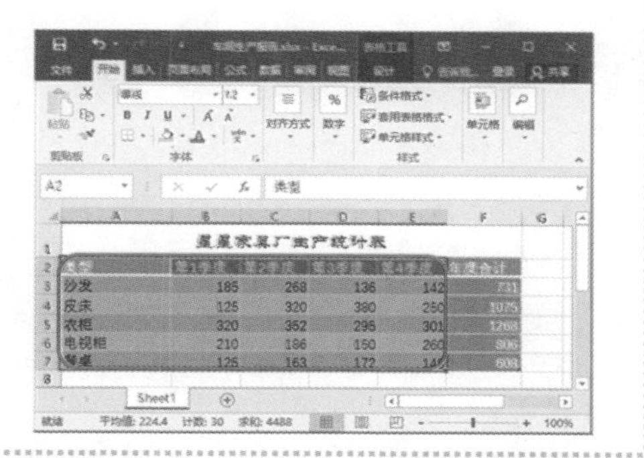

第 2 步：选择图表类型

❶单击“插入”选项卡下“图表”组中的“插入柱形图或条形图”下拉按钮；❷在弹出的下拉列表中选择“簇状条形图”命令。

第 3 步：调整图表位置与大小

插入图表后拖动图表至表格下方，并通过图表四周的控制点调整图表大小。

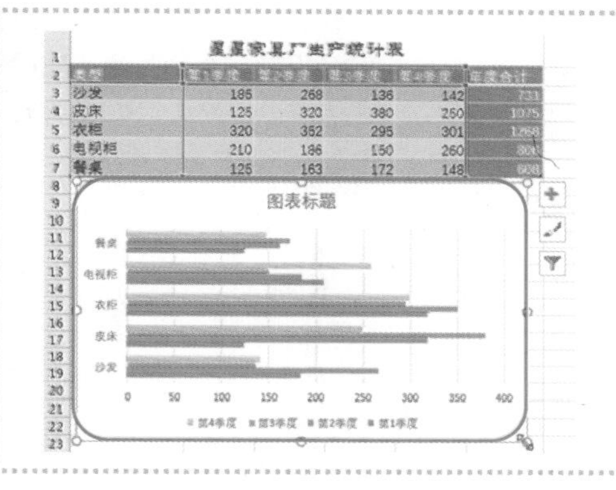

2. 更改图表类型

如果对创建的图表类型不满意，可以随时更改图表类型，操作方法如下。

第 1 步：单击“更改图表类型”命令

❶选择图表；❷单击“图表工具/设计”选项卡下“类型”组中的“更改图表类型”命令。

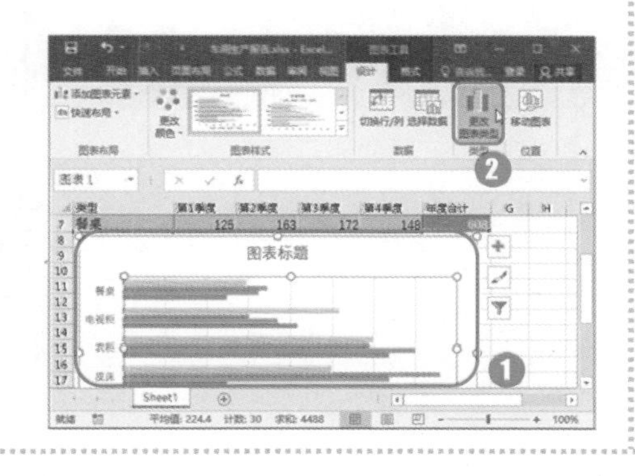

第 2 步：选择图表类型

打开“更改图表类型”对话框，❶在左侧选择图表类型，如柱形图；❷在右侧选择图表样式；❸单击“确定”按钮。

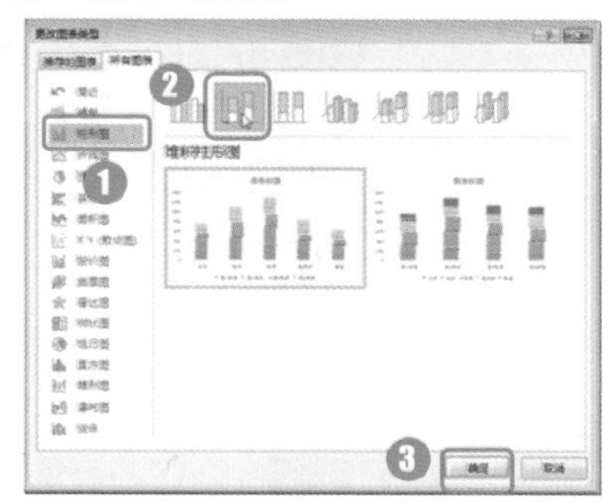

第 3 步：查看最终效果

图表更改完成后的效果如右图所示。

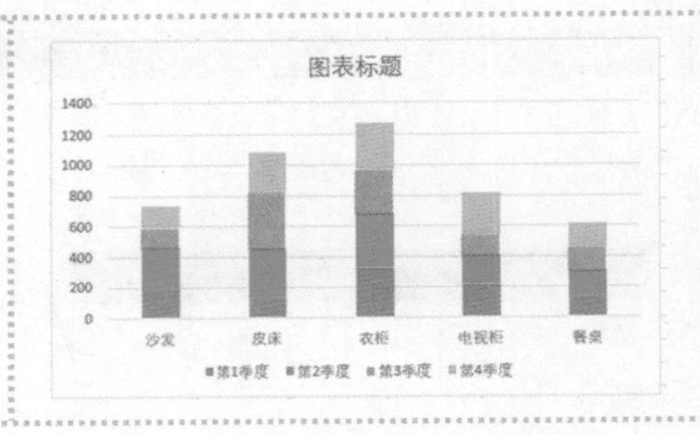

知识加油站

Excel 提供了多种类型的图表供用户选择，不同的图表类型有着不同的数据展示方式，从而有着不同的作用。例如，“柱形图”主要用于显示一段时间内数据的变化情况或数据之间的比较情况，其中“簇状柱形图”和“三维簇状柱形图”用于比较多个类别的值；“堆积柱形图”和“三维堆积柱形图”用于显示单个项目与总体的关系，并跨类别比较每个值占总体的百分比；而“折线图”用于显示随时间变化的连续数据的关系；如果要显示不同类别的数据在总数中所占的百分比，则可以使用“饼图”；如果要显示各项数据的比较情况，也可以使用“条形图”；如果要体现数据随时间变化的程度，同时要强调数据总值情况，则可以使用“面积图”。

3. 移动图表位置

创建的图表默认为存放在表格所在的工作表中，如果有需要也可以将其移动到其他工作表或新建的工作表中，具体操作方法如下。

第 1 步：单击“移动图表”命令

❶选择图表；❷单击“图表工具/设计”选项卡下“位置”组中的“移动图表”命令。

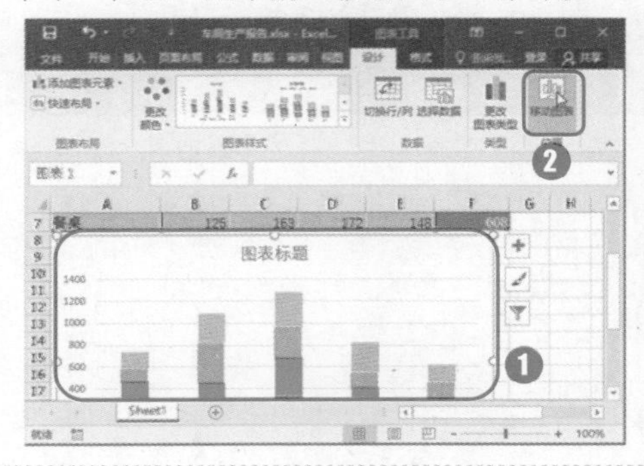

第 2 步：选择移动位置

打开移动图表对话框，❶选择“新工作表”选项；❷在文本框中输入新工作表的名称，❸单击“确定”按钮。

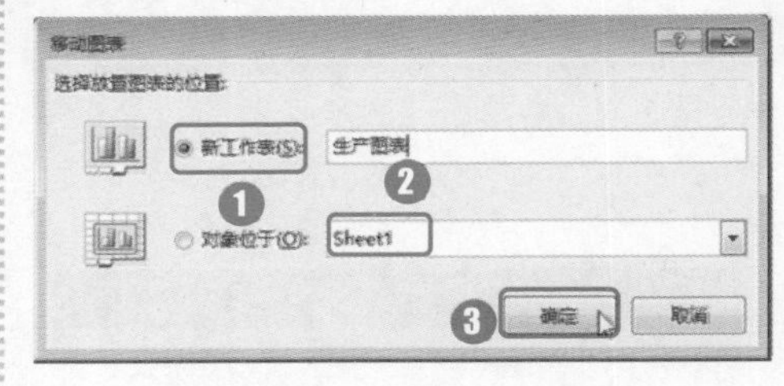

第 3 步：查看最终效果

返回文档中，即可查看到图表已经移动到新工作表中，效果如右图所示。

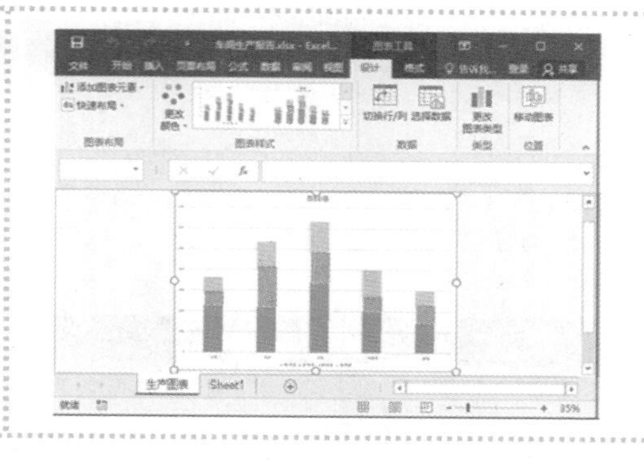

8.1.2 调整图表布局

为了使图表更加美观，使数据表现得更加清晰，可以对图表添加各种修饰，具体操作方法如下。

1. 设置图表标题

一个图表通常需要一个名称，通过简单的语言概括该图表需要表现的意义。在创建图表时，默认创建的图表标题为"图表标题"，此时可以通过以下方法更改图表标题。

❶双击图表标题，进入编辑状态，然后删除原图表标题，输入新标题；❷在"图表工具/格式"选项卡下"艺术字样式组"中设置图表标题的艺术字样式。

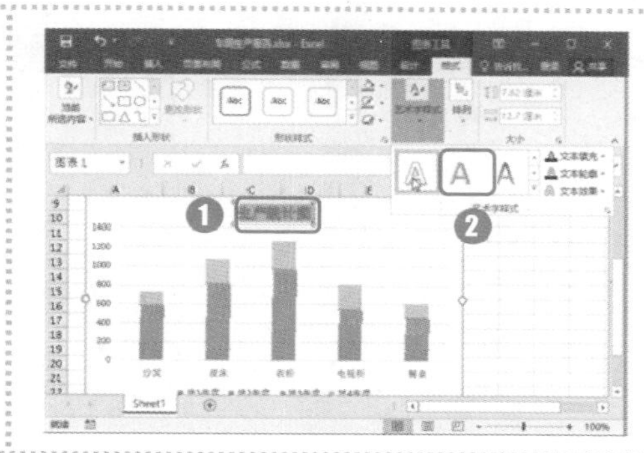

疑难解答

Q：如何设置图表标题的字体样式？

A：设置图表标题文字的字体样式与设置单元格中文字字体的方式相同，可以在选择文字内容后，在"开始"选项卡的字体组中设置相应的参数。

2. 设置轴标题

在许多图表中都有坐标轴，用于体现数据的类别或具体数据。图表在默认情况下并没有坐标轴标题，为了使图表显示得更加清楚，用户也可以为图表添加坐标轴标题，操作方法如下。

第 1 步：单击“主要横坐标轴”命令

选择图表，❶单击“图表工具/设计”选项卡下“图表布局”组中的“添加图表元素”下拉按钮；❷在弹出的下拉菜单中选择“轴标题”选项；❸在弹出的扩展菜单中单击“主要横坐标轴”命令。

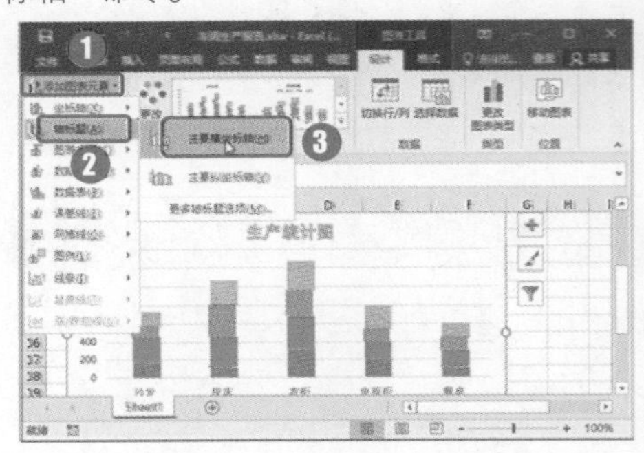

第 2 步：输入坐标轴标题

在图表下方将添加一个名为“坐标轴标题”的文本框，在文本框中输入轴标题内容即可。

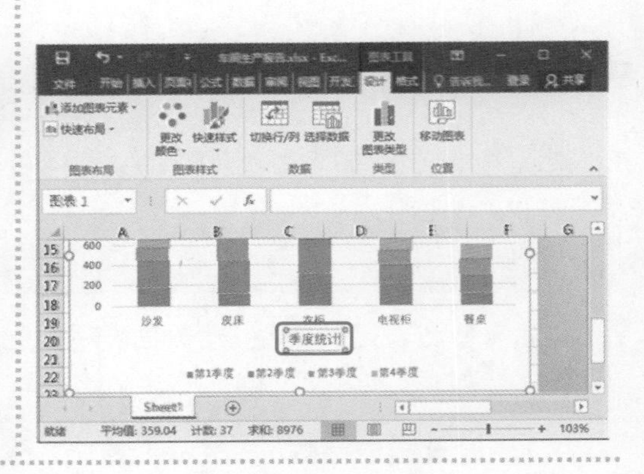

3. 更改图例位置

在图表中通常会有对图表中的图形或颜色进行说明的部分，这就是图例。本例的图例位于图表下方，不同的颜色代表不同的季度。为了使图例更明显，整体布局更美观，可以将其移动到图表的右侧，操作方法如下。

选择图表，❶单击“图表工具/设计”选项卡下“图表布局”组中的“添加图表元素”下拉按钮；❷在弹出的下拉菜单中选择“图例”选项；❸在弹出的扩展菜单中选择“右侧”选项。

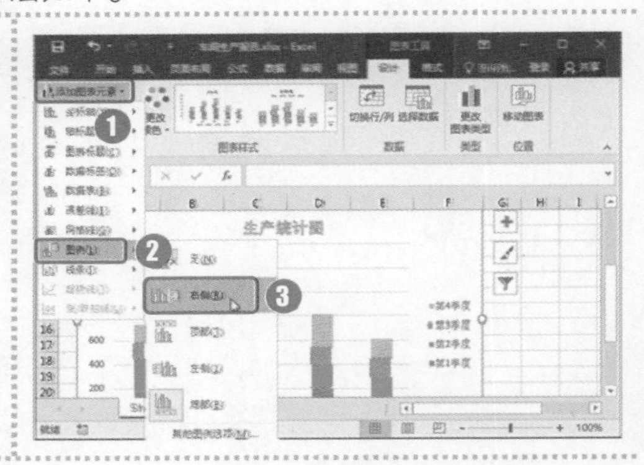

4. 显示数据标签

图表在默认情况下并没有显示数据标签，为了查看到图表中各部分所表示的数值，可以将数据标签显示出来，具体操作方法如下。

选择图表，❶单击“图表工具/设计”选项卡下“图表布局”组中的“添加图表元素”下拉按钮；❷在弹出的下拉菜单中选择“数据标签”选项；❸在弹出的扩展菜单中选择“居中”选项。

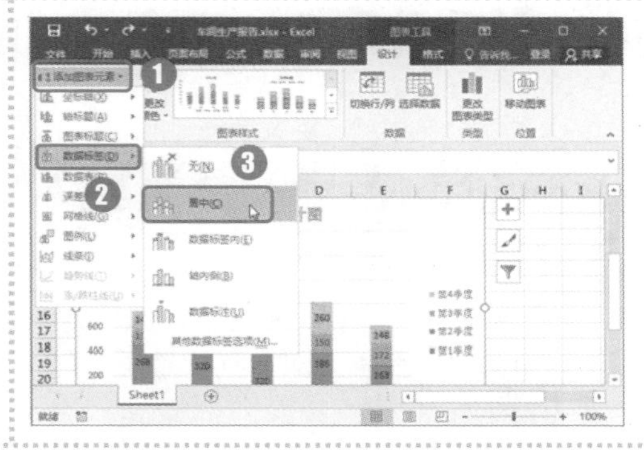

8.1.3 美化图表

在制作图表时，为了提高图表的美观度，使图表具有更好的视觉效果，可以为图表添加各种修饰，操作方法如下。

1. 使用样式快速美化图表

Excel 中内置了多种图表样式，使用快速样式可以立刻让图表生动起来，操作方法如下。

第 1 步：单击“其他”按钮

选择图表，单击“图表工具/设计”选项卡下“图表样式”组中的“其他”按钮。

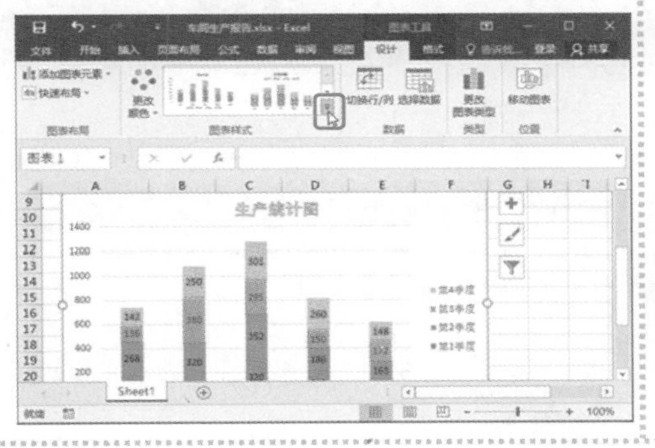

第 2 步：选择图表样式

弹出内置的图表样式，选择一种图表样式，即可快速美化图表。

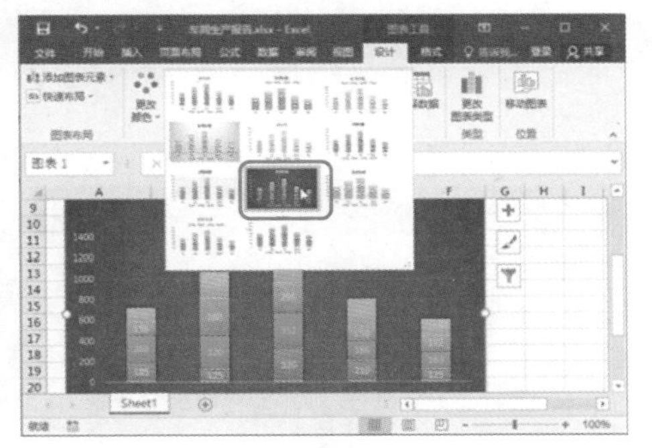

2. 更改系列颜色

在图表中每一类的数据称为一个系列，用一种颜色表示，用户如果对默认的系列颜色不满意，Excel 也提供了多种颜色方案可供选择。更改颜色的操作方法如下。

第 1 步：单击“更改颜色”按钮

选择图表，单击“图表工具/设计”选项卡下“图表样式”组中的“更改颜色”下拉按钮。

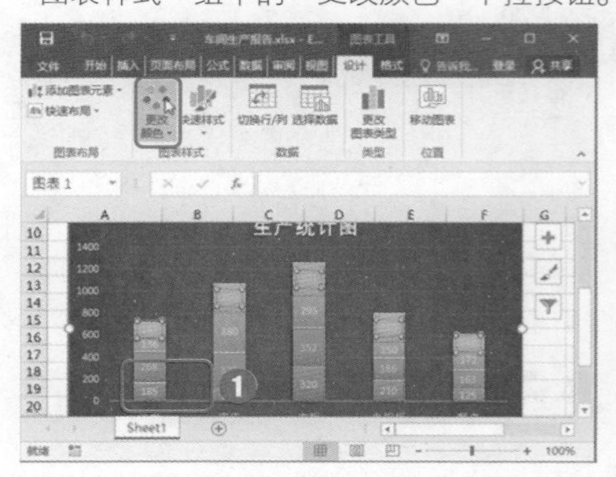

第 2 步：选择颜色

在弹出的下拉列表中选择一种颜色即可。

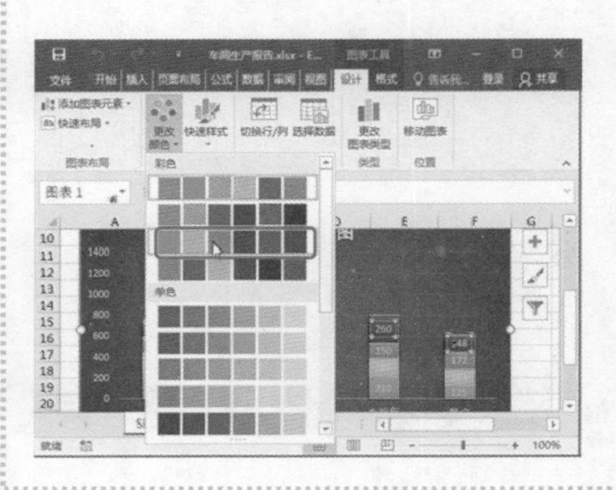

8.1.4 创建年度合计对比图

在分析生产情况时，常常需要查看总生产量中各季度销量占全年总销量的百分比，这时可以使用饼图来表现。

1. 创建三维饼图

如果要使用各季度的汇总数据来创建三维饼图，操作方法如下。

第 1 步：单击“插入饼图或圆环图”按钮

❶选择工作表中的 F2:F7 单元格区域；❷单击“插入”选项卡下“图表”组中的“插入饼图或圆环图”下拉按钮。

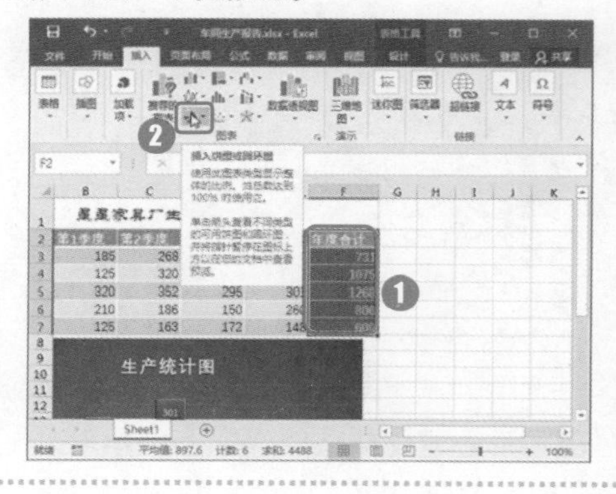

第 2 步：选择“三维饼图”

在弹出的下拉菜单中，选择“三维饼图”，即可创建三维饼图。

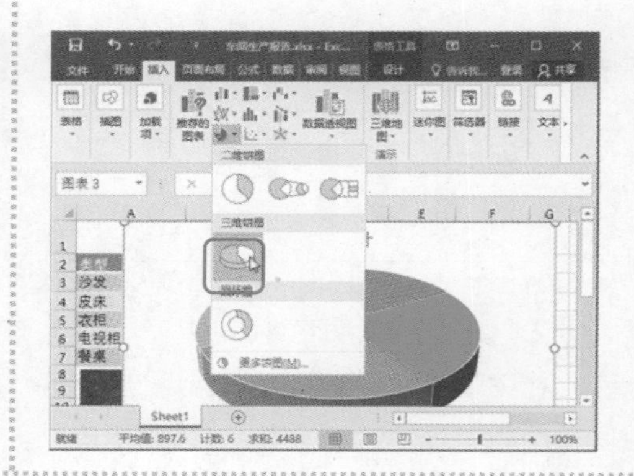

第 3 步：查看效果图

三维饼图创建完成后的效果如右图所示。

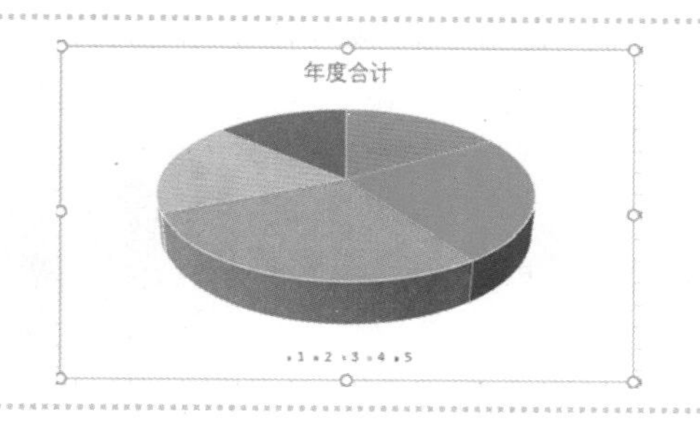

2. 分离数据点

在饼图中，为了强调图中的某一项数据，可以将该数据点从饼图中分离，使该数据的扇形与整体形状间产生距离。例如，要将生产量最低的数据分离出来，操作方法如下。

第 1 步：设置“点爆炸型”的百分比

❶双击要分离的数据点，选中该数据点，并打开“设置数据点格式”窗格；❷在“系列选项”中设置“点爆炸型”的百分比，即可将该数据点分离。

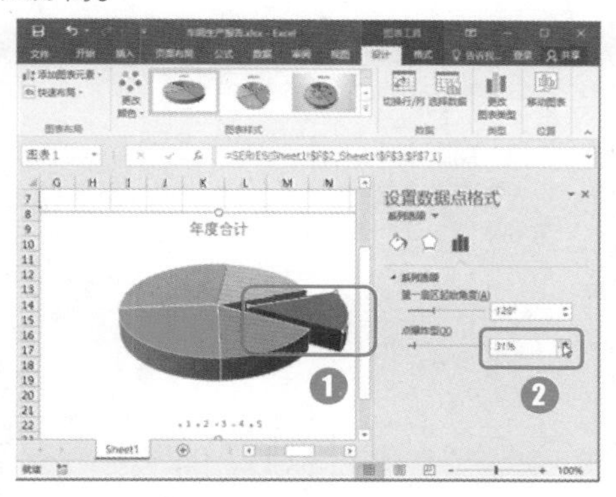

第 2 步：美化饼图

在“图表工具/设计”选项卡的“图表样式”组中选择一种图表样式美化饼图。

8.2 制作销售数据透视图表

产品销售数据统计表属于简单的管理系统，而一个专业的销售管理系统能够提高公司的销售业绩和管理水平，节省销售人力成本。本例将制作一个销售管理系统的销售统计表，并计算各员工的总销售额和排名情况。

“产品销售管理系统”文档制作完成后的效果如下图所示。

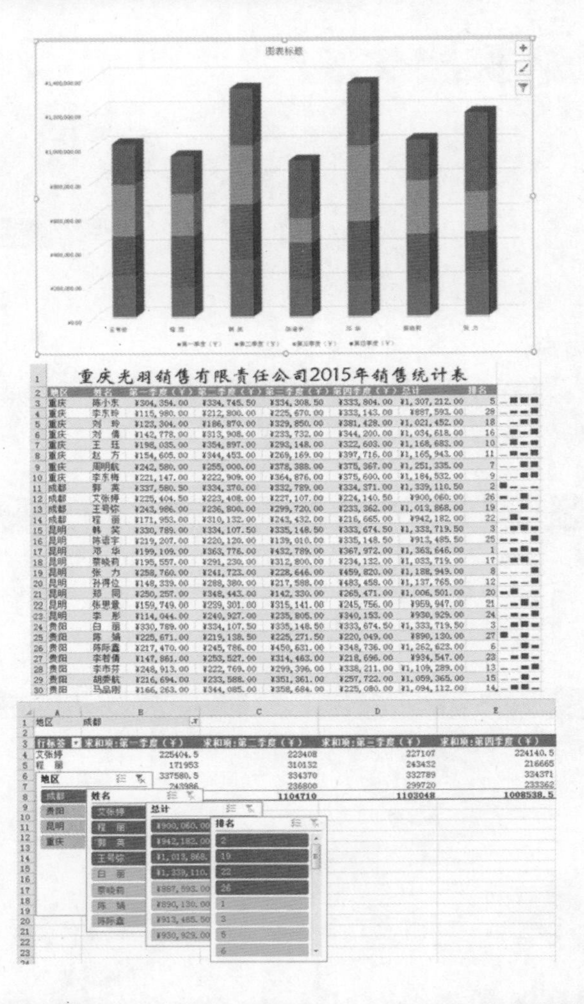

光盘同步文件

原始文件：光盘\素材文件\第 8 章\产品销售管理系统.xlsx
结果文件：光盘\结果文件\第 8 章\产品销售管理系统.xlsx
视频文件：光盘\教学文件\第 8 章\制作销售数据透视图表.mp4

8.2.1 创建销量对比图

在制作了“产品销售统计表”之后，为了更直观地反映数据，可以创建“销售业绩统计图”，并将新建的图表移动到“销售业绩统计图”工作表中。

1. 移动图表

创建图表之后，如果需要将图表移动到新的工作表中，可以通过以下方法来完成。

第 1 步：选择图表样式

打开素材文件，选择要添加到图表的单元格区域，❶单击“插入”选项卡下“图表”组中的“插入柱形图或条形图”下拉按钮；❷在弹出的下拉菜单中选择“三维柱形图”栏的图表样式。

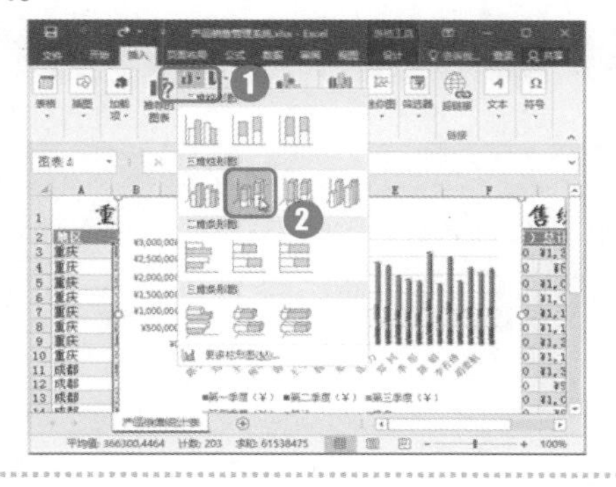

第 2 步：移动工作表

插入图表后选择图表，❶单击“图表工具/设计”选项卡下“位置”组中的“移动图表”按钮；❷弹出“移动图表”对话框，选择“新工作表”选项，并为新工作表重命名；❸单击“确定”按钮。

2. 删除数据源

创建图表之后，如果发现某些数据并不需要显示在图表中，可以进行删除，操作方法如下。

第 1 步：单击“选择数据”命令

选择图表，单击“图表工具/设计”选项卡下“数据”组中的“选择数据”命令。

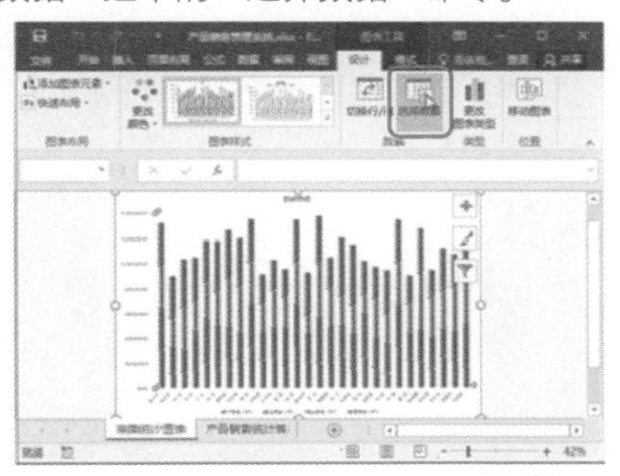

第 2 步：取消勾选分类数据

打开“选择数据源”对话框，❶在“水平（分类）轴标签”列表框中取消勾选不需要显示的数据；❷单击“确定”按钮。

第 3 步：查看效果

回到文档中，即可发现分类数据已经删除，效果如右图所示。

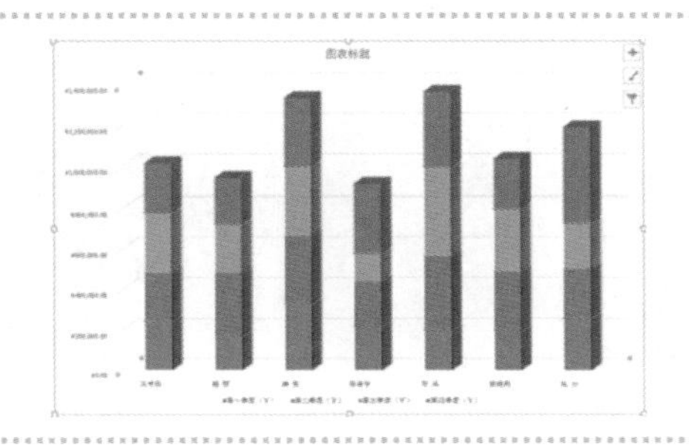

8.2.2 使用数据透视图分析销量

创建数据透视表和数据透视图可以对产品销量统计表进行详细分析，包括按地区和按季度进行分析。

1. 创建数据透视图

要使用数据透视图对数据进行分析，首先需要使用数据区域创建数据透视图，操作方法如下。

第 1 步：单击“数据透视图”按钮

❶选择 A3:G30 单元格区域；❷单击“插入”选项卡下“图表”组中的“数据透视图”按钮。

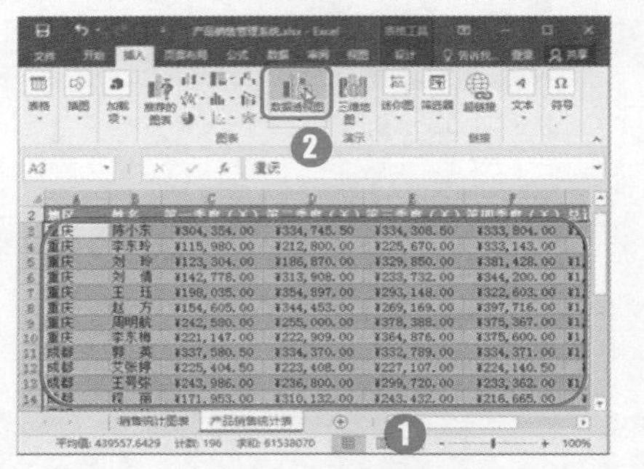

第 2 步：单击“确定”按钮

打开“创建数据透视图”对话框，保持默认设置不变，单击“确定”按钮。

第 3 步：查看数据透视图

返回文档中即可查看到创建的数据透视图。

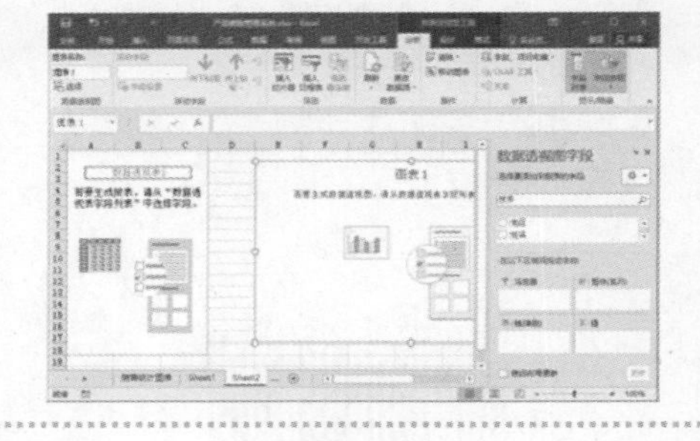

疑难解答

Q：如何创建数据透视表？

A：数据透视图是以图表的形式分析和表现数据的关系，而数据透视表则是以单纯的表格方式表现数据，在创建了数据透视图后，会自动创建数透视表。如果要单独创建数据透视表，可以单击“数据透视表”下拉按钮，在弹出的下拉菜单中选择“数据透视表”命令即可。

2. 按地区分析数据

在创建的数据透视表中并没有任何数据，需要在其中添加相应的字段，才可以得到相应的分析结果。

第 1 步：选择字段

在“数据透视图字段”窗格中，勾选“选择要添加到报表的字段”列表框中的字段，即可将数据添加到报表。

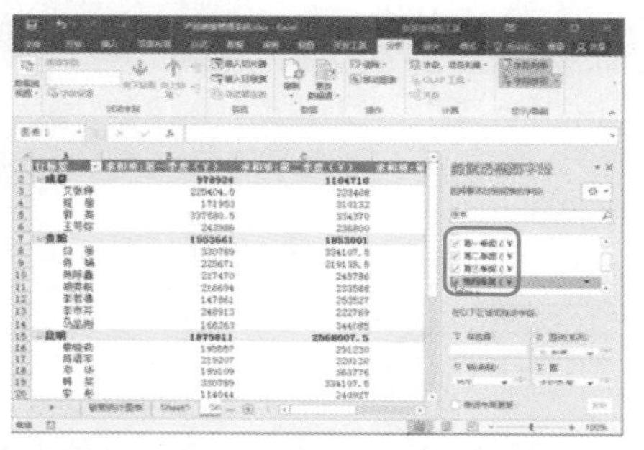

第 2 步：拖动字段

在以下区域间拖动字段栏，将地区字段拖动到筛选器列表框中。

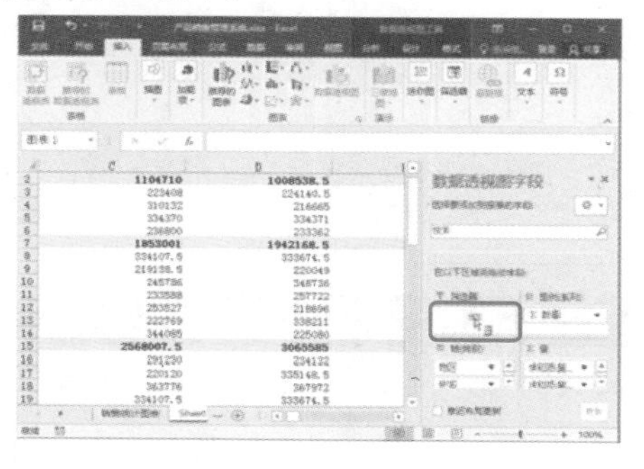

第 3 步：选择地区

在数据透视表中将出现“地区”下拉列表，❶单击“地区”下拉列表按钮；❷在弹出的下拉列表框中选择“成都”；❸单击“确定”按钮。

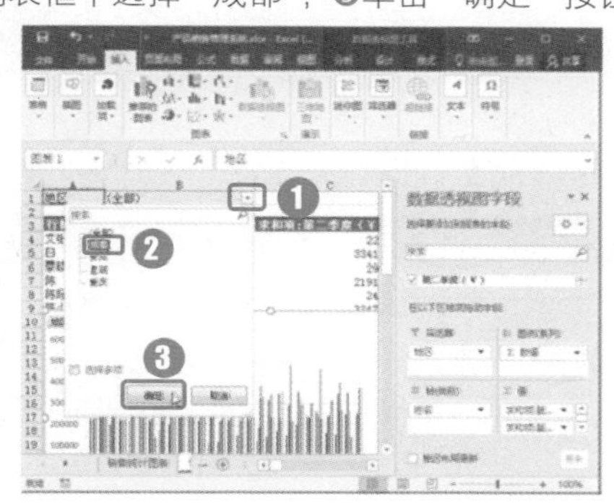

第 4 步：查看销售情况

调整图表的位置，可以清楚地查看到成都地区各销售人员的销售情况。

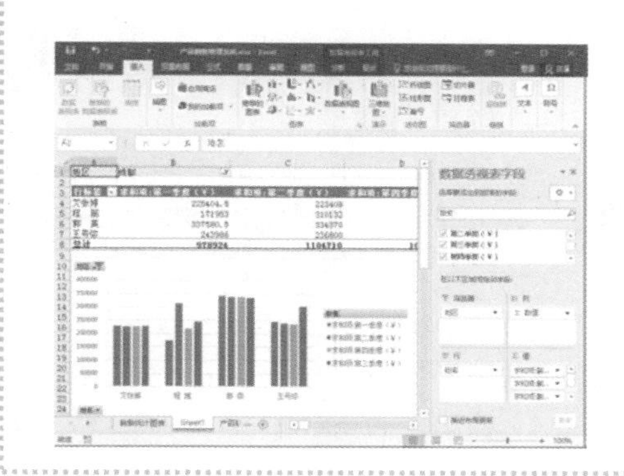

疑难解答

Q：如何设置值字段中数值的格式?

A：数据透视表中的值字段通常是用于统计的数值型字段，其结果应根据该数值表现的意义而设置不同的数字格式。例如，结果表现为金额，可设置为货币型格式；结果表现为百分比，则数字应使用百分比格式。要设置值字段的数字格式，可以在“值字段设置”对话框中单击右下角的“数字格式”按钮，在打开的“设置单元格格式”对话框中进行设置。

8.2.3 使用切片器分析数据

使用切片器分析数据可以更直观地将筛选出的数据展示出来，使用户更方便地分析数据。

1. 插入切片器

在 Excel 中，插入切片器的操作方法如下。

第 1 步：设置字体格式

将光标定位到数据透视表的任意单元格中，然后单击“数据透视表/分析”选项卡下“筛选”组中的“插入切片器”按钮。

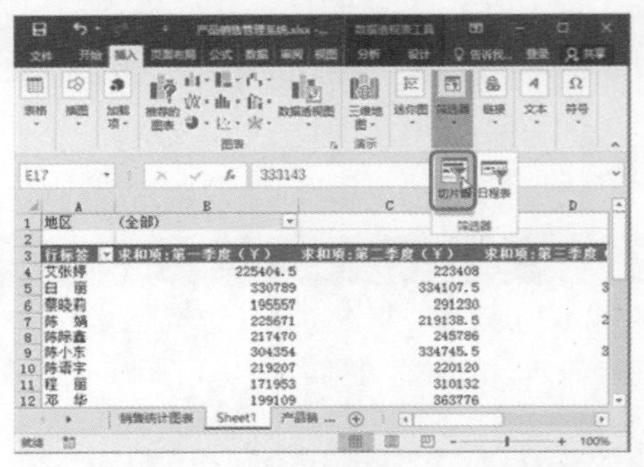

第 2 步：设置行距

打开“插入切片器”对话框，❶勾选“地区”、“姓名”、“总计”、“排名”复选框；❷单击“确定”按钮，即可插入切片器。

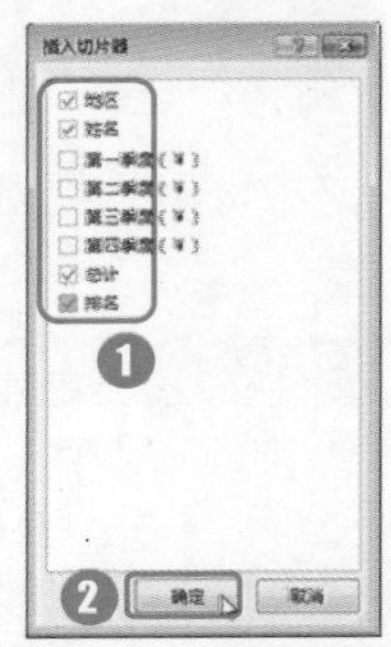

2. 筛选数据

插入切片器后，就可以使用切片器方便地筛选数据，操作方法如下。

第 1 步：选择地区

在“地区”切片器中选择“成都”选项，在其他切片器中即可显示成都地区销售人员的销售总计和排名情况，其他数据呈灰色显示。

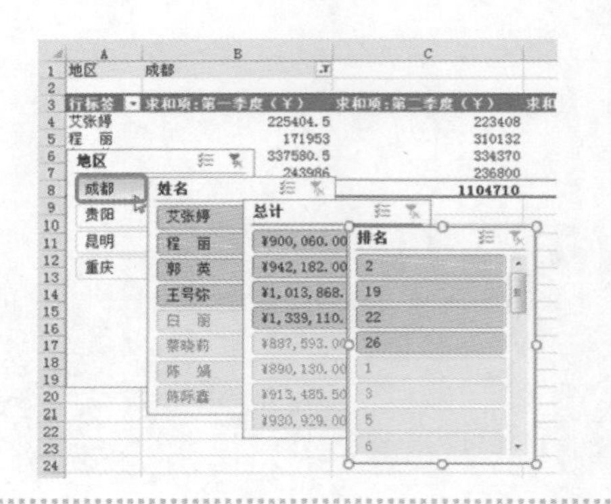

第 2 步：选择销售人员

在“姓名”切片器中选择销售人员的名字，在“总计”切片器和“排名”切片器中即可显示该人员的销售情况和排名，其他数据呈灰色显示。

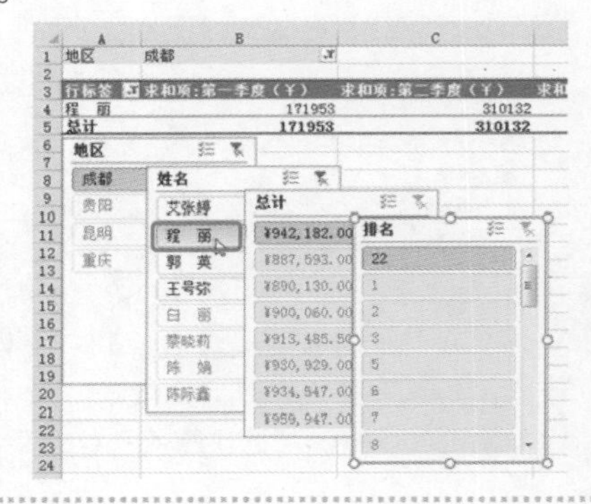

第 3 步：取消筛选

如果需要重新筛选，可以单击切片器右上角的“清除筛选器”按钮，将切片器恢复到筛选前的状态。

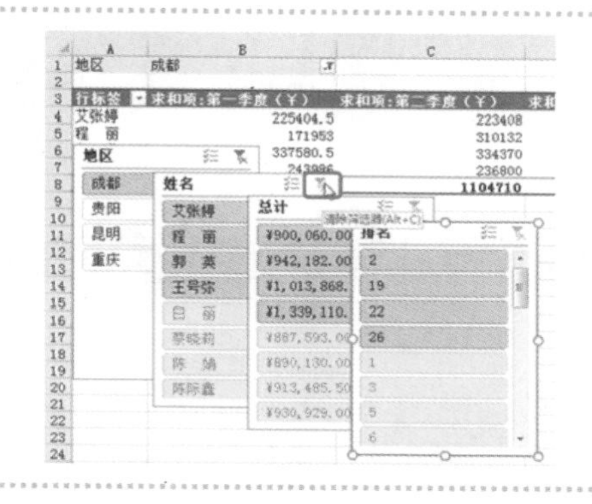

3. 美化切片器

在插入切片器后，可以使用切片器样式对切片器进行快速美化，操作方法如下。

按住“Ctrl”键不放，选择创建的所有切片器，在“切片器工具/选项”选项卡的“切片器样式”组中设置切片器样式。

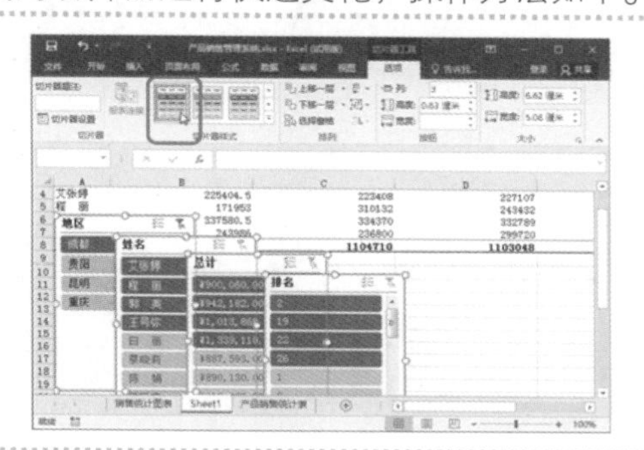

高手秘籍　实用操作技巧

通过对前面知识的学习，相信读者已经掌握了使用图表和数据透视表查看并分析数据的方法。下面结合本章内容，给大家介绍一些实用技巧。

光盘同步文件

原始文件：光盘\素材文件\第 8 章\实用技巧\
结果文件：光盘\结果文件\第 8 章\实用技巧\
视频文件：光盘\教学文件\第 8 章\高手秘籍.mp4

Skill 01　插入迷你图

迷你图与 Excel 中的其他图表不同，它不是对象，而是一种放置到单元格背景中的微缩图表。在数据旁边放置迷你图可以使数据表达更直观、更容易被理解。

第 1 步：单击“柱形图”按钮

打开素材文件，❶将光标定位到要插入迷你图的单元格；❷单击“插入”选项卡下“迷你图”组中的“柱形图”按钮。

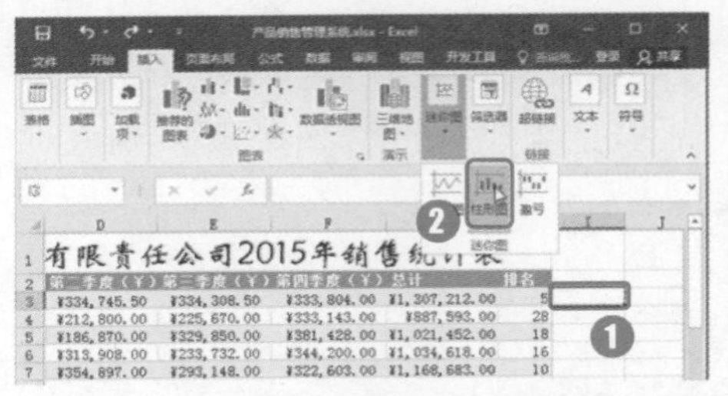

第 2 步：选择数据源

打开“创建迷你图”对话框，❶在“数据范围”参数框中输入 C3:F3；❷单击“确定”按钮。

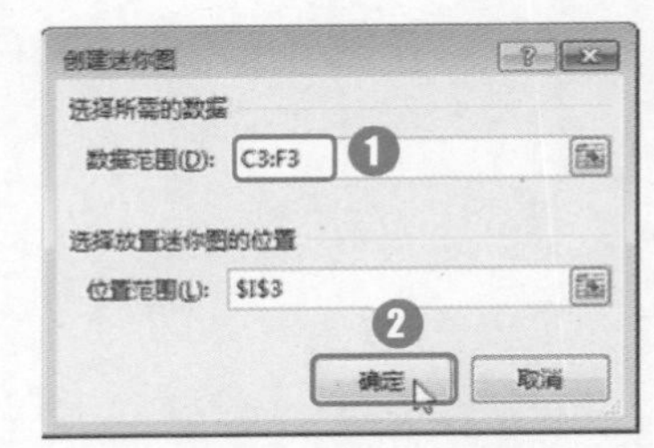

第 3 步：填充迷你图

将迷你图填充到下方的单元格区域。

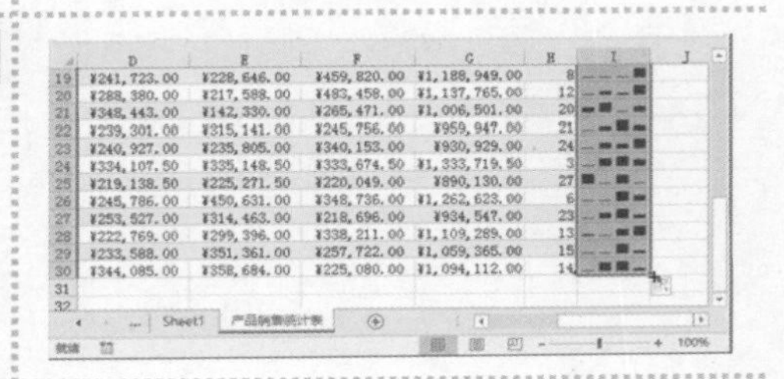

Skill 02 增加数据系列

如果要在图表中增加数据系列，可直接在原有图表上增添数据源，具体操作步骤如下。

第 1 步：单击“选择数据”按钮

打开素材文件，❶在工作表中选中图表；❷单击“图表工具/设计”选项卡下“数据”组中的“选择数据”按钮。

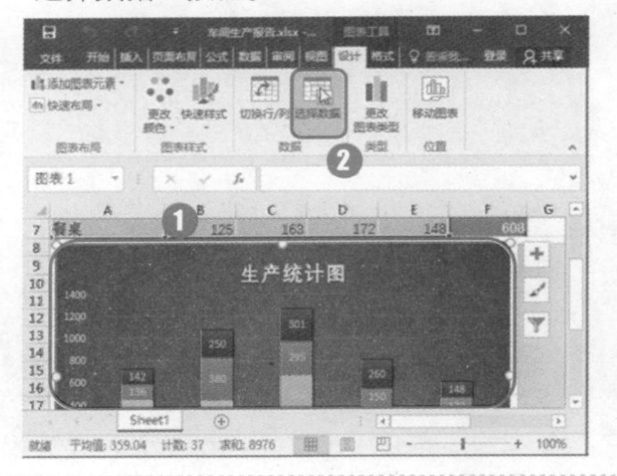

第 2 步：单击“添加”按钮

在弹出的“选择数据源”窗口中单击“添加”按钮。

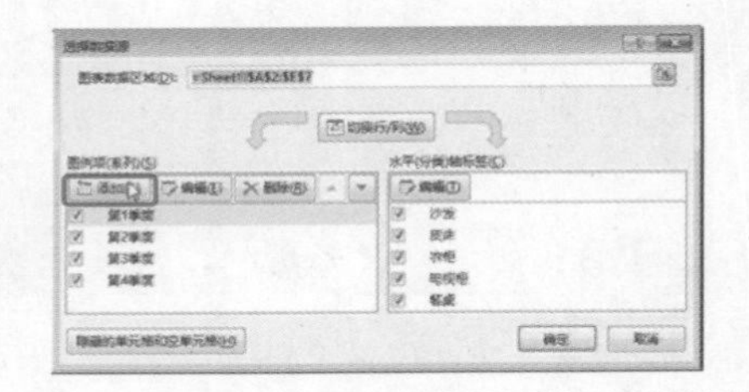

第 3 步：编辑数据系列

在弹出的“编辑数据系列”对话框中，❶选择系列名称为 F2 单元格；❷将光标定位到“系列值”编辑框，删除默认的文本“= {1}”，选择 F3:F7 单元格区域；❸单击“确定”按钮。

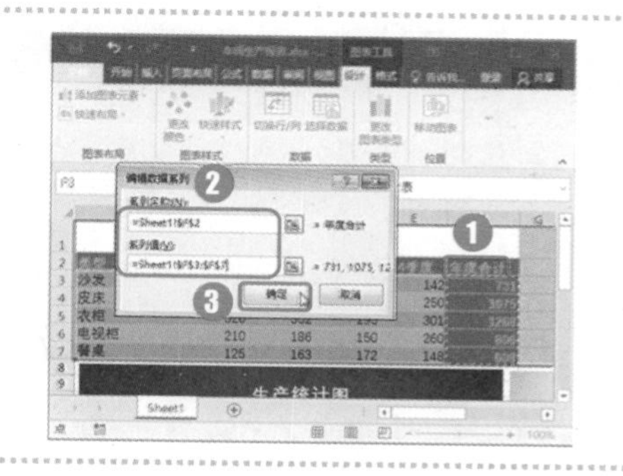

Skill 03　为图表添加趋势线

趋势线是用图形的方式显示数据的预测趋势，可用于预测分析。趋势线可以用于非堆积型二维面积图、条形图、柱形图、折线图、股价图和 XY 散点图的数据系列。

为图表添加趋势线主要有以下两种方法。

- 选中图表，单击“图表元素”按钮，在弹出的图表元素中勾选“趋势线”复选框，即可为图表添加趋势线。通过勾选图表元素添加的趋势线默认为线性趋势线，如下面左图所示。
- 选中图表，然后切换到“图表工具/设计”选项卡，单击“图表布局”区域的“添加图表元素”命令，在弹出的下拉菜单中选中“趋势线”选项，然后在弹出的扩展菜单中选择想要的趋势线类型即可，如下面右图所示。

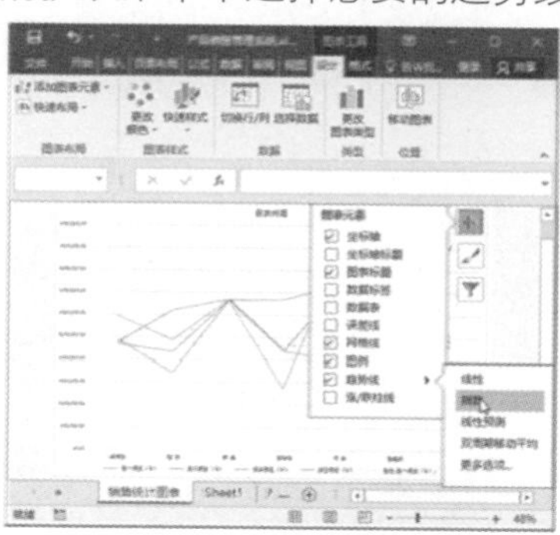

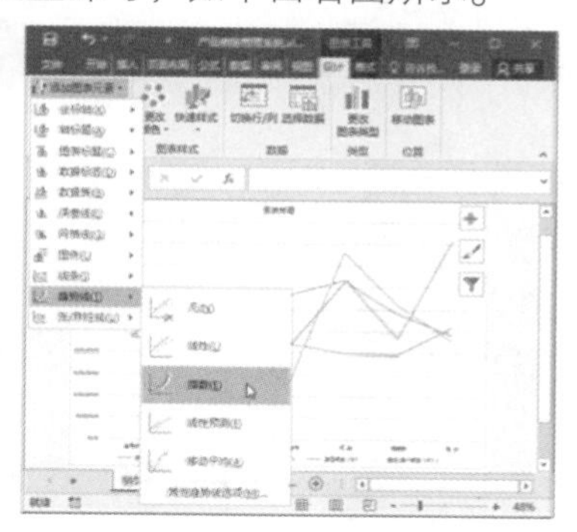

本章小结

本章结合实例主要讲解了 Excel 创建图表和数据透视表的方法，包括创建各类型图表、美化图表、调整图表布局的方法，以及制作数据透视表、切片器的方法。通过对本章的学习，读者可以使用 Excel 方便地查看数据和分析数据。

09

第 9 章 Excel 2016 数据管理高级应用

本章导读

在 Excel 中，除可以进行基本的数据管理外，还可以使用公式制订销售计划，使用宏功能录入固定的数据等。本节将制作年度销售计划表和信息管理系统，介绍 Excel 数据的高级应用。

知识要点

- 使用公式计算利润
- 使用公式预测
- 设置数据验证
- 录制宏
- 添加命令按钮
- 保存宏文件

案例展示

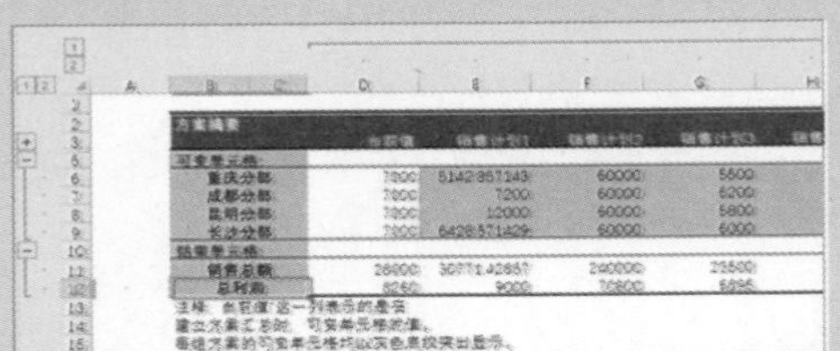

年度销售计划			
总销售额	总销售额	240000	万元
	总利润	70800	万元
各部门销售目标			
	销售额	平均利润百分比	利润（万）
重庆分部	60000	35%	21000
成都分部	60000	25%	15000
昆明分部	60000	30%	18000
长沙分部	60000	28%	16800

客户信息表

客户类别		自动编号	3
单位名称			
公司性质		法人代表	
经营项目			
单位地址		邮编	
联系电话		联系人	
企业邮箱			

客户信息填写不完整　录入数据　清除数据

实战应用——跟着案例学操作

9.1 制订年度销售计划表

在年初或年末的时候，企业常常会提出新一年的各种计划和目标，例如产品的销售计划。销售计划通常会依据上一年的销售情况，对新一年的销售额提出要求。本例将应用 Excel 对新一年的销售情况做出规划，确定要完成的目标、各部门需要完成的总目标等。

“年度销售计划表”文档制作完成后的效果如下图所示。

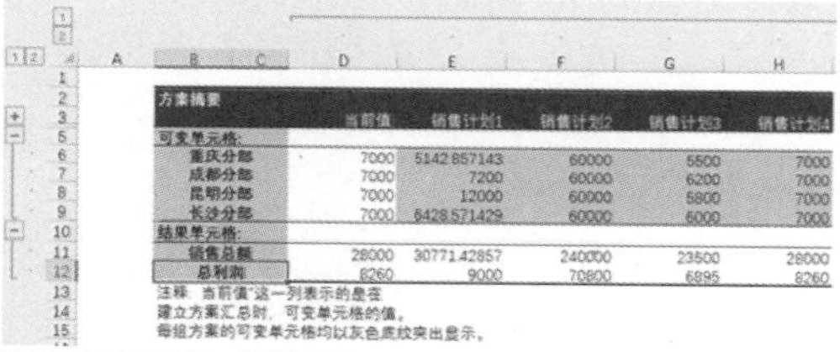

方案摘要	当前值	销售计划1	销售计划2	销售计划3	销售计划4
可变单元格:					
重庆分部	7000	5142.857143	60000	5500	7000
成都分部	7000	7200	60000	6200	7000
昆明分部	7000	12000	60000	5800	7000
长沙分部	7000	6428.571429	60000	6000	7000
结果单元格:					
销售总额	28000	30771.42857	240000	23500	28000
总利润	8260	9000	70800	6895	8260

注释：当前值"这一列表示的是在
建立方案汇总时，可变单元格的值。
每组方案的可变单元格均以灰色底纹突出显示。

年度销售计划			
总销售额	总销售额	240000	万元
	总利润	70800	万元
各部门销售目标			
	销售额	平均利润百分比	利润（万）
重庆分部	60000	35%	21000
成都分部	60000	25%	15000
昆明分部	60000	30%	18000
长沙分部	60000	28%	16800

光盘同步文件

原始文件：光盘\素材文件\第 9 章\年度销售计划表.xlsx

结果文件：光盘\结果文件\第 9 章\年度销售计划表.xlsx

视频文件：光盘\教学文件\第 9 章\制订年度销售计划表.mp4

9.1.1 制作年度销售计划表

在对年度销量进行规划时，需要在年度销售计划表中添加相应的公式以确定数据间的关系。

1. 添加公式计算年度销售额及利润

在制订部门的销售计划时，需要在表格中添加用于计算年度总销售额和总利润的公式，具体操作方法如下。

第 1 步：输入计算总销售额的公式

选择 C2 单元格，在该单元格中输入公式“=SUM(B7:B10)”，计算出 B7:B10 单元格区域中的数据之和。

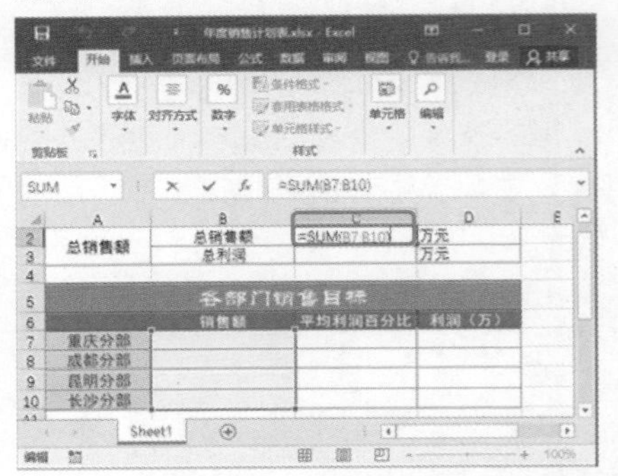

第 2 步：输入计算总利润的公式

选择 C3 单元格，在该单元格中输入公式“=SUM(D7:D10)”，计算出 D7:D10 单元格区域中的数据之和。

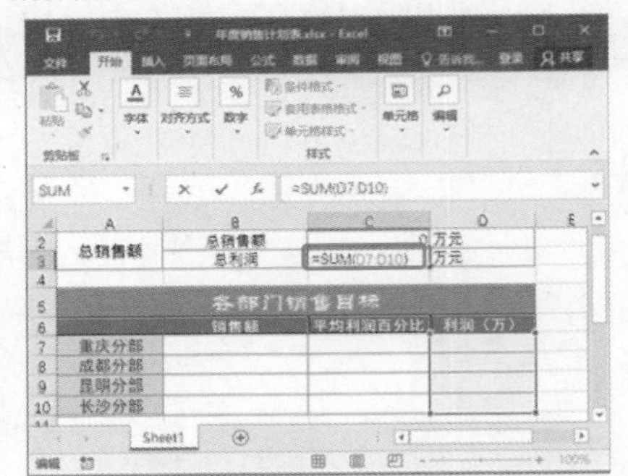

2．添加公式计算各部门销售利润

各部门的销售利润应该根据各部门的销售额与平均利润的百分比计算得出，所以应该在“利润”列中的单元格添加计算公式，具体操作方法如下。

第 1 步：输入公式计算利润值

选择 D7 单元格，在该单元格中输入公式“=B7*C7）”，计算出 B7 和 C7 单元格的乘积，以得到利润值。

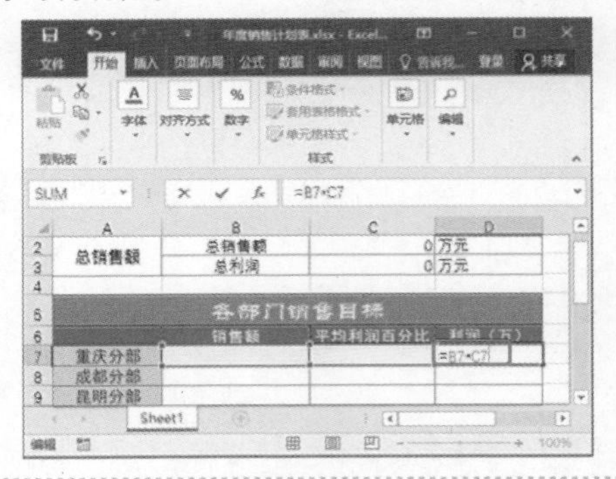

第 2 步：填充公式

拖动 D7 单元格右下角的填充柄，将公式填充至整列。

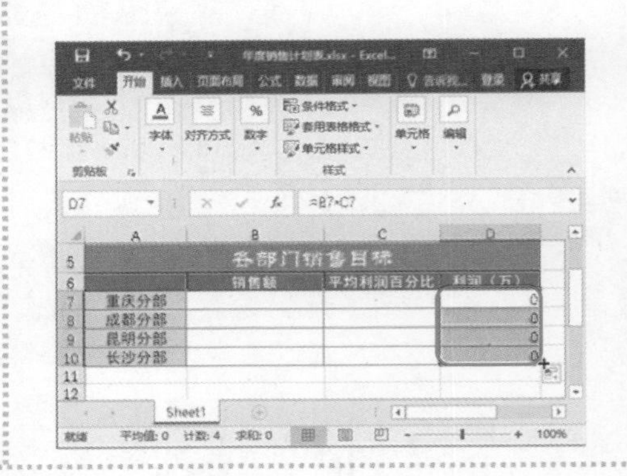

3．初步设定销售计划

公式添加完成后，可以在表格中设置部门的目标销售额及其平均利润百分比，从而可以得到该计划能达到的总销售额及总利润。例如，假设各部门均能完成 5000 万元的销售额，而平均利润百分比分别为 35%、25%、30%、28%，计算各部门的平均利润百分比操作方法如下。

将各部门的平均利润填入表格区域，即可计算出各部门要达到的目标利润、全年总销售额和总利润。

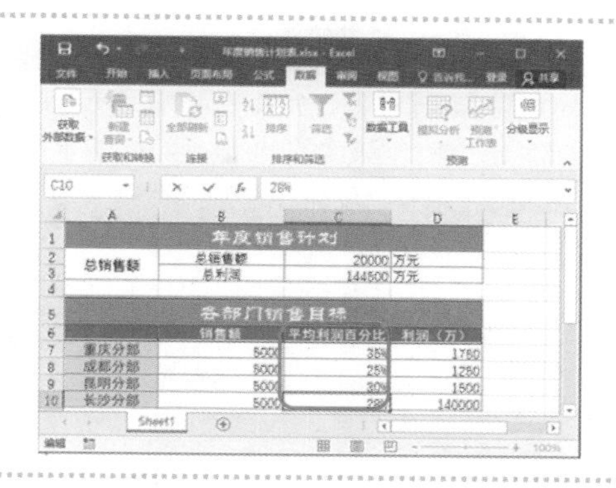

9.1.2 计算要达到目标利润的销售额

在制订计划时，通常以最终利润为目标，从而设定该部门需要完成的销售目标。例如，针对某一部门要达到指定的利润，设定该部门应完成多少的销售任务。在进行此类运算时，可以使用 Excel 中的“单变量求解”命令，以使公式结果达到目标值，自动计算出公式中的变量结果。

1. 计算各部门要达到目标利润的销售额

假设总利润要达到 7200 万元，即各部门的平均利润应达到 1800 万元。为了使各部门能达到 1800 万元的利润，则需要计算出各部门需要达到的销售额，具体操作方法如下。

第 1 步：单击选择“变量求解”命令

❶选择“重庆分部”的“利润”单元格 D7；❷单击“数据”选项卡下“预测”组中的“模拟分析”下拉按钮；❸在弹出的下拉菜单中单击“单变量求解”命令。

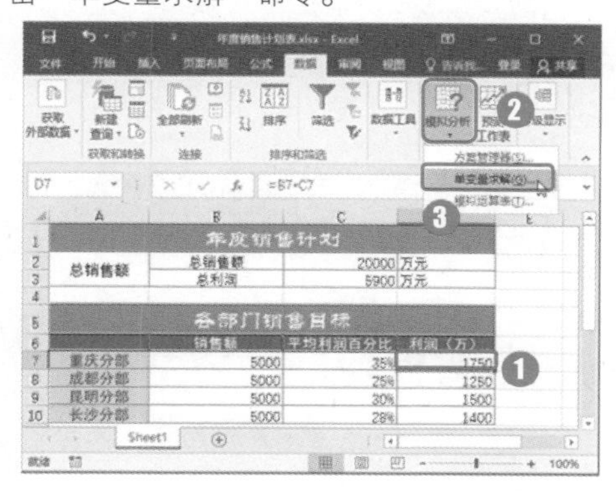

第 2 步：设置行距

打开“单变量求解”对话框，❶设置目标值为 1800；❷在“可变单元格”中引用要计算结果的单元格 B7；❸单击“确定”按钮。

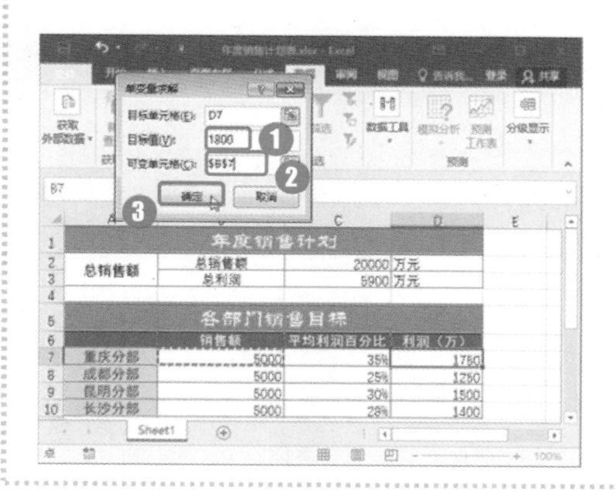

01 02 03 04 05 06 07 08 09 10 11 12

第 3 步：查看求解结果

Excel 将自动计算出公式单元格 D7 结果达到目标值 1800 时，B7 单元格应达到的值。

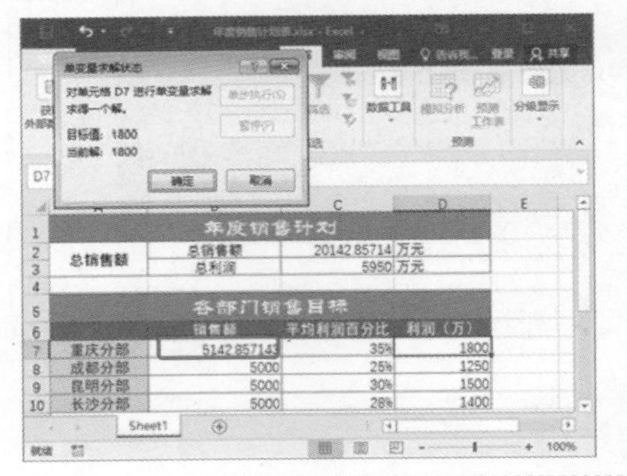

第 4 步：计算各部门要达到目标的销售额

用相同的方式计算出各部门利润要达到 1800 万元时的销售额。

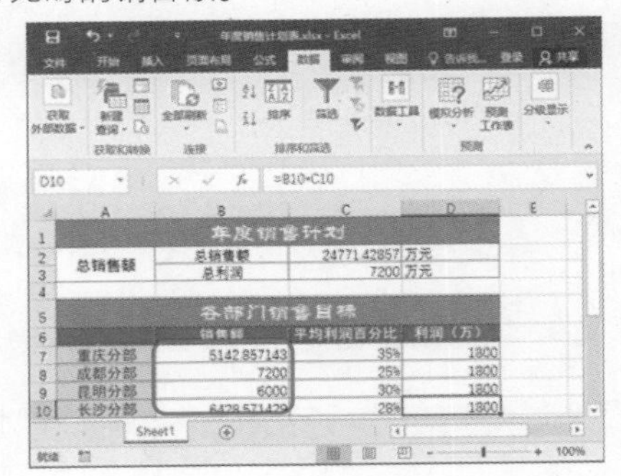

2．以总利润为目标计算一个部门的销售计划

假设总利润目标为 9000 万元，现需要在其他部门数值不变的基础上调整昆明分部的销售目标，此时应以总利润为目标，计算昆明分部的销售额，具体操作方法如下。

第 1 步：单击“变量求解”命令

❶选择“总利润”计算结果单元格；❷单击“数据”选项卡中的“模拟分析”按钮；❸在弹出的下拉菜单中单击“单变量求解”命令。

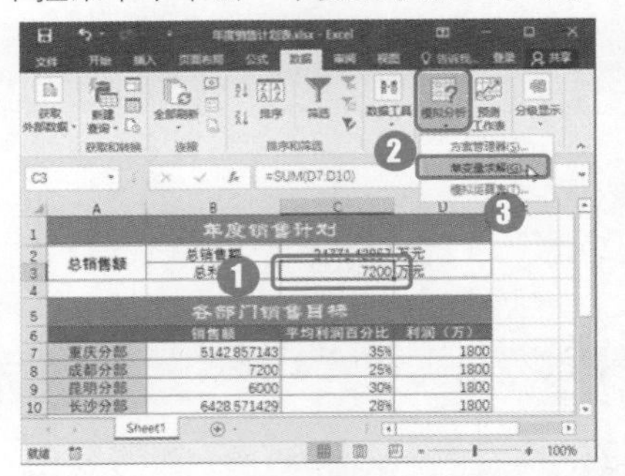

第 2 步：设置单变量求解参数

打开“单变量求解”对话框，❶设置目标值为 9000；❷在“可变单元格”中引用要计算结果的单元格 B9；❸单击“确定”按钮。

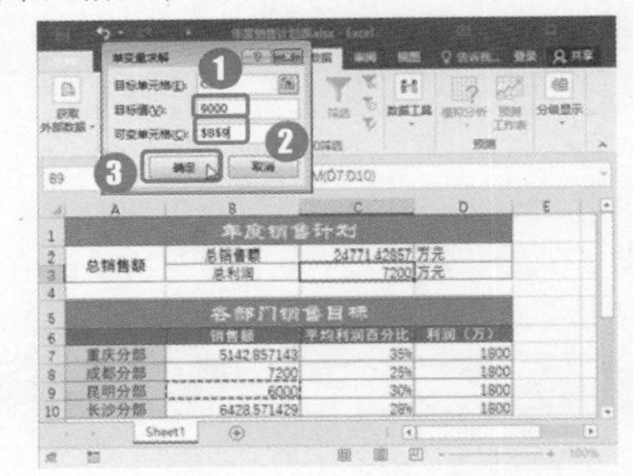

第 3 步：查看求解结果

Excel 将自动计算出公式单元格 C3 结果达到目标值 9000 时，B9 单元格应该达到的值。

9.1.3 使用方案制订销售计划

在各部门完成不同的销售目标的情况下，为了查看总销售额、总利润及各部门利润的变化情况，可为各部门要达到的不同销售额制订不同的方案。

1. 添加方案

要使表格中部分单元格内保存多个不同的值，可针对这些单元格添加方案，将不同的值保存到方案中，具体操作方法如下。

第 1 步：单击“方案管理器”命令

❶选择“数据”选项卡下“模拟”组中的“模拟分析”下拉按钮；❷在弹出的下拉菜单中选择“方案管理器”命令。

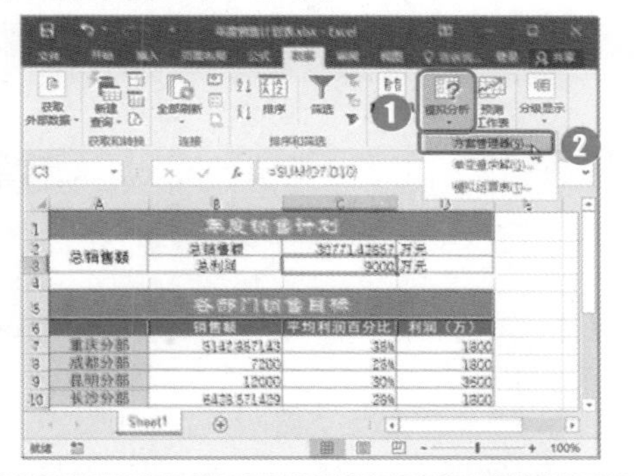

第 2 步：添加方案

在打开的“方案管理器”对话框中单击“添加”按钮。

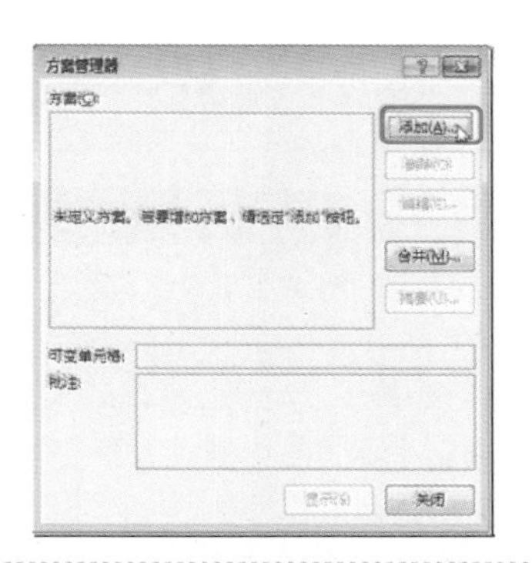

第 3 步：添加方案一

打开“编辑方案”对话框，❶在“方案名”文本框中输入方案名称“销售计划 1”；❷在“可变单元格”中引用单元格区域 B7:B10；❸单击“确定”按钮。

第 4 步：设置方案一的变量值

打开“方案变量值”对话框，单击“确定”按钮，将当前单元格中的值作为方案中各可变单元格的值，完成第一个方案的添加。

方案变量值
请输入每个可变单元格的值
1: B7 5142.85714285714
2: B8 7200
3: B9 12000
4: B10 6428.57142857143
添加(A) 确定 取消

第 5 步：添加方案二

❶在“方案管理器”对话框中单击“添加”按钮；❷在“添加方案”对话框中设置新方案名称，并在“可变单元格”中再次引用 B7:B10 单元格区域；❸单击“确定”按钮。

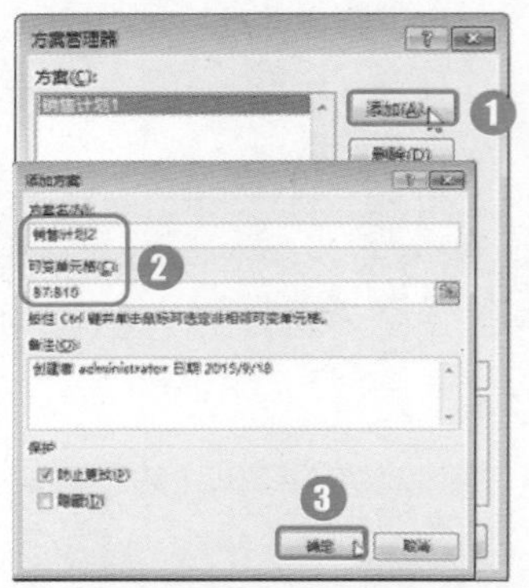

第 6 步：设置方案二的变量值

❶在打开的“方案变量值”对话框中设置 4 个可变单元格值为“6000”；❷单击“添加”按钮完成新方案的添加。

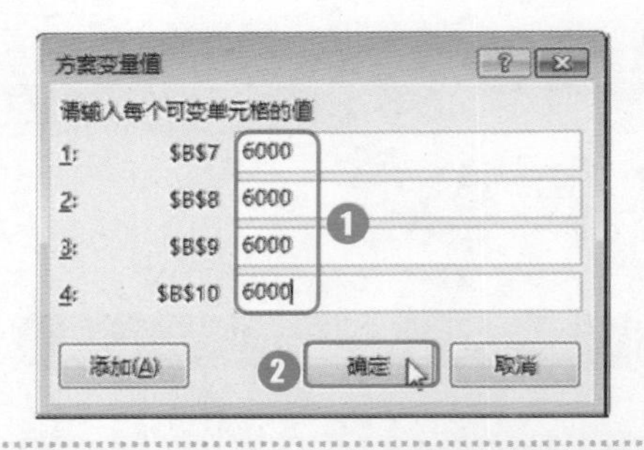

第 7 步：添加方案三

打开“添加方案”对话框，❶设置新方案名称，并再次引用 B7:B10 单元格区域；❷单击“确定”按钮创建第三个方案；❸在打开的“方案变量值”对话框中分别设置 4 个值；❹单击“确定”按钮添加方案。

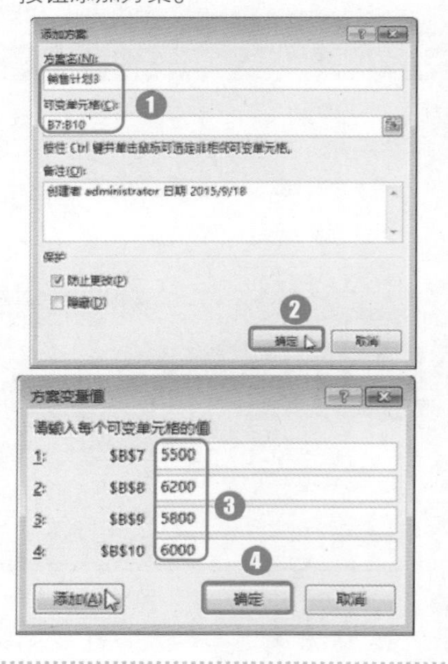

第 8 步：添加方案四

打开“添加方案”对话框，❶设置新方案名称，并再次引用 B7:B10 单元格区域；❷单击“确定”按钮创建第四个方案；❸在打开的“方案变量值”对话框中设置 4 个值均为“7000”；❹单击“确定”按钮添加方案。

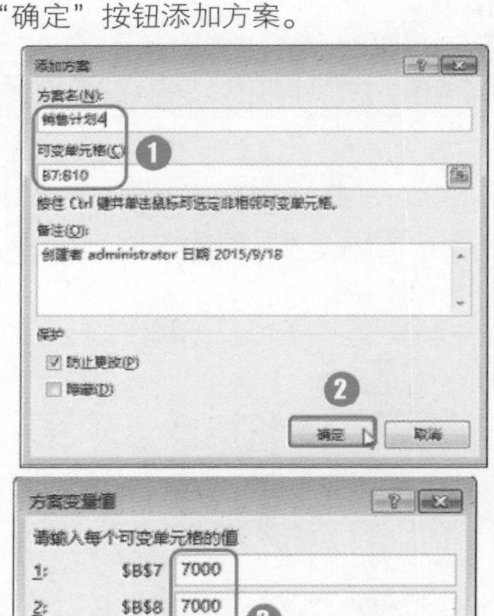

第 9 步：完成方案添加

完成方案添加后，在“方案管理器”对话框的“方案”列表框中可以查看到这四个方案的选项。

2．查看方案求解结果

添加好方案后，要查看方案中设置的可变单元格的值发生变化后表格中数据的变化，可以单击“方案管理器”对话框中的“显示”按钮。下面以显示“销售计划 2”为例，介绍查看方案求解结果的操作方法。

第 1 步：显示“销售计划 2”

打开“方案管理器”，❶在“方案”列表框中选择“销售计划 2”；❷单击“显示”按钮。

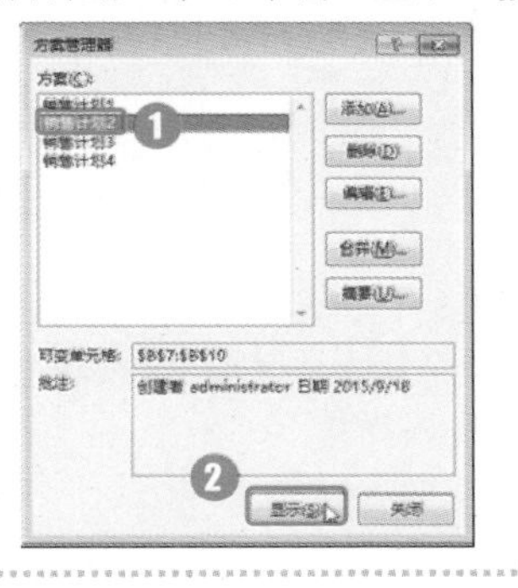

第 2 步：查看显示效果

在工作表中，将应用“销售计划 2”的结果，效果如下。

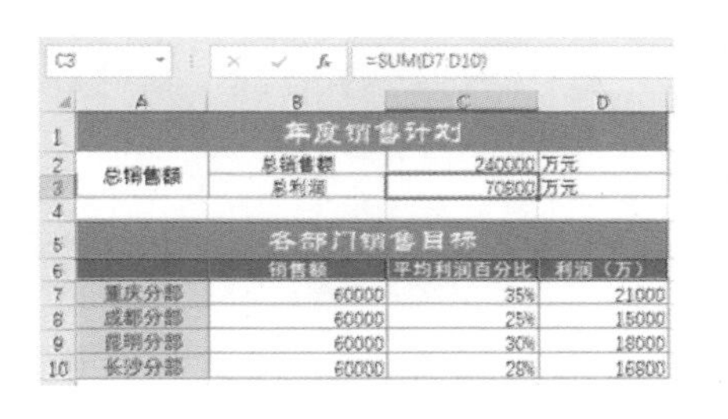
C3 =SUM(D7:D10)

	A	B	C	D
1	年度销售计划			
2	总销售额	总销售额	240000	万元
3		总利润	70800	万元
4				
5	各部门销售目标			
6		销售额	平均利润百分比	利润（万）
7	重庆分部	60000	35%	21000
8	成都分部	60000	25%	15000
9	昆明分部	60000	30%	18000
10	长沙分部	60000	28%	16800

3．生成方案摘要

在表格中应用了多个不同的方案后，如果要对比不同的方案得到的结果，可以应用方案摘要，具体操作方法如下。

第 1 步：单击“摘要”按钮

打开“方案管理器”，然后单击“摘要”按钮。

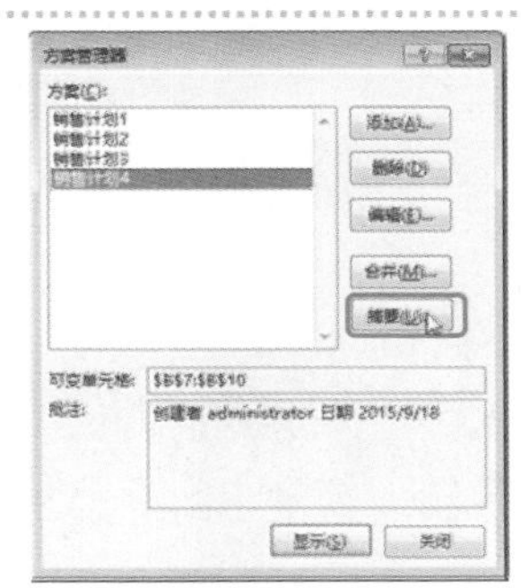

第 2 步：选择单元格

打开“方案摘要”对话框，❶在结果单元格中引用单元格 C2 和 C3；❷单击“确定”按钮。

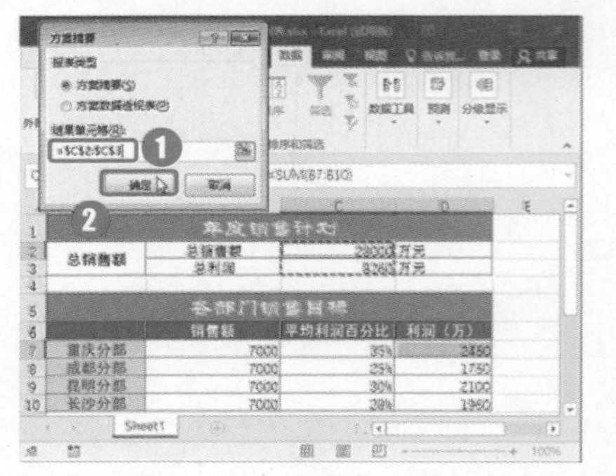

第 3 步：查看方案摘要

返回文档即可查看到生成的方案摘要。

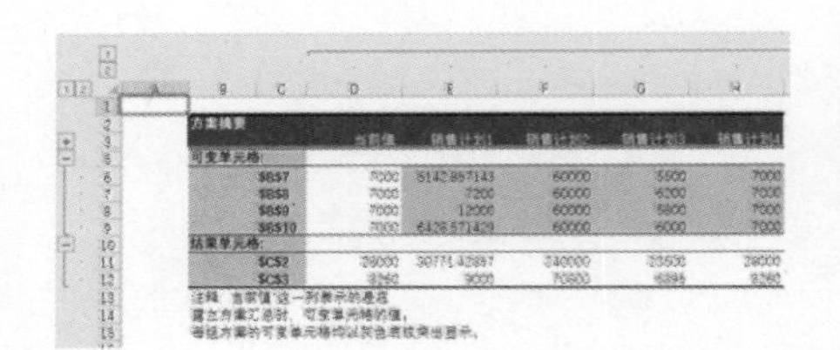

第 4 步：修改摘要内容

修改摘要报表中的部分单元格内容，将原本为引用单元格地址的文本内容更改为对应的标题文字，并调整表格的格式，最终效果如右图所示。

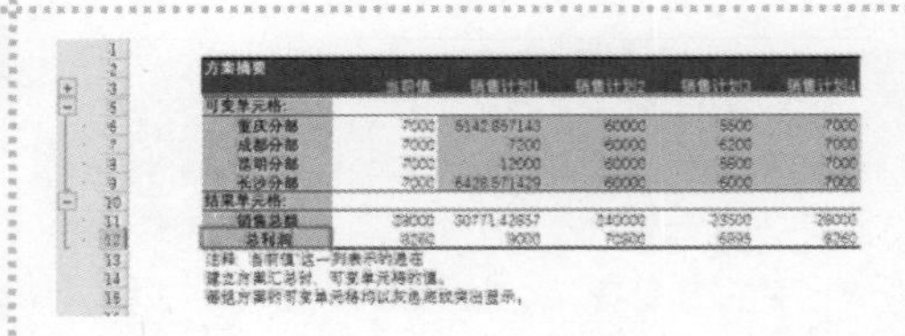

9.2 制作客户信息管理系统

企业客户信息的管理尤为重要，在对客户信息进行管理时，通常需要对信息进行录入、查询和编辑修改等。本例将使用 Excel 制作一个简易的客户信息管理系统，通过单独的“客户信息表”，向“客户信息总表”中录入数据。

“客户信息管理系统”文档制作完成后的效果如下图所示。

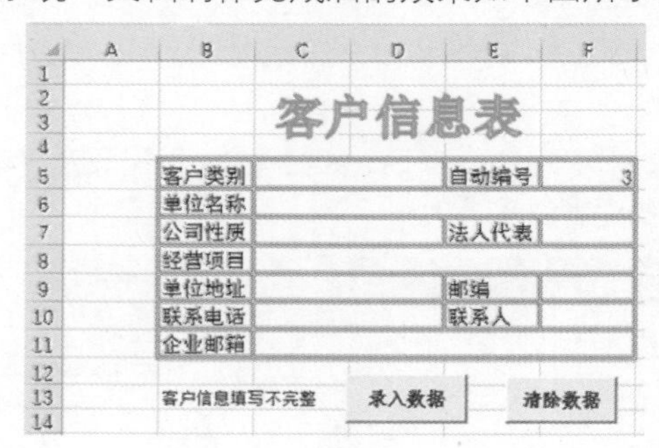

知识加油站

结果文件：光盘\结果文件\第 9 章\客户信息管理系统.xlsx
视频文件：光盘\教学文件\第 9 章\制作客户信息管理系统.mp4

9.2.1 创建客户信息总表

为了方便客户信息数据的存储、查询与修改，可以将所有的客户信息保存在一个常规的数据表格中，也就是“客户信息管理总表”。

1. 制作基本表格

制作基本表格需要列举出各条客户信息所需要的字段，具体操作如下。

第 1 步：制作表格结构

❶新建一个名为“客户信息管理系统”的工作簿，在工作表中列举出各条客户信息所需要的字段；❷修改工作表的名称为“客户信息管理总表”。

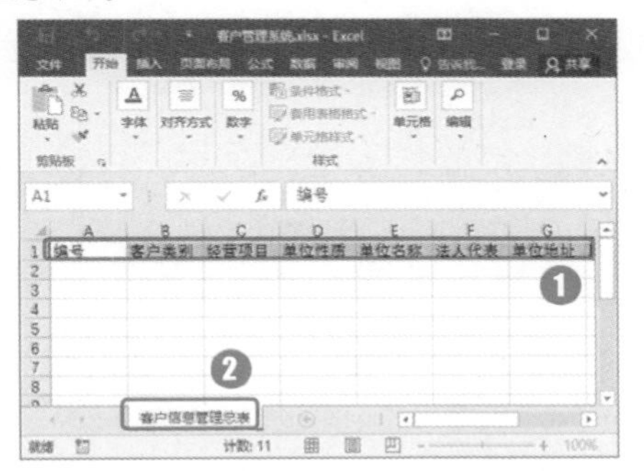

第 2 步：设置总表样式

❶选择前两行数据单元格区域，单击“开始”选项卡下“样式”组中的“套用表格格式”下拉按钮；❷在弹出的下拉菜单中选择一种表格样式。

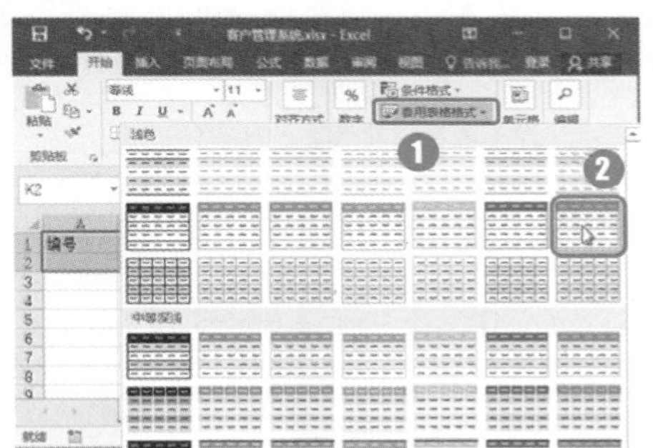

第 3 步：套用表格式

❶在打开的“套用表格式”对话框中勾选“表包含标题”选项；❷单击“确定”按钮。

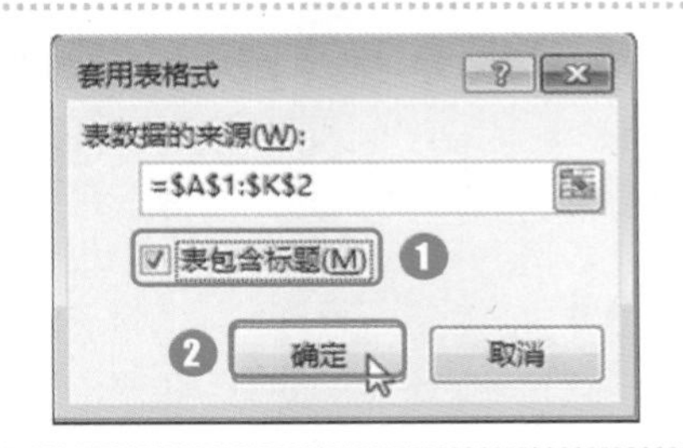

2. 编辑总表名称

将单元格区域套用上表格格式后，单元格区域将自动转换为表格元素，且以“表1”为表格名称，为方便后期应用公式对表格数据进行操作，可将表格名称修改为“总表”，操作方法如下。

第 1 步：单击“名称管理器”按钮

单击“公式”选项卡下“定义的名称”组中的“名称管理器”按钮。

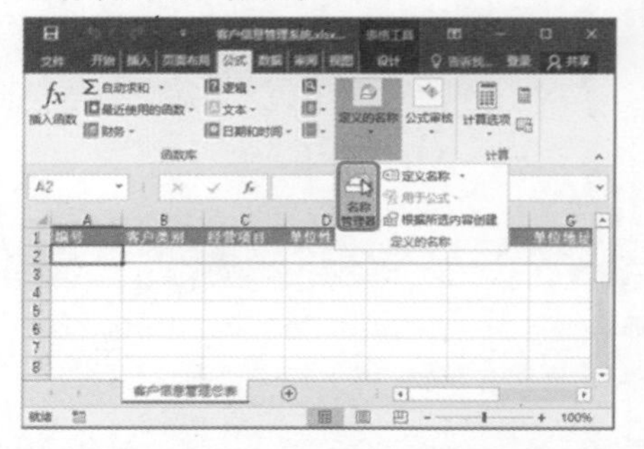

第 2 步：单击“编辑”按钮

打开“名称管理器”对话框，单击“编辑”按钮。

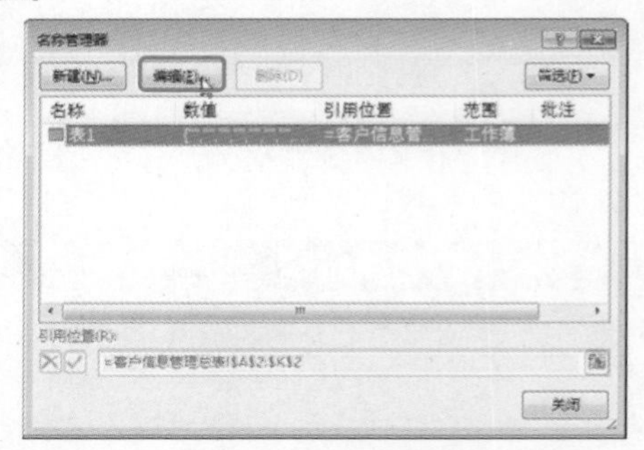

第 3 步：设置表格名称

打开“编辑名称”对话框，❶在“名称”文本框中输入“总表”；❷单击“确定”按钮。

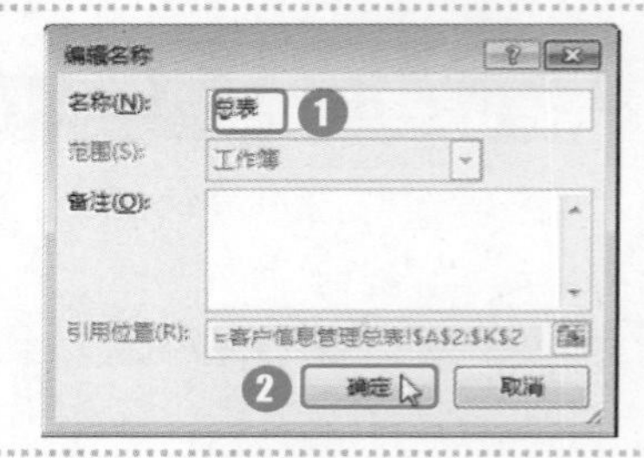

疑难解答

Q：为什么要使用名称管理器编辑表格名称?

A：在 Excel 中，可以为指定的单元格或单元格区域自定义名称，定义名称后，在公式、函数或应用某些命令，需要对这些单元格或单元格区域进行引用时，直接使用设定的名称即可。在 Excel 中应用某些命令或功能后，可能会自动为一些单元格区域命名，例如，套用表格格式、执行高级筛选、运用模拟运算表生成表格区域等。为了方便后期对这些自动命名的单元格或单元格区域进行引用，可通过“名称管理器”对这些区域的名称进行编辑修改，若要自定义某个单元格或单元格区域的名称，也可以在“名称管理器”中单击新建按钮，自定义名称及该名称所代表的单元格或单元格区域。

9.2.2 制作“客户信息表”

为了使客户信息录入的过程更加方便，数据显示更加清晰，防止在大量数据的表格中直接录入数据导致一些不必要的错误，可以单独创建一个“客户信息表”用于录入数据。

1. 制作基本表格并美化表格

首先要制作客户信息表的基本表格，并进行相应的美化设置。

❶新建一个工作表，并重命名为客户信息表；❷在单元格区域中制作表格结构并添加相应的修饰；❸在表格顶部插入艺术字，并设置艺术字效果。

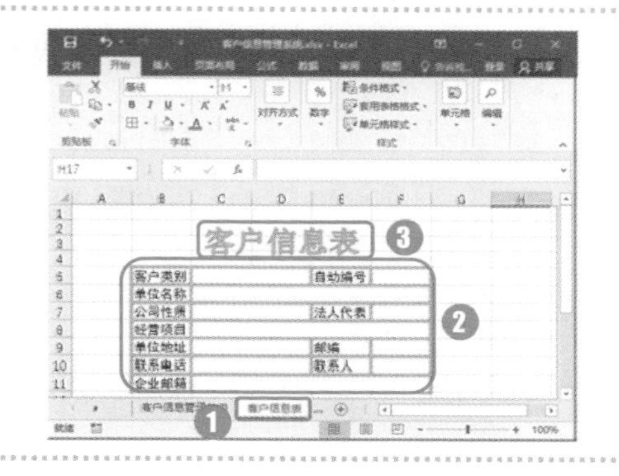

2. 设置数据验证

为了防止录入数据时单元格出现不必要的错误，可以针对部分有规则的单元格设置数据验证，操作方法如下。

第 1 步：设置客户类别数据验证

❶将光标定位到客户类别右侧的单元格中（具体单元格以个人情况为准，本例为 C5）；❷单击“数据”选项卡下“数据工具”组中的“数据验证”按钮。

第 2 步：设置数据验证参数

打开“数据验证”对话框，❶在“设置”选项卡中设置“允许”为“序列”，“来源”为“普通客户,VIP 客户”；❷单击“确定”按钮。

第 3 步：设置公司性质数据验证

将光标定位到“公司性质”右侧的单元格中，单击“数据”选项卡下“数据工具”组中的“数据验证”按钮，打开“数据验证”对话框，❶在“设置”选项卡中设置“允许”为“序列”，“来源”为“国有企业，三资企业，集体企业，私营企业”；❷单击“确定”按钮。

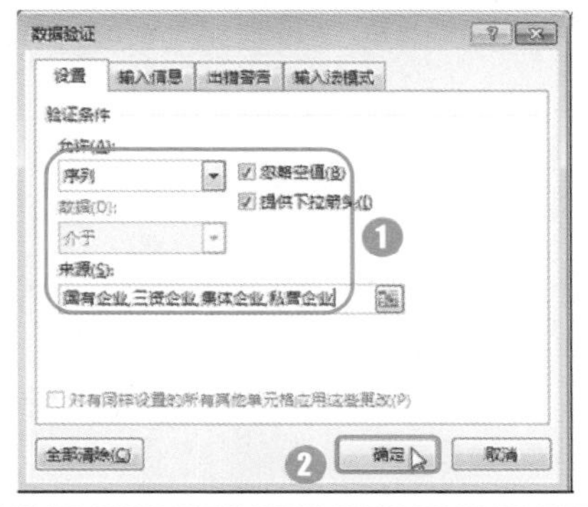

第 4 步：设置邮编数据验证

将光标定位到“邮编”右侧的单元格中，单击“数据”选项卡下“数据工具”组中的“数据验证”按钮，打开“数据验证”对话框，❶在“设置”选项卡中设置“允许”为“整数”，“最小值”为“100000”，“最大值”为“999999”；❷单击“确定”按钮。

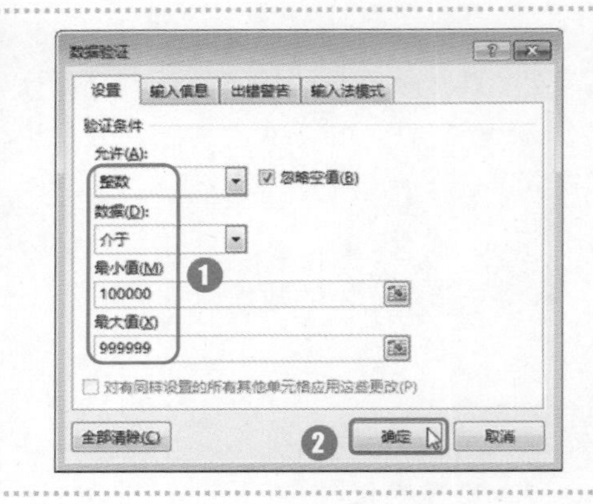

3. 添加自动编号公式

在“客户信息表”中填写的客户信息，其编号应根据“客户信息总表”中的数据量进行编号，从而使新添加的编号与“客户信息总表”中的编号能连续。如果“客户信息总表”中已经有 3 条数据，那么新数据的自动编号数应为 4。此时，可以设置自动编号由客户信息记录总数加 1 得到，具体操作方法如下。

将光标定位到“自动编号”右侧的单元格中，在编辑栏输入公式“=COUNT(总表[编号])+1”。

知识加油站

公式的意思为：统计表格“总表”中“编号”列中的数据个数并加 1。

4. 添加公式检测表格的完整性

为了保证客户信息录入的完整性，可以添加公式对数据的完整性进行检测，操作方法如下。

在表格下方的单元格中输入公式“=IF(AND(C5<>"",C6<>"",C7<>"",F7<>"",C8<>"",C9<>"",F9<>"",C10<>"",F10<>"",C11<>""),"客户信息填写完整","客户信息填写不完整")”。

知识加油站

该公式可以对表格中需要输入数据的单元格是否为空进行判断，并显示相应的结果。

9.2.3 录制宏命令

当客户信息表中的数据填写完整后，为了快速将这些数据自动录入到客户信息总表中，可以利用宏命令对表格数据的完整性进行检测，并通过录制宏功能将信息自动录入总表数据中。而在填写新的客户信息时，需要将客户信息表中现有的数据清空，同样也可以使用宏命令快速清空数据。

1. 录制自动录入数据的宏

为了实现自动将“客户信息表”中的数据录入到“客户信息总表”中，可以先将录入数据的过程录制为宏命令，操作方法如下。

第 1 步：录入示例数据

❶为了录制宏命令，可以先在“客户信息表”中录入一些示例数据；❷单击“状态栏”中的“录制宏”按钮。

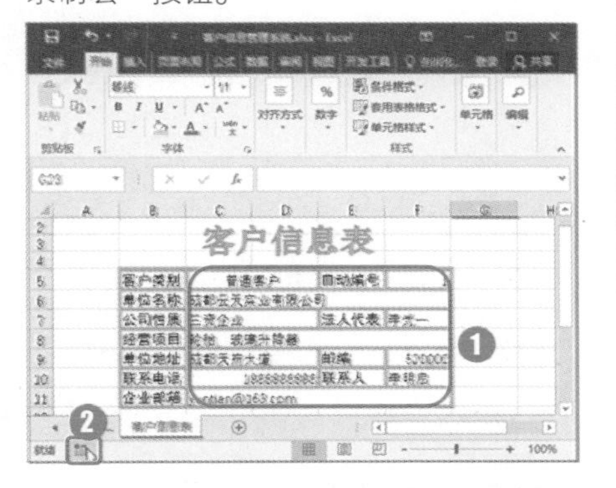

第 2 步：设置宏名称

打开“录制宏”对话框，❶在“宏名”文本框中输入“把数据录入表格”；❷单击“确定”按钮开始录制宏。

第 3 步：单击“插入”按钮

❶选择“客户信息管理总表”；❷单击“开始”选项卡下“单元格”组中的“插入”按钮。

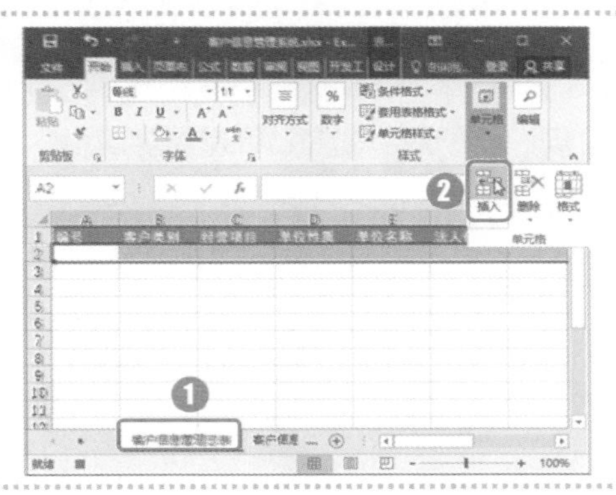

第 4 步：复制数据

复制“客户信息表中”的 F5 单元格，❶单击“开始”选项卡下“剪贴板”组中的“粘贴”下拉按钮；❷在弹出的下拉菜单中选择“值”命令。

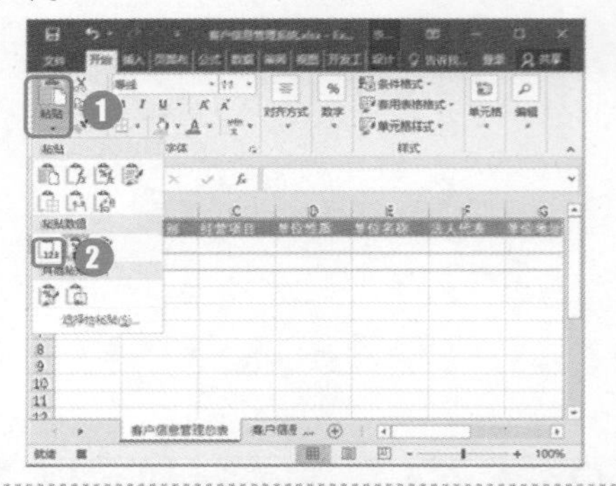

第 5 步：使用相同的方法复制数据

复制客户信息表中的 C6 单元格，使用相同的方法将复制的单元格粘贴到“客户信息总表”的 B2 单元格。

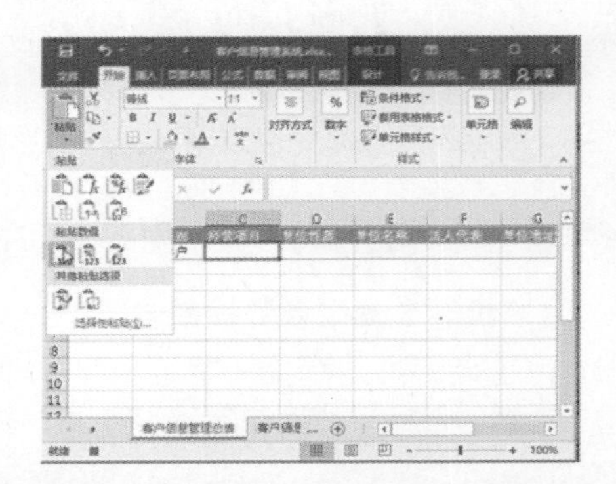

第 6 步：录制完成

❶使用相同的方法复制“客户信息表”中需要录入到“客户信息总表”中的数据，并粘贴到“客户信息总表”中第 2 行的相应列中；❷所有的数据复制完成后单击“状态栏”的“停止录制”按钮，完成当前宏的录制。

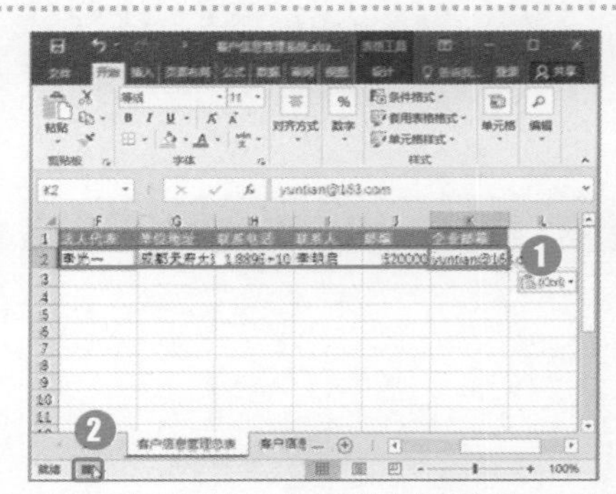

2. 测试宏

当宏录制完成后，需要测试录制的宏的可执行性，操作方法如下。

第 1 步：单击“宏”按钮

❶更改“客户信息表”中的信息；❷单击“开发工具”选项卡下“代码”组中的“宏”按钮。

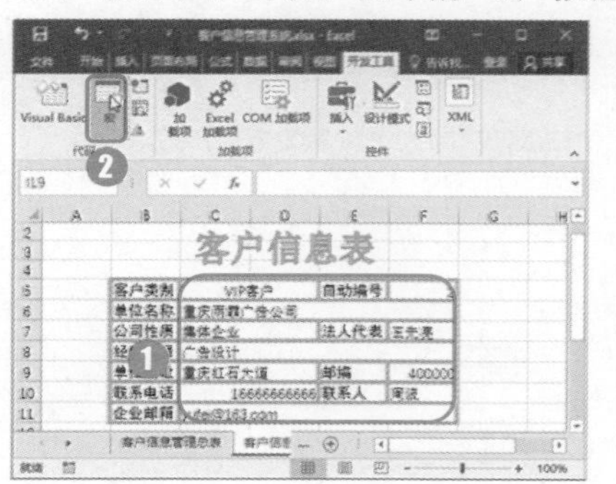

第 2 步：执行宏

打开“宏”对话框，❶选择录制的宏；❷单击“执行”按钮。

第 3 步：执行完成

当宏命令执行完成后，在“客户信息总表”中将自动添加一条数据，该条数据即为更改后的“客户信息表”中的数据。

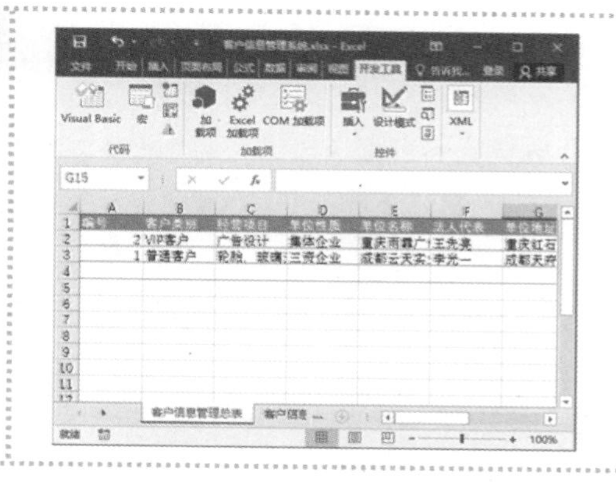

3. 录制清除数据的宏

为了方便录入新数据，还需要录入清除客户信息表的数据宏，操作方法如下。

第 1 步：单击“录制宏”按钮

单击“状态栏”中的“录制宏”按钮。

第 2 步：设置宏名称

打开“录制宏”对话框，❶将“宏名”更改为“清除数据”；❷单击“确定”按钮。

第 3 步：完成录制

❶删除客户信息表中需要手动填写的数据；❷单击“状态栏”中的“停止录制”按钮完成宏命令的录制。

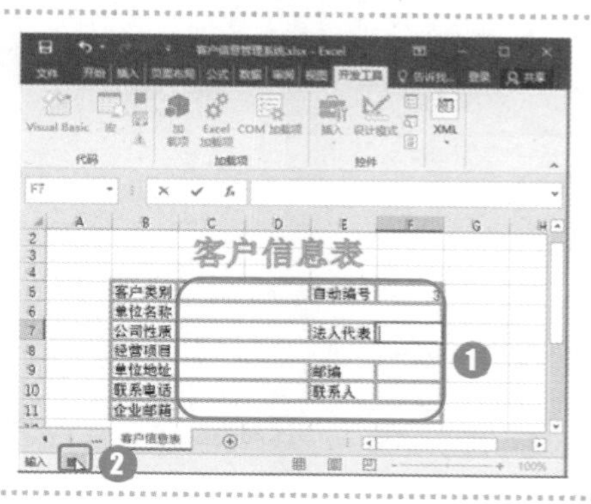

01 02 03 04 05 06 07 08 09 10 11 12

9.2.4 添加宏命令执行按钮

在宏命令制作完成后，为了快速执行宏命令，可以添加宏命令执行按钮。添加完成后，单击该按钮即可执行宏命令，操作方法如下。

1. 录制自动录入数据的宏

当需要进行多项固定的操作时，使用宏命令可以提高效率。下面介绍如何制作自动录入数据的宏。

第 1 步：单击“按钮（窗体控件）”按钮

❶单击“开发工具”选项卡下“控件”组中的“插入”下拉按钮；❷在弹出的下拉菜单中选择“按钮（窗体控件）”按钮；❸在添加按钮的位置拖动鼠标绘制按钮。

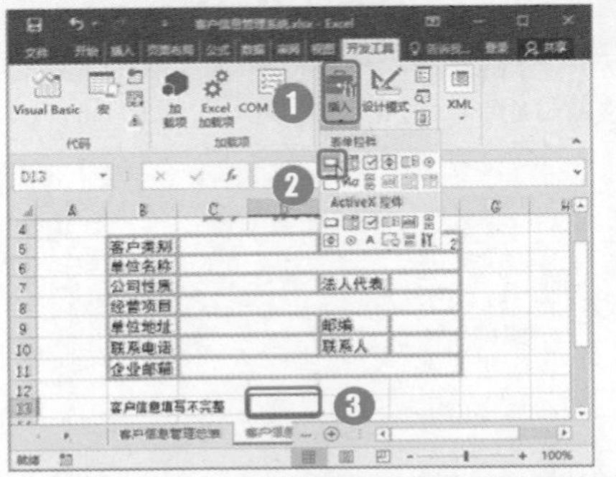

第 2 步：指定宏命令

打开“指定宏”对话框，❶选择“把数据录入到总表”宏命令；❷单击“确定”按钮。

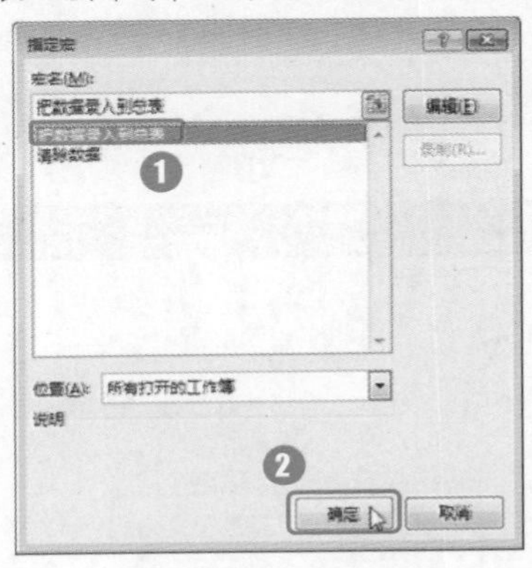

第 3 步：选择“编辑文字”命令

❶在按钮上单击鼠标右键；❷在弹出的快捷菜单中选择“编辑文字”命令。

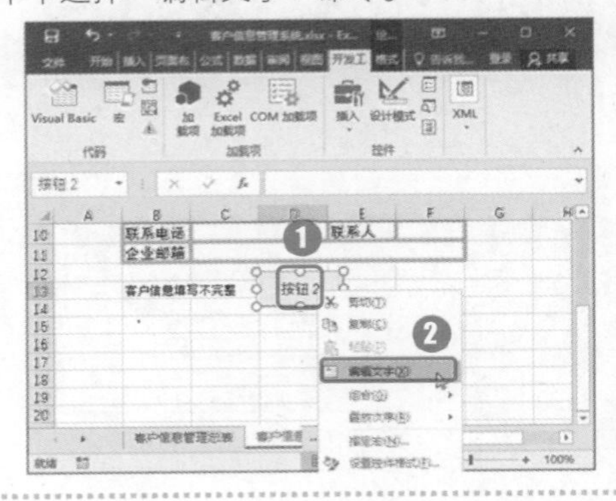

第 4 步：更改按钮名称

按钮呈可编辑状态，将按钮名称更改为“录入数据”。

第 5 步：指定“清除数据”宏命令

使用相同的方法打开“指定宏”对话框，选择“清除数据”宏命令。

第 6 步：完成按钮制作

将“清除数据”宏命令按钮文字修改为“清除数据”，完成后的效果如下图所示。

9.2.5 保存客户信息表

当表格制作完成后，将其保存为启用宏的工作簿，操作方法如下。

打开“另存为”对话框，❶选择保存类型为“Excel 启用宏的工作簿”；❷单击“保存”按钮。

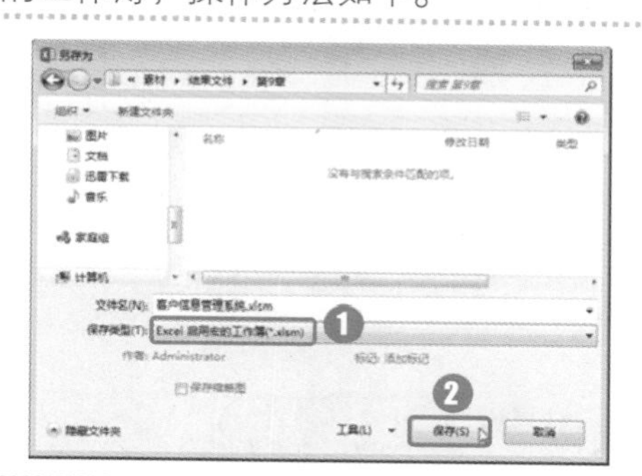

高手秘籍　实用操作技巧

通过对前面知识的学习，相信读者已经掌握了 Excel 公式应用和使用宏命令的相关知识。下面结合本章内容，给大家介绍一些实用技巧。

光盘同步文件

原始文件：光盘\素材文件\第 9 章\实用技巧\
结果文件：光盘\结果文件\第 9 章\实用技巧\
视频文件：光盘\教学文件\第 9 章\高手秘籍.mp4

Skill 01 设置出错警告提示信息

当用户在设置了数据验证的单元格中输入了不符合条件的内容时，Excel会弹出警告信息。在 Excel“数据验证”对话框中，可以对此警告信息做进一步的设置，以达到更明确和个性化的效果。

第 1 步：设置出错警告提示

打开工作簿后打开“数据验证”窗口，切换到“出错警告”选项卡，❶在“样式”下拉列表中选择“警告”；❷在“标题”文本框中输入提示标题，在“错误信息”文本框中输入提示信息；❸单击“确定”按钮。

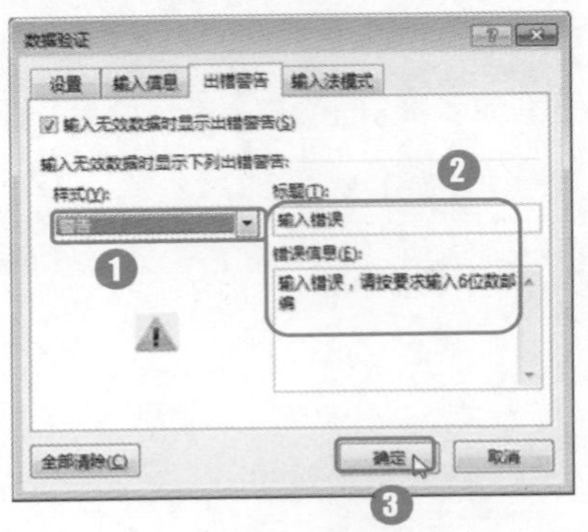

第 2 步：查看输入错误提示信息

返回工作簿后，如果在设置了数据验证的单元格中输入不符合条件的数据，则会弹出提示信息。

Skill 02 阻止 Excel 自动创建超链接

将员工联系方式制作成为表格后，在填写电子邮箱时会自动生成为超链接，不小心单击超链接时会自动打开发送邮件的窗口。为了避免误操作，需要设置在输入邮件、网页等数据时阻止 Excel 自动创建超链接。

第 1 步：单击“自动更正选项”按钮

打开工作簿，进入“Excel选项”对话框，❶切换到“校对”选项卡；❷单击“自动更正选项”区域的“自动更正选项”按钮。

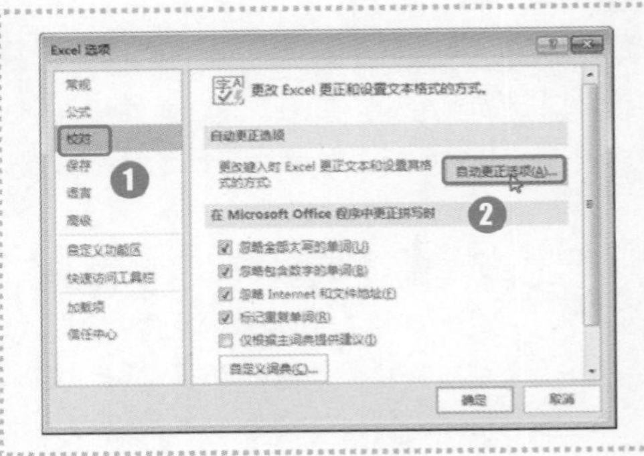

第 2 步：设置自动更正参数

弹出“自动更正”对话框，❶取消勾选“键入时自动套用格式”选项卡中的“键入时替换”区的“Internet 及网络路径替换为超链接”复选框；❷单击“确定”按钮。返回工作簿后，再次输入电子邮箱时将不再自动创建超链接，但是之前已经输入的电子邮箱不会因此取消超链接。

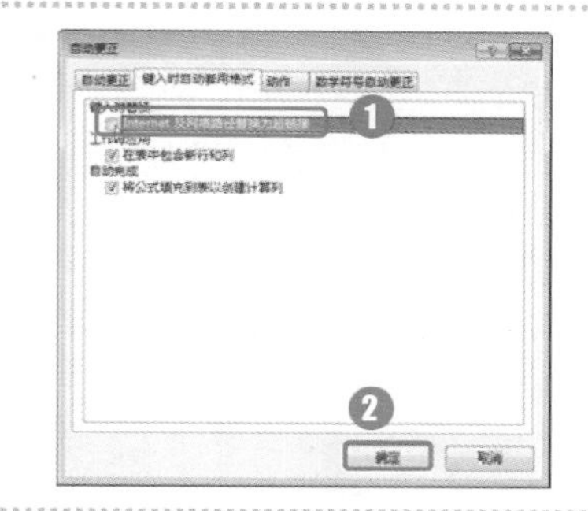

Skill 03 修改按钮控件的功能和样式

在表格中绘制了按钮控件，并为其指定了宏命令后，该按钮被单击时将执行相应的命令，所以不能通过单击操作将其选中并对其进行修改和设置。此时，如果要选择、修改和设置按钮控件，可以先使用鼠标右键将其选中，再执行右键菜单中的命令即可。具体操作方法如下。

第 1 步：选择“设置控件格式”命令

❶在按钮上单击鼠标右键；❷在弹出的快捷菜单中选择“设置控件格式”命令。

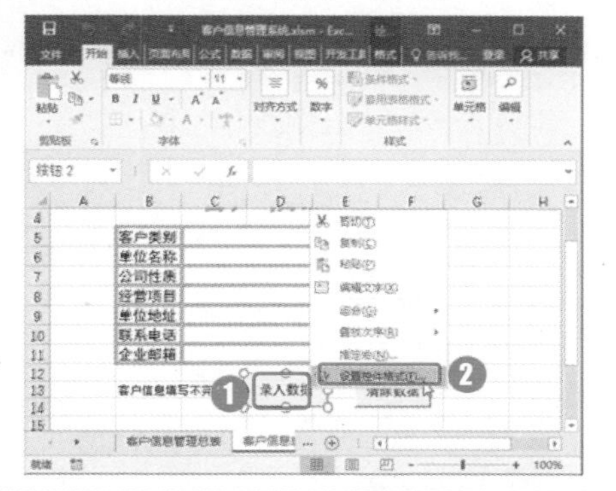

第 2 步：设置字体样式

打开“设置控件格式”对话框，❶选择字体样式；❷单击“确定”按钮。

第 3 步：修改完成

完成后的效果如右图所示。

客户信息表

客户类别		自动编号	3
单位名称			
公司性质		法人代表	
经营项目			
单位地址		邮编	
联系电话		联系人	
企业邮箱			

客户信息填写不完整　录入数据　清除数据

本章小结

本章结合实例主要讲解了Excel数据分析模拟以及对大量数据存储和计算分析的操作方法，包括分析和查看该数据变化之后所导致的其他数据变化的结果或对表格中的某些数据进行假设，给出多个可能性，以分析应用不同的数据时可达到的结果，以及运用宏功能快速录入数据等知识。通过对本章的学习，读者能够学会使用 Excel 2016 对表格数据进行常见的分析模拟和使用宏功能输入数据的方法。

第 10 章

10

PowerPoint 2016 幻灯片编辑与设计

本章导读

在日常办公应用中，经常需要使用 PowerPoint 将某些文稿内容以屏幕放映的方式进行展示，并制作出图文并茂且具有丰富动态效果的演示文稿。本章将通过制作宣传演示文稿和楼盘演示文稿介绍文稿的创建、设计、编辑及美化的相关知识。

知识要点

- 新建与保存幻灯片
- 编辑与修改幻灯片内容
- 使用大纲视图创建幻灯片
- 应用与修改幻灯片设计
- 应用与修改幻灯片版式
- 在幻灯片中插入各种元素

案例展示

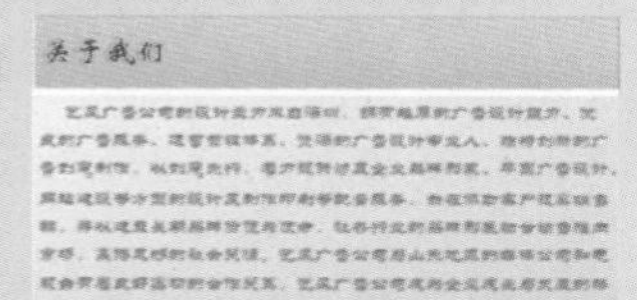

实战应用 ——跟着案例学操作

10.1 制作企业宣传演示文稿

企业为了提高自身的知名度，常常需要自主投资制作宣传文稿、宣传片和宣传动画等，用于介绍企业的业务、产品、企业规模及人文历史。除了在常见媒体中投放的广告外，通常还需要制作企业的宣传演示文稿。本例将以使用 PowerPoint 2016 制作企业的宣传演示文稿为例，介绍其使用方法。

“企业宣传”演示文稿制作完成后的效果如下图所示。

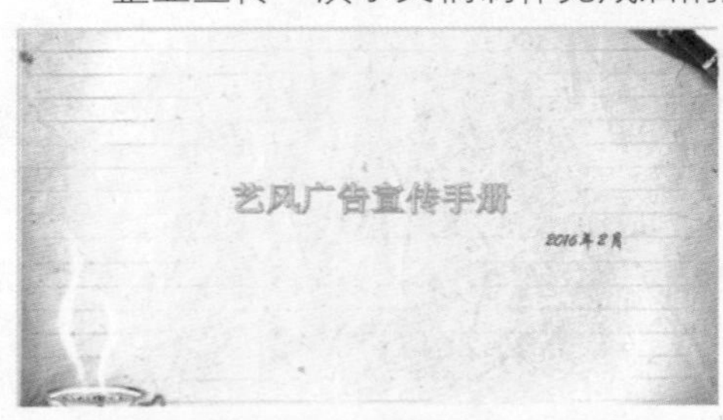

目录
关于我们
我们的作品
业务范围
联系方式

关于我们

光盘同步文件

原始文件：光盘\素材文件\第 10 章\
结果文件：光盘\结果文件\第 10 章\企业宣传.pptx
视频文件：光盘\教学文件\第 10 章\制作企业宣传演示文稿.mp4

10.1.1 创建演示文稿文件

要制作企业宣传演示文稿，首先需要创建演示文稿，在 PowerPoint 2016 中，常用的新建演示文稿的方法如下。

1．新建空白演示文稿

如果要从零开始制作演示文稿，可以新建一个空白的演示文稿，操作方法如下。

第 1 步：单击程序图标

在“开始”菜单中依次单击“所有程序”→“PowerPoint 2016”图标。

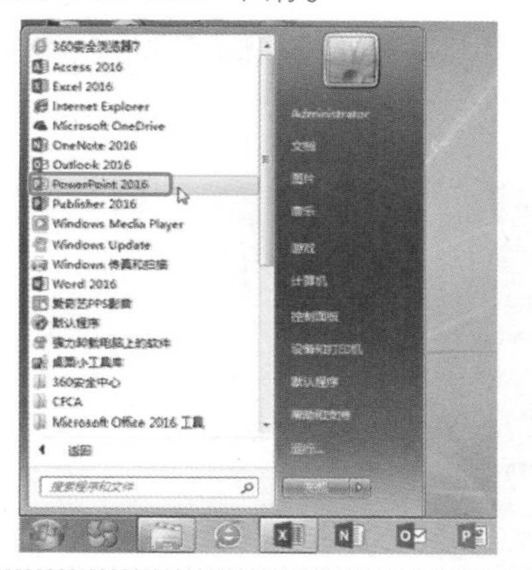

第 2 步：单击“空白演示文稿”选项

待程序启动完毕后，按下“Enter”键或“Esc”键，或者单击“空白演示文稿”选项，即可进入空白演示文稿界面。

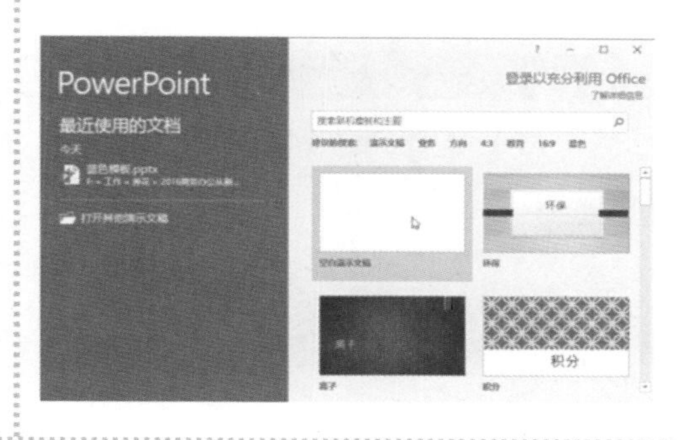

2. 根据模板创建演示文稿

PowerPoint 2016 为用户提供了多种类型的样本模板，用户可根据需要使用模板创建演示文稿。

第 1 步：选择模板样式

单击“文件”选项卡，❶在打开的列表中单击“新建”选项；❷在右侧选择想要的模板样式。

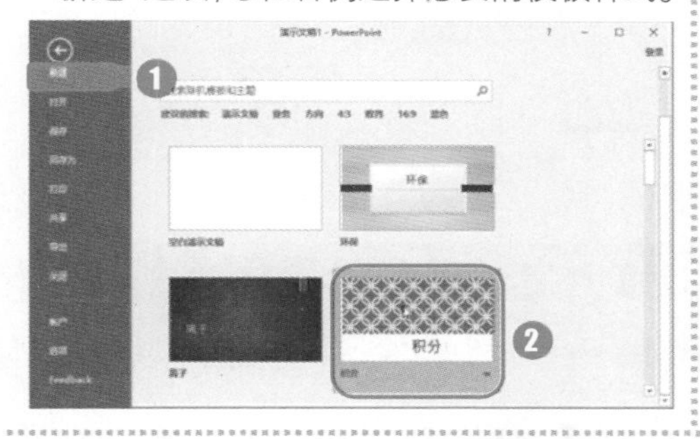

第 2 步：单击“创建”按钮

打开模板预览对话框，如果确定使用该模板，则单击“创建”按钮。

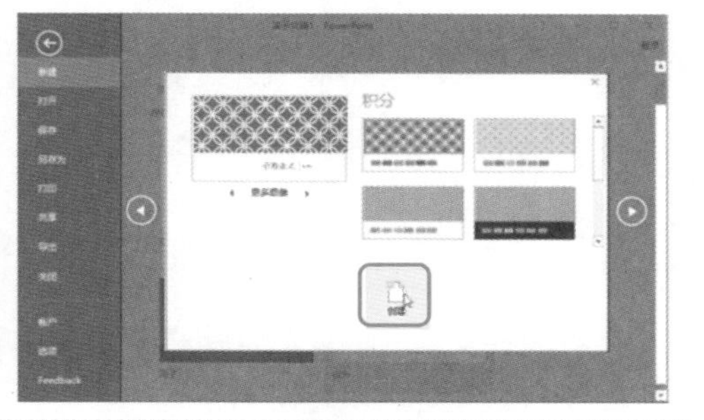

第 3 步：查看效果

根据模板创建演示文稿完成后，效果如右图所示。

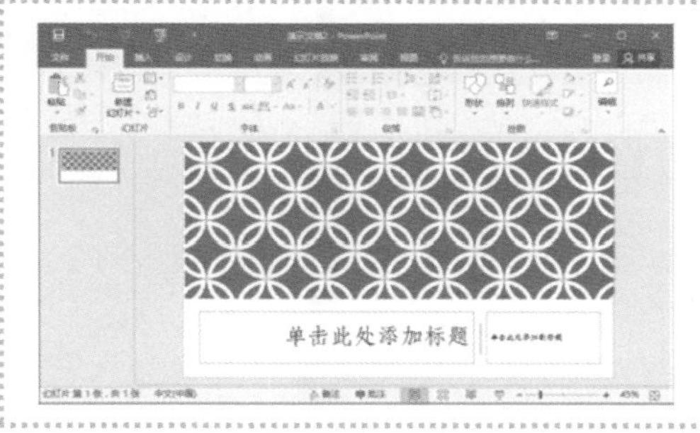

3. 保存演示文稿

在创建新的演示文稿后，可以先将文件保存，并在制作过程中和完成制作后注意执行保存操作，以避免文件丢失，操作方法如下。

第 1 步：单击“保存”按钮

单击“快速访问工具栏”中的“保存”按钮。

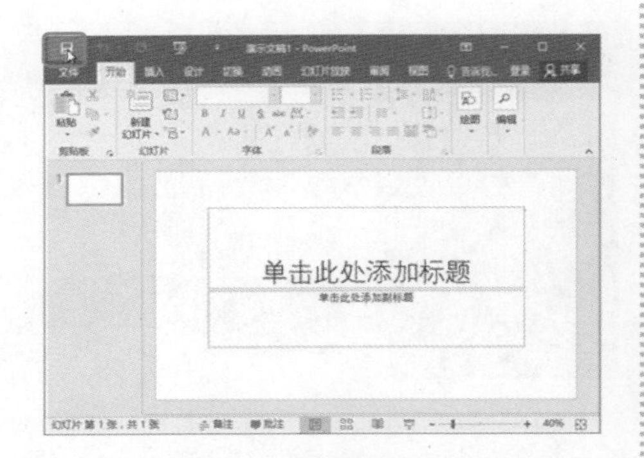

第 2 步：单击“另存为”命令

在打开的页面中依次单击“另存为”→“浏览”命令。

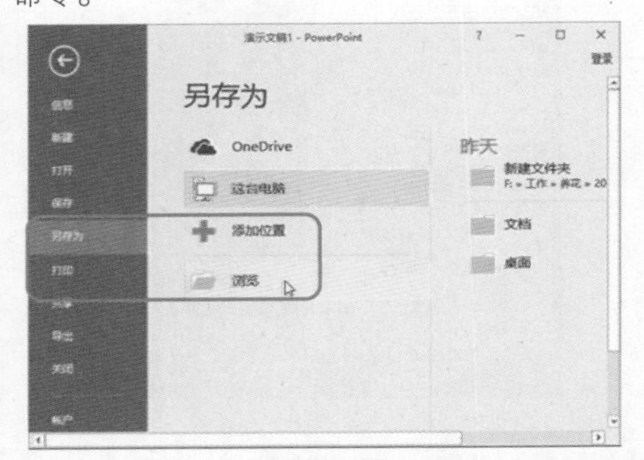

第 3 步：设置保存路径

打开“另存为”对话框，❶设置保存路径；❷输入文件名；❸单击“保存”按钮即可。

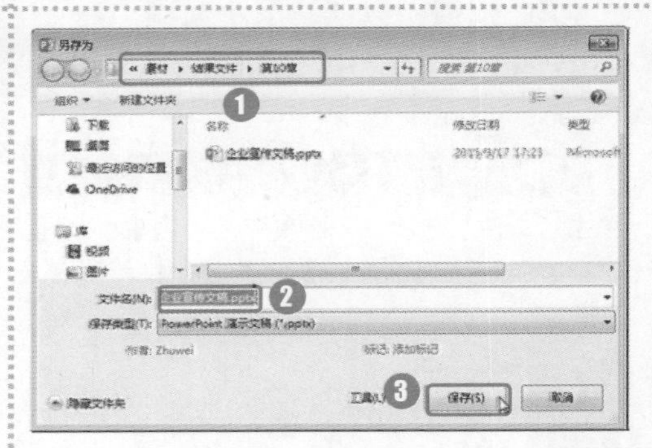

10.1.2 应用大纲视图添加主要内容

在制作幻灯片时，可将演示文稿的内容添加到大纲视图中，然后在大纲视图中创建出多张不同主题的幻灯片。

1. 输入标题文字

在大纲视图中还可以直接输入文字内容作为幻灯片封面或标题文字，具体操作方法如下。

第 1 步：切换到“大纲视图”

在“视图”选项卡下，单击“大纲视图”按钮。

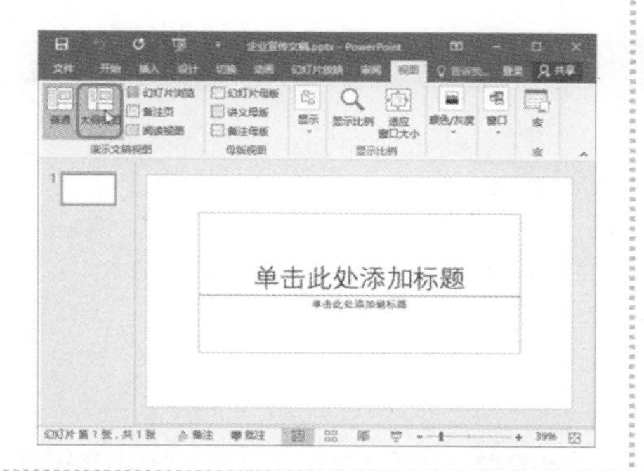

第 2 步：输入文字内容

此时页面切换到大纲视图，在窗口中输入幻灯片的标题文字内容，输入完成后，按下“Enter”键，即可创建新的幻灯片。

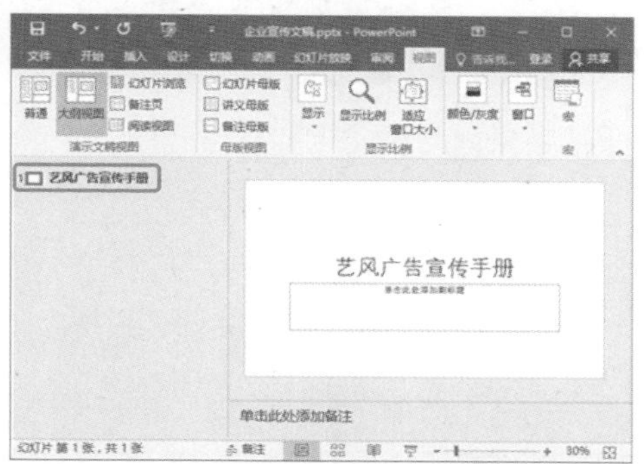

第 3 步：输入其他文字

按照相同的方法输入其他幻灯片标题内容即可。

2. 输入幻灯片内容

在大纲视图下还可以输入幻灯片内容，只需要在各标题后添加一个二级标题，该内容将被自动作为幻灯片的内容。

第 1 步：执行“降级”命令

❶在大纲窗格中的“企业宣传”文字后按下“Enter”键插入一行；❷单击鼠标右键，在弹出的快捷菜单中单击“降级”命令。

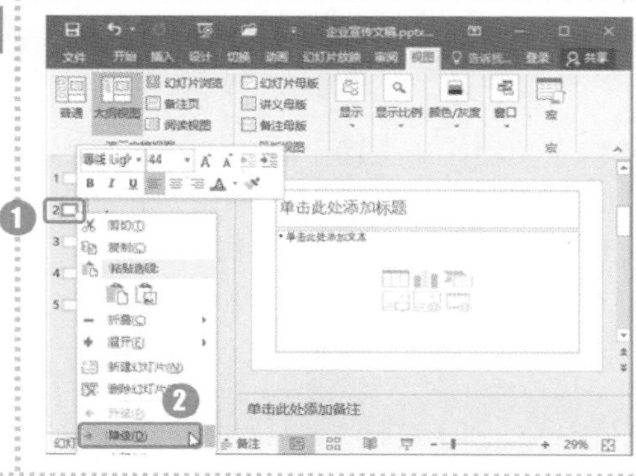

第 2 步：输入副标题

输入副标题内容。

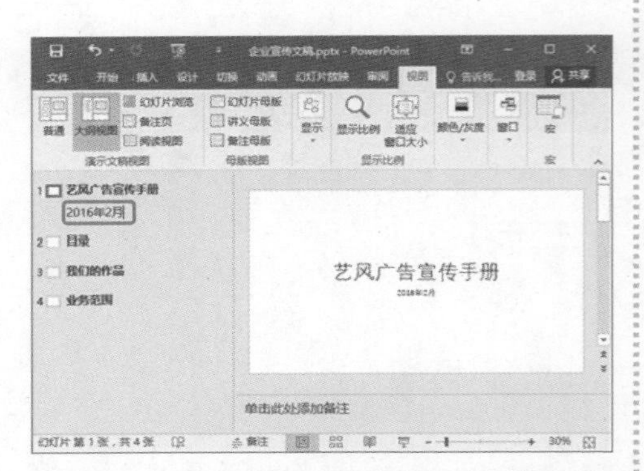

第 3 步：使用 Tab 键降低大纲级别

在“目录”文字后按下“Enter”键插入一行，然后按下“Tab”键降低内容大纲级别，输入概述内容即可。

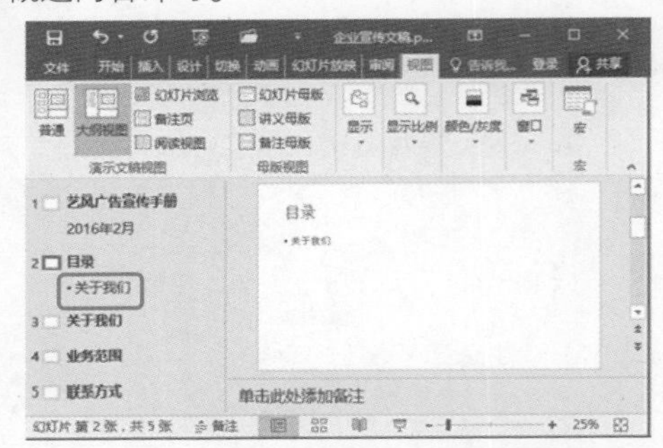

第 4 步：输入其他文本内容

使用相同的方法输入其他文本。

10.1.3 编辑与修饰“标题”幻灯片

幻灯片标题是整个幻灯片给人的第一印象，所以需要对该页添加各种修饰，如艺术字、背景图片等。

1. 输入标题文字

在 PowerPoint 2016 中，默认的文本字体格式为“等线、黑色”，这样制作出来的演示文稿显得千篇一律，可以通过设置文本的字体格式使演示文稿焕然一新。

第 1 步：设置标题格式

选择标题幻灯片，❶选择标题文字；❷设置字体格式为“方正行楷繁体、48 号”；❸单击“字符间距”下拉按钮，在弹出的下拉菜单中选择“很松”选项。

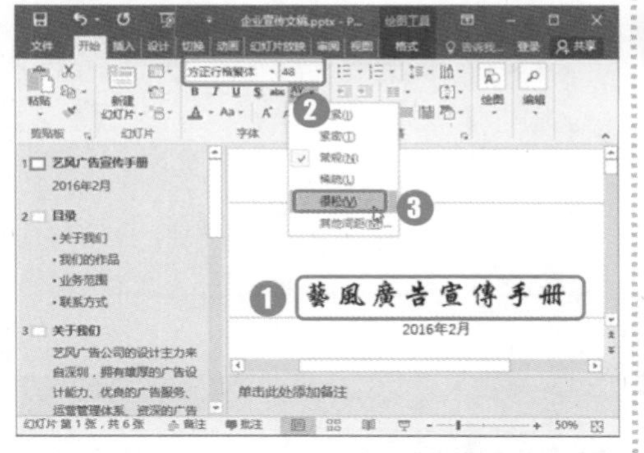

第 2 步：设置艺术字样式

在“绘图工具/格式”选项卡下“艺术字样式”组的“快速样式”中选择一种艺术字样式。

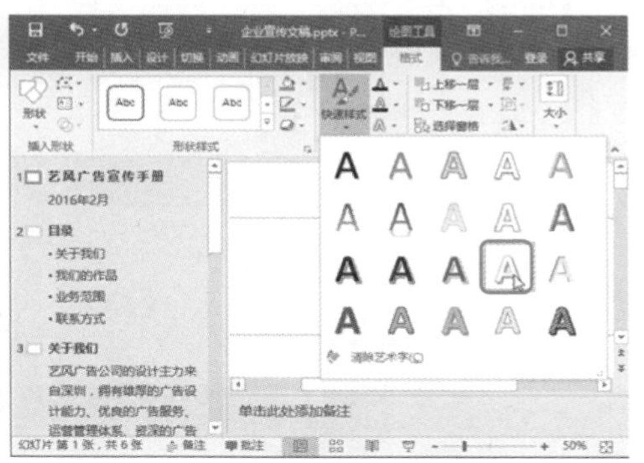

第 3 步：设置日期格式

❶设置日期文本格式为“华文行楷、28 号，蓝色”；❷单击“开始”选项卡下“段落”组中的“右对齐”按钮。设置完成后的效果如右图所示。

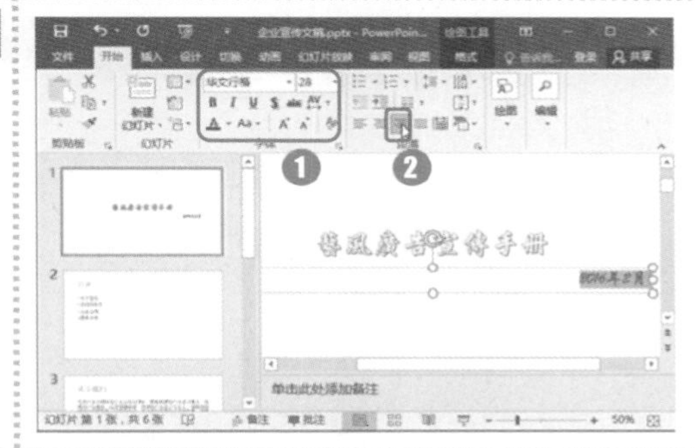

2. 添加图片背景

美丽的图片可以增加演示文稿的吸引力，在封面中可以将图片设置为背景，以美化演示文稿，操作方法如下。

第 1 步：单击“设置背景格式”命令

单击“设计”选项卡下“自定义”组中的“设置背景格式”命令。

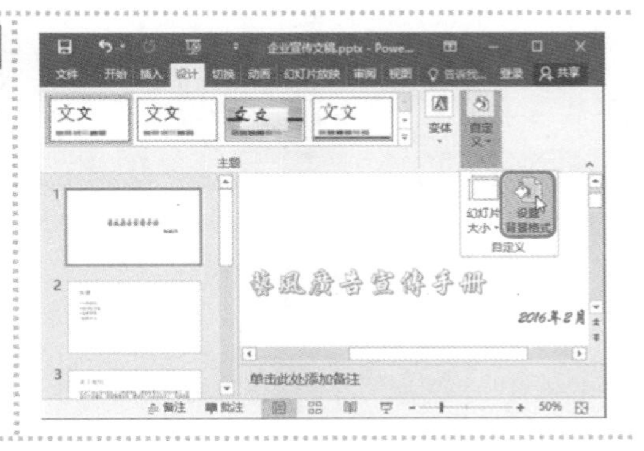

第 2 步：单击“文件”按钮

弹出“设置背景格式”窗格，❶在“填充”栏选择“图片或纹理填充”选项；❷单击“文件”按钮。

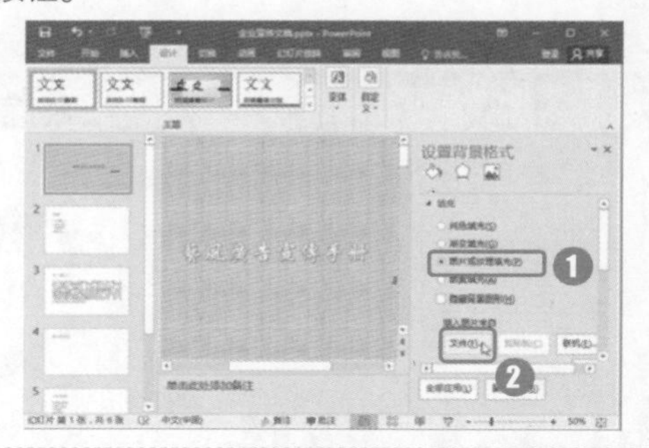

第 3 步：单击“插入”按钮

打开“插入图片”对话框，❶选择要插入的图片；❷单击“插入”按钮。

第 4 步：查看效果

图片插入后的效果如右图所示。

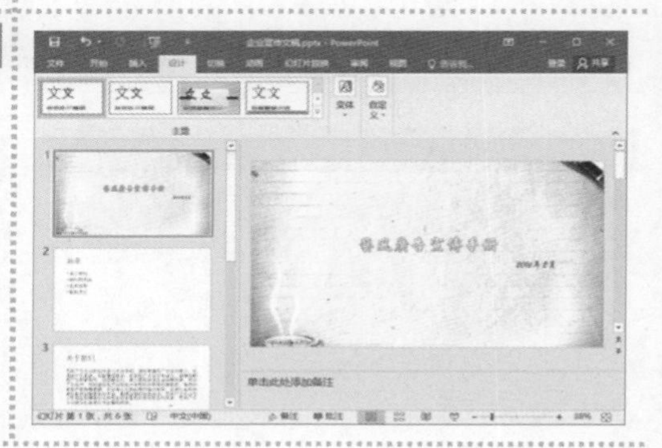

10.1.4 编辑“目录”幻灯片

在演示文稿中通常需要在一个幻灯片中列举出整个 PPT 的内容，即 PPT 目录，为了使该幻灯片更美观，还需要对其进行编辑。

1. 设置目录样式

目录是 PPT 的门面，条理清晰的目录可以更好地将 PPT 的内容展示出来，所以需要为目录设置合适的目录样式。

第 1 步：设置目录文本样式

选择“目录”幻灯片，❶分别选择目录的标题和正文并为其设置文本格式；❷选择目录正文文本，然后单击“开始”选项卡下“段落”组中的“项目符号”按钮☰，取消自动添加的项目符号。

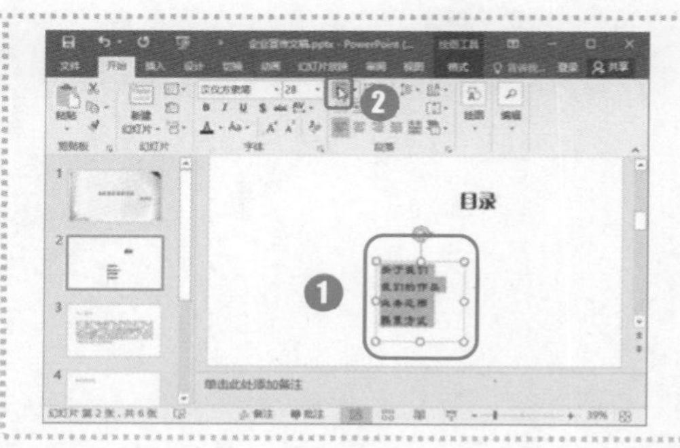

第 2 步：插入并设置直线样式

❶在“插入”选项卡的“形状”下拉菜单中选择“直线”工具，绘制如图所示的两条直线；❷在“绘图工具/格式”选项卡的“形状样式”组中设置形状样式。

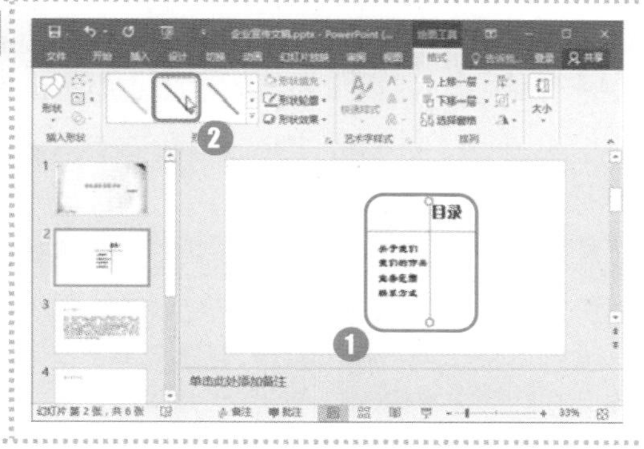

2. 插入图片

单调的文字目录毫无美感，此时可以在其中添加图片装饰，以美化目录页，操作方法如下。

第 1 步：单击“图片”按钮

单击“插入”选项卡下“图像”组中的“图片”按钮。

第 2 步：单击“插入”按钮

❶在弹出的“插入图片”对话框中选择要插入的图片；❷单击“插入”按钮。

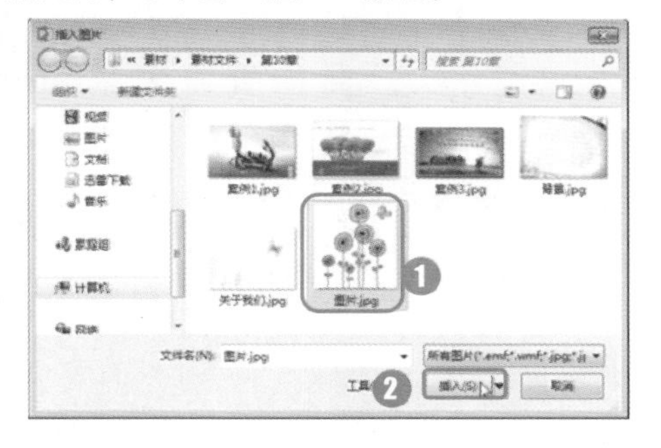

第 3 步：调整图片的大小与位置

图片插入后通过四周的控制点调整图片大小，并将其拖动到合适的位置。

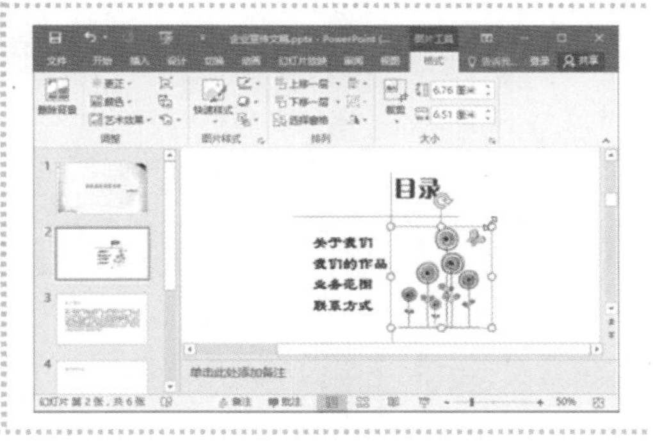

11.1.5 编辑与修饰“关于我们”幻灯片

在修饰“关于我们”幻灯片时，除了修改文本样式外，还可以为标题文本框设置快速样式，操作方法如下。

第 1 步：设置标题文本框样式

选择“关于我们”幻灯片，❶选择标题文字，设置文本格式为“华文新魏、44 号，绿色”；❷选择标题文本框，在“绘图工具/格式”选项卡下“形状样式”组的“快速样式”中选择一种主题样式。

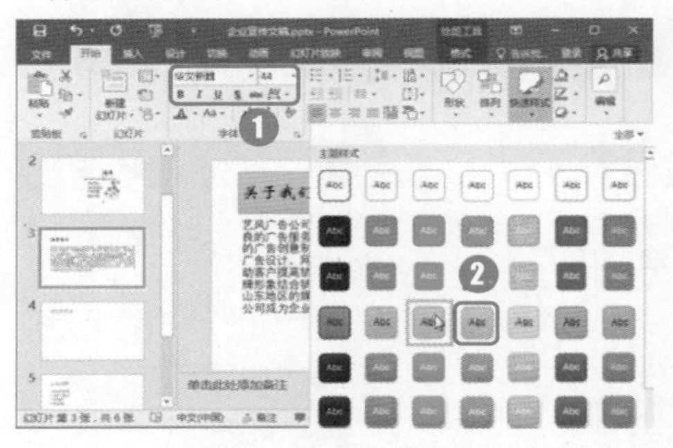

第 2 步：设置段落格式

❶选择正文文本，然后单击“开始”选项卡“段落”组中的对话框启动器；❷打开“段落”对话框，设置“缩进”组的“特殊格式”为“首行缩进”；❸设置“间距”中的“行距”为“多倍行距”；❹单击“确定”按钮。

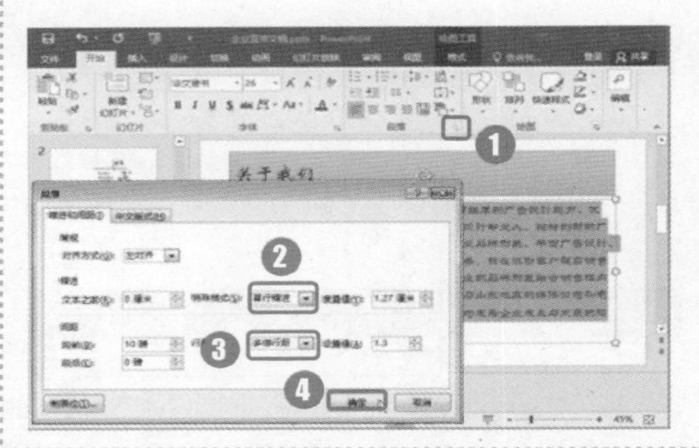

第 3 步：设置正文文本框样式

❶选择正文文本框，在“绘图工具/格式”选项卡下“形状样式”组中单击“形状填充”下拉按钮；❷设置主题颜色为“绿色，个性色 6，淡色 40%”；❸在“渐变”扩展菜单中选择一种渐变样式。

10.1.6 编辑与修饰“我们的作品”幻灯片

在编辑“我们的作品”幻灯片时，除了应用现有文字外，还需要加入相关的图片，以便从视觉上展示出公司产品，具体操作方法如下。

第 1 步：单击“图片”按钮

选择“我们的作品”幻灯片，在内容文本框内单击“图片”按钮。

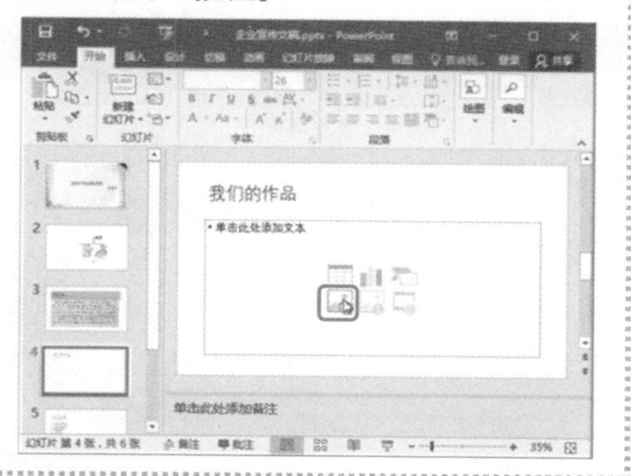

第 2 步：选择插入图片

弹出“插入图片”对话框，❶按住“Ctrl”键不放，依次单击需要插入的图片；❷单击“插入”按钮。

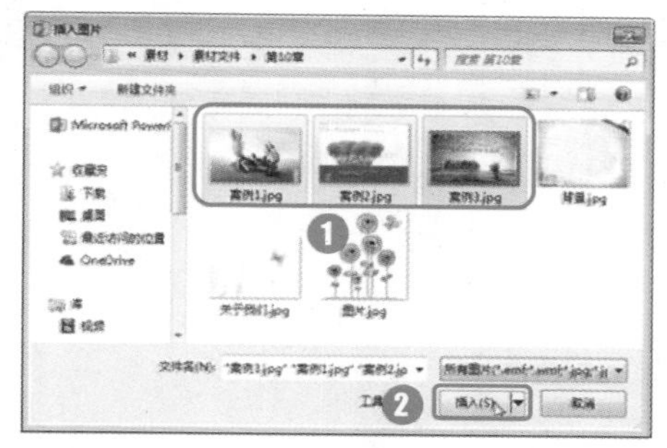

第 3 步：调整图片位置

所选图片将插入幻灯片中，通过图片四周的控制点调整图片大小，并使用鼠标拖动调整图片位置。

第 4 步：设置图片样式

依次选择插入的图片，在“图片工具/格式”选项卡的“图片样式”组中设置图片的快速样式。

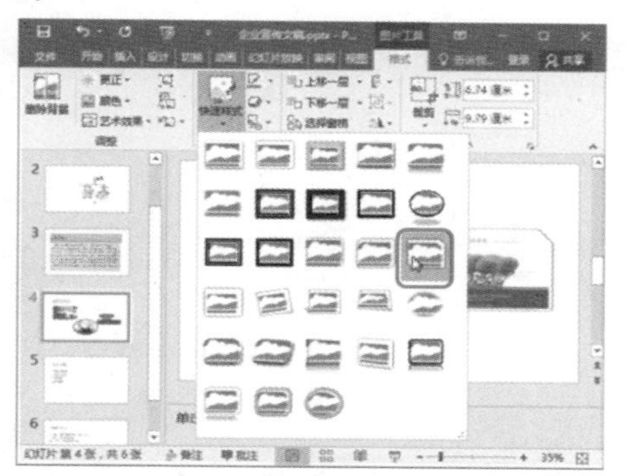

10.1.7 编辑“联系方式”幻灯片

幻灯片编辑完成后还需要对幻灯片的结束页进行编辑，为了使文本看起来错落有致，还可以为其添加项目符号。

第 1 步：设置字体格式

选择“联系方式”幻灯片，分别选择联系方式幻灯片中的标题和正文文本，为其设置文本样式。

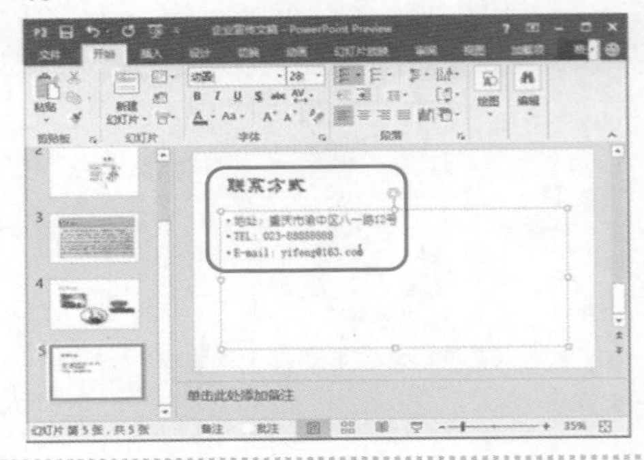

第 2 步：设置项目符号样式

选中文本内容，❶在“开始”选项卡的段落组中单击“项目符号”右侧的下拉按钮☰▾；❷在弹出的下拉列表中选择一种项目符号样式。

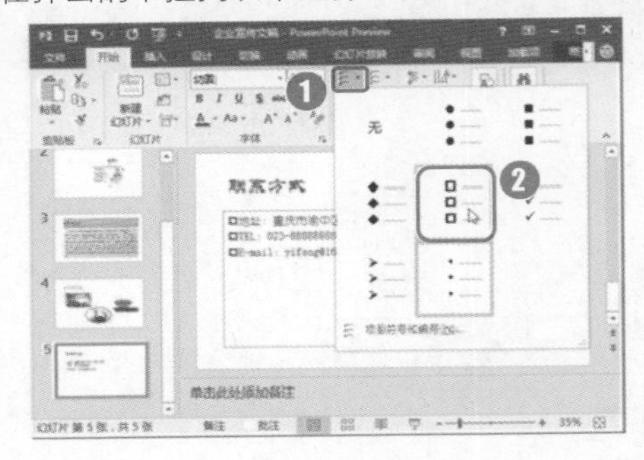

10.2 制作楼盘简介演示文稿

在企业的日常工作中，经常需要为客户演示或讲解公司的产品，此时常常需要的使用演示文稿对商品进行介绍，并配以相关文字、图片、声音甚至视频等。本例将以某楼盘简介的演示文稿为例，为读者介绍在 PowerPoint 2016 中制作产品展示的演示文稿。

“楼盘简介”演示文稿制作完成后的效果如下图所示。

光盘同步文件

原始文件：光盘\素材文件\第 10 章\
结果文件：光盘\结果文件\第 10 章\楼盘简介. pptx
视频文件：光盘\教学文件\第 10 章\制作楼盘简介演示文稿.mp4

10.2.1 设置并修改演示文稿主题

在对演示文稿进行制作和设计时，常常需要先确定演示文稿的主题，即对演示文稿中各幻灯片的布局、结构、主色调、字体及图形效果等进行设定。

第 1 步：选择主题样式

新建一个名为“楼盘简介”的空白演示文稿，❶切换到“设计”选项卡；❷在主题列表框中选择一种主题样式。

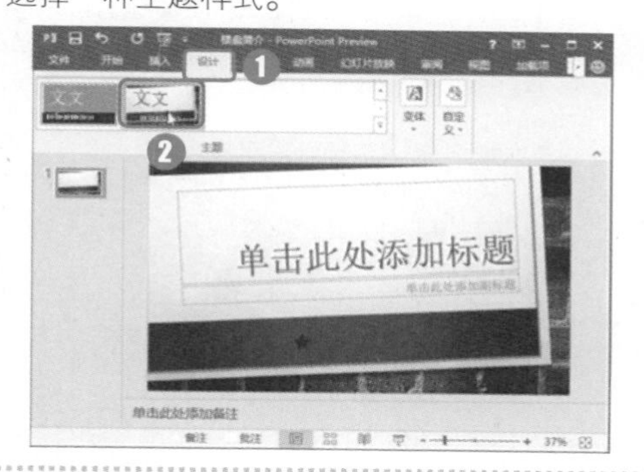

第 2 步：设置变体样式

在“设计”选项卡的“变体”组中选择一种变体模式。

知识加油站

单击“变体”列表框右下角的“其他”按钮，在弹出的下拉菜单中可以选择幻灯片的颜色、字体、效果、背景样式等。

10.2.2 制作主要内容幻灯片

设置好幻灯片的主题后，就可以开始制作幻灯片的主要内容。

1. 制作“封面”幻灯片

封面是演示文稿的门脸，在为演示文稿应用了主题后，只需要输入文字，即可得到漂亮的封面，操作方法如下。

在第一张幻灯片的标题占位符和副标题占位符中输入相应的文字内容，即可完成标题的制作，效果如右图所示。

2. 制作“目录”幻灯片

制作好封面幻灯片之后，需要插入新的幻灯片来继续制作以下内容。“目录”幻灯片用于显示和列举本演示文稿的主要内容，下面介绍制作“目录”幻灯片的操作方法。

第 1 步：选择“垂直排列标题与文本”版式

❶单击“开始”选项卡下“幻灯片”组中的“新建幻灯片”下拉按钮；❷在弹出的下拉列表中选择“标题和竖排文字”幻灯片版式。

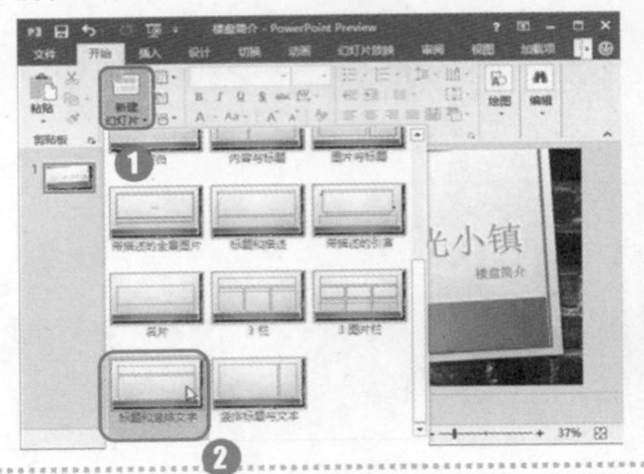

第 2 步：输入文字内容

在幻灯片占位符中输入如图所示的文字内容。

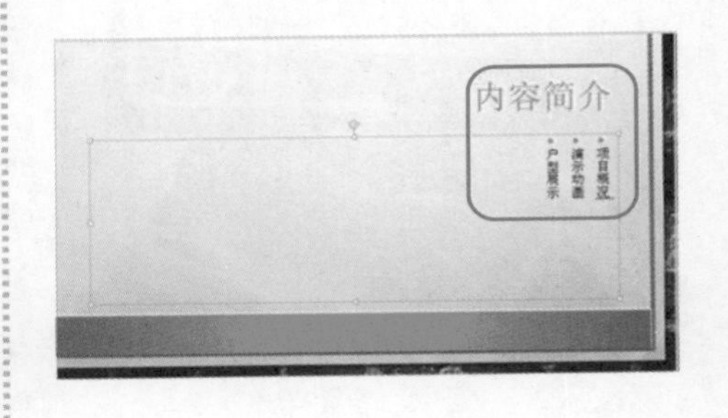

3. 制作“项目概况”幻灯片

下面介绍如何新建第 3 张幻灯片，并添加项目概况的相关内容和图片，操作方法如下。

第 1 步：选择“图片与标题”版式

❶单击“开始”选项卡下“幻灯片”组中的“新建幻灯片”下拉按钮；❷在弹出的下拉列表中选择“图片与标题”幻灯片版式。

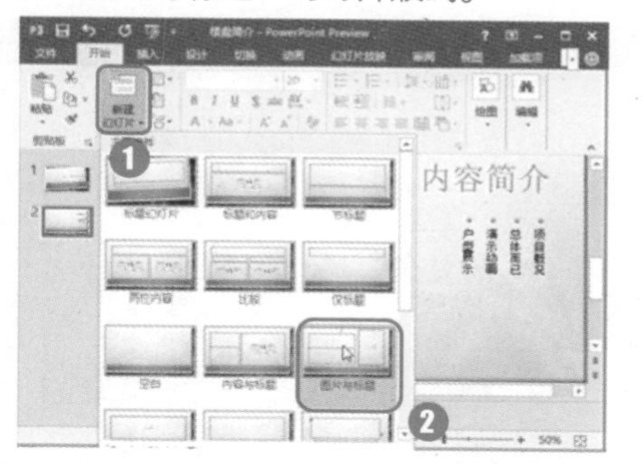

第 2 步：输入幻灯片内容

❶在幻灯片的标题占位符和内容占位符中输入文字内容；❷单击图片占位符中的“插入来自文件的图片”按钮。

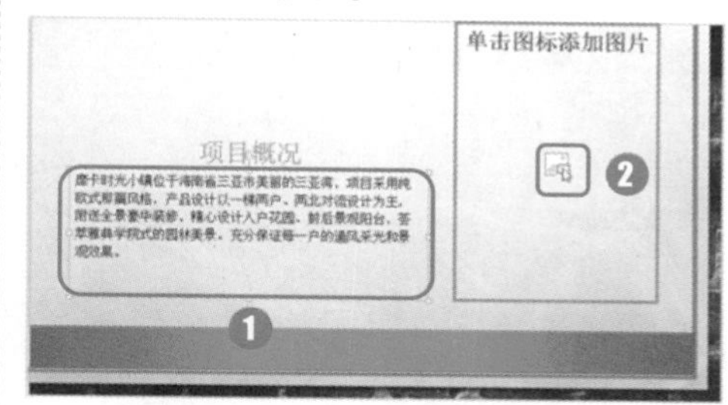

第 3 步：选择图片

打开“插入图片”对话框，❶选择素材图片；❷单击“插入”按钮。

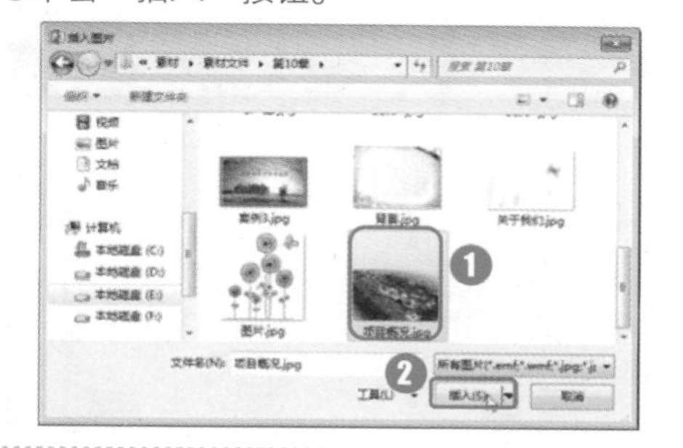

第 4 步：查看效果

图片插入完成后，效果如下图所示。

知识加油站

在演示文稿中应用了不同的主题后，新建幻灯片时可以使用的版式也可能有所不同，即在主题设置中也包含了可用的幻灯片版式。如果在制作好幻灯片后再次修改幻灯片的主题，主题中包含的幻灯片版式也会随之发生变化，从而会使已应用相应版式的幻灯片版式发生变化。

4. 制作“演示动画”幻灯片

在幻灯片中，为了使内容更加丰富，除了在幻灯片内添加文字、图片等元素外，常常需要嵌入其他多媒体元素，如动画、视频、音频等。本例将在幻灯片中嵌入视频片断，操作方法如下。

第 1 步：选择“标题和内容”版式

❶单击“开始”选项卡下“幻灯片”组中的“新建幻灯片”下拉按钮；❷在弹出的下拉列表中选择“标题和内容”幻灯片版式。

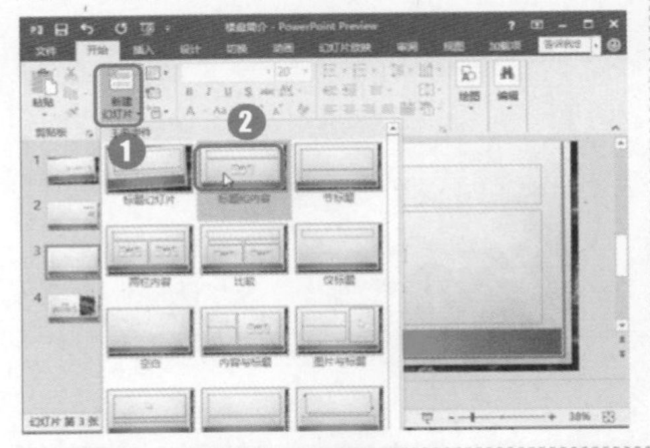

第 2 步：输入幻灯片标题

❶在幻灯片的标题占位符中输入该幻灯片的标题文字内容；❷单击内容占位符中的“插入媒体剪辑”图标。

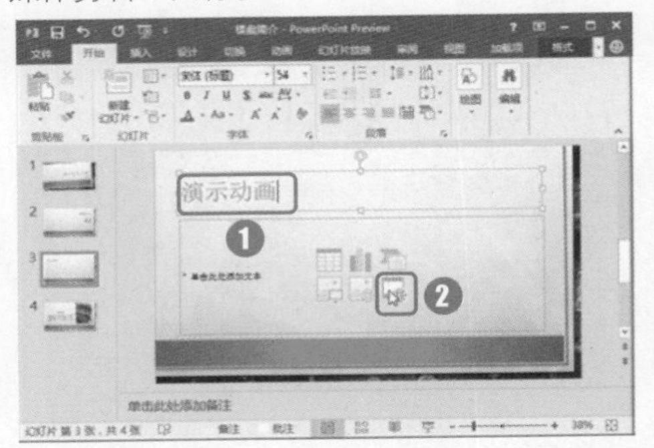

第 3 步：选择视频文件

打开“插入视频文件”对话框，❶选择视频文件；❷单击“插入”按钮。

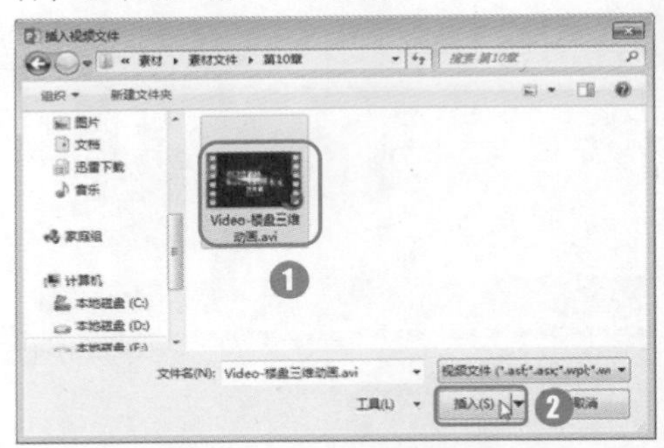

第 4 步：设置视频样式

在“视频工具/格式”选项卡下“视频样式”组中设置视频的快速样式。

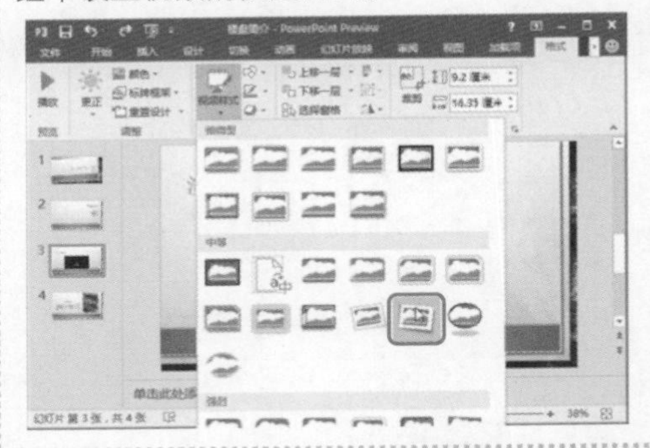

第 5 步：设置播放模式

插入视频后，默认为单击鼠标时播放，为了使视频在播放到含有该视频的幻灯片时自动播放，可以设置播放模式，❶单击“视频工具/播放”选项卡下“视频”选项组中的“开始”下拉按钮；❷在弹出的下拉菜单中选择“自动”选项。

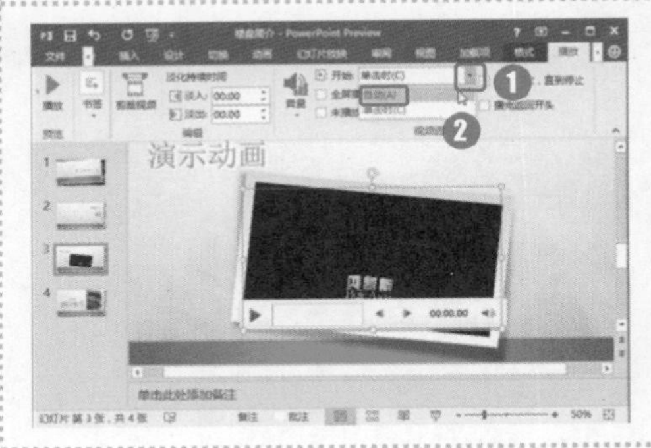

知识加油站

在幻灯片中嵌入视频后，通过“视频工具/格式”选项卡中的选项，可以对嵌入的视频添加一些简单的效果和装饰。例如，使用“更正”选项，可以调整视频中画面的亮度和对比度；使用“颜色”选项，可以对视频的整体色彩进行设置；要查看视频播放的效果，可以单击“播放”按钮；如果要对视频进行剪辑，可以使用“视频工具/播放”选项卡中的“剪裁视频”功能，在打开的对话框中设置视频播放的起始时间和结束时间。

10.2.3 制作相册幻灯片

在制作幻灯片时，如果需要在幻灯片中连续展示多幅图像，并快速制作多幅图像的幻灯片，可以使用相册幻灯片。在制作出包含多幅图像的相册幻灯片后，使用“重用幻灯片”功能可以将相册幻灯片快速应用到当前幻灯片中。

1. 保存幻灯片主题

为了使制作的相册幻灯片与本例楼盘简介演示文稿中的风格统一，可以将幻灯片上应用的主题保存为主题文件，便于用户在创建幻灯片时应用相同的主题样式，具体操作方法如下。

第 1 步：选择“保存当前主题”命令

❶单击“设计”选项卡“主题”组中的“其他”按钮；❷在弹出的下拉列表中选择“保存当前主题”命令。

第 2 步：单击“保存”按钮

弹出“保存当前主题”对话框，❶设置保存路径和文件名称；❷单击“保存”按钮。

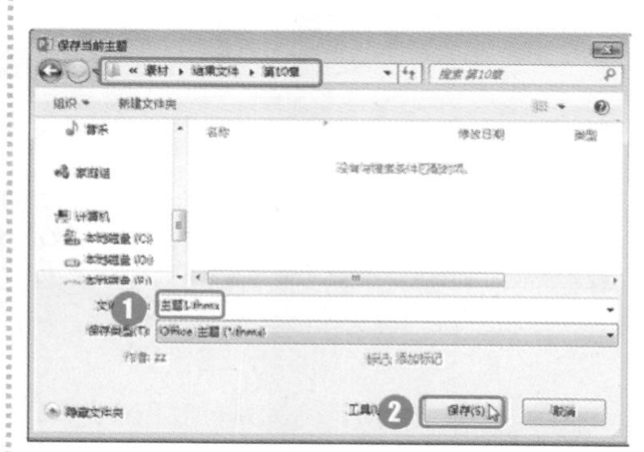

2. 插入相册

在 PowerPoint 2016 中，可以使用新建相册命令快速创建浏览和展示多幅图像的幻灯片，操作方法如下。

第 1 步：单击“相册”按钮

单击“插入”选项卡下“图像”组中的“相册”按钮开始创建相册。

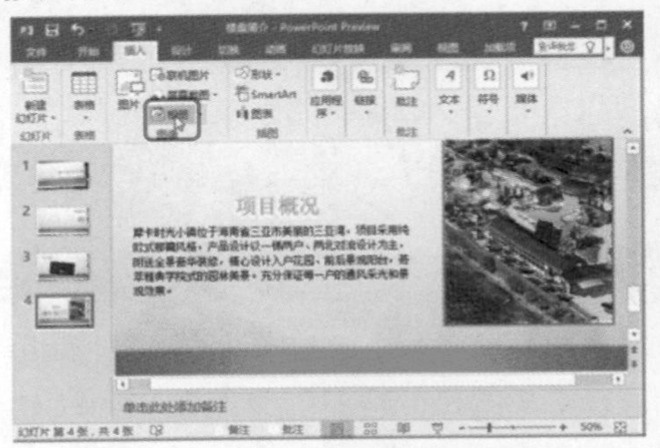

第 2 步：单击“文件/磁盘”按钮

打开“相册”对话框，在“相册内容”栏单击“文件/磁盘”按钮。

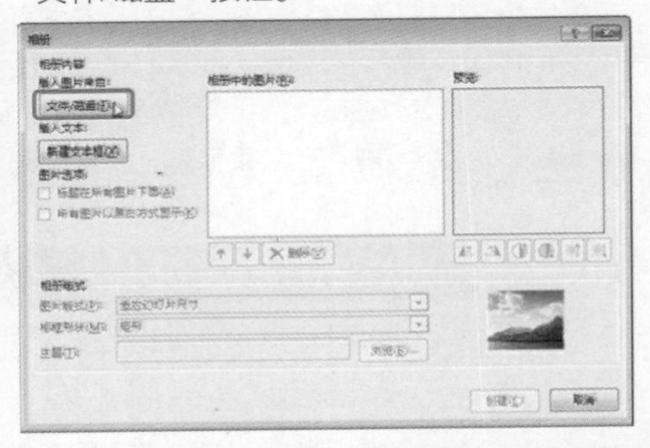

第 3 步：选择插入图片

打开“插入新图片”对话框，❶打开文件的保存路径，按下“Ctrl”键选择多张图片；❷单击“插入”按钮。

第 4 步：设置相册版式

返回“相册”对话框，❶在“图片版式”下拉列表中选择“1 张图片”选项；❷单击“主题”文本框右侧的“浏览”按钮。

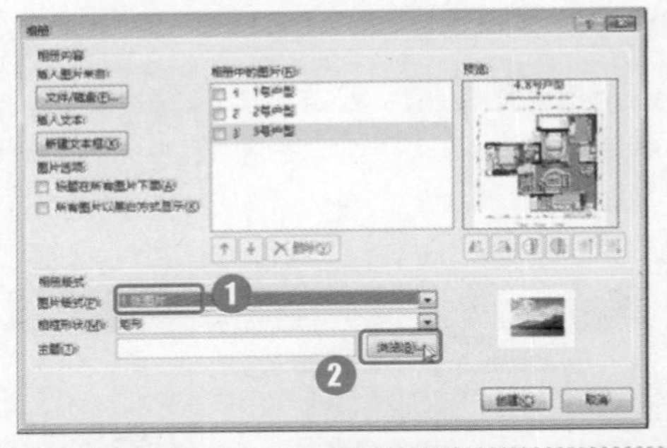

第 5 步：选择主题文件

❶在打开的“选择主题”对话框中选择之前保存的主题文件；❷单击“选择”按钮。

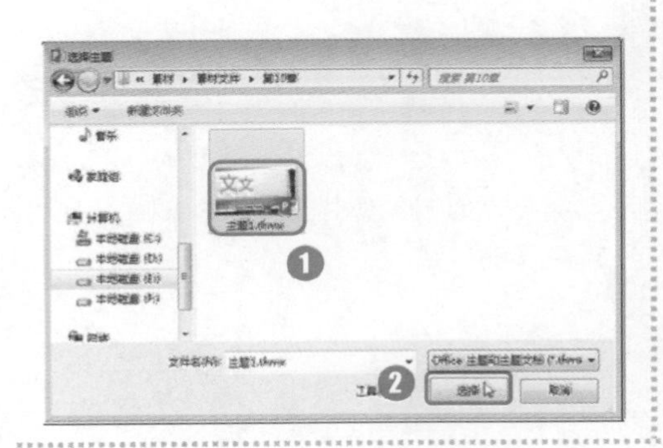

第 6 步：完成相册制作

返回“相册”对话框后，单击“创建”按钮，即可创建出由所选图片构成的新演示文稿，保存该文件，并命名为“户型相册”。

01 02 03 04 05 06 07 08 09 10 11 12

知识加油站

通过“新建相册”创建出的幻灯片将作为一个独立的文件，并非直接插入到当前幻灯片中，且与普通的幻灯片相同，可以对创建出的幻灯片进行各种编辑和修改，从而使相册达到更好的效果。

3. 重用幻灯片

在“楼盘简介”演示文稿中，当需要应用“户型相册”演示文稿中的幻灯片时，可以使用“重用相册”命令快速重用幻灯片，操作方法如下。

第 1 步：选择“重用幻灯片”命令

❶单击“插入”选项卡下“幻灯片”组中的“新建幻灯片”下拉按钮；❷在弹出的下拉菜单中选择“重用幻灯片”命令。

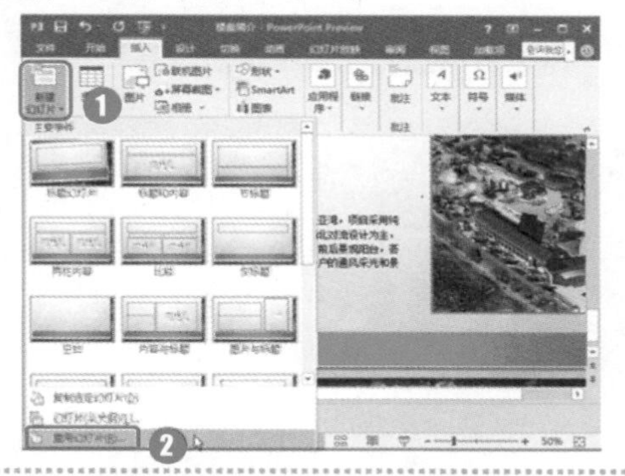

第 2 步：打开相册文件

弹出“重用幻灯片”窗格，单击“打开 PowerPoint 文件”链接。

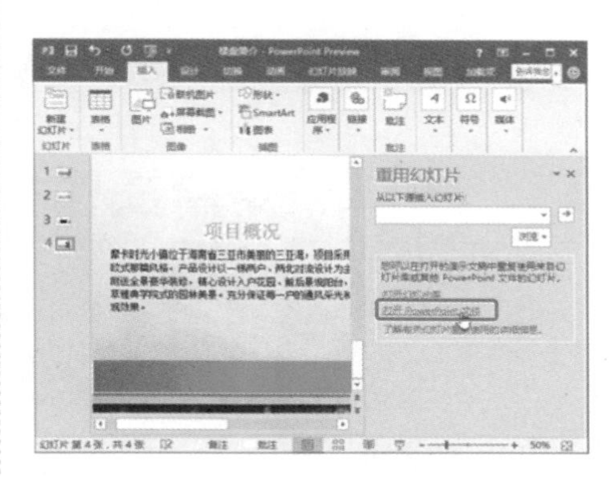

第 3 步：选择“户型相册”文件

❶在打开的“浏览”对话框中选择之前制作的“户型相册”文件；❷单击“打开”按钮。

第 4 步：选择幻灯片

在“重用幻灯片”窗格中依次单击要插入的幻灯片“幻灯片 2~幻灯片 4”，即可将其添加到当前幻灯片中。

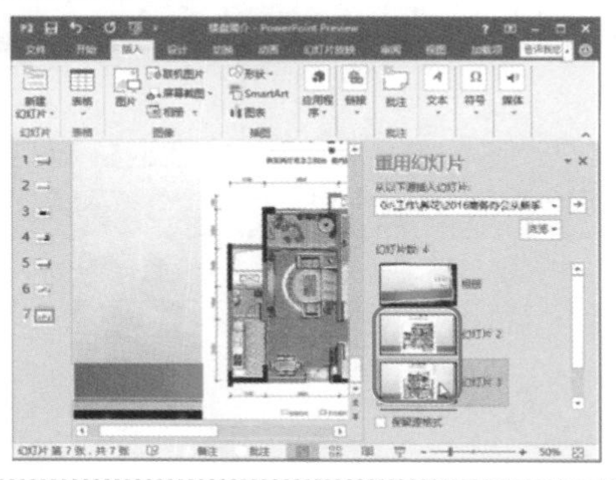

第 5 步：设置图片样式

分别选择插入的图片，为其设置快速样式，并调整图片的大小和位置。

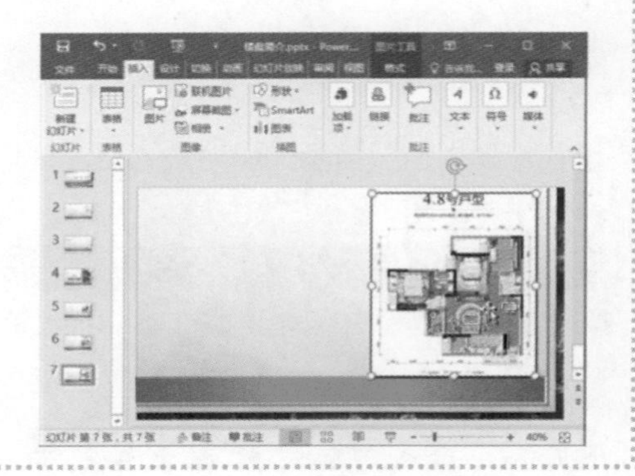

第 6 步：插入图片并设置快速样式

分别将素材图片 1 号、2 号、3 号插入到对应的户型图中，为其设置快速样式，并调整图片的大小和位置。

高手秘籍　实用操作技巧

通过对前面知识的学习，相信读者已经掌握了制作演示文稿的相关知识。下面结合本章内容，给大家介绍一些实用技巧。

光盘同步文件

原始文件：光盘\素材文件\第 10 章\实用技巧\
结果文件：光盘\结果文件\第 10 章\实用技巧\
视频文件：光盘\教学文件\第 10 章\高手秘籍.mp4

Skill 01 自定义主题颜色

在使用 PowerPoint 2016 制作 PPT 的过程中，主题的默认色彩往往与我们演示的内容不够和谐，需要更改主题的色彩，此时可自定义主题颜色。具体操作方法如下。

第 1 步：单击“其他”按钮

在“设计”选项卡下单击“变体”组中的“其他”按钮。

第 2 步：选择自定义颜色

❶在弹出的列表中选择“颜色”命令；❷在展开的列表中选择自定义颜色。

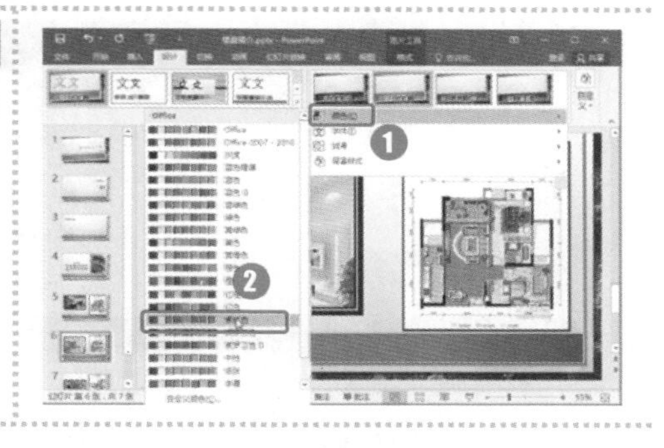

Skill 02　设置项目符号和编号

在并列的文本内容中为了让文本看起来更整齐，可以添加项目符号或编号，如果应用了主题，那么项目符号会根据主题的变化而变化。下面以为文本添加设置项目符号和编号为例进行讲解，具体操作方法如下。

第 1 步：单击“项目符号与编号”选项

❶选择需要添加项目符号的所有文本，单击“段落”组中☰▾按钮的下拉三角按钮；❷在弹出的列表中单击“项目符号与编号”选项。

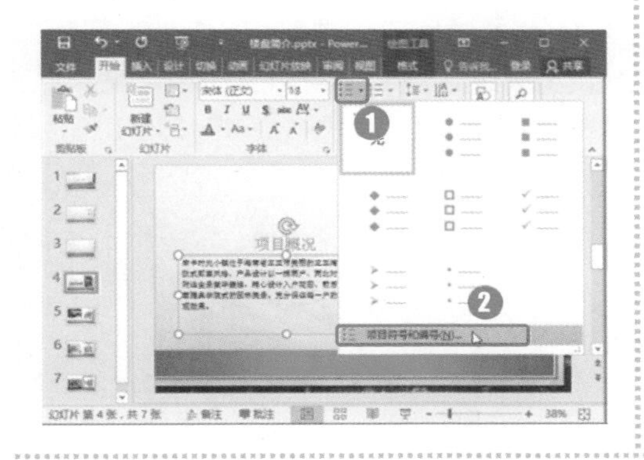

第 2 步：设置符号样式

❶在弹出的对话框的列表框内选择一种合适的项目符号样式；❷在“大小”微调框中输入数值；❸在“颜色”下拉列表中选择一种合适的颜色；❹单击“确定”按钮。

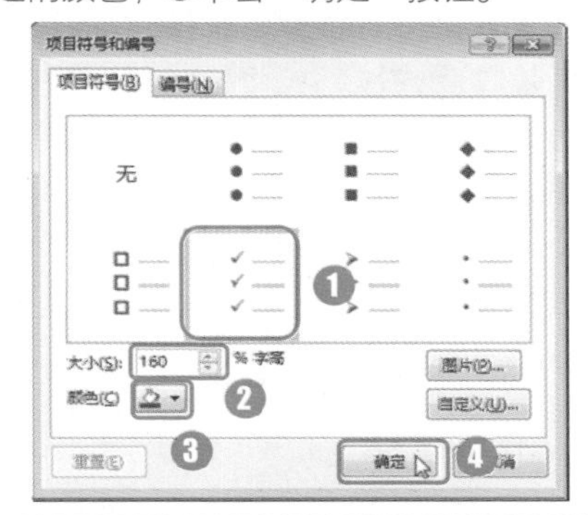

Skill 03　隐藏重叠的多个对象

如果在幻灯片中插入很多对象，如图片、文本框、图形等，在编辑时这些对象将不可避免地重叠在一起，妨碍我们工作，为了让它们暂时消失，可以通过以下方法实现。

第 1 步：单击“选择窗格”命令

在“开始”选项卡的“编辑”组中单击“选择→选择窗格”命令。

第 2 步：单击隐藏图标

在工作区域的右侧会出现“选择”窗格。在该窗格中，列出了当前幻灯片上的所有对象，并且在每个对象右侧都有一个“眼睛”图标，单击想隐藏的对象右侧的“眼睛”图标，就可以把挡住视线的“形状”隐藏起来。

本章小结

本章结合实例主要讲解了 PowerPoint 2016 的编辑与设计功能，介绍了演示文稿的创建与修饰技巧、修改幻灯片版式和主题的方法、创建和使用相册幻灯片的方法。通过对本章的学习，读者应初步掌握幻灯片的制作方法，可以独立完成创建幻灯片、制作幻灯片内容的操作。

第 11 章

PowerPoint 2016 幻灯片动画制作与放映

本章导读

在使用幻灯片对企业进行宣传、对产品进行展示，以及参加会议或演讲时，为了使幻灯片的内容更具吸引力，幻灯片中的内容和效果更加丰富，常常需要在幻灯片中添加各种动画效果。本章将通过实例向读者介绍幻灯片动画制作和放映时的设置与技巧。

知识要点

- 设置幻灯片的切换动画
- 设置幻灯片的切换音效
- 删除幻灯片
- 设置内容动画的音效
- 为幻灯片添加交互动画
- 放映幻灯片的技巧

案例展示

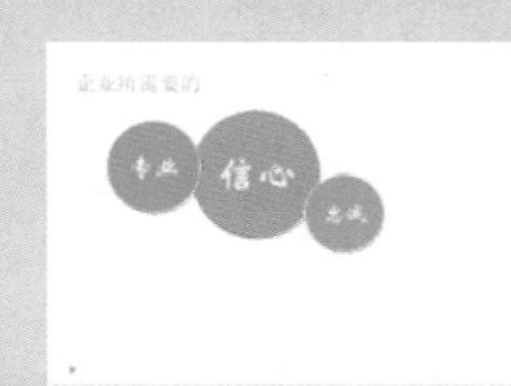

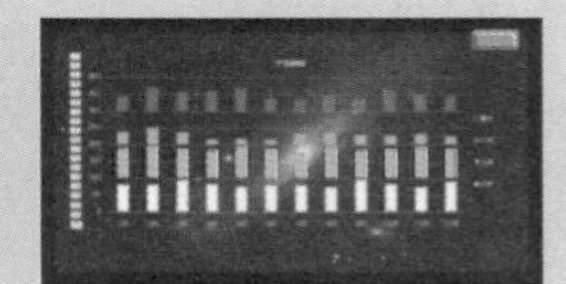

实战应用 ——跟着案例学操作

11.1 制作员工入职培训演示文稿

员工入职培训是员工进入企业的第一环节，本例将使用文本、图片、图形等幻灯片元素制作入职培训演示文稿，通过对幻灯片的文本、图形、动画等对象的应用，使企业培训人员能够快速地掌握培训类演示文稿的制作。

“员工入职培训”演示文稿制作完成后的效果如下图所示。

光盘同步文件

原始文件：光盘\素材文件\第 11 章\

结果文件：光盘\结果文件\第 11 章\培训演示文稿.pptx

视频文件：光盘\教学文件\第 11 章\制作员工入职培训演示文稿.mp4

11.1.1 根据模板新建演示文稿

在制作本例时，需要先基于模板新建一个演示文稿，若在模板样式中找不到合适的内置模板，还可以通过搜索操作，下载新的模板，具体操作方法如下。

第 1 步：搜索模板

启动 PowerPoint 程序，依次单击“文件”→“新建”按钮，❶切换到“新建”选项卡；❷在搜索框中输入需要查找的模板类型，如“培训”；❸单击“搜索”按钮；❹在页面下方显示出搜索结果，在合适的模板上单击鼠标左键。

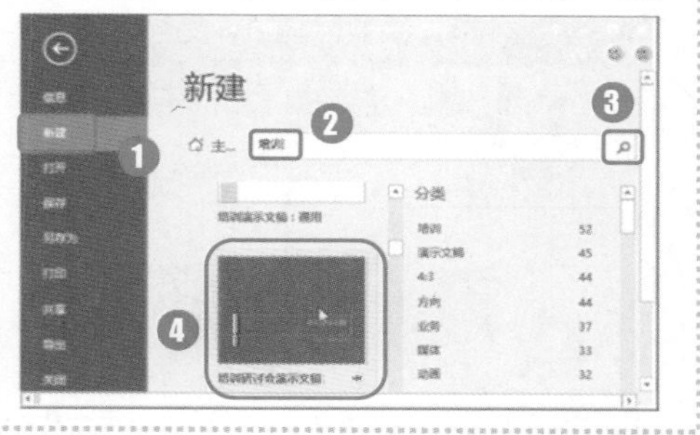

第 2 步：单击“创建”按钮

在打开的对话框中会显示该模板的预览图，如果确认使用该模板，可单击“创建”按钮。

第 3 步：查看效果

此时 PowerPoint 窗格中将创建一个基于“培训”模板的演示文稿，将该演示文稿另存为“培训演示文稿”即可。

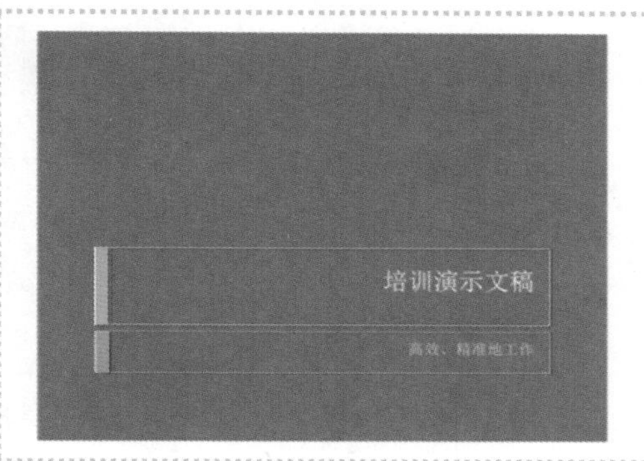

11.1.2 插入图片并设置图片格式

在演示文稿中插入图片后，可以设置图片格式，如图片的位置、大小等，操作方法如下。

第 1 步：输入封面文字

在幻灯片封面页输入演示文稿标题和副标题文字。

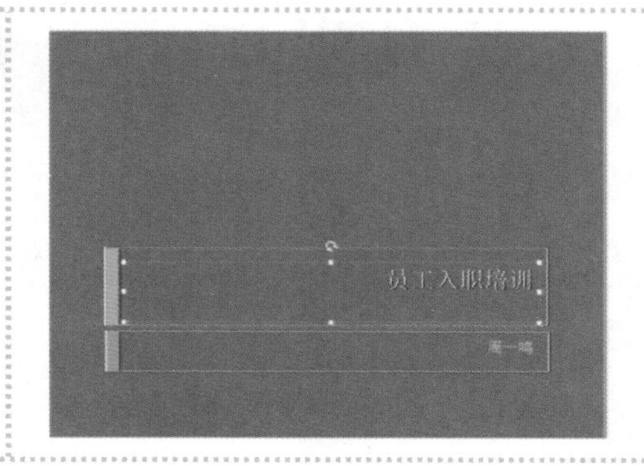

第 2 步：单击“图片”按钮

❶在第 2 页幻灯片中输入标题、内容文本；❷单击“插入”选项卡下“图像”组中的“图片”按钮插入图片。

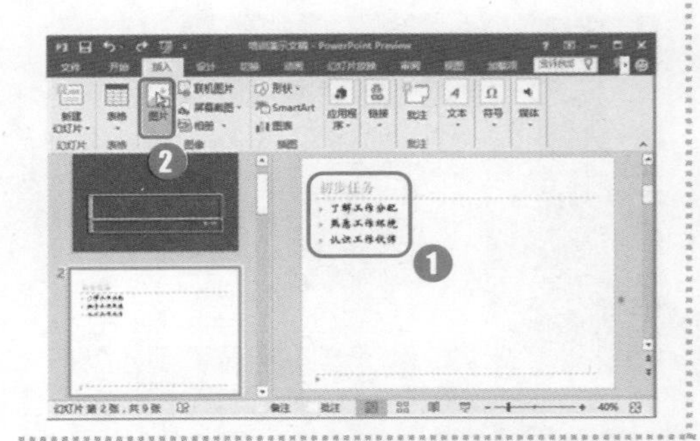

第 3 步：选择“置于底层”命令

❶插入图片后，通过图片四周的控制点将图片大小调整为与幻灯片大小相同；❷单击“图片工具/格式”选项卡下“排列”组中的“下移一层”下拉按钮；❸在弹出的下拉菜单中选择“置于底层”命令。

第 4 步：插入其他图片

使用相同的方法在需要插入图片的幻灯片中插入图片并设置相应的格式。

11.1.3 插入 SmartArt 图形

SmartArt 图形是信息和观点的视觉表示形式，以不同形式和布局的图形代替枯燥的文字，从而快速、轻松、有效地传达信息。

1. 插入图形

在 PowerPoint 中插入图形的方法与在 Word 和 Excel 中插入图形的方法相似，具体操作方法如下。

第 1 步：单击“插入 SmartArt 图形”按钮

❶在第 3 张幻灯片上输入幻灯片标题；❷选中幻灯片内容，按下“BackSpace”键。删除文本框中的内容，内容文本框中将显示插入对象，单击“插入 SmartArt 图形”按钮。

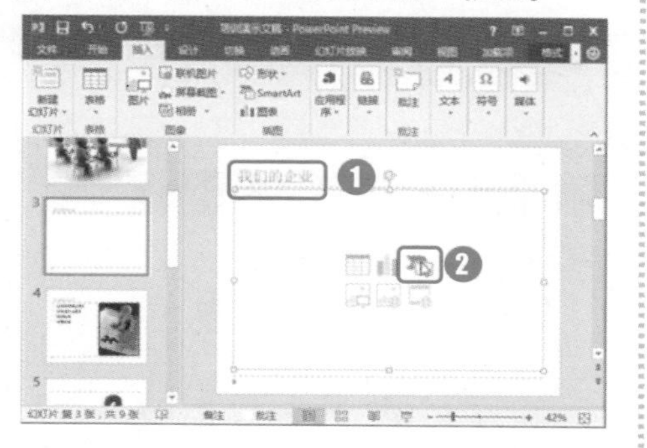

第 2 步：选择 SmartArt 图形样式

打开“选择 SmartArt 图形”对话框，❶在“图片”选项卡中单击“垂直图片列表”选项；❷单击“确定”按钮。

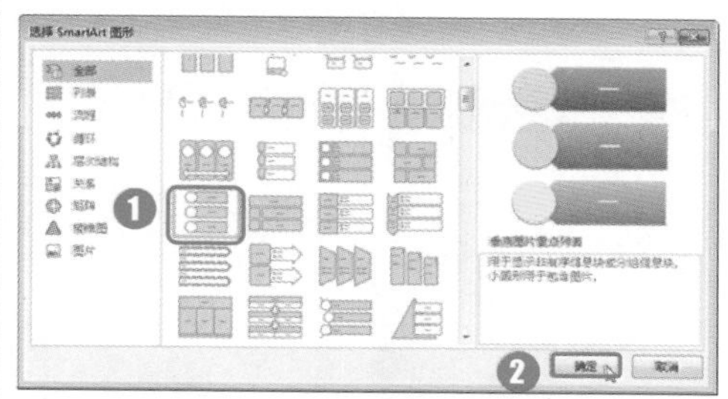

第 3 步：执行插入图片命令

❶文本框中将插入所选图形样式，拖动形状边框即可调整形状大小；❷单击图形中的按钮。

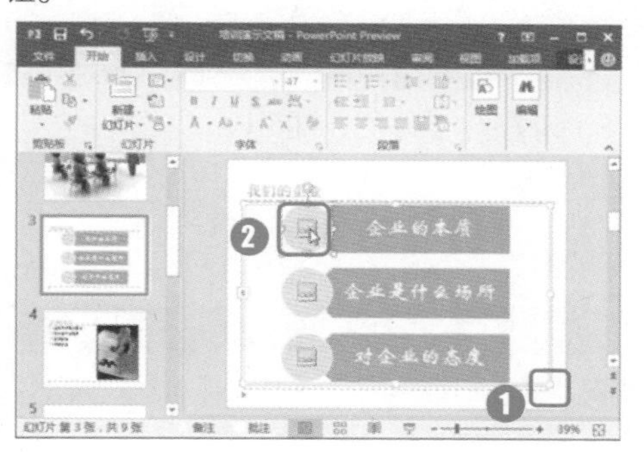

第 4 步：单击“浏览”按钮

打开“插入图片”对话框，单击“浏览”按钮，在弹出的“插入图片”对话框中选择要插入的图片，然后单击“插入”按钮，方法与前文相同。

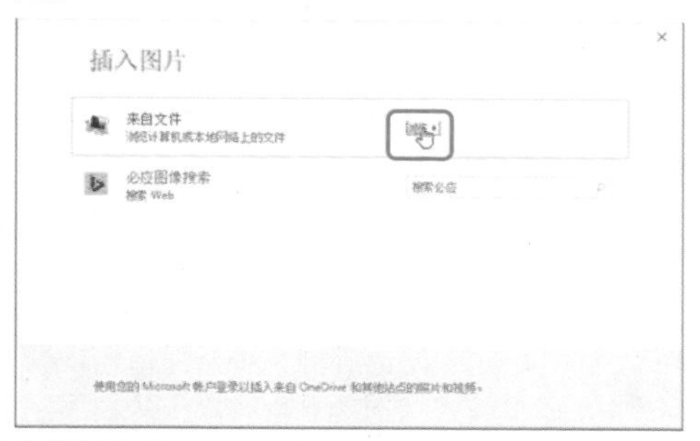

第 5 步：插入全部图片

使用相同的方法插入所有的图片，插入完成后效果如右图所示。

2. 美化图形

在插入 SmartArt 图形之后，如果对默认的颜色、样式不满意，可以随时更改，操作方法如下。

第 1 步：选择图形样式

选中形状，❶单击“SmartArt 工具/设计”选项卡下“SmartArt 样式”组中的“快速样式”下拉按钮；❷在弹出的下拉菜单中选择一种图形样式。

第 2 步：选择颜色方案

保持形状的选中状态，❶单击“SmartArt 工具/设计”选项卡下“SmartArt 样式”组中的“更改颜色”下拉按钮；❷在弹出的下拉菜单中选择一种颜色方案。

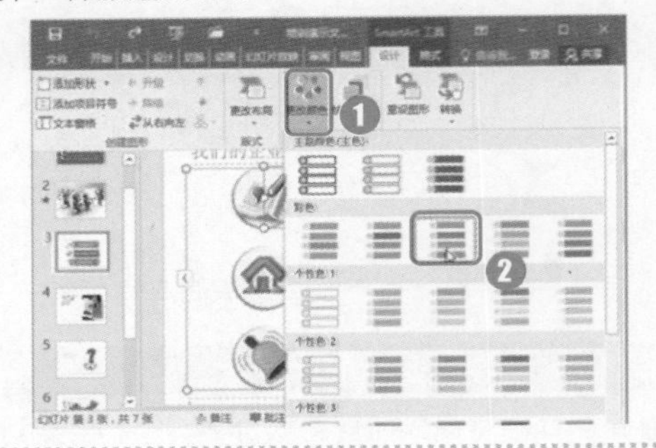

11.1.4 绘制并编辑形状

在 SmartArt 图形中绘制图形的方法与在 Word 中绘制图形的方法一样，绘制完成后，还可以执行美化形状、添加文字、组合形状等操作。

1. 绘制形状

如果需要在幻灯片中使用形状来表达，可以绘制形状，操作方法如下。

第 1 步：设置幻灯片版式

❶在幻灯片上单击鼠标右键；❷在弹出的快捷菜单中选择“版式”选项；❸在弹出的扩展菜单中选择“仅标题”选项。

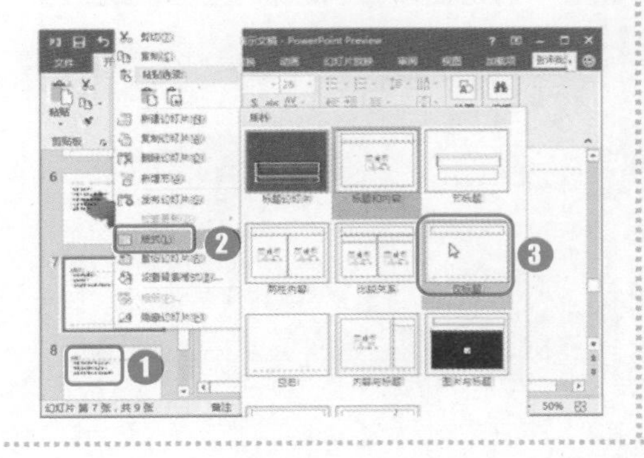

第 2 步：绘制圆形形状

❶在“插入”选项卡下“插图”组的“形状”下拉列表中选择椭圆工具，然后按下“Shift”键不放，按住鼠标左键拖动到合适大小后释放鼠标，即可绘制出正圆形；❷在“绘图工具/格式”选项卡的“形状样式”组中设置形状的样式。

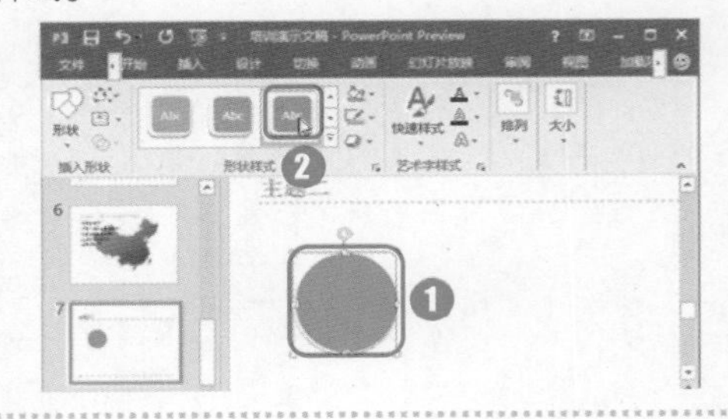

2. 在形状中添加文字

在形状中添加简单明了的文字可以突出幻灯片的主题，操作方法如下。

第 1 步：选择“编辑文字”命令

❶在形状上单击鼠标右键；❷在弹出的快捷菜单中选择“编辑文字”命令。

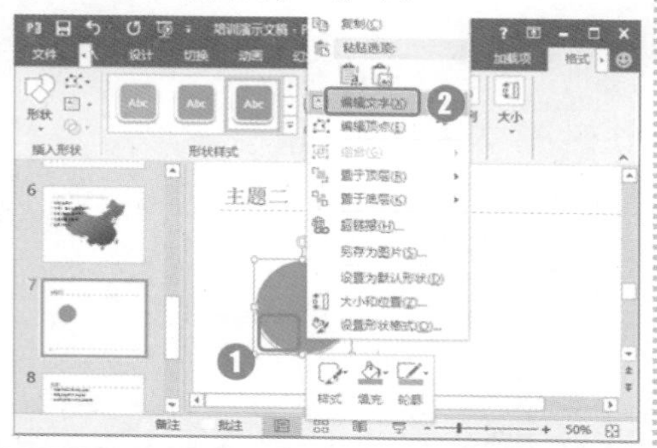

第 2 步：设置文字格式

在形状中直接输入文字，并设置文字格式。

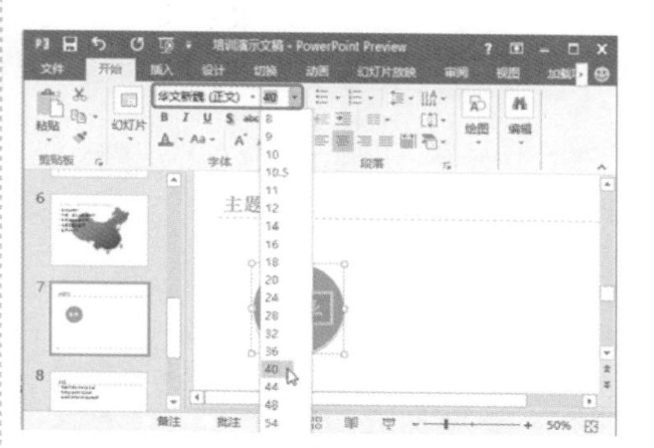

第 3 步：复制形状并修改大小

复制多个形状，修改形状中的文字和形状样式，并通过鼠标拖动控制点调整形状大小，操作完成后的效果如右图所示。

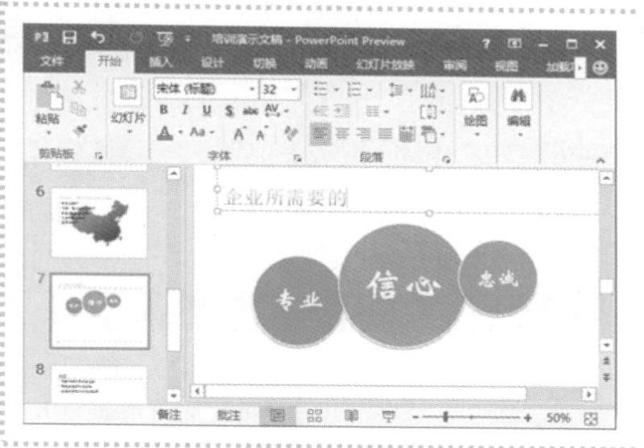

3. 设置形状排列层次

当多个形状处于同一页面时，会出现后插入的形状遮挡先插入的形状的情况，从而遮挡了下面的图形或文字，此时可以调整绘制形状之间的层次关系。例如，要将中间的形状置于底层，操作方法如下。

❶选择中间的形状，在形状上单击鼠标右键；❷在弹出的快捷菜单中选择“置于底层”命令；❸在弹出的扩展菜单中选择“置于底层”。

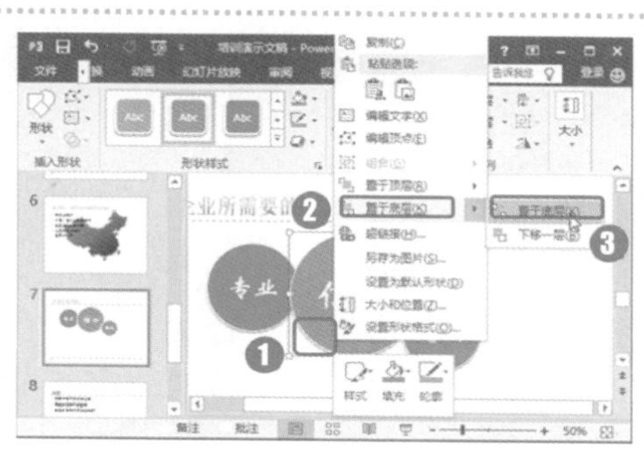

4. 删除多余的幻灯片

使用模板创建幻灯片时，会创建多张幻灯片模板，如果用户不需要这么多模板，可以执行删除操作。

❶按下“Ctrl”键依次单击需要删除的幻灯片，然后在幻灯片上单击鼠标右键；❷在弹出的快捷菜单中选择“删除幻灯片”命令即可。

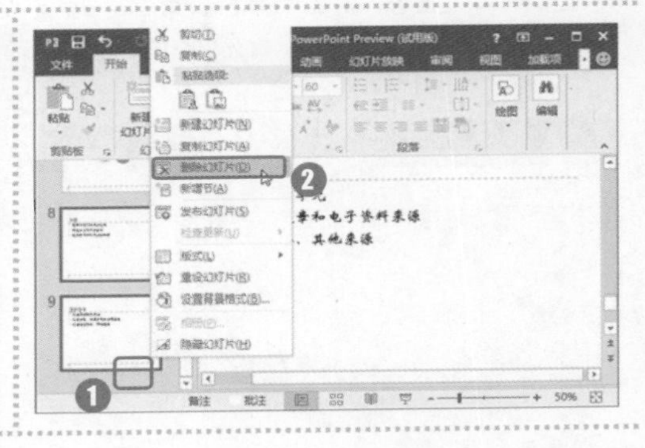

11.1.5 设置幻灯片切换效果

幻灯片切换效果是在“幻灯片放映”视图中从一个幻灯片移到下一个幻灯片时出现的动画效果，为幻灯片添加动画效果的具体操作方法如下。

第 1 步：单击“其他”按钮

选择第 2 张幻灯片，在“切换”选项卡的“切换样式”组中单击“其他”按钮。

第 2 步：选择切换样式

在弹出的下拉列表中选择一种切换样式，如“揭开”选项。

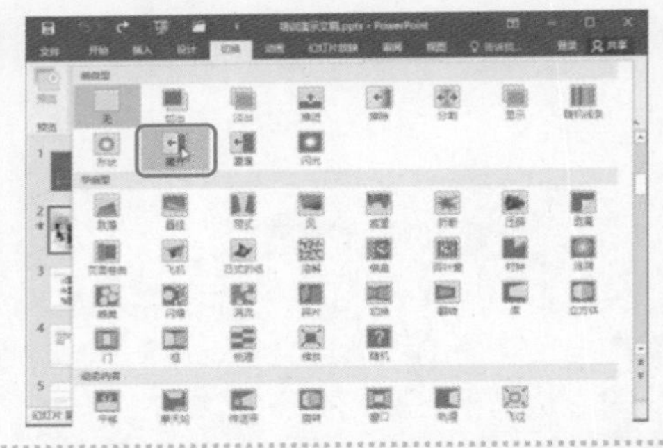

第 3 步：单击“全部应用”按钮

单击“切换”选项卡下的“全部应用”按钮，即可将切换效果应用至所有的幻灯片。

11.2 制作年终总结报告幻灯片

在企业中召开各种会议时，常常需要应用幻灯片对会议的主题内容进行展示或演示。为了使幻灯片更具吸引力，通常需要在幻灯片中加入各种动画效果。本例以制作年终总结报告为例，介绍在幻灯片中添加各类动画的方法和放映技巧。

“年终总结报告”文档制作完成后的效果如下图所示。

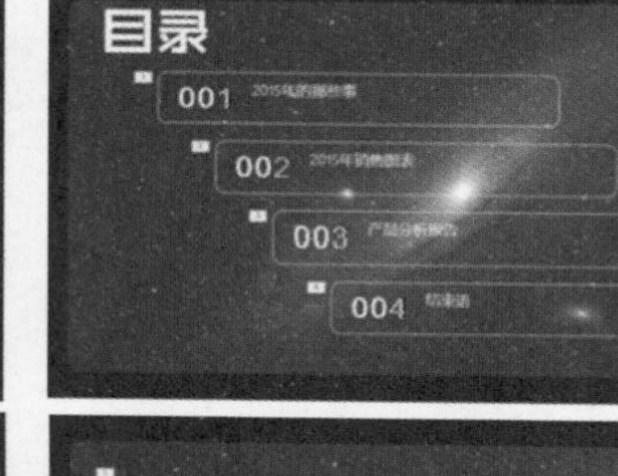

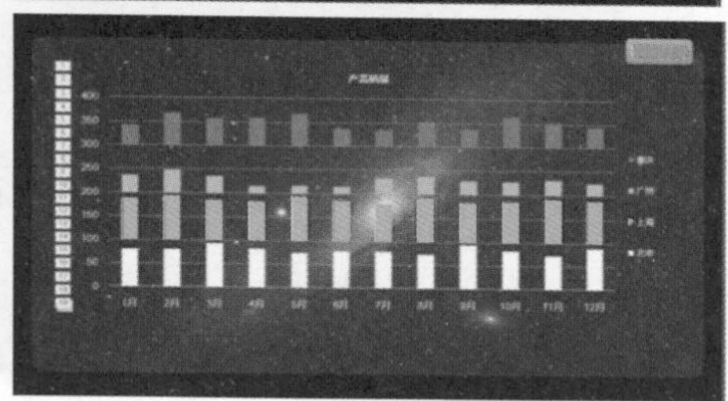

光盘同步文件

原始文件：光盘\素材文件\第 11 章\
结果文件：光盘\结果文件\第 11 章\年终总结报告.pptx
视频文件：光盘\教学文件\第 11 章\制作年终总结报告幻灯片.mp4

11.2.1 设置各幻灯片的切换动画及声音

在演示文稿中对幻灯片添加动画时，可以为各幻灯片添加切换动画及音效。例如，本例将为整个演示文稿中的所有幻灯片应用相同的切换动画及音效，然后为个别幻灯片应用不同的切换动画。

1. 设置所有幻灯片的切换动画及声音

打开素材文件，该幻灯片中没有添加任何的动画效果，为了使各幻灯片在切换时有风格统一的切换动画，可以为所有的幻灯片加上相同的切换动画及声音，操作方法如下。

第 1 步：设置切换动画及音效

❶在“切换”选项卡的“切换到此幻灯片”组中选择要应用的幻灯片切换效果；❷在“声音”下拉列表框中选择要应用的音效；❸单击“全部应用”按钮。

第 2 步：预览幻灯片

单击“切换”选项卡下“预览”组中的“预览”按钮预览幻灯片，即可查看到设置的动画和音效已经全部应用到所有幻灯片上。

2. 设置标题幻灯片的切换动画及声音

对于标题幻灯片，可以单独设置幻灯片的切换动画及声音，本例将为标题幻灯片重新应用一种切换动画，操作方法如下。

❶选择第 1 张幻灯片；❷在“切换”选项卡的“切换到此幻灯片”组中选择要应用的幻灯片切换效果；❸在“声音”下拉列表中选择要应用的音效，即可成功为第 1 张幻灯片设置动画和音效。

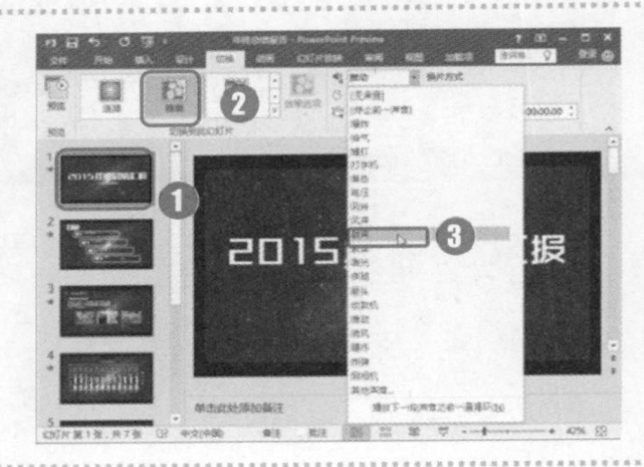

3. 设置个别幻灯片的切换动画效果

此时，除了标题幻灯片之外，其他幻灯片都使用了相同的动画效果，为了使动画效果更加丰富，同时保持动画风格统一，可以为不同的幻灯片设置不同的效果选项，操作方法如下。

第 1 步：单击“自左侧”选项

❶选择第 3 张幻灯片；❷单击“切换”选项卡下“切换到此幻灯片”组中的“效果选项”下拉按钮；❸在弹出的下拉菜单中单击“自左侧”选项。

第 2 步：单击“自右侧”选项

❶选择第 4 张幻灯片；❷单击“切换”选项卡下“切换到此幻灯片”组中的“效果选项”下拉按钮；❸在弹出的下拉菜单中单击“自右侧”选项。

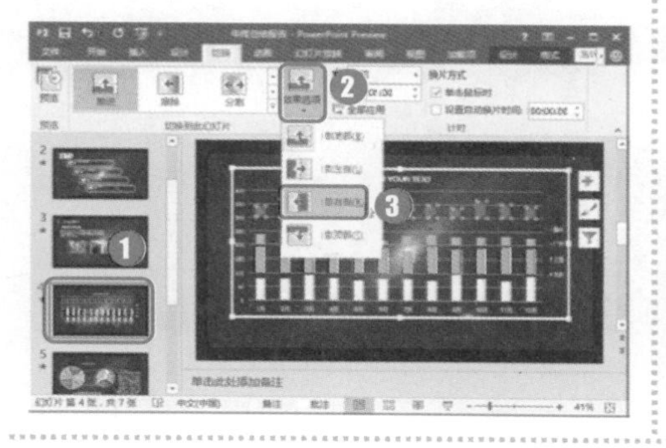

第 3 步：单击“自顶部”选项

❶选择第 5 张幻灯片；❷单击“切换”选项卡下“切换到此幻灯片”组中的“效果选项”下拉按钮；❸在弹出的下拉菜单中单击“自顶部”选项。设置完成后，按下“F5”键播放幻灯片查看效果。

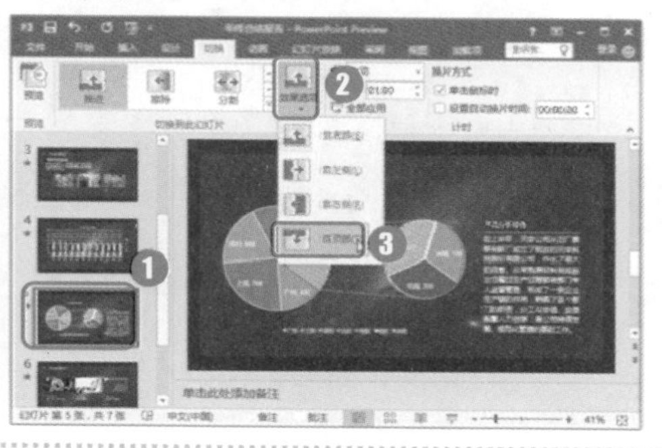

11.2.2 设置幻灯片的动画内容

在制作幻灯片时，除了设置幻灯片的切换动画效果外，常常还需要为幻灯片中的内容添加不同的动画效果。本例将在幻灯片中应用丰富的动画效果。

1. 制作“目录”幻灯片动画

目录类型的幻灯片主要用于开篇对幻灯片的整体内容进行简介，常常以项目列表的方式列出。为强调该内容，可以应用动画使各项目逐个显示出来，操作方法如下。

第 1 步：设置切换样式

❶选择第 1 条目录；❷在“动画”选项卡的“动画”组中设置幻灯片的切换动画样式。

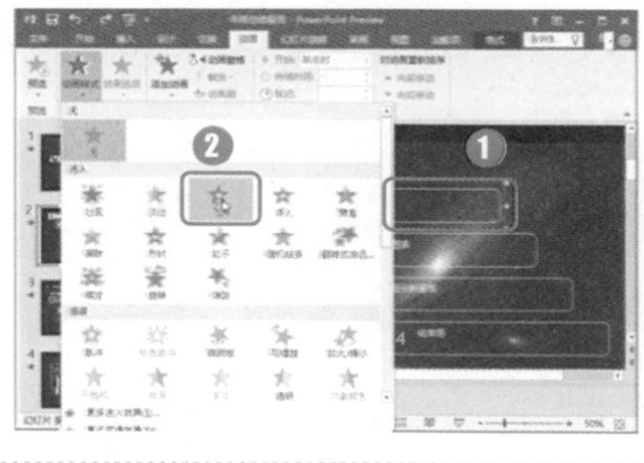

第 2 步：设置其他目录

分别选择其他几条目录，使用相同的方法为其设置相同的动画样式。

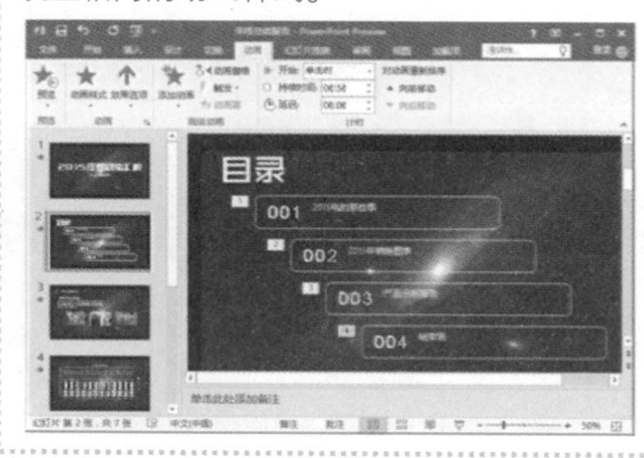

第 3 步：设置动画效果

❶单击“动画”选项卡下“动画”组中的“效果选项”下拉按钮；❷在弹出的下拉菜单中选择动画飞入的方向；❸在“动画”选项卡“计时”组中设置“持续时间”为“01.00”。

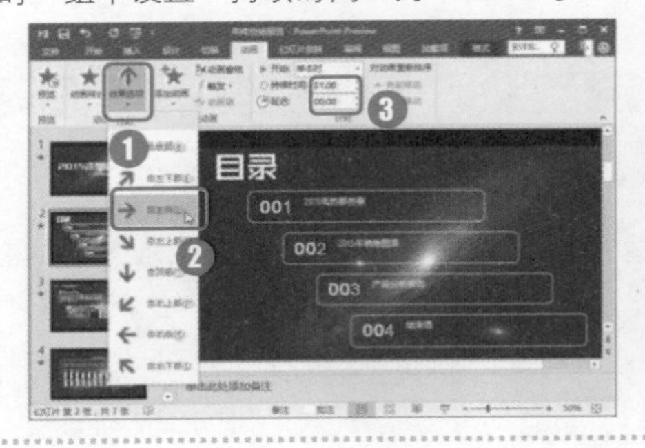

第 4 步：预览播放效果

完成动画设置后，按下“Shift+F5”键即可放映当前幻灯片，预览当前幻灯片的动画效果。在放映时，每按下一次鼠标左键，将逐一播放各目录项飞出的动画效果。

知识加油站

在制作目录时，为了目录的美观，经常会在目录的各条项目中添加多种图形、文本框元素，为使各项目在动画中作为一个整体，需要先将其组合，再添加动画。

2. 制作“2015 年的那些事”幻灯片的动画

在以文字为主的幻灯片中，为了使页面效果不那么单调，可以为文字加上一些动画效果，如进入动画、强调动画和退出动画等。本例将对第 3 张幻灯片中的文字内容添加多种效果，具体操作方法如下。

第 1 步：设置图片的动画效果

❶分别选择第 3 张幻灯片中的图片；❷在“动画”选项卡的“动画”组中单击“动画样式”下拉按钮；❸在弹出的下拉菜单中选择一种动画样式。

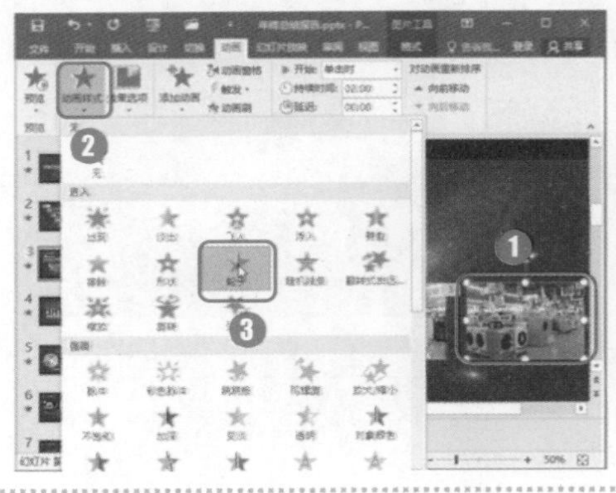

第 2 步：单击“更多进入效果”选项

❶将光标定位到要添加文字动画的占位符中，单击“动画”选项卡下“动画”组中的“动画样式”下拉按钮；❷在弹出的下拉菜单中单击“更多进入效果”选项。

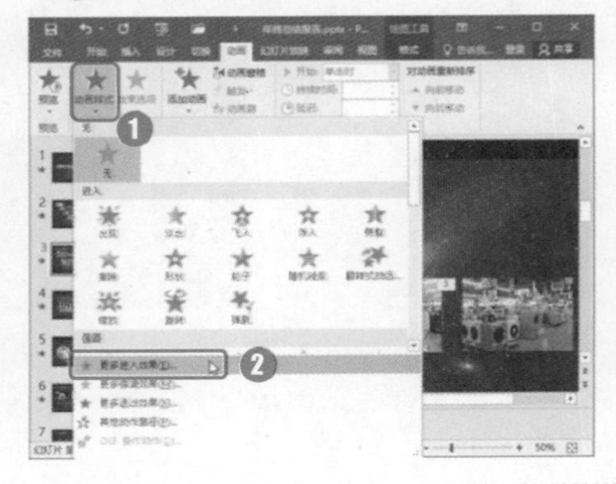

第 3 步：选择动画效果

打开“更改进入效果”对话框，❶在列表框中选择一种动画效果；❷单击“确定”按钮。

第 4 步：设置动画的开始时间

❶单击“动画”选项卡下“高级动画”组中的“动画窗格”按钮；❷在打开的“动画窗格”中选择第 4 条动画选项；❸在“动画”选项卡的“计时”组中设置开始时间为“上一条动画之后”。

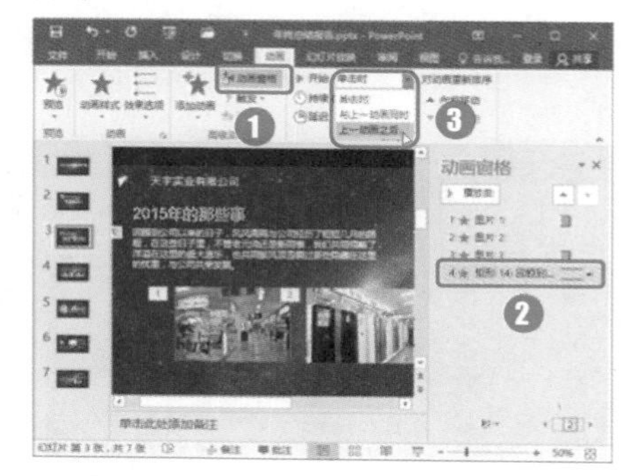

第 5 步：添加强调效果

❶选择文字内容占位符，然后单击“动画”选项卡下“高级动画”组中的“添加动画”下拉按钮；❷在弹出的下拉菜单中选择“强调”类别中的动画效果。

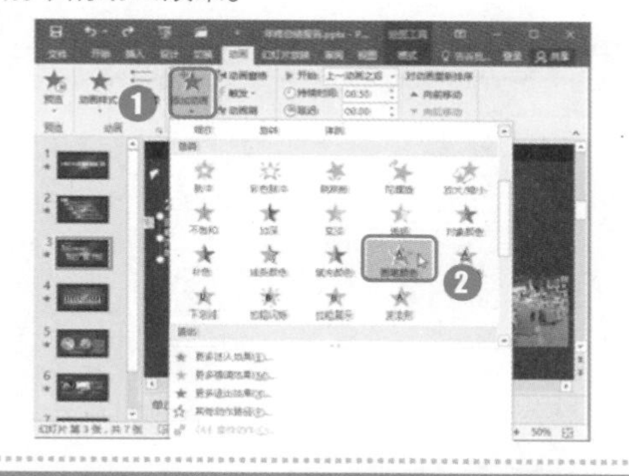

第 6 步：修改动画效果选项

为了使动画效果更加丰富，可以更改动画中的文字颜色，❶单击“动画”选项卡下“动画”组中的“效果选项”下拉按钮；❷在弹出的下拉菜单中选择一种颜色。

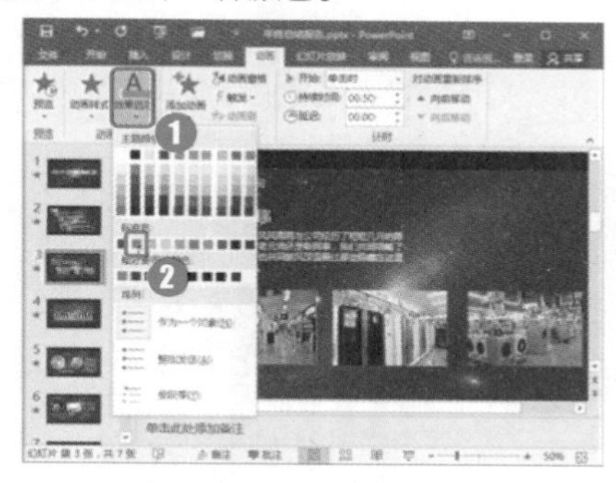

第 7 步：添加退出动画

❶选择文字内容占位符后，单击“动画”选项卡下“高级动画”组中的“添加动画”下拉按钮；❷在弹出的下拉菜单中的“退出”类别中选择要应用的退出动画效果。

3. 制作“产品销量”幻灯片的动画

在“产品销量”幻灯片中包含图表元素，为了使图表元素更具吸引力，可以为其添加动画效果，使图表在显示时各分类各系列的数据逐一进行显示，操作方法如下。

第 1 步：单击“更多进入效果”选项

❶选择幻灯片中的图表对象；❷单击“动画”选项卡下“动画”组中的“动画样式”下拉按钮；❸在弹出的下菜单中单击“更多进入效果”选项。

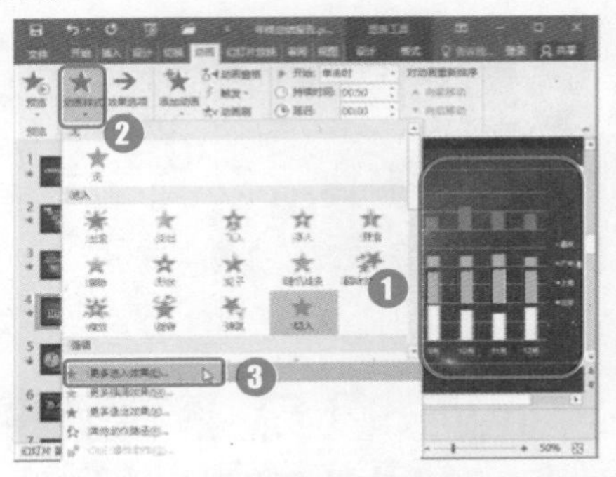

第 2 步：选择动画效果

打开“更改进入效果”对话框，❶在列表框中选择一种动画效果；❷单击“确定”按钮。

第 3 步：更改图表动画效果

❶单击“动画”选项卡下“动画”组中的“效果选项”下拉按钮；❷在弹出的下拉菜单中选择“按系列”选项。

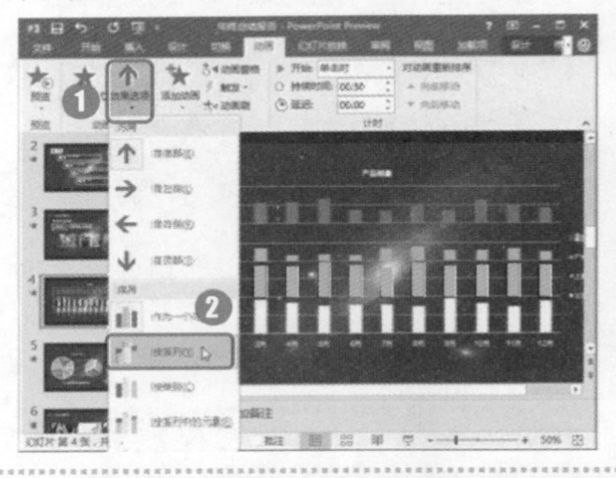

第 4 步：更改动画效果方向

❶单击“动画”选项卡下“动画”组中的“效果选项”下拉按钮；❷在弹出的下拉菜单中选择“自左侧”选项。

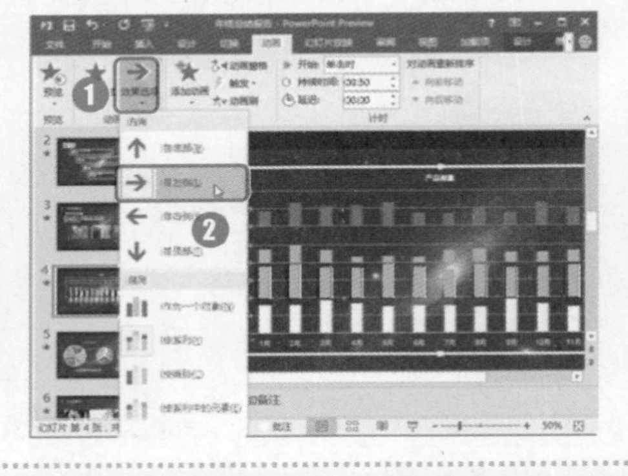

第 5 步：预览幻灯片效果

设置完成后，按下“Shift+F5”键即可放映当前幻灯片，预览当前幻灯片的动画效果。

4. 制作“结束语”幻灯片的动画

在本例的最后一张幻灯片中，可以为其设置退出动画，让图片和文字缓缓退去，具体操作方法如下。

第 1 步：设置退出动画

分别选择最后一张幻灯片中的各项目，在“动画”选项卡的“动画”组中设置退出样式。

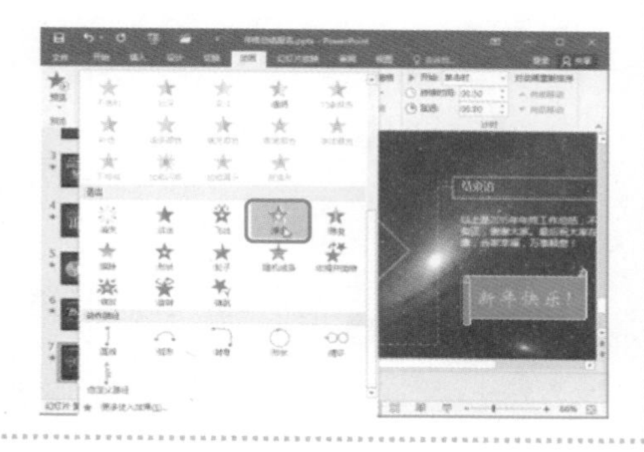

第 2 步：设置播放顺序

❶单击“动画”选项卡下“高级动画”组中的“动画窗格”按钮；❷在“动画窗格”中选择“组合 6”；❸单击“动画”选项卡下“计时”组中的“向前移动”按钮设置播放顺序。

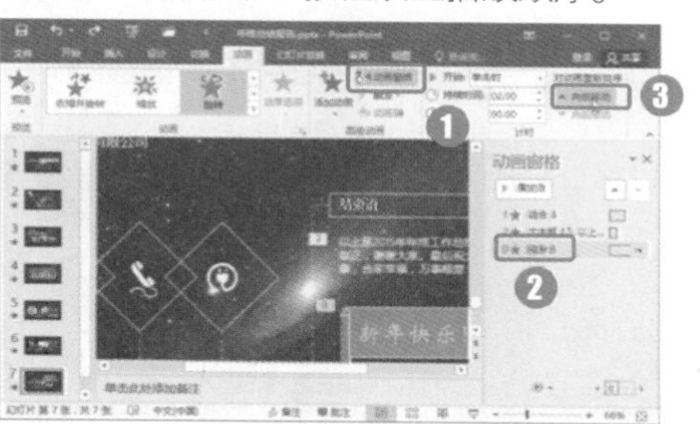

11.2.3 添加幻灯片交互功能

在放映演示文稿的过程中，为了方便对幻灯片进行操作，可以在幻灯片中适当地添加一些交互功用。

1. 为目录中的按钮添加动作

要使幻灯片中的元素具有交互功能，需要为元素添加相应的动作，本例以为目录中的四个项目添加动画为例，介绍具体操作方法。

第 1 步：单击“动作”按钮

❶选择第 2 张幻灯片；❷在幻灯片中选择第 1 条项目的组合形状，再次单击选择组合图像内部的圆角矩形形状；❸单击“插入”选项卡下“链接”组中的“动作”按钮。

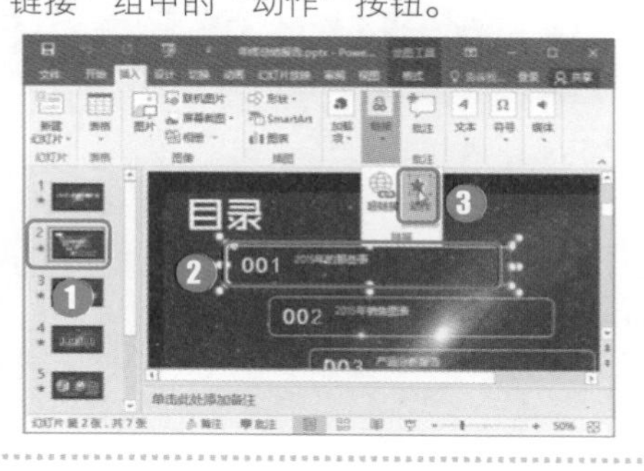

第 2 步：选择“幻灯片”选项

弹出“操作设置”对话框，❶在“单击鼠标时的动作”栏选择“超链接到”选项；❷在下拉列表框中选择“幻灯片”选项。

第 3 步：选择幻灯片

打开“超链接到幻灯片”对话框，❶在“幻灯片标题”列表框中选择第 3 张幻灯片；❷单击“确定”按钮。

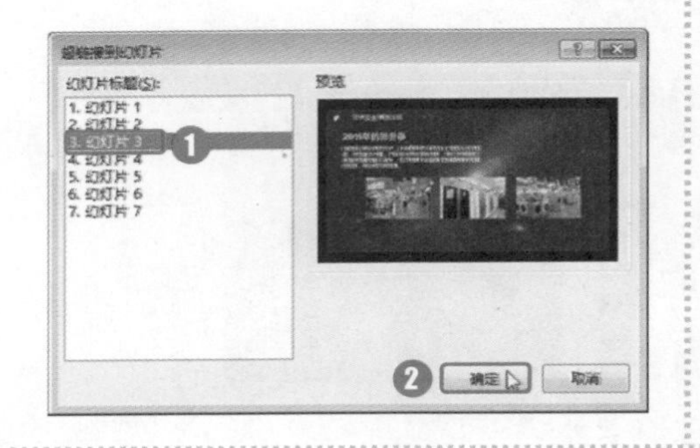

第 4 步：完成设置

返回“操作设置”对话框，❶勾选“单击时突出显示”复选框；❷单击“确定”按钮。设置完成后，使用相同的方法将幻灯片 4~7 分别链接到目录中。

2. 添加“返回目录”按钮功用

在放映幻灯片时，为使用户可以快速切换到“目录”幻灯片，需要在各幻灯片中添加“返回目录”按钮，操作方法如下。

第 1 步：绘制按钮图形

在第 3 张幻灯片右上角绘制一个圆角矩形，在圆角矩形中添加文字内容“返回目录”，并设置形状样式和艺术字样式。

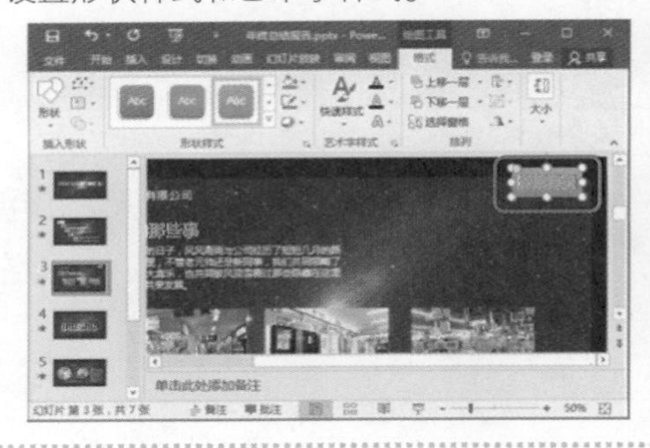

第 2 步：插入动作

保持圆角矩形为选中状态，单击“插入”选项卡下“链接”组中的“动作”按钮。

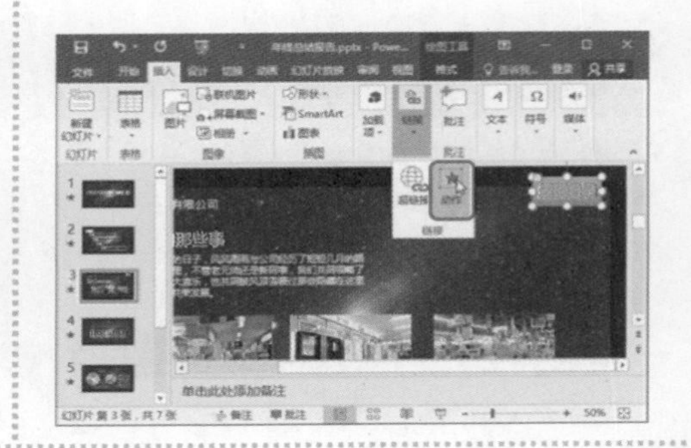

第 3 步：设置单击鼠标时的动作

打开“操作设置”对话框，❶在“单击鼠标时的动作”栏中选择“超链接到”选项，在下拉列表中选择“幻灯片 2”；❷单击“确定”按钮。

第 4 步：复制按钮

复制添加了动作的返回目录按钮，并将其粘贴于第 4 张到第 7 张幻灯片中，即可完成按钮制作。

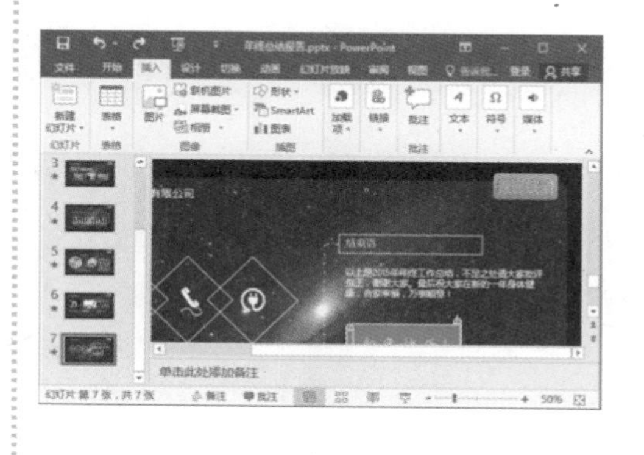

11.2.4 放映幻灯片

演示文稿中的幻灯片制作完成后，在实际演讲或应用时需要用各种不同的方式进行放映。除了直接使用“F5”键从头开始放映幻灯片，以及使用“Shift+F2”快捷键从当前幻灯片开始放映之外，本节将介绍幻灯片放映的其他方式与相关的设置。

1. 设置放映类型

在不同的情况下放映幻灯片，可设置不同的幻灯片放映类型，例如，演讲者演讲时自行操作放映，通常适合全屏方式放映；如果由观众自行浏览，则通常使用窗口方式放映，以便观众应用相应的浏览功能。本例将设置幻灯片的放映方式为观众自行浏览，并使幻灯片循环放映，操作方法如下。

第 1 步：单击“设置幻灯片放映”按钮

单击“幻灯片放映”选项卡下“设置”组中的“设置幻灯片放映”按钮。

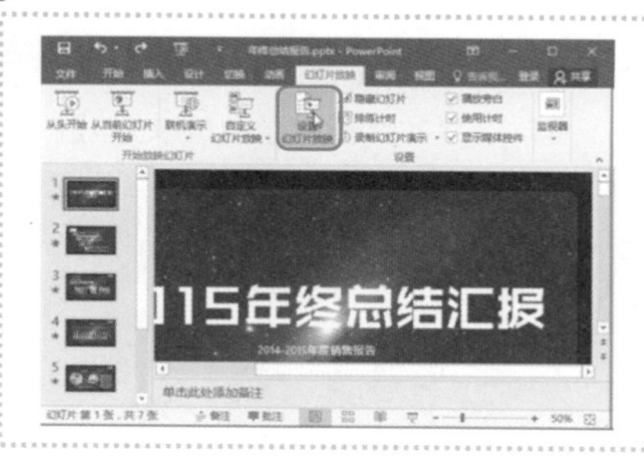

第 2 步：设置放映方式

打开“设置放映方式”对话框，❶在“放映类型”组中选择“观众自行浏览（窗口）”选项；❷在“放映选项”组中勾选“循环放映，按 ESC 键终止”复选框；❸单击“确定”按钮。

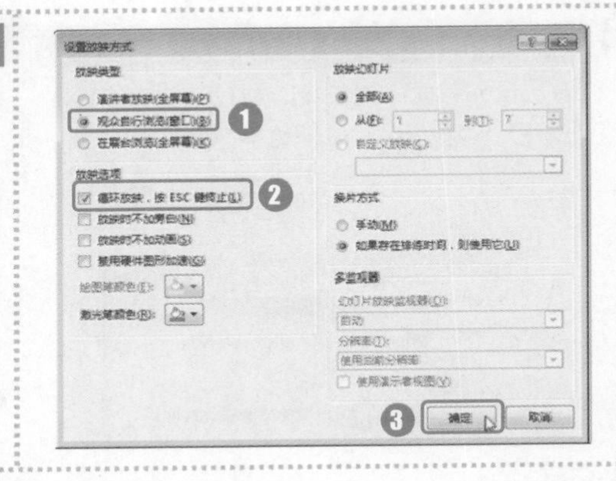

2．播放幻灯片时的播放控制

在放映幻灯片的过程中，有时演示者需要选择幻灯片进行放映，此时可应用幻灯片放映状态下的控制功能。

按“F5”键开始放映幻灯片，在幻灯片放映窗口中单击鼠标右键，在弹出的快捷菜单中选择相应的幻灯片放映控制操作。

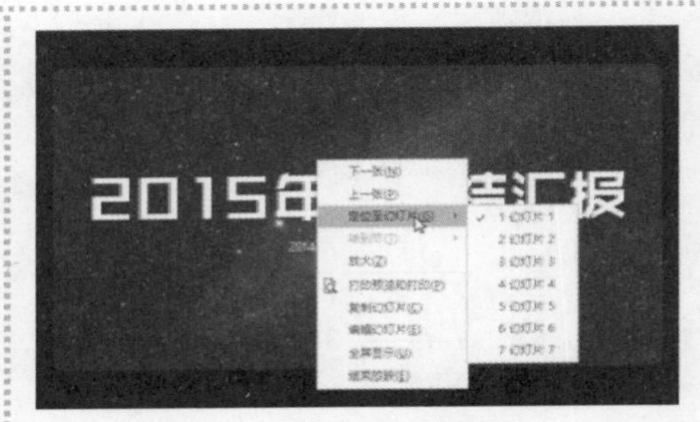

11.2.5 排练计时和放映文件

在制作演示文稿时，如果要使整个演示文稿中的幻灯片自动播放，且各幻灯片播放的时间与实际需要的时间大致相同，则可以应用排练计时功能。当幻灯片制作完成后，可以将幻灯片存储为放映文件，以实现直接打开文件，幻灯片可立即开始播放的目的。

1．使用排练计时录制放映过程

在切换选项卡的计时组中，可以设置幻灯片持续播放的时间，但为了使幻灯片播放的时间更加准确，更接近真实的演讲状态下的时间，可以使用排练计时功能，在预演的过程中记录下幻灯片中的动画切换时间，操作方法如下。

第 1 步：单击“排练计时”按钮

单击“幻灯片放映”选项卡下“设置”组中的“排练计时”按钮。

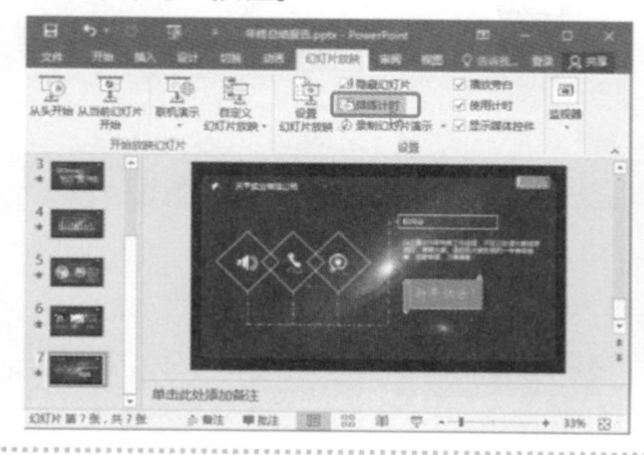

第 2 步：预演放映过程

此时，在幻灯片放映过程中将根据实际情况进行放映预演，排练计时功能将自动记录下各幻灯片的显示时间及动画的播放时间等信息。

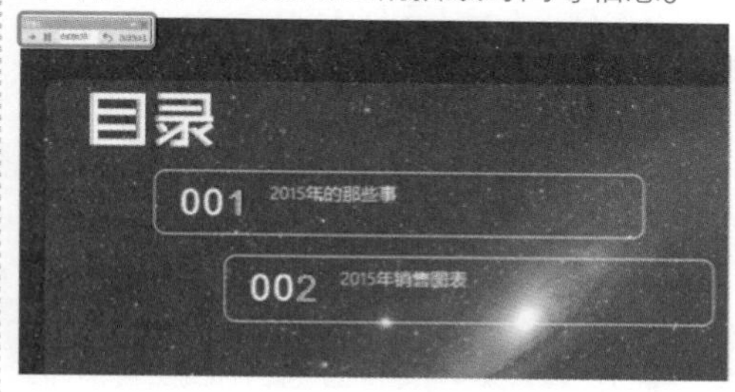

2. 另存为放映文件

为了使演示文稿在打开时自动播放幻灯片，可将演示文稿保存为放映文件格式，且放映文件的内容不能再被编辑和修改，操作方法如下。

第 1 步：单击“浏览”按钮

在“文件”选项卡中依次单击“另存为”→“浏览”按钮。

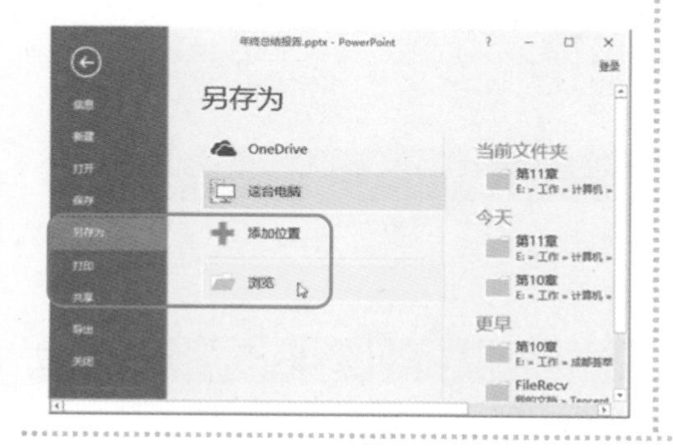

第 2 步：另存为文件

打开“另存为”对话框，❶设置保存文件路径和名称；❷设置保存类型为“PowerPoint 放映（*，ppsx）”；❸单击“保存”按钮。

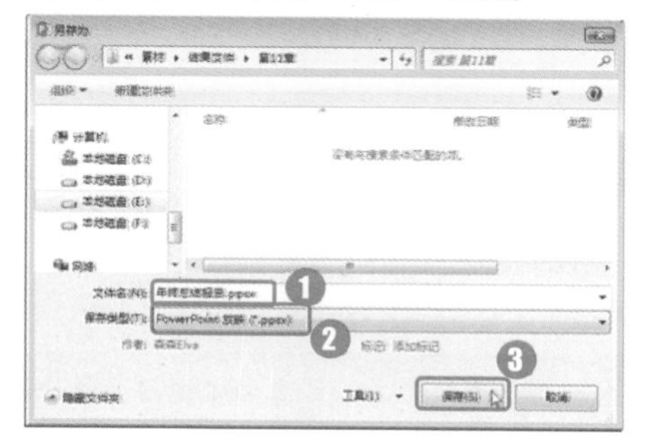

高手秘籍 实用操作技巧

通过对前面知识的学习，相信读者已经掌握了幻灯片的动画制作与放映的相关知识。下面结合本章内容，给大家介绍一些实用技巧。

光盘同步文件

原始文件：光盘\素材文件\第 11 章\实用技巧\
结果文件：光盘\结果文件\第 11 章\实用技巧\
视频文件：光盘\教学文件\第 11 章\高手秘籍.mp4

Skill 01 使用动画刷快速设置动画效果

PowerPoint 2016 内的“动画刷”功能与设置格式的“格式刷”功能类似，“格式刷”是复制文字格式，而“动画刷”则是复制设置好的动画效果。

第 1 步：单击“动画刷”按钮

❶选中已设置动画效果的对象；❷在“动画”选项卡的“高级动画”组中单击“动画刷”按钮。

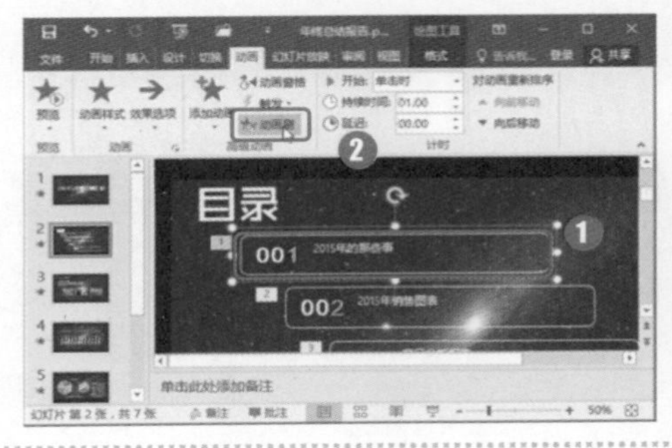

第 2 步：使用动画刷应用动画效果

光标将会显示为一个带刷子的指针，单击需要应用相同动画的对象即可。

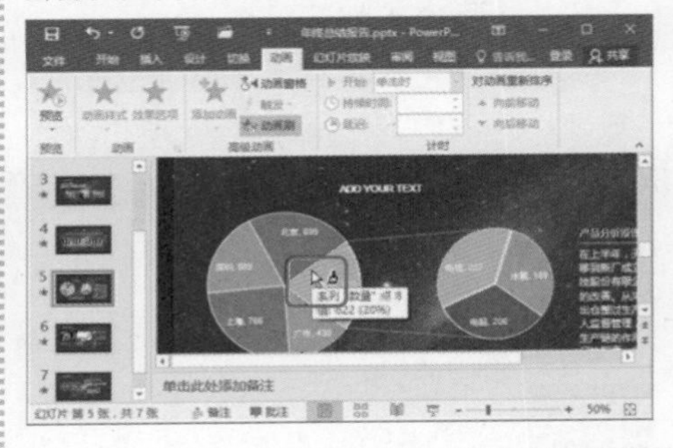

Skill 02 设置幻灯片方向

在 PowerPoint 2016 的默认情况下，页面通常为横向显示，不过在某些特殊场合或安排一些重要内容时，可能需要将页面设置为纵向，具体操作方法如下。

第 1 步：选择“自定义幻灯片大小”选项

❶在“设计”选项卡中单击“自定义”组的“幻灯片大小”下拉按钮；❷在弹出的快捷菜单中选择“自定义幻灯片大小”选项。

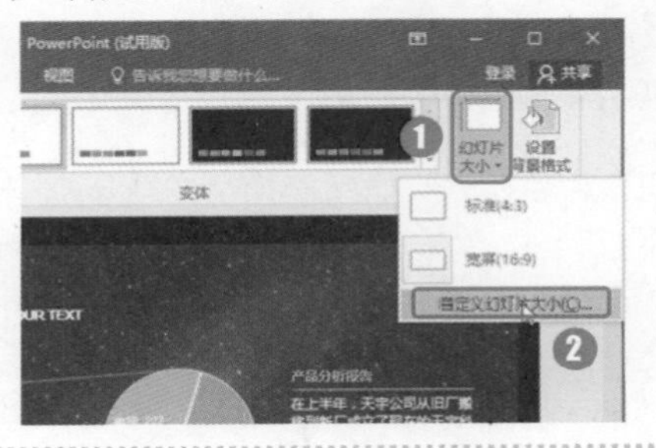

第 2 步：单击“纵向”单选项

打开“幻灯片大小”对话框，❶在“方向”栏下单击“纵向”单选框；❷单击“确定”按钮。

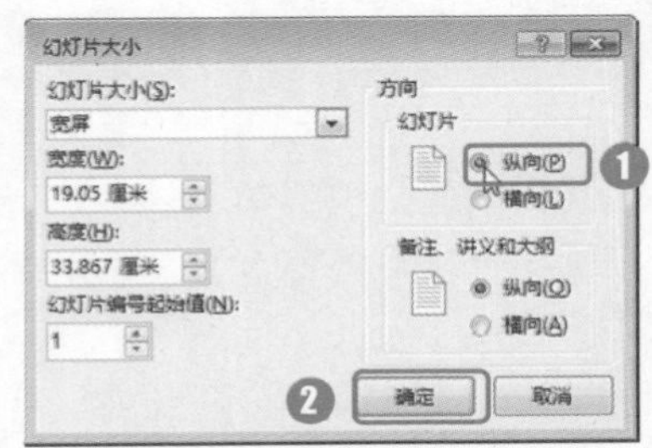

Skill 03 删除动画效果

对不再需要的动画效果，可将其删除，方法主要有以下两种：在“动画窗格”中选中要删除的动画效果后，其右侧将出现一个下拉按钮，单击该按钮，在弹出的下拉列表中选择“删除”选项即可；选中要删除的动画效果，然后按下“Delete”键也可将其删除。

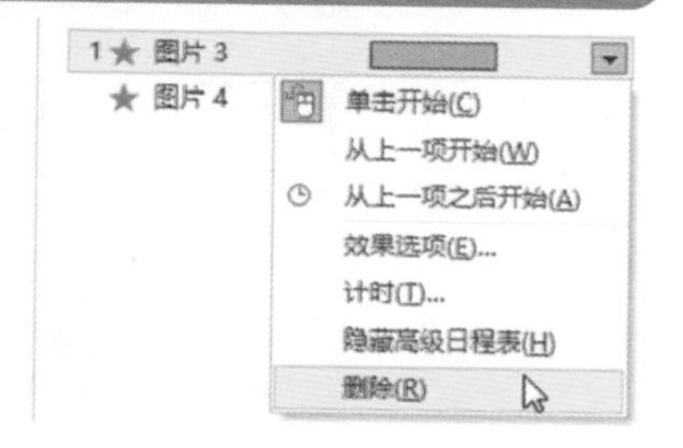

本章小结

本章结合实例主要讲解了 PowerPoint 2016 的动画制作与放映的操作方法，并进一步介绍了插入 SmartArt 图形和形状的方法、设置幻灯片的切换效果及交互功能的方法。通过对本章的学习，读者可以掌握幻灯片的动画设置技巧和放映技巧，轻松地丰富幻灯片的内容并熟练地放映幻灯片。

第 12 章

Access 2016 数据库创建与应用

本章导读

Access 是由微软发布的关联式数据库管理系统，用户无须深厚的数据库知识，即可使用交互式设计功能。本章通过制作员工管理系统和联系人列表，介绍 Access 2016 的使用方法。

知识要点

- 创建空白数据表
- 录入数据
- 美化数据表
- 使用模板创建数据表
- 排序与筛选数据表
- 替换数据表数据

案例展示

员工数据管理

员工ID	姓名	出生日期	身份证号码	加入公司时间	电话	电子邮件
1	李江	1987/5/6	530123456789784563	2015/9/10	18725888888	lijiang@163.com
2	王彬	1985/6/12	520256547891152384	2015/9/10	15478987859	wang@163.com
3	邹波	1986/3/3	532025875489652356	2015/9/11	15623545879	zoubo@163.com
4	朱小花	1986/9/9	2365875489658749658	2015/9/10	13566666666	zhu@163.com
5	[illegible]	1986/2/2	5235874589658747854	2015/9/14	13444444444	bao@163.com
6	罗江	1990/7/8	5632587458965471254	2015/9/16	15896584759	luo@163.com

ID	姓氏	名字	电子邮件地址	业务电话	公司	职务
1	李	江	lijiang@qq.com	18888888888	成都创收实业有	经理
2	周	明明	ming@qq.com	16544444444	成都辉明广告公	经理
3	包	亮	bao@qq.com	16859878896	重庆华光实业有	大区经理
4	王	刚	wang@qq.com	18964444444	成都六福酒业有	总经理
5	周	小利	11@163.cp,	12589687458	重庆五色光广告	设计师

实战应用——跟着案例学操作

12.1 创建员工管理数据库

在企业中，为了方便员工的管理，通常都需要创建一个员工管理数据库，用于记录员工的姓名、电话、身份证号码、档案等相关信息。本例通过创建员工管理数据库，向读者介绍使用 Access 创建数据库的基本操作方法。

“员工管理数据库”文档制作完成后的效果如下图所示。

员工数据管理

员工ID	姓名	出生日期	身份证号码	加入公司时	电话	电子邮件
1	李江	1987/5/6	530123456789784563	2015/9/10	18725888888	lijiang@163.com
2	王彤	1985/6/12	520256547891152384	2015/9/10	15478987859	wang@163.com
3	周波	1986/3/3	532025875489652356	2015/9/11	15623545879	zoubo@163.com
4	朱小花	1986/9/9	2365875489658749658	2015/9/10	13566666666	zhu@163.com
5	包正清	1986/2/2	5235874589658747854	2015/9/14	13444444444	bao@163.com
6	罗江	1990/7/8	5632587458965471254	2015/9/16	15896584759	luo@163.com

光盘同步文件

结果文件：光盘\结果文件\第 12 章\员工管理数据库. accdb

视频文件：光盘\教学文件\第 12 章\员工管理数据库. mp4

12.1.1 新建与保存 Access 数据库

新建和保存 Access 数据库文件的方法与 Office 2016 其他组件的方法基本相同，在打开 Access 数据库后再执行创建操作即可，具体的操作方法如下。

第 1 步：单击“Access 2016”程序

❶单击“开始”按钮；❷在弹出的菜单中单击“Access 2016”打开软件。

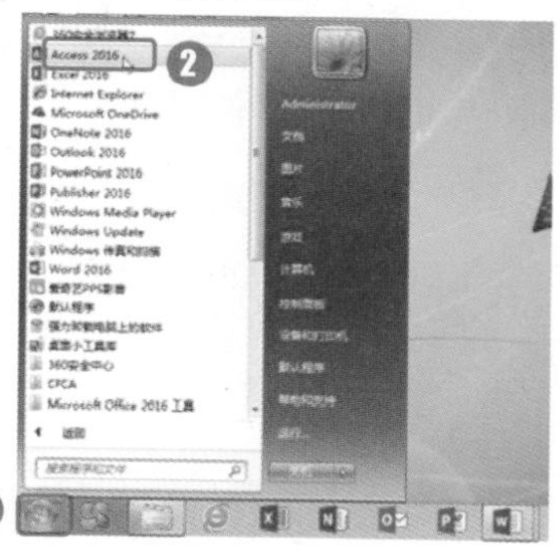

第 2 步：选择“空白桌面数据库”选项

打开软件后，单击“空白桌面数据库”选项。

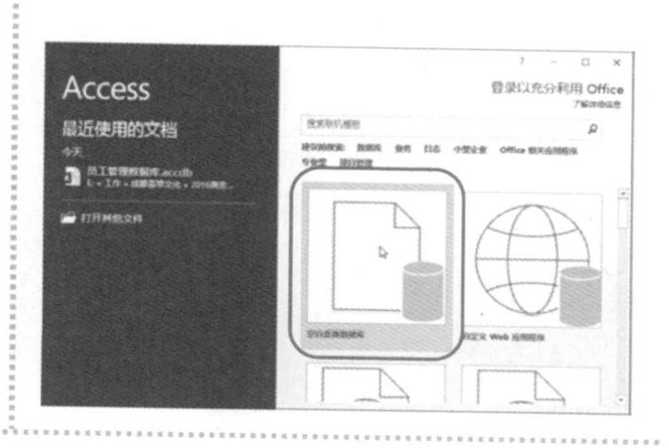

第 3 步：设置文件名

打开“空白桌面数据库”对话框，❶在文件名文本框中输入文件名；❷单击“浏览到某个位置来存放数据”图标。

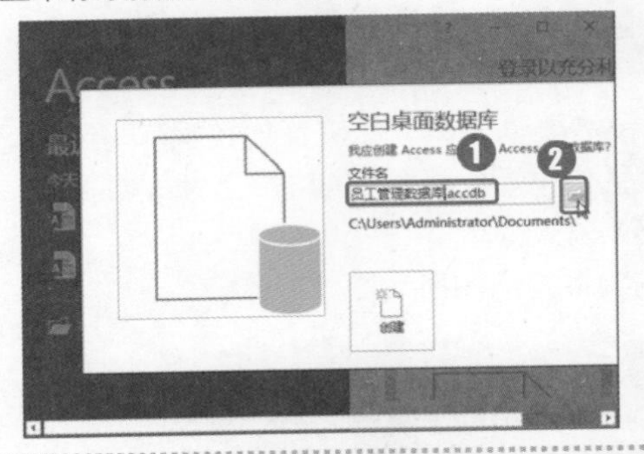

第 4 步：设置保存路径

打开“文件新建数据库”对话框，❶设置保存路径；❷单击“确定”按钮。

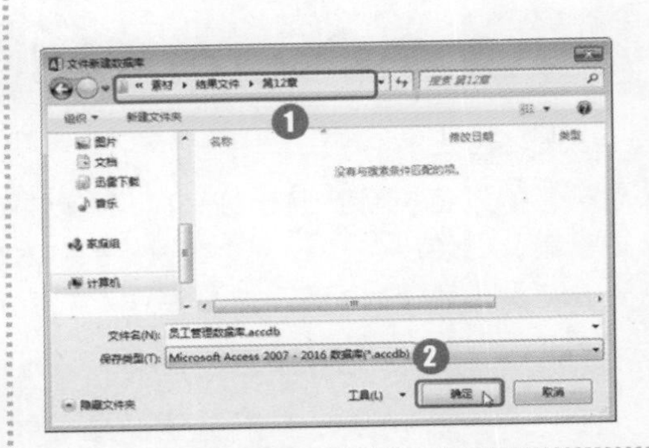

第 5 步：单击“创建”按钮

返回“空白桌面数据库”对话框，单击“创建”按钮，即可创建一个空白数据库。

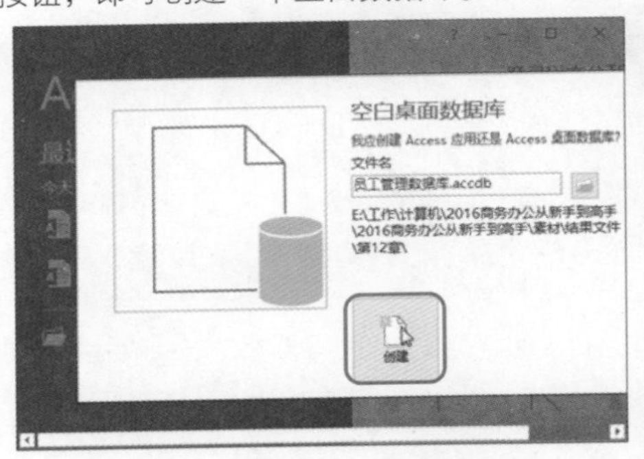

第 6 步：查看数据库

新建的空白数据库样式如下图所示。

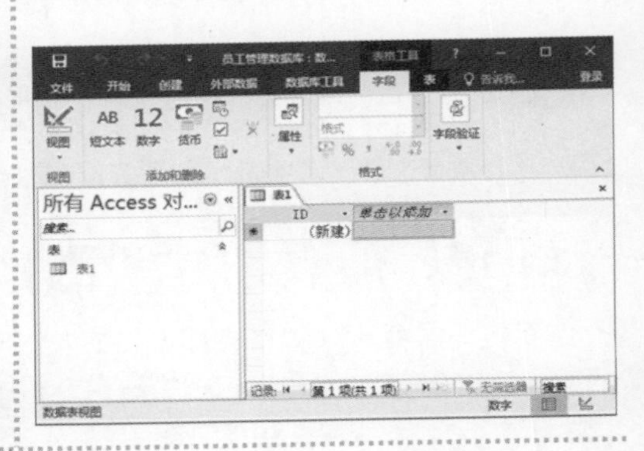

12.1.2 编辑字段

创建 Access 数据表后，在录入数据之前，需要先为表格添加字段列表。Access 提供了多种字段类型，用户可以根据需要设定每一个字段的数据格式。

1．添加字段

新建的 Access 数据表默认创建了一个名为 ID 的字段，用户要正常使用 Access 表格还需要添加字段，添加字段的方法如下。

第 1 步：选择“设计视图”选项

❶用鼠标右键单击表格上方的表格名称；❷在弹出的快捷菜单中选择“设计视图”选项。

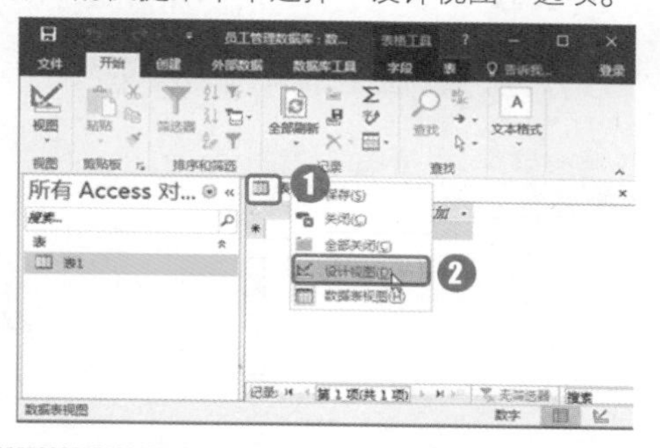

第 2 步：设置表格名称

弹出“另存为”对话框，❶在表名称文本框中输入表格名称；❷单击“确定”按钮。

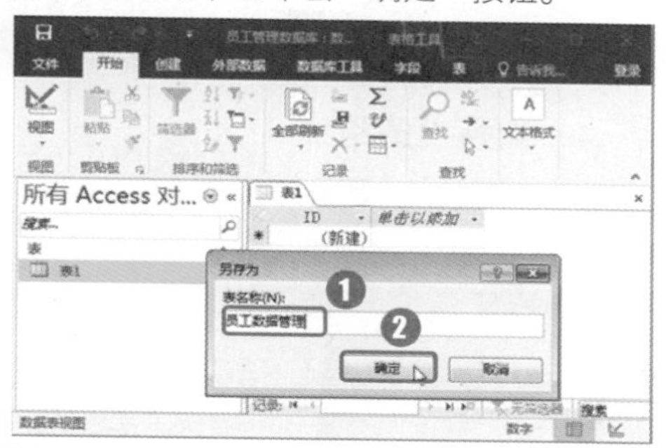

第 3 步：编辑字段

进入设计视图模式，在“字段名称”下方的单元格中输入想要的字段名称即可。

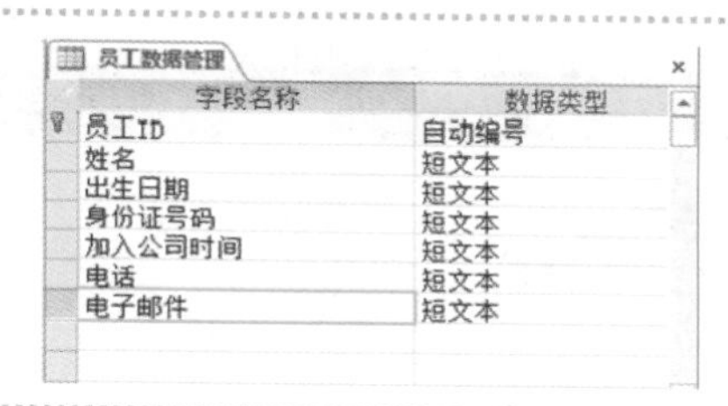

2. 设置数据类型

Access 提供了 10 余种数据类型供用户选择，在管理数据时，不同的数据可以使用不同的数据类型来记录，设置字段数据类型的操作方法如下。

第 1 步：选择数据类型

❶在字段右侧的“数据类型”中单击下拉按钮；❷在弹出的下拉菜单中选择一种数据类型。

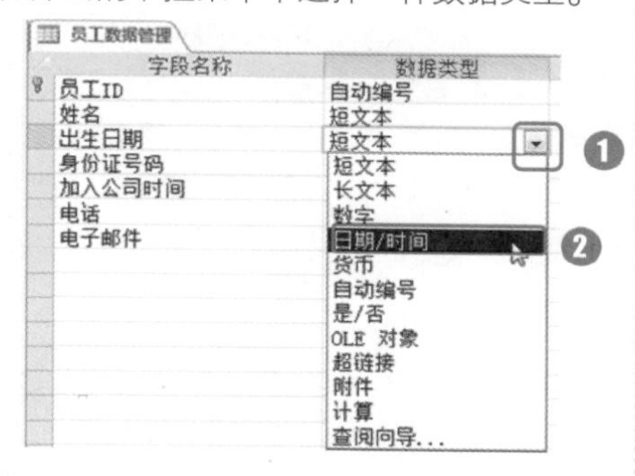

第 2 步：完成数据类型的设置

为其他字段设置相应的数据类型。

知识加油站

在新建的数据表视图中，都自动插入了一个自动编号类型的字段 ID，该字段用于保证记录的唯一性，用户可根据情况确定是否保留该字段。

12.1.3 在数据库中录入数据

为数据库添加字段之后，就可以根据字段向数据库中录入数据了。在数据库中录入数据的方法很简单，与 Excel 类似。

1. 切换视图格式

添加字段时，需要切换到设计视图，当需要录入数据时，则需要将视图切换到数据表视图，操作方法如下。

第 1 步：选择“数据表视图”命令

❶切换到“表格工具/设计”选项卡，单击“视图”组中的“视图”下拉按钮；❷在弹出的下拉菜单中选择“数据表视图”命令。

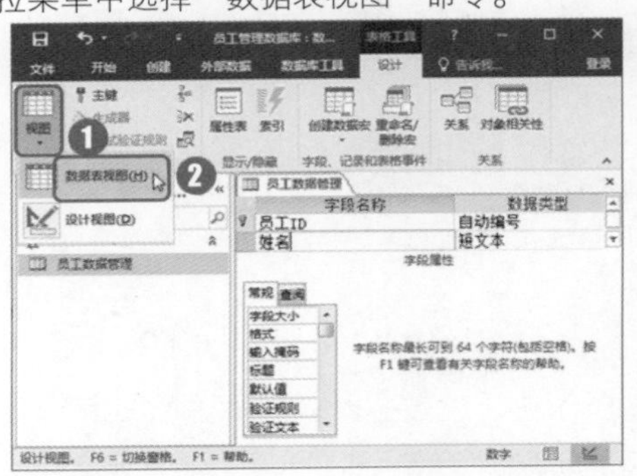

第 2 步：单击“是”按钮

弹出对话框提示保存表，单击“是”按钮即可。

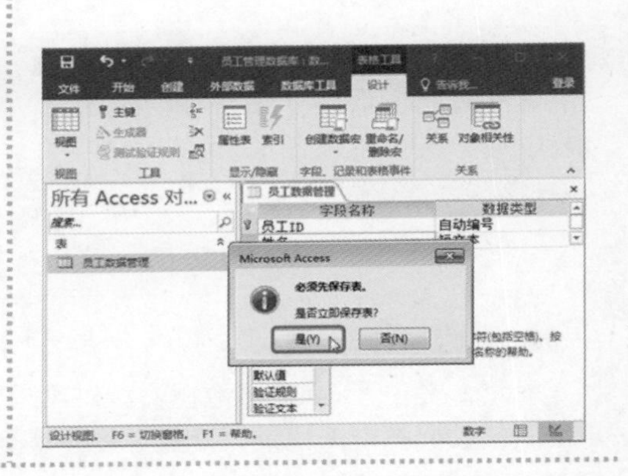

2. 输入数据

切换到视图模式后，就可以在数据表中输入数据了。在数据表中输入数据的方法与在 Excel 中输入数据的方法相似，操作方法如下。

第 1 步：输入数据

❶在“姓名”字段下方的单元格中输入员工姓名；❷使用相同的方法输入“出生日期”和“身份证号码”；❸将光标定位到“加入公司时间”下方的单元格中，将出现时间选择控件，单击该控件；❹在弹出的下拉菜单中选择时间。

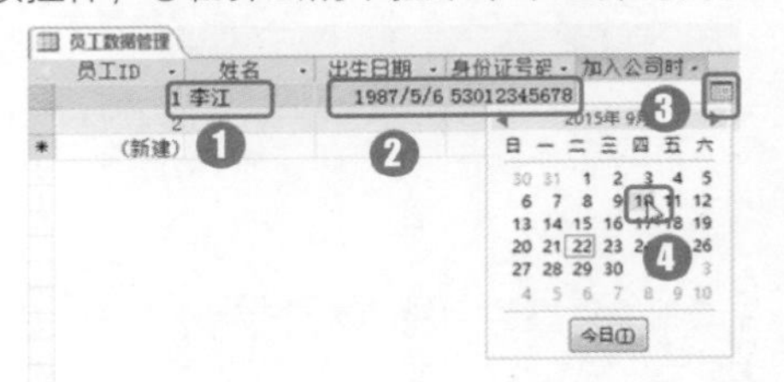

第 2 步：定位到下一行输入

第一位员工的数据输入完成后，将光标定位到下方的单元格，员工 ID 将自动编号，使用相同的方法输入员工数据。

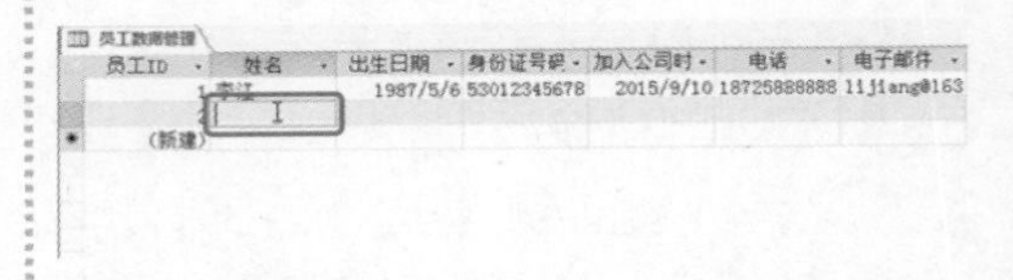

第 3 步：输入完成

使用相同的方法输入其他员工的相关数据。

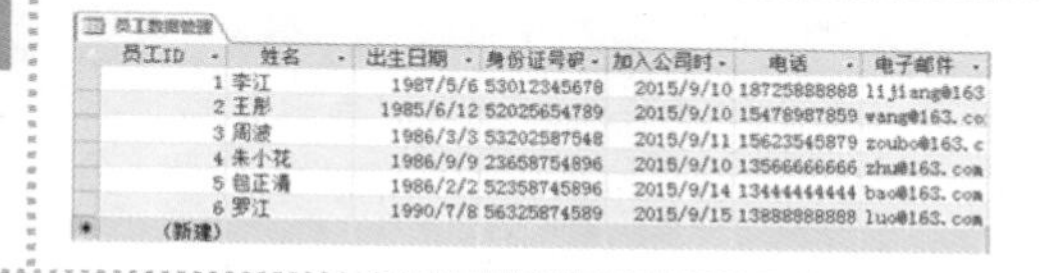

员工数据管理

员工ID	姓名	出生日期	身份证号码	加入公司时	电话	电子邮件
1	李江	1987/5/6	53012345678	2015/9/10	18725888888	lijiang@163
2	王彤	1985/6/12	52025654789	2015/9/10	15478987859	wang@163.co
3	周波	1986/3/3	53202587548	2015/9/11	15623545879	zoubo@163.c
4	朱小花	1986/9/9	23658754896	2015/9/10	13566666666	zhu@163.com
5	包正清	1986/2/2	52358745896	2015/9/14	13444444444	bao@163.com
6	罗江	1990/7/8	56325874589	2015/9/15	13888888888	luo@163.com
(新建)						

知识加油站

如果设置了某个字段的数据类型为日期格式，在该字段的单元格中会出现时间选择按钮。在输入日期数据时，可以根据规定的日期格式直接输入，也可使用日期按钮选择数据。

12.1.4 美化数据库表格

为数据表输入数据之后，为了使数据表看起来更美观，可以为数据表设置行高和列宽、数据格式、颜色等。

1. 设置行高和列宽

新建的数据表行高和列宽相等，如果数据太长，单元格宽度不足，会出现数据不能完全显示的情况，此时可以根据情况调整行高和列宽，操作方法如下。

第 1 步：设置列宽

将鼠标光标移动到字段标签的交界处，当光标变为✛时，按下鼠标左键拖动，即可调整列宽。

第 2 步：设置行高

在行标签上单击鼠标右键，在弹出的快捷菜单中单击“行高”选项。

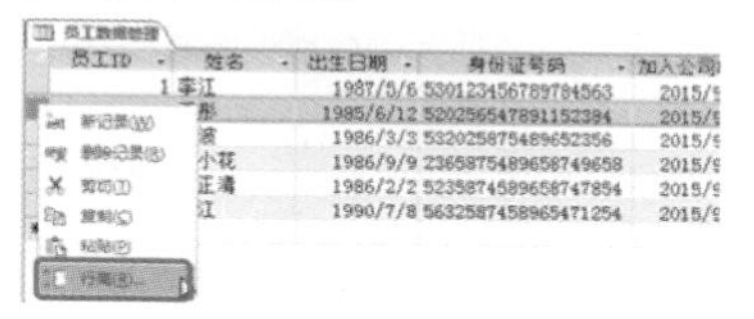

第 3 步：输入行高数值

弹出“行高”对话框，❶在“行高”文本框中输入数值；❷单击“确定”按钮即可调整行高。

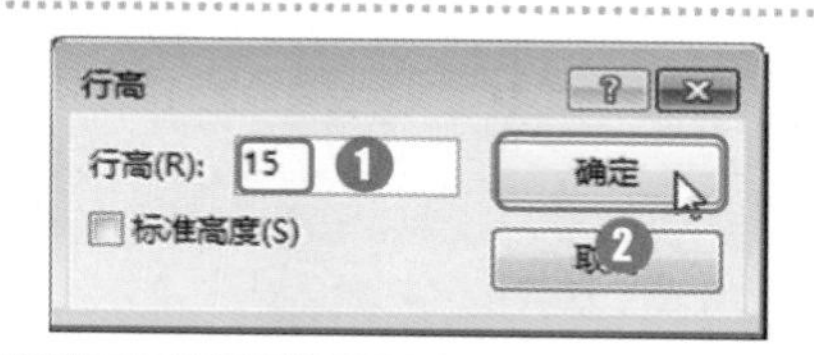

2. 设置数据字体

在 Access 中，默认的数据格式为“宋体，11 号”，用户可以根据需要对表格中的字体格式进行设置，操作方法如下。

第 1 步：设置字体格式

❶双击导航窗格中的员工数据表打开数据表格；❷单击“开始”选项卡下“文本格式”组中的“字体”下拉按钮；❸在弹出的下拉菜单中选择字体样式。

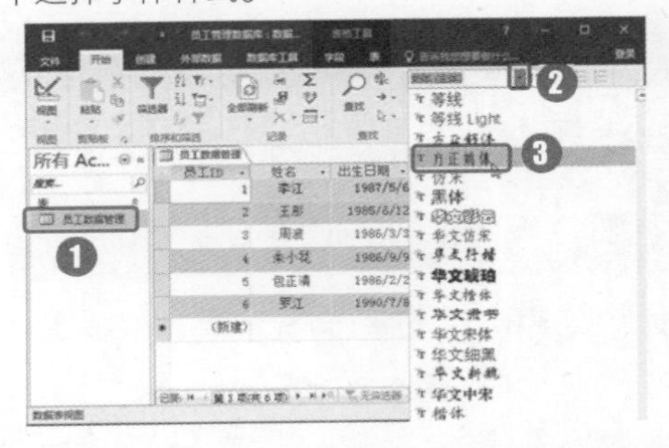

第 2 步：设置对齐方式

❶将光标定位到“姓名”字段的任意单元格中；❷单击“文本格式”选项卡中的“居中”按钮 。

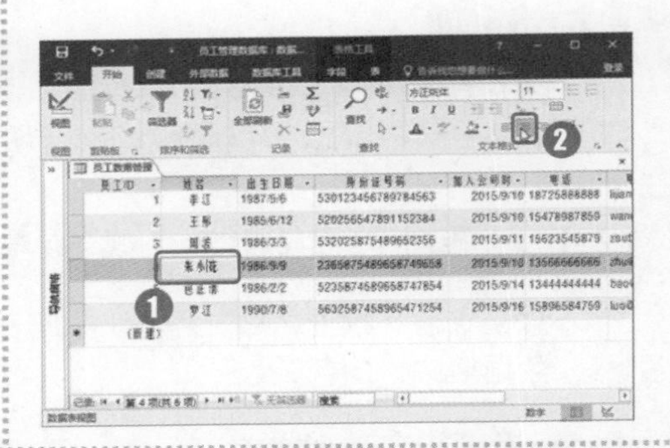

第 3 步：单击“右对齐”按钮

❶选择“姓名”字段右侧的其他单元格；❷单击“开始”选项卡下“文本格式”组中的“右对齐”按钮 。

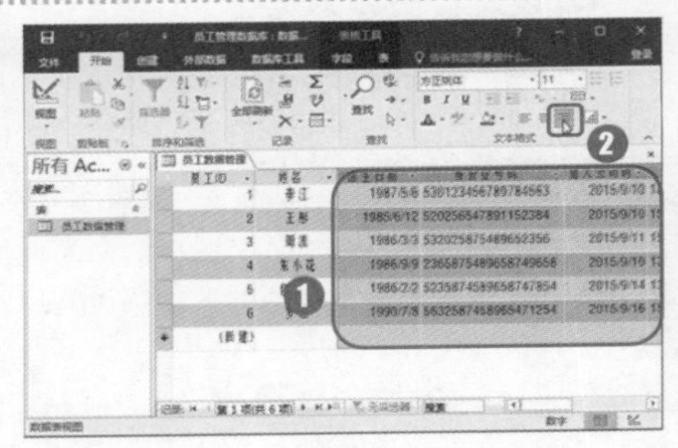

3. 设置行颜色

新建的表格隔行使用灰色的底纹显示，以便用户查看数据，如果不喜欢使用灰色，可以更改行的颜色，操作方法如下。

第 1 步：单击“可选行颜色”下拉按钮

打开数据表，❶单击“开始”选项卡下“文本格式”组中的“可选行颜色”下拉按钮 ；❷在弹出的下拉菜单中选择一种颜色。

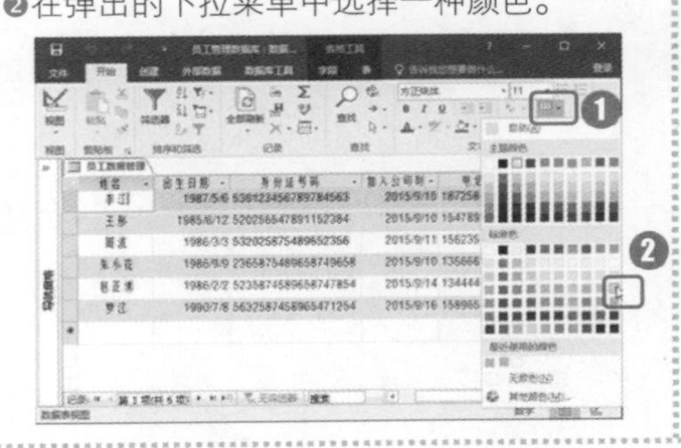

第 2 步：查看效果

设置完成后，显示效果如下图所示。

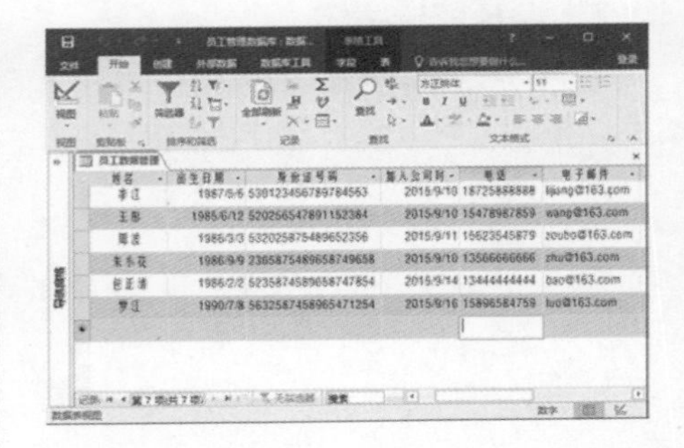

12.2 使用模板创建联系人数据库

企业通常需要为客户创建联系人数据库，以便在业务往来时查找联系方式。使用 Access 创建联系人数据库，不仅可以记录联系人的姓名、电话、地址等信息，还可以上传照片、文件等附件，使数据库更加完美。本节将使用模板创建联系人数据库，介绍使用模板创建数据库的具体步骤。

“联系人数据库”制作完成后的效果如下图所示。

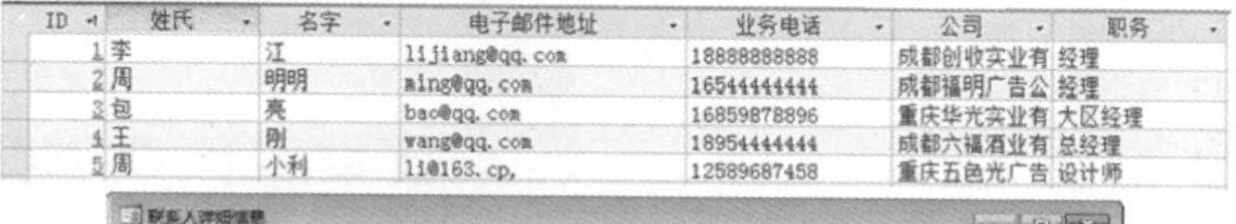

ID	姓氏	名字	电子邮件地址	业务电话	公司	职务
1	李	江	lijiang@qq.com	18888888888	成都创收实业有	经理
2	周	明明	ming@qq.com	16544444444	成都福明广告公	经理
3	包	亮	bao@qq.com	16859878896	重庆华光实业有	大区经理
4	王	刚	wang@qq.com	18954444444	成都六福酒业有	总经理
5	周	小利	li@163.cp,	12589687458	重庆五色光广告	设计师

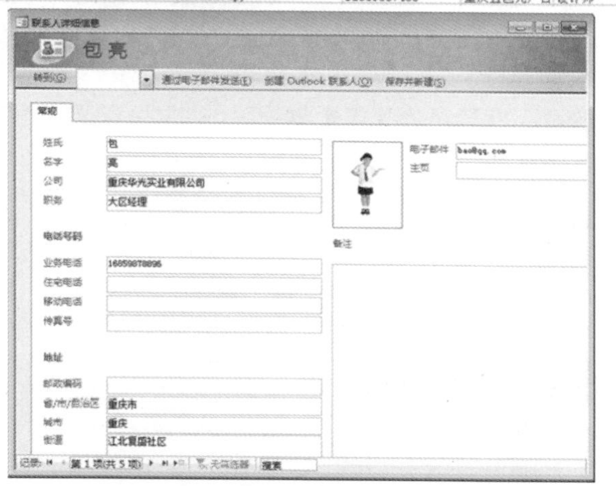

光盘同步文件

原始文件：光盘\素材文件\第 12 章\
结果文件：光盘\结果文件\第 12 章\联系人管理. accdb
视频文件：光盘\教学文件\第 12 章\使用模板创建联系人数据库.mp4

12.2.1 创建联系人数据库

Access 2016 中预置了多种数据库模板，用户可以根据需要使用模板快速创建数据库，下面介绍使用联系人模板创建数据库的方法。

1. 使用模板创建数据库

如果想要快速拥有一个较专业的数据库，使用模板是最好的方法，使用模板创建数据的操作方法如下。

01 02 03 04 05 06 07 08 09 10 11 12

第 1 步：单击“联系人”选项

启动 Access 2016，在打开的软件中单击“联系人”选项。

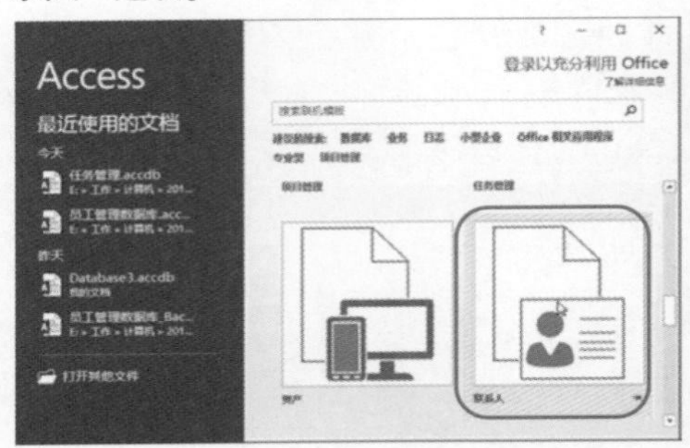

第 2 步：单击“创建”命令

❶在打开的“联系人”对话框中，设置文件名和保存路径；❷单击“创建”命令。

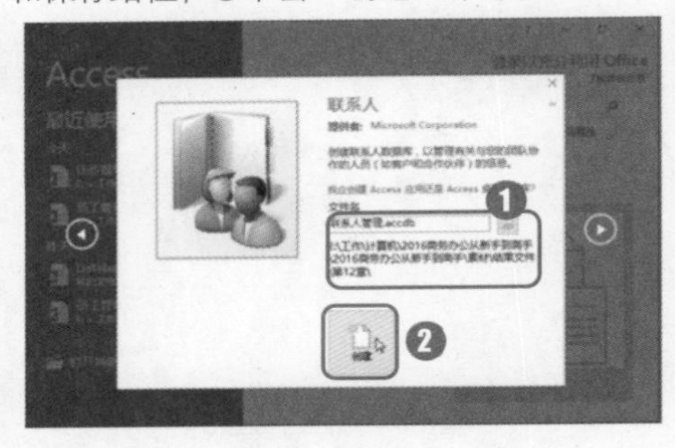

2. 输入联系人信息

通过模板创建的数据库已经添加了数据字段，用户只需要根据字段输入相应的数据，即可创建数据库，操作方法如下。

第 1 步：选择“打开”命令

❶在“联系人导航”窗格中使用鼠标右键单击“联系人详细信息”选项；❷在弹出的快捷菜单中选择“打开”命令。

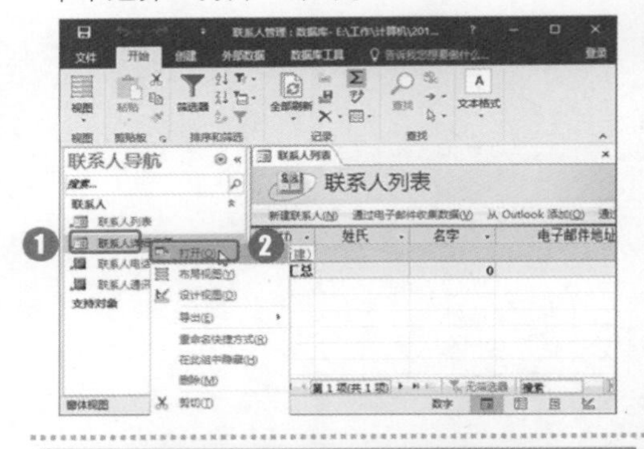

第 2 步：填写表格内容

打开“联系人详细信息”窗体，❶填写表格内容；❷填写完成后单击“保存并新建”命令，即可保存填写的联系人信息，并新建联系人。

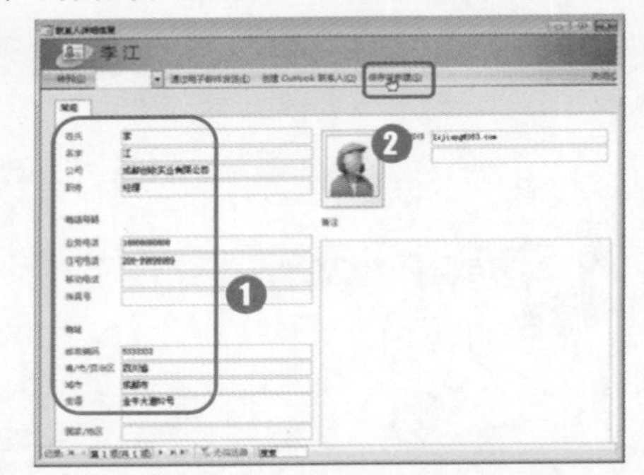

第 3 步：单击“全部刷新”按钮

填写完成后关闭窗体，单击“开始”选项卡下“记录”组中的“全部刷新”按钮，窗体中填写的数据将在联系人列表中显示。

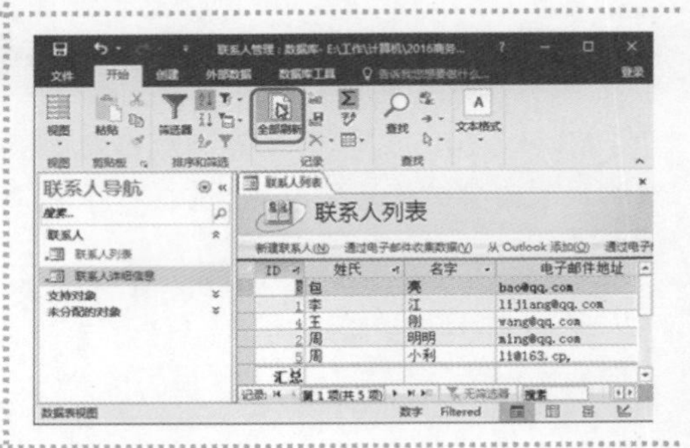

知识加油站

"联系人详细信息"窗体中的数据较多，执行刷新操作后，"联系人列表"中只会出现已有字段的联系人信息，并不会显示"联系人详细信息"窗体中的全部数据。

12.2.2 数据检索

当数据较多时，要查找数据库中的数据会比较困难，此时可以使用排序和筛选功能，使符合要求的数据显示出来。

1. 数据排序

联系人列表中的数据默认为以姓氏的读音升序排列，如果用户希望通过"ID"编号来排列数据，可以使用数据排序功能，操作方法如下。

第 1 步：单击"升序"选项

❶单击"ID"字段右侧的下拉按钮；❷在弹出的下拉菜单中单击"升序"选项。

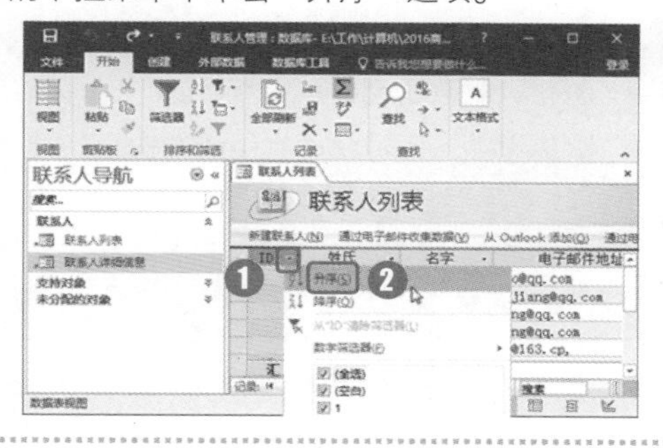

第 2 步：查看效果

操作完成后，数据表中的数据将会按照 ID 的编号升序排列。

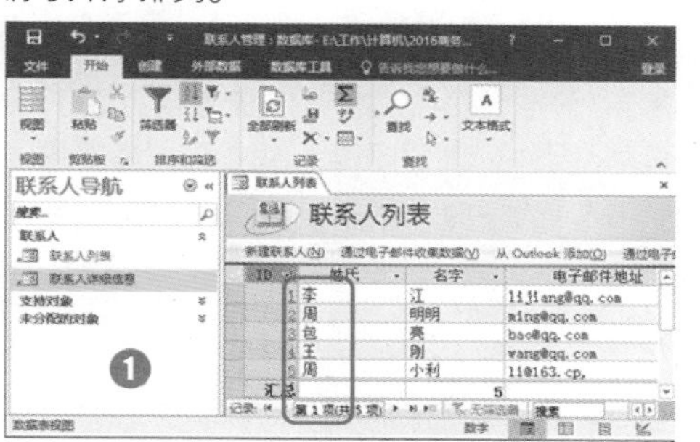

2. 数据筛选

在查找数据时，如果要寻找符合某些条件的数据，可以使用筛选功能，例如，要筛选出公司名称中含有"重庆"的数据，具体操作方法如下。

第 1 步：单击"包含"选项

❶单击"公司"字段右侧的下拉按钮；❷在弹出的下拉列表中选择"文本筛选器"命令；❸在弹出的扩展菜单中单击"包含"选项。

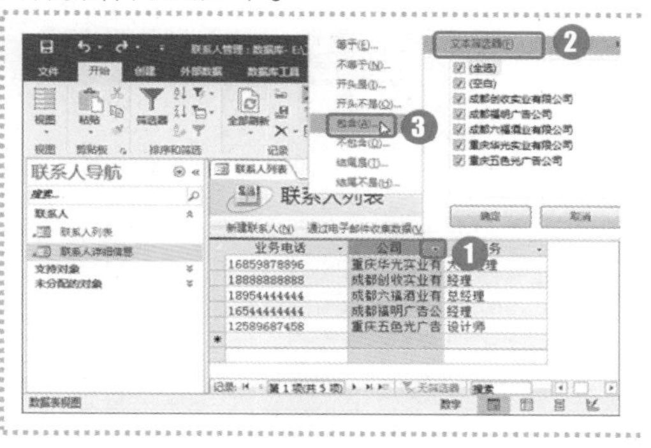

第 2 步：输入筛选关键字

弹出“自定义筛选”对话框，❶在文本框中输入“重庆”；❷单击“确定”按钮。

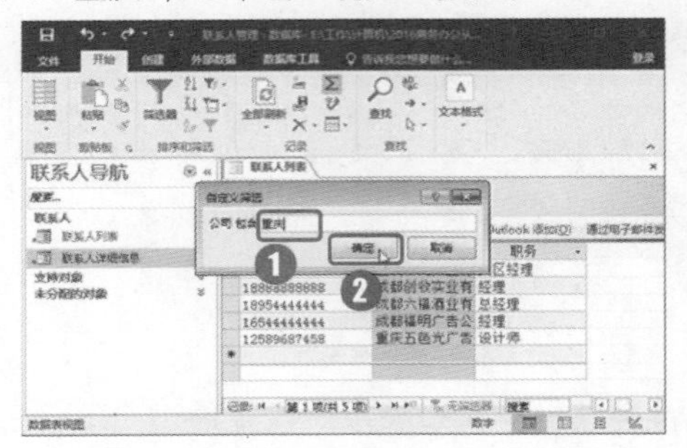

第 3 步：查看筛选结果

返回联系人列表中即可查看到公司字段包含重庆的数据已经被筛选出来。

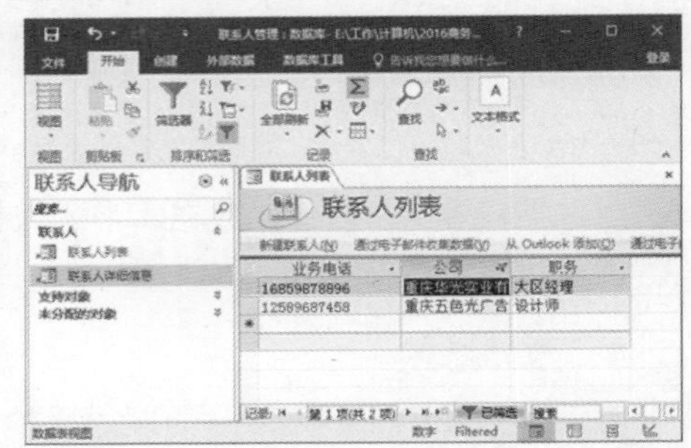

疑难解答

Q：如何清除应用的排序和筛选？

A：在数据库中，表中的数据排序和筛选操作一般是不会被保存的，关闭数据库之后，重新打开，表中的排序和筛选就不存在了。如果要直接取消排序和筛选，可以单击“开始”选项卡下“排序和筛选”组中的“取消排序”按钮取消排序；通过状态栏中的筛选状态按钮取消筛选。

12.2.3 替换数据库数据

如果需要将数据库中的某些数据批量替换，可以使用替换功能来实现，操作方法如下。

第 1 步：单击“替换”按钮

单击“开始”选项卡下“查找”组中的“替换”按钮。

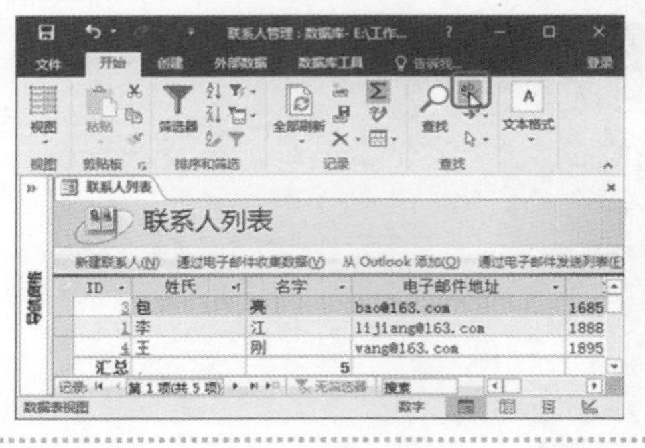

第 2 步：设置替换参数

打开“查找和替换”对话框，❶在“替换”选项卡中设置“查找内容”和“替换为”内容；❷设置“查找范围”和“匹配”选项，❸单击“全部替换”按钮。

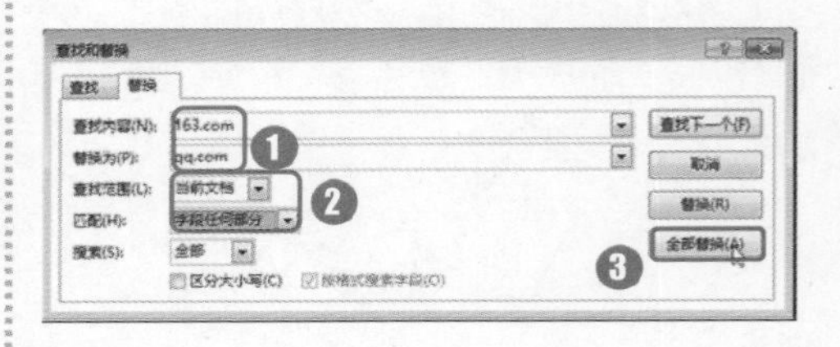

第 3 步：单击“是”按钮

在弹出的对话框中单击“是”按钮，即可全部替换。

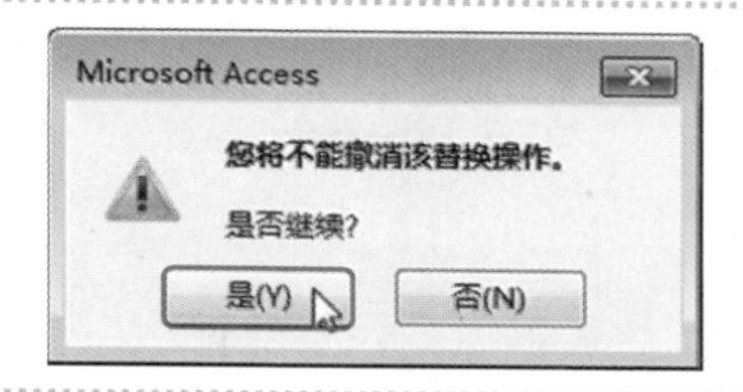

12.2.4 为联系人添加附件

使用数据库保存文件，不仅可以记录联系人的基本信息，还可以上传联系人的照片、档案等文档，使数据库的资料更加完整，操作方法如下。

第 1 步：单击“管理附件”按钮

打开“联系人详细信息”窗体，❶单击头像图片，上方将出现浮动工具条；❷单击“管理附件”按钮。

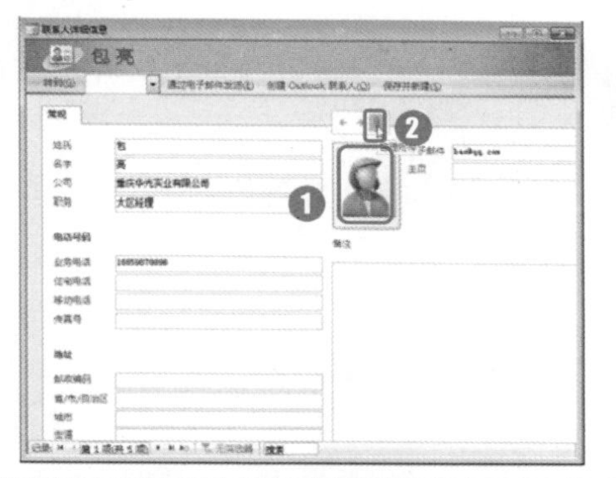

第 2 步：单击“添加”按钮

打开“附件”对话框，单击“添加”按钮。

第 3 步：选择文件

打开“选择文件”对话框，❶单击要添加的文件，批量添加文件时，可按住“Ctrl”键后依次单击；❷单击“打开”按钮。

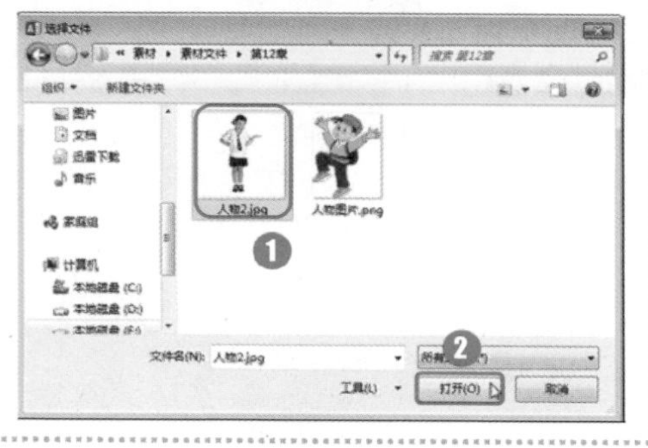

第 4 步：单击“确定”按钮

返回“附件”对话框，完成文件添加后单击“确定”按钮。

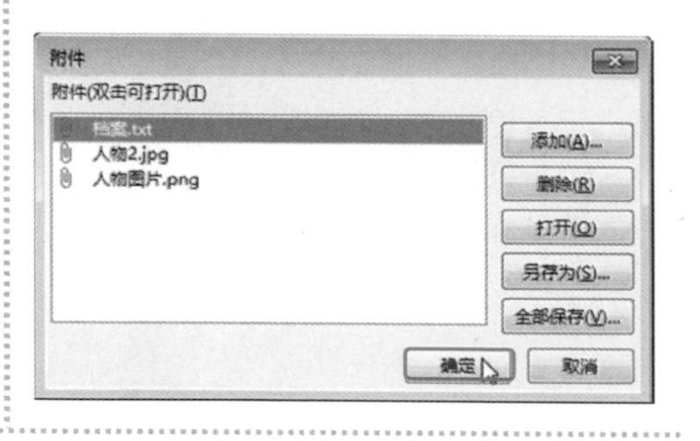

第 5 步：查看附件

在附件的浮动工具条中单击“前进”和“后退”按钮可以查看添加的多个附件。

第 6 步：选择附件

如果要下载附件，可以打开“附件”对话框，❶选择附件；❷单击“另存为”按钮，在打开的对话框中选择保存位置进行保存操作即可。

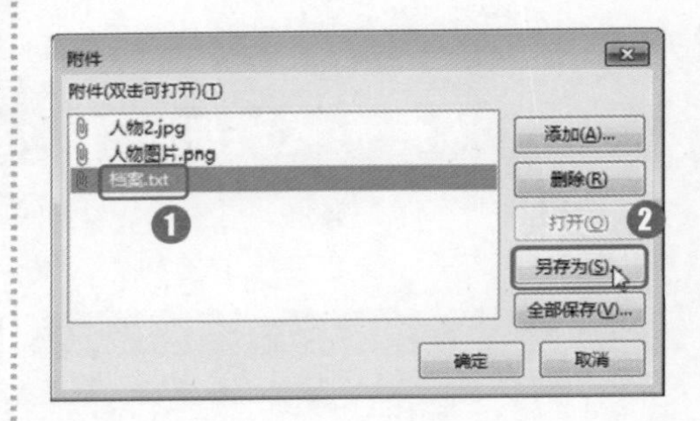

高手秘籍 实用操作技巧

通过对前面知识的学习，相信读者已经掌握了使用 Access 创建数据库的基础知识。下面结合本章内容，给大家介绍一些实用技巧。

合本章内容，给大家介绍一些实用技巧。

光盘同步文件

原始文件：光盘\素材文件\第 12 章\实用技巧\

视频文件：光盘\教学文件\第 12 章\高手秘籍.mp4

Skill 01 压缩数据库

Access 数据库是一种文件型数据库，所有的数据都保存在同一文件中，当数据库中的数据不断增加、修改和删除时，数据库文件迅速变大，即使删除数据库中的数据、对象，数据库的文件也不会明显减小。因为在删除数据库中的数据后，这些数据只是被标记为已删除，而实际上并未删除。

如果要缩小数据库的体积，可以通过压缩文件的方法来完成，下面介绍自动只对当前数据库有效的自动压缩方式，操作方法如下。

第 1 步：单击"选项"命令

切换到"文件"选项卡，然后单击"选项"命令。

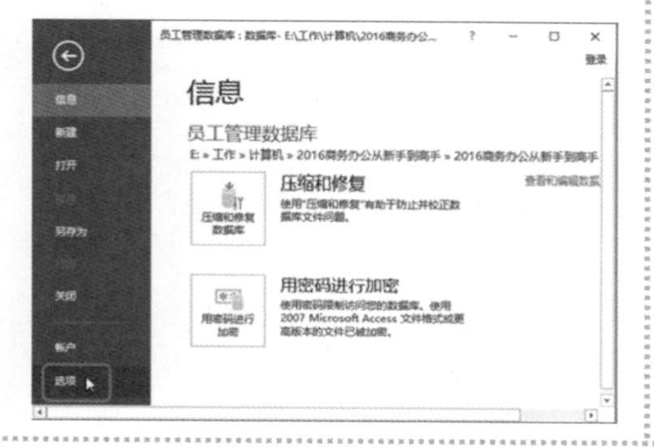

第 2 步：勾选"关闭时压缩"复选框

打开"Access 选项"对话框，❶切换到"当前数据库"选项卡；❷勾选"关闭时压缩"复选框；❸单击"确定"按钮即可。

知识加油站

如果要手动压缩数据库文件，可以在"文件"选项卡中单击"信息"命令，然后单击"压缩和修复"按钮，即可手动压缩数据库文件。

Skill 02 如何在 Access 中删除表

如果创建表格后发现表格并不适用，或者已经不再需要表格中的数据，可以执行删除表操作。

第 1 步：执行"关闭"命令

如果表格处于打开状态，则不能进行删除操作，需要先关闭表，❶在表格名称上单击鼠标右键；❷在弹出的快捷菜单中单击"关闭"命令。

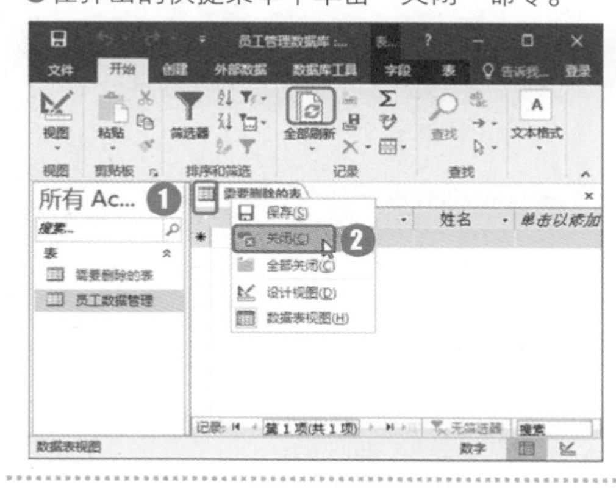

第 2 步：单击"删除"命令

❶在"导航窗格"中选择表，然后单击鼠标右键；❷在弹出的快捷菜单中单击"删除"命令。

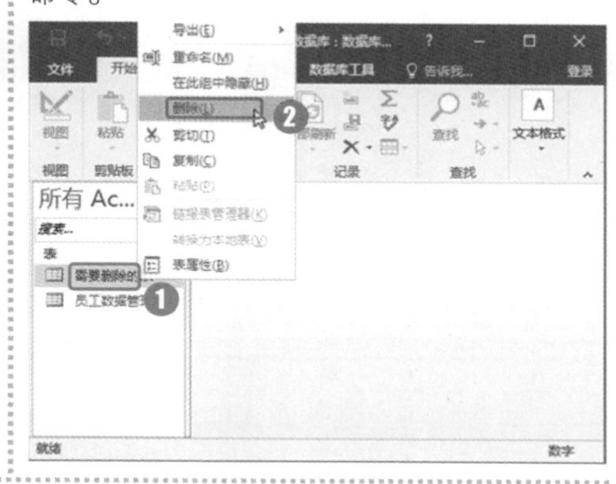

第 3 步：单击“是”按钮

在弹出的提示框中单击“是”按钮，即可删除该表。

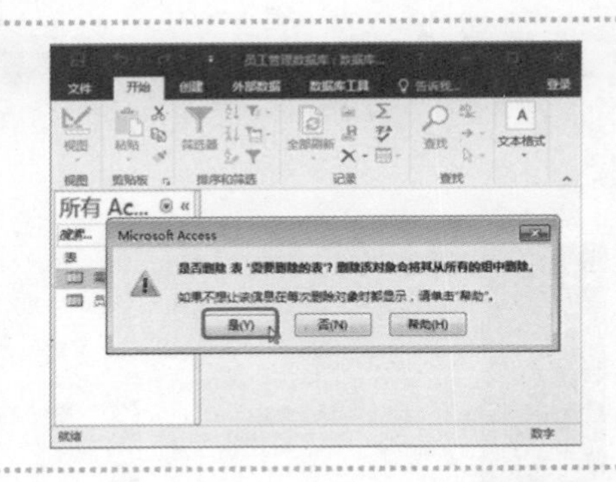

知识加油站

在导航窗格中选择表后，按下“Delete”键也可执行删除操作。

Skill 03 隐藏与显示字段

如果表中的字段较多，而目前暂时不需要某些字段，可以将不需要查看的字段隐藏，从而将其他需要查看的字段显示在工作表中，隐藏和显示字段的操作方法如下。

第 1 步：隐藏字段

在字段名称上单击鼠标右键，在弹出的快捷菜单中选择“隐藏字段”命令即可隐藏字段。

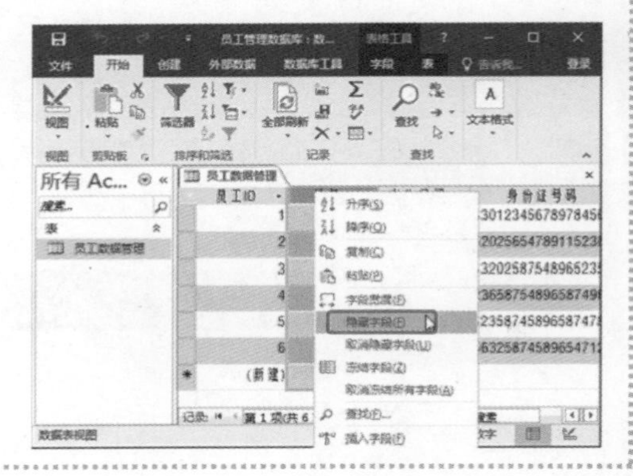

第 2 步：显示隐藏字段

在任意字段上单击鼠标右键，在弹出的快捷菜单中选择“取消隐藏字段”命令即可显示隐藏的字段。

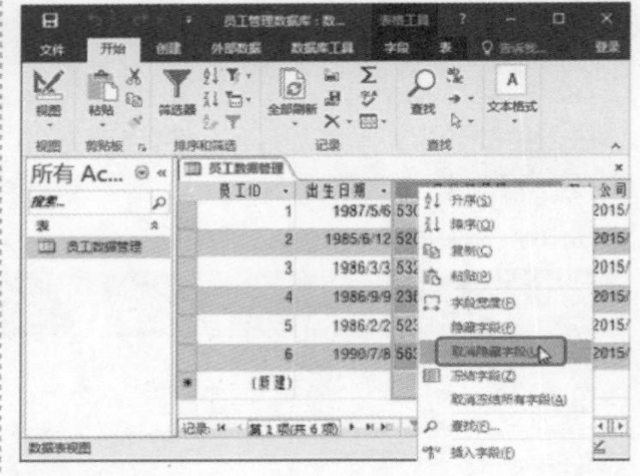

本章小结

本章结合实例主要讲解了 Access 的基本使用方法，学习了创建空白数据表和使用模板创建数据表的方法，并讲解了如何编辑字段、录入数据、美化数据表、排序和筛选数据表等操作。通过对本章的学习，读者应初步掌握 Access 的使用方法，可以独立的创建数据表和编辑数据表。